Günter Ludyk

CAE von Dynamischen Systemen

Analyse, Simulation, Entwurf von Regelungssystemen

Mit 34 Abbildungen

Springer-Verlag
Berlin Heidelberg NewYork
London Paris Tokyo Hong Kong 1990

Professor Dr.-Ing. Günter Ludyk
Institut für Automatisierungstechnik
Universität Bremen
2800 Bremen 33

ISBN-13:978-3-540-51676-7   e-ISBN-13:978-3-642-83934-4
DOI: 10.1007/978-3-642-83934-4

Für   *Renate,*

Larissa

und

E.

Vorwort

Dieses Buch ist aus Lehrveranstaltungen hervorgegangen, die an der Universität Bremen über das Thema „CAD von Regelungssystemen" durchgeführt werden. Es befaßt sich mit computergestützten Verfahren zur Analyse und Simulation von dynamischen Systemen und besonders mit der computergestützten Synthese von Regelungssystemen, soll und kann aber kein Handbuch für dieses ständig wachsende, umfangreiche Gebiet sein. Vielmehr sollen vor allem die Grundlagen der numerischen Verfahren für Nichtmathematiker verständlich vermittelt werden und es soll zu weiteren eigenen Entwicklungen angeregt werden. Das Buch ist zwischen numerischer Mathematik und Systemtheorie angesiedelt, deshalb könnte man ihm auch den Titel „Computergestützte Systemtheorie" (CAST) geben.

Die in der technischen Literatur entwickelten Algorithmen für die Analyse dynamischer Systeme oder für den Entwurf von Regelungssystemen sind oft nur von einem theoretischen Standpunkt aus erdacht, ohne die numerischen Schwierigkeiten zu beachten, die bei der Implementierung auf Computer auftreten können. Die begrenzte Genauigkeit der Computer kann dann die Algorithmen, vor allem bei schlecht konditionierten Problemen veranlassen, vollkommen falsche Ergebnisse zu liefern, die mit den wahren Problemlösungen in keinerlei Zusammenhang stehen.

Um dem entgegenzuwirken, werden für die verschiedensten Problemkreise zunächst Algorithmen beschrieben, die bisher als bestgeeignet galten. Sie sind so formuliert, daß sie unmittelbar in Programme, beispielsweise für Personalcomputer, umgesetzt werden können. Bei diesen Algorithmen werden fast immer in einem ersten Schritt die Probleme so umgeformt, daß sie leichter lösbar werden, wie z.B. beim GAUSS-Algorithmus zur Lösung von linearen Gleichungssystemen. Im allgemeinen werden diese Umformungen mit sehr gut konditionierten Transformationsmatrizen, wie GIVENS- oder HOUSEHOLDER-Matrizen durchgeführt, um HESSENBERG- oder Dreiecksform zu erhalten. Diese Algorithmen haben aber doch den Nachteil, daß einmal begangene Fehler bei der Problemumformung nie wieder gutzumachen sind, mögen sie anfangs auch sehr klein sein. Vorzuziehen sind solche Verfahren, die z.B. bei jedem Iterationsschritt wieder auf den vollständigen Satz der Eingangsinformationen zurückgreifen.

Zu diesen Verfahren gehören die *Einschließungsverfahren*, die Lösungen in Form von sehr engen Intervallen liefern, bei denen aber trotzdem garantiert wird, daß die exakte Lösung darin liegt. Grundlage hierfür sind die Intervallmathematik und eine besondere Computerarithmetik, wie sie z.B. in der Programmiersprache PASCAL–SC, die am Institut für Angewandte Mathematik der Universität Karlsruhe entwickelt wurde, durch besondere vorgebbare Rundungen und ein optimales Skalarprodukt zur Verfügung gestellt werden. Einige der in diesem Buch veröffentlichten Einschließungsverfahren zur Lösung systemtechnischer Probleme sind Erstveröffentlichungen.

Durch Einführen der Intervallmathematik und der hochgenauen Computerarithmetik wird sozusagen das Zahlenkontinuum wieder in die Numerik eingeführt, obwohl Computer als digitale Rechenanlagen nur mit endlich vielen Stellen rechnen, da die Menge der überhaupt auf einem Computer darstellbaren Zahlen, die Maschinenzahlen, endlich ist. Betrachtet man den Computer als PLATO's Höhle, dann erhalten die digitalen Schatten der realen Welt durch Verwendung der Intervallmathematik Konturen.

Danksagungen

Zunächst möchte ich mich für die vielfältige Hilfe bei der Erstellung des Buches bei meinen Wissenschaftlichen Mitarbeitern Dipl.-Ing. C. BRUCE–BOYE, Dipl.-Ing. J. CORDES, Dipl.-Ing. H.-W. PHILLIPSEN und Dipl.-Ing. S. ZONG bedanken. Mein Dank gilt vor allem Herrn Dipl.-Ing. P. WALERIUS, dem ein besonderes Lob für das sorgfältige Lesen des Manuskripts, für viele Verbesserungsvorschläge und die Unterstützung von Studenten bei der Erstellung von lauffähigen Programmen gebührt. Diese Programme wurden innerhalb von Studien- oder Diplomarbeiten erstellt und für einige der Beispiele in diesem Buch verwendet. Auch diese Studenten seien dankbar erwähnt: D. ASENDORF, P. BAUER, F. BLIEVERNICH, A. BOSE, B. BÜCHAU, U. DÜMMER, W. FUSS, T. HAUSCHILD, P. HEIN, F. IHLENFELDT, R. JEDERMANN, D. JÜRGENS, W.-D. KOSITZKI, H. LANDENBERGER, H. LANGMACK, G. LÜHNING und K.-P. WEBERSINKE. Herrn Dr. R. LOHNER vom Institut für Angewandte Mathematik der Universität Karlsruhe danke ich für die freundliche Überlassung eines Programms zur Lösung von Differentialgleichungsproblemen.

Ich bedanke mich sehr herzlich bei meiner Familie für die große Geduld mit dem auch an Wochenenden arbeitenden Familienvater, besonders aber bei meiner Frau Renate für das intensive Korrekturlesen. Schließlich danke ich dem Springer-Verlag für die Zurverfügungstellung besonderer TEX-Makros, die die Druckvorlagenerstellung sehr erleichterten, sowie Herrn Dr. H. RIEDESEL für die vielfältige Unterstützung bei der Herausgabe des Buches.

Bremen, im August 1989   Günter Ludyk

Inhaltsverzeichnis

1 Grundlagen der Computerarithmetik

1.1 Maschinenzahlen

Eine positive reelle Zahl x wird üblicherweise so dargestellt

$$x = d_n d_{n-1} \cdots d_1 d_0 . d_{-1} d_{-2} \cdots, \tag{1.1}$$

zum Beispiel 743.22, wobei der Punkt in der Computermathematik [1.1] den Übergang von den positiven zu den negativen Zehnerpotenzen trennt, d.h., (1.1) ist eine abgekürzte Schreibweise für die ausführliche Darstellung

$$x = d_n \cdot 10^n + \cdots + d_1 \cdot 10^1 + d_0 \cdot 10^0 + d_{-1} \cdot 10^{-1} + d_{-2} \cdot 10^{-2} + \cdots, \tag{1.2}$$

und es ist $d_i \in \{0, 1, 2, \cdots, 9\}$. *Normalisiert* nennt man diese Darstellung

$$x = d_n . d_{n-1} \cdots d_1 d_0 d_{-1} \cdots 10^n, \tag{1.3}$$

wobei die erste von Null verschiedene Ziffer, die die höchste vorkommende Zehnerpotenz repräsentiert, als einzige *vor* dem Dezimalpunkt steht. Das ist die *halblogarithmische* Form

$$x = a \cdot 10^b, \tag{1.4}$$

wobei a *Mantisse* und die ganze Zahl b *Exponent* heißt.

Bei Computern, also digitalen Rechenanlagen, steht für die interne Zahlendarstellung nur eine feste Anzahl von Dezimalstellen zur Verfügung, deshalb muß die Stellenzahl, d.h. die Mantissenlänge m in

$$x = d_m . d_{m-1} \cdots d_2 d_1 \cdot 10^b \tag{1.5}$$

begrenzt sein, wie auch der kleinste Exponent b_{min} und der größte b_{max}. (1.5) ist eine sogenannte *Gleitpunktzahl*. Die Anzahl der Dezimalstellen des Exponenten ist verantwortlich für den darstellbaren *Zahlenbereich*, die Länge der Mantisse hingegen für die *Genauigkeit*. Insbesondere ist bei PASCAL–SC [1.2 bis 1.4]:

$$m = 12, b_{min} = -99 \text{ und } b_{max} = +99. \tag{1.6}$$

Betragsmäßig gilt für die reellen Zahlenwerte x:

$$1.000\,000\,000\,00 \cdot 10^{-99} \leq |x| \leq 9.999\,999\,999\,99 \cdot 10^{+99} = 10^{100} - 10^{-11}. \tag{1.7}$$

Wenn der Exponent größer als b_{max} wird, tritt ein sogenannter *Überlauf* auf, die zugehörige Zahl ist zu groß geworden, um in der Maschine dargestellt werden zu können. *Unterlauf* tritt ein, wenn der Exponent kleiner als b_{min} wird. Beim Auftreten eines Überlaufs wird mit einer Fehlermeldung die Rechnung abgebrochen; dagegen wird bei Unterlauf die Rechnung mit dem Wert Null weitergeführt.

Die Menge M der überhaupt darstellbaren Maschinenzahlen ist offensichtlich endlich und besteht aus der Null und den Zahlen der Gestalt (1.5), mit den Einschränkungen gemäß (1.6) und (1.7). Für zwölfstellige Mantissen und zweistellige Exponenten erhält man beispielsweise bei PASCAL–SC für die Anzahl N der Elemente der Menge M der Maschinenzahlen:

$$N = \underbrace{1}_{\text{die Null}} + \underbrace{2}_{\text{Vorzeichen}} \cdot \underbrace{(10-1)}_{\text{Vorpunktzahl-Möglichkeiten}} \cdot \underbrace{10^{12-1}}_{\text{Nachpunktzahl-Möglichkeiten}}$$

$$\cdot \underbrace{(2 \cdot 99 + 1)}_{\text{Exponentenzahl-Möglichkeiten}} = 3582 \cdot 10^{11} + 1. \tag{1.8}$$

1.2   Rundungsfehler und gezielte Rundungen

Die N endlich vielen Maschinenzahlen der Menge M treten bei numerischen Rechnungen jetzt an die Stelle der unendlich vielen reellen Zahlen R. Aus diesem Grund *kann* die Verknüpfung zweier Maschinenzahlen x_1 und x_2, also zweier Gleitpunktzahlen, eine reelle Zahl ergeben, die keine Maschinenzahl ist:

$$x_1 \diamond x_2 = x \notin \mathsf{M}; \quad x_1, x_2 \in \mathsf{M}; \quad \diamond \in \{+, -, \cdot, /\}. \tag{1.9}$$

Das Ergebnis x kann zwischen zwei benachbarten Maschinenzahlen x_{m_i} und $x_{m_{i+1}}$ liegen:

$$x_{m_i} < x < x_{m_{i+1}}. \tag{1.10}$$

Man wird bei der Darstellung von x im Computer sinnvollerweise diejenige Maschinenzahl wählen, die dem Ergebnis x am nächsten liegt. Ist das Ergebnis

$$x = d_m.d_{m-1} \cdots d_1 d_0 d_{-1} \cdots 10^b, \tag{1.11}$$

wird so *gerundet*:

$$\mathrm{rd}(x) \overset{\text{def}}{=} \begin{cases} d_m.d_{m-1} \cdots d_2 d_1 \cdot 10^b, & \text{wenn} \quad d_0 \leq 4, \\ d_m.d_{m-1} \cdots d_2 (d_1 + 1) \cdot 10^b, & \text{wenn} \quad d_0 \geq 5. \end{cases} \tag{1.12}$$

Wenn $d_0 \geq 5$ ist, wird die letzte Ziffer d_1 der Mantisse um Eins erhöht und erst dann nach d_1 abgeschnitten. Damit ist $\mathrm{rd}(x) \in \mathsf{M}$ diejenige Maschinenzahl, die von der reellen Zahl x den geringsten Abstand hat, so daß gilt

$$|x - rd(x)| \leq |x - x_m|; \quad x_m \in \mathsf{M}. \tag{1.13}$$

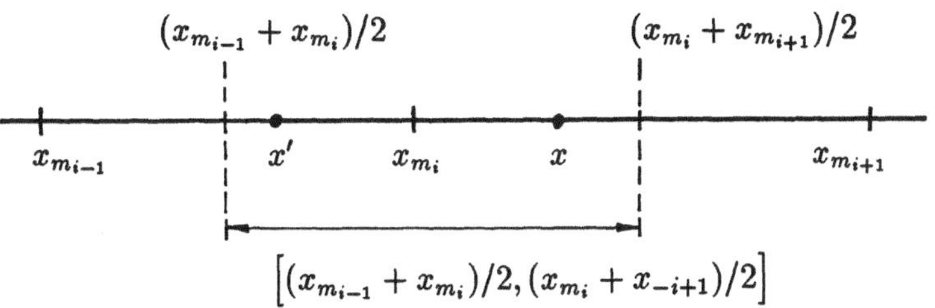

Abb. 1.1: Benachbarte Maschinenzahlen

Damit kennt man zwar nicht das exakte Ergebnis, aber man weiß, wenn die Maschinenzahlen $x_{m_i} = rd(x)$ und $x_{m_{i-1}}$ bzw. $x_{m_{i+1}}$ die benachbarten Maschinenzahlen von x_{m_i} sind, mit $x_{m_{i-1}} < x_{m_i} < x_{m_{i+1}}$, daß dann

$$x \in \left[\frac{x_{m_{i-1}} + x_{m_i}}{2}, \frac{x_{m_i} + x_{m_{i+1}}}{2}\right], \tag{1.14}$$

siehe Abbildung 1.1.

Beispiel 1.1: Für die beiden Zahlen $x_1 = 2.3478 \cdot 10^{20}$ und $x_2 = 5.3214 \cdot 10^{11}$ erhält man als exakte Summe

$$x_1 + x_2 = 2.347\,800\,005\,321\,4 \cdot 10^{20}$$

und als gerundete Summe

$$rd(x_1 + x_2) = 2.347\,800\,005\,32 \cdot 10^{20}. \tag{1.15}$$

Aufgrund des vom Computer berechneten Ergebnisses (1.15) weiß man natürlich nicht, ob auf- oder abgerundet wurde, so daß man „nur" weiß, daß das exakte Ergebnis gemäß (1.14) innerhalb des Intervalls

$$[2.347\,800\,005\,315 \cdot 10^{20}, 2.347\,800\,005\,325 \cdot 10^{20}]$$

liegt. $\qquad\qquad\qquad\qquad\qquad\qquad\qquad\qquad\qquad\qquad\qquad\qquad\qquad\qquad\quad\square$

In den Programmiersprachen PASCAL-SC und FORTRAN-SC besteht zusätzlich die Möglichkeit, die Rundungen gezielt nach unten oder oben durchzuführen [1.2]. Wenn der exakte Wert $x = x_1 \diamond x_2$ zwischen den beiden benachbarten Maschinenzahlen x_{m_i} und $x_{m_{i+1}}$ liegt, ergibt die nach unten gerichtete Rundung

$$x_1 \diamond< x_2 = x_{m_i} \tag{1.16}$$

und die nach oben gerichtete Rundung

$$x_1 \diamond> x_2 = x_{m_{i+1}}. \tag{1.17}$$

Das mittels der nach unten gerichteten Rundung gemäß (1.16) erhaltene Ergebnis ist also die in Richtung des Nullpunkts nächstgelegene Maschinenzahl und das gemäß (1.12) gerundete Ergebnis $rd(x_1 \diamond x_2)$ ist die Maschinenzahl mit dem geringsten Abstand von x.

Mit diesen beiden zusätzlichen Rundungsarten kann man die Aussage über das exakte Ergebnis jetzt noch verschärfen; denn wenn das exakte Ergebnis $x = x_1 \diamond x_2$ so wie in Abb. 1.1 liegt, ist

$$rd(x_1 \diamond x_2) = x_1 \diamond < x_2 = x_{m_i}$$

und man kann deshalb sagen, daß

$$x \in \left[x_{m_i}, \frac{x_{m_i} + x_{m_{i+1}}}{2} \right], \tag{1.18}$$

wobei dieses Intervall kleiner als das in (1.14) ist. Wäre das Ergebnis gleich x' gewesen, siehe Bild 1.1, würde zwar wieder $rd(x_1 \diamond x_2) = x_{m_i}$ sein, aber

$$x_1 \diamond < x_2 = x_{m_{i-1}}, \text{also} \quad rd(x_1 \diamond x_2) \neq x_1 \diamond < x_2.$$

Aufgrund dieser Tatsache kann man dann aber aussagen, daß

$$x \in \left[\frac{x_{m_{i-1}} + x_{m_i}}{2}, x_{m_i} \right]. \tag{1.19}$$

Man erhält also auch wieder eine gegenüber (1.14) verschärfte Aussage.

Kürzt man die nach unten gerichtete Rundung der Zahl x mit $\nabla(x)$ ab, so ist sie als die größte Maschinenzahl, die kleiner als x ist definiert. Für den *absoluten Fehler* von $\nabla(x)$ gilt dann

$$0 \leq x - \nabla(x) < 10^{b-m+1} \tag{1.20}$$

und von $rd(x)$

$$|rd(x) - x| \leq 5 \cdot 10^{b-m} = 0.5 \cdot 10^{b-m+1}, \tag{1.21}$$

d.h., der absolute Fehler von $\nabla(x)$ ist maximal doppelt so groß wie der von $rd(x)$. Da die Mantisse a bei der normalisierten Gleitpunktzahl stets größer oder gleich Eins ist, erhält man für die Abschätzung des *relativen Fehlers*

$$\left| \frac{rd(x) - x}{x} \right| \leq \frac{5 \cdot 10^{b-m}}{10^b} = 5 \cdot 10^{-m} \stackrel{\text{def}}{=} \text{eps} \tag{1.22}$$

und

$$\frac{x - \nabla(x)}{x} < \frac{10^{b-m+1}}{10^b} = 2 \cdot \text{eps}. \tag{1.23}$$

$\text{eps} = 5 \cdot 10^{-m}$ heißt hierbei *relative Maschinengenauigkeit*.

1.3 Einige Besonderheiten von PASCAL–SC und FORTRAN–SC

1.3.1 Arithmetische Grundoperationen

Wie im vorigen Abschnitt gezeigt wurde, erhält man mit Hilfe der Rundung $rd(x)$ und der nach unten gerichteten Rundung $\nabla(x)$ eine genauere Abschätzung für das exakte Ergebnis einer arithmetischen Grundoperation. In den Programmiersprachen PASCAL–SC [1.2] und FORTRAN–SC stehen deshalb für die vier Grundoperationen $\{+, -, \cdot, /\}$ die drei Rundungen nach unten ($\bigtriangledown$), nach oben ($\triangle$) und zur nächstgelegenen Maschinenzahl zur Verfügung. Für die zuletzt genannte Rundung schreibt man die üblichen Zeichen $+, -, *$ oder $/$, um beispielsweise für die Addition

$$x + y := \mathrm{rd}(x + y) \tag{1.24}$$

zu erhalten. Für die nach unten gerichtete Rundung wird dagegen bei der Addition

$$x +< y := \bigtriangledown(x + y) \tag{1.25}$$

und für die nach oben gerichtete Rundung

$$x +> y := \triangle(x + y) \tag{1.26}$$

geschrieben.

Mit Hilfe dieser gerichteten arithmetischen Grundoperationen können garantierte Schranken für das Ergebnis einer arithmetischen Berechnung, auch beim Rechnen innerhalb der endlichen Menge M der Maschinenzahlen, angegeben, d.h. berechnet werden.

Ist andererseits der Ausdruck

$$z := (x^2 - 2y^2)/x^2 \tag{1.27}$$

zu berechnen, so liefern die Operationen mit gerichteter Rundung eine obere Schranke

$$z_{oben} := (x *> x -> 2 *< y *< y) \,/> (x *< x) \tag{1.28}$$

und eine untere Schranke

$$z_{unten} := (x *< x -< 2 *> y *> y) \,/< (x *> x) \tag{1.29}$$

für den Ausdruck (1.27), so daß garantiert werden kann, daß der wahre Wert z innerhalb dieser Schranken liegt:

$$z \in [z_{unten}, z_{oben}]. \tag{1.30}$$

Allerdings muß man sich bei jeder Operation genau überlegen, ob nach oben oder unten gerundet werden muß. Die im Anhang beschriebene Intervallmathematik, bei der die Auswahl des Rundungstyps sozusagen automatisch vorgenommen wird, gestattet eine weitaus elegantere Berechnung von garantierten Schranken.

1.3.2 Optimales Skalarprodukt

Neben den arithmetischen Grundoperationen tritt in der Vektor- und Matrizenrechnung als wichtiges Teilproblem die numerische Berechnung des Skalarprodukts zweier Vektoren $\boldsymbol{x}$ und $\boldsymbol{y}$ auf:

$$\boldsymbol{x}^T \boldsymbol{y} := \sum_{i=1}^{n} x_i \cdot y_i. \tag{1.31}$$

Das Skalarprodukt (1.31) wird üblicherweise rekursiv so berechnet:

$$s := 0;$$
$$\textbf{for } i := 1 \textbf{ to n do } s := s + x[i] * y[i]; \qquad (1.32)$$
$$\text{skalarprodukt} := s.$$

Beispiel 1.2: Für die beiden Vektoren $x = [10^9, 10^3, 10^8]$ und $y = [10^8, 10^2, -10^9]$ erhält man als Skalarprodukt gemäß Algorithmus (1.32) sukzessive

$$s := 0;$$
$$s := x[1] * y[1] = \mathrm{rd}(1.0 \cdot 10^9 * 1.0 \cdot 10^8) = 1.0 \cdot 10^{17};$$
$$s := s + x[2] * y[2] = \mathrm{rd}(1.0 \cdot 10^{17} + 1.0 \cdot 10^5) = 1.0 \cdot 10^{17}; \qquad (1.33)$$
$$s := s + x[3] * y[3] = \mathrm{rd}(1.0 \cdot 10^{17} - 1.0 \cdot 10^{17}) = 0;$$
$$\text{skalarprodukt} := 0.$$

Der wahre Wert des Skalarprodukts ist allerdings $10^{17} + 10^5 - 10^{17} = 10^5$. Der Fehler bei der Berechnung des Skalarprodukts gemäß Algorithmus (1.32) entsteht dadurch, daß nicht die genaue Zwischensumme von $1.0 \cdot 10^{17} + 1.0 \cdot 10^5$ berechnet und gespeichert, sondern aufgrund der zwölf Mantissenstellen gerundet wird und dadurch der Term $1.0 \cdot 10^5$ verlorengeht. $\qquad \square$

Wäre für dieses spezielle Beispiel die Mantissenlänge gleich 13 gewesen, hätte der verwendete Algorithmus den exakten Wert des Skalarprodukts geliefert. Die Berechnung des Skalarprodukts würde also exakt verlaufen, wenn man die Zwischensumme ohne jede Rundung berechnen und speichern würde! Wieviele Stellen werden nun benötigt, um in dem gewählten dezimalen Gleitpunktsystem alle möglichen Zwischensummen ohne Rundungsfehler abspeichern zu können? Zunächst werden, um die Multiplikation zweier Gleitpunktzahlen genau ausführen zu können, für das Mantissenprodukt zweimal die Mantissenlänge, d.h. $2 \cdot m = 2 \cdot 12 = 24$ Stellen benötigt, denn für die Multiplikation zweier Gleitpunktzahlen erhält man beispielsweise

$$1.123\,456\,789\,87 \cdot 10^{19} \cdot 9.234\,567\,876\,54 \cdot 10^{27} = 1.037\,463\,798\,241\,424\,988\,264\,98 \cdot 10^{47},$$
$$(1.34)$$

also gerade 24 Stellen für die genaue Darstellung des Mantissenprodukts. Die Addition zweier Zahlen wird so durchgeführt, daß man zunächst die beiden Zahlen gemäß ihrer Exponenten so verschiebt, daß Ziffern, die zu gleichen Zehnerpotenzen gehören, untereinander stehen. Dann erst wird stellenweise addiert. Sollen z.B. die beiden Zahlen aus (1.34) addiert statt multipliziert werden, wird dies so vorgenommen:

$$9.234\,567\,876\,54 \cdot 10^{27} + 0.000\,000\,011\,234\,567\,898\,7 \cdot 10^{27} = 9.234\,567\,887\,774\,567\,898\,7 \cdot 10^{27}$$
$$(1.35)$$

d.h., bei dem Summanden mit dem kleineren Exponenten wird die Mantisse solange verschoben, hier um $27 - 19 = 8$ Stellen, bis der Exponent der kleineren Zahl gleich dem Exponenten der größeren Zahl ist. Innerhalb eines Skalarprodukts ist der größte Exponent eines Summanden gleich $2 \cdot e_{max} - 1 = 2 \cdot 99 - 1 = 197$ und der kleinste

$2 \cdot e_{min} + 1 = -197$, also muß maximal eine Mantissenverschiebung um $2 \cdot 197 = 394$ Stellen möglich sein. Für eventuell auftretende zwischenzeitliche Überläufe werden zusätzlich noch 20 Schutzziffern vorgesehen. Insgesamt muß der Akkumulator $24 + 349 + 20 = 438$ Stellen und außerdem noch je zwei Stellen für das Vorzeichen von Mantisse und Exponent besitzen. In der Programmiersprache PASCAL–SC ist dieser lange Akkumulator als Software implementiert. Die einzige Rundung beim optimalen Skalarprodukt [1.2] findet am Ende der gesamten Berechnung statt und es kann auch noch vorgegeben werden, ob die Rundung nach oben, unten oder zur nächstgelegenen Gleitpunktzahl vorgenommen werden soll. Das optimale Skalarprodukt zweier Vektoren x und y wird in PASCAL–SC so als Funktion vorgegeben

$$\text{scalp(x,y,Rundung)},$$

wobei

$$\text{Rundung} = \begin{cases} 0 & \text{für eine Rundung nach der nächstgelegenen Gleitpunktzahl,} \\ -1 & \text{für eine Rundung nach unten und} \\ +1 & \text{für eine Rundung nach oben} \end{cases}$$

gesetzt werden muß.

Eine Intervalleinschließung des Skalarprodukts in Maschinenzahlen wird mit

$$[x^T y]_m = [\underline{z}, \overline{z}]$$

bezeichnet. Hierbei ist

$$\underline{z} \overset{\text{def}}{=} \text{scalp}(x, y, -1) \in \mathsf{M}$$

und

$$\overline{z} \overset{\text{def}}{=} \text{scalp}(x, y, +1) \in \mathsf{M},$$

und es wird garantiert, daß der exakte Wert des Skalarprodukts innerhalb des Intervalls $[\underline{z}, \overline{z}]$ liegt.

Abschließend sei noch bemerkt, daß das optimale Skalarprodukt scalp nicht nur in der Vektor- und Matrizenrechnung , sondern z.B. auch bei der Summierung von Zahlen sehr unterschiedlicher Größenordnung verwendet werden kann, indem man die Summenbildung durch ein Skarlarprodukt beschreibt. Soll beispielsweise der Funktionswert von $x^2 + 4/x - 10^{55}x$ für $x = 10^{55}$ berechnet werden, so würde eine normale Computerarithmetik sofort zu einem Überlauf und damit zum Abbruch der Rechnung führen. Schreibt man das Problem aber als Skalarprodukt

$$a^T b = [x, 4, -10^{55}][x, x^{-1}, x]^T,$$

erhält man mittels scalp(a,b,0) den exakten Wert $4.0 \cdot 10^{-55}$.

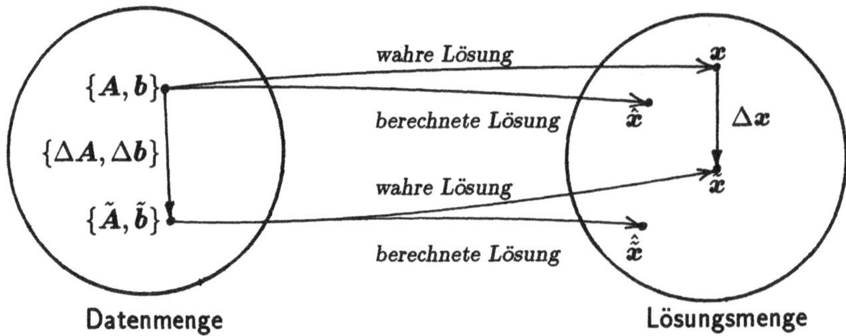

Abb. 1.2: Wahre Lösung x und berechnete Lösung $\hat{x}$

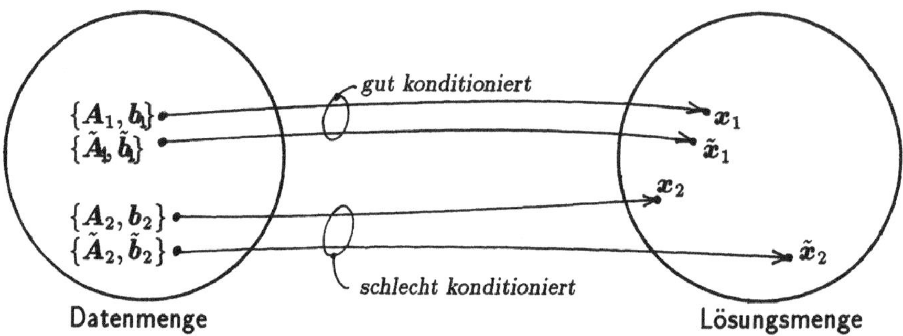

Abb. 1.3: Gut und schlecht konditionierte Probleme

1.4 Die Kondition eines Problems und die Güte eines Algorithmus

Es ist eine der wichtigsten Aufgaben der numerischen Mathematik, die Auswirkung von kleinen Änderungen der Eingangsdaten eines Problems auf die Lösungen zu untersuchen. Wenn kleine relative Änderungen der Eingangsdaten große relative Änderungen der Lösungen hervorrufen, dann heißt das Problem *schlecht konditioniert* [1.1].

Beispielsweise sind bei dem Problem, die Lösung x des linearen Gleichungssystems $Ax = b$ zu finden, die Matrix A und der Vektor b die Eingangsdaten und der Vektor x ist die wahre Lösung. Wenn die Eingangsdaten in $\tilde{A} = A + \Delta A$ und (oder) $\tilde{b} = b + \Delta b$ abgeändert werden, gehört dazu eine neue wahre Lösung $\tilde{x}$. Ermittelt man die Lösung mit einem Computer, erhält man fast nie die wahre Lösung, sondern nur eine *berechnete* Lösung $\hat{x}$ für die Datenmenge $\{A, b\}$ und eine berechnete Lösung $\hat{\tilde{x}}$ für die Datenmenge $\{\tilde{A}, \tilde{b}\}$. Dies ist in Abb. 1.2 dargestellt.

Ist nun ein Problem mit den Eingangsdaten $\{A_1, b_1\}$ gut konditioniert, so verändert sich bei einer kleinen Änderung der Eingangsdaten auch die wahre Lösung nur geringfügig. Umgekehrt führen geringfügige Eingangsdatenänderungen bei einem schlecht konditionierten System $\{A_2, b_2\}$ zu großen Änderungen der wahren Lösung, siehe Abb. 1.3. Davon muß man das Verhalten des Lösungsalgorithmus unterscheiden. Ein guter Algorithmus wird einen Fehler hervorrufen, der eine gleiche oder kleinere Größenordnung hat

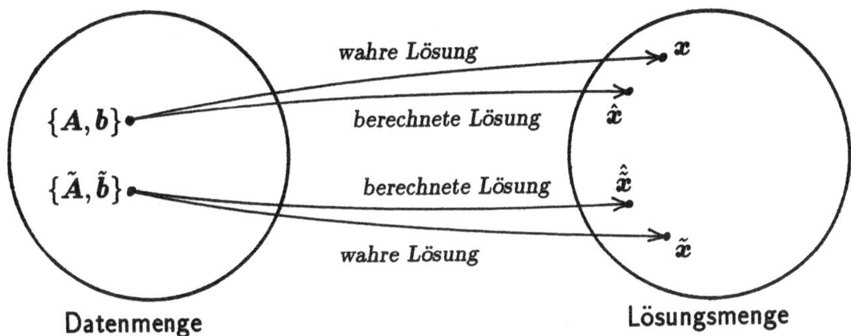

Abb. 1.4: Guter Algorithmus für schlecht konditioniertes Problem

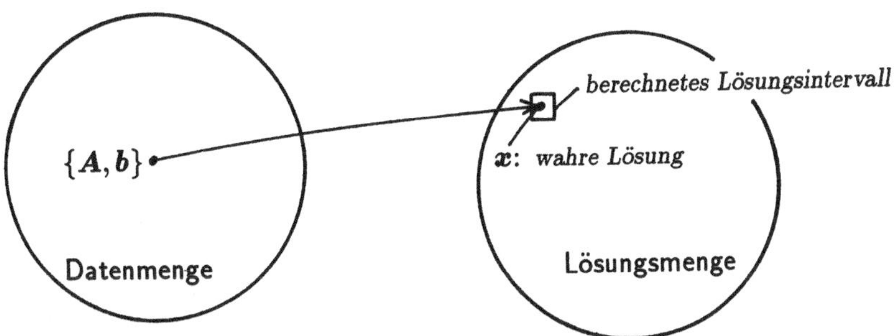

Abb. 1.5: Garantiertes Lösungsintervall bei Einschließungsmethoden

als die Änderung der wahren Lösung bei einer geringfügigen Änderung der Eingangsdaten. Optimal wäre ein Algorithmus, der auch bei schlecht konditionierten Problemen
eine Lösung mit nur geringen Fehlern liefert, wie in Abb. 1.4 dargestellt.

Solche Algorithmen liefern beispielsweise die *Einschließungsmethoden* [1.5], die in
mehreren der folgenden Kapitel verwendet werden. Bei diesen Methoden wird als
Lösung ein Intervall, z.B. im zweidimensionalen Fall ein Rechteck, berechnet, dessen
Kantenlängen in der Größenordnung der Maschinengenauigkeit eps liegen, und es wird
garantiert, daß die wahre Lösung in diesem Intervall liegt, Abb. 1.5. Ist das Problem
sehr schlecht konditioniert, liefern die auf der Intervallmathematik [1.6,1.7] beruhenden
Verfahren entweder ein großes Lösungsintervall oder sie brechen die Rechnung mit einer
Meldung ab, daß sie keine Lösung berechnen können.

Anhand des Grundproblems der linearen Algebra, nämlich den n-dimensionalen
Lösungsvektor x zu berechnen, der das System von n linearen Gleichungen

$$A x = b \qquad (1.36)$$

erfüllt, wobei A eine $n \times n$−Matrix und b ein n-dimensionaler Vektor ist, soll etwas
näher untersucht werden, wie sich Änderungen Δb in den Eingangsdaten von b als
Änderungen Δx des Lösungsvektors x auswirken. Die Gleichung (1.36) ändert sich
dann in

$$A(x + \Delta x) = (b + \Delta b). \qquad (1.37)$$

Um eine Aussage über die Größe der Änderung machen zu können, muß ein Maß für die Länge eines Vektors eingeführt werden. Dies wird üblicherweise durch eine der HÖLDER–Normen [1.8]

$$\|v\|_p \overset{\text{def}}{=} (|v_1|^p + |v_2|^p + \cdots + |v_n|^p)^{1/p}$$

vorgenommen, z.B. durch die *Summennorm*

$$\|v\|_1 \overset{\text{def}}{=} |v_1| + |v_2| + \cdots + |v_n|,$$

die EUKLID*ische Norm*

$$\|v\|_2 \overset{\text{def}}{=} \sqrt{|v_1|^2 + |v_2|^2 + \cdots + |v_n|^2} = \sqrt{v^T v}$$

oder die *Maximumnorm*

$$\|v\|_\infty \overset{\text{def}}{=} \max_i |v_i|.$$

Für die Abschätzung von Gleichungen werden zusätzlich *Matrixnormen* [1.9] benötigt, die mit den oben angegebenen Vektornormen *verträglich* sind. Man nennt eine Matrixnorm $\|A\|_p$ *verträglich mit der Vektornorm* $\|v\|_p$, wenn gilt

$$\|Av\|_p \leq \|A\|_p \cdot \|v\|_p.$$

Verträglich mit den entsprechenden Vektornormen sind diese Matrixnormen:

$$\|A\|_1 \overset{\text{def}}{=} \max_j \sum_{i=1}^{n} |a_{ij}| \qquad \text{(maximale Spaltensumme)},$$

$$\|A\|_2 \overset{\text{def}}{=} \sigma_{max}(A) \qquad \text{(größter Singulärwert von } A\text{)},$$

$$\|A\|_\infty \overset{\text{def}}{=} \max_i \sum_{j=1}^{n} |a_{ij}| \qquad \text{(maximale Zeilensumme)}.$$

Verträglich mit der EUKLID*ischen* Vektornorm ist auch noch die leichter berechenbare SCHUR–Norm

$$\|A\|_S \overset{\text{def}}{=} \sqrt{\sum_{i=1}^{n} \sum_{j=1}^{n} |a_{ij}|^2},$$

die allerdings eine oft starke Überschätzung liefert; denn es gilt [1.8]

$$\|A\|_2 \leq \|A\|_S.$$

Mit Hilfe dieser Normen können jetzt konkrete Abschätzungen vorgenommen werden. Subtrahiert man von Gleichung (1.37) die Ausgangsgleichung (1.36), erhält man $A\Delta x = \Delta b$ oder $\Delta x = A^{-1}\Delta b$ und damit die Abschätzung

$$\|\Delta x\| \leq \|A^{-1}\| \cdot \|\Delta b\|. \tag{1.38}$$

Eine größere Aussagekraft als diese absolute Änderung hat die *relative Änderung*

$$\|\Delta x\| / \|x\|.$$

Mit der Abschätzung

$$\|b\| \leq \|A\| \cdot \|x\| \tag{1.39}$$

aus (1.36), wird aus (1.38)

$$\|b\| \cdot \|\Delta x\| \leq \|A\| \cdot \|A^{-1}\| \cdot \|\Delta b\| \cdot \|x\|$$

und daraus erhält man schließlich diese obere Grenze für die relative Änderung von x:

$$\frac{\|\Delta x\|}{\|x\|} \leq \|A\| \cdot \|A^{-1}\| \frac{\|\Delta b\|}{\|b\|} \tag{1.40}$$

Wenn der Faktor $\|A\| \cdot \|A^{-1}\|$ klein ist, ruft eine kleine Änderung in den Eingangsdaten b nur eine kleine Änderung in dem Lösungsvektor x hervor. Ist dagegen dieser Faktor groß, so haben kleine Änderungen von b große Änderungen von x zur Folge. Der Faktor

$$\kappa(A) \overset{\text{def}}{=} \|A\| \cdot \|A^{-1}\| \tag{1.41}$$

heißt *Konditionszahl* der Matrix A. Wenn $\kappa(A)$ sehr groß ist, ist also das dazugehörige Grundproblem der linearen Algebra *schlecht konditioniert*. Es ist $\kappa(A) \geq 1$ für alle Matrizen A; denn es ist

$$\|AA^{-1}\| = \|I\| = 1 \leq \|A\| \cdot \|A^{-1}\| = \kappa(A).$$

Die Kondition $\kappa(A)$ ergab sich als Eigenschaft des *Problems*, x in $Ax = b$ zu bestimmen. Dabei wurde überhaupt nicht darauf eingegangen, *wie* man x berechnet, d.h., die Kondition eines Problems ist unabhängig von dem verwendeten *Lösungsalgorithmus*. Man kann mit einem noch so guten Algorithmus nicht ein schlecht konditioniertes in ein gut konditioniertes Problem verwandeln. Allerdings sollte man bei schlecht konditionierten Problemen so genau wie möglich und mit dem als besten bekannten Algorithmus arbeiten.

Wenn der durch einen Algorithmus hervorgerufene relative Fehler die gleiche Größenordnung wie die Konditionszahl des zu lösenden Problems hat, heißt ein solcher Algorithmus *numerisch stabil*, und man nennt einen Algorithmus *numerisch stabiler* als einen anderen Algorithmus, wenn der gesamte Rundungsfehler beim ersten Algorithmus kleiner als beim zweiten ist.

Dies soll an dem einfachen Problem der Berechnung der Wurzeln der quadratischen Gleichung

$$x^2 + a_1 x + a_0 = 0 \tag{1.42}$$

veranschaulicht werden. Üblicherweise werden die Wurzeln so berechnet

$$x_{1,2} = -\frac{a_1}{2} \pm \sqrt{\frac{a_1^2}{4} - a_0}. \tag{1.43}$$

Wenn $|a_1| \gg |a_0|$, tritt das Problem der *Auslöschung* auf; denn dann ist

$$\sqrt{\frac{a_1^2}{4} - a_0} \approx \left|\frac{a_1}{2}\right|$$

und man erhält als Lösungen $\hat{x}_1 = -a_1$ und $\hat{x}_2 = 0$. Man kann leicht ein genaueres Ergebnis erhalten, wenn man zwar x_1 aber nicht x_2 gemäß (1.43) bestimmt, sondern x_2 mit Hilfe des VIETAschen Wurzelsatzes $a_0 = x_1 x_2$ so ermittelt:

$$\hat{x}_2 = \frac{a_0}{\hat{x}_1}. \tag{1.44}$$

Beim ersten Algorithmus ist der relative Fehler für die Lösung x_2

$$\left| \frac{\Delta x_2}{x_2} \right| = \left| \frac{\hat{x}_2 - x_2}{x_2} \right| = \left| \frac{0 - x_2}{x_2} \right| = 1,$$

dagegen für den zweiten Algorithmus, wenn $|a_1| \gg |a_0|$,

$$\left| \frac{\Delta x_2}{x_2} \right| = \left| \frac{\hat{x}_2 - x_2}{x_2} \right|$$

$$= \left| \frac{-a_0 + \left(\dfrac{a_1}{2} - \sqrt{\dfrac{a_1^2}{4} - a_0} \right)}{-\dfrac{a_1}{2} + \sqrt{\dfrac{a_1^2}{4} - a_0}} \right|$$

$$= \left| \frac{-\dfrac{a_0}{a_1} + \left(\dfrac{a_1}{2} - \sqrt{\dfrac{a_1^2}{4} - a_0} \right)}{-\dfrac{a_1}{2} + \sqrt{\dfrac{a_1^2}{4} - a_0}} \cdot \frac{-\dfrac{a_1}{2} - \sqrt{\dfrac{a_1^2}{4} - a_0}}{-\dfrac{a_1}{2} - \sqrt{\dfrac{a_1^2}{4} - a_0}} \right|$$

$$= \left| \frac{1}{2} - \sqrt{\frac{1}{4} - \frac{a_0}{a_1^2}} \right|$$

$$\approx 0.$$

Damit ist klar, daß für den Fall $|a_1| \gg |a_0|$ die Berechnung von x_2 gemäß (1.44) numerisch stabiler als die Berechnung gemäß (1.43) ist.

Übrigens sollte man, um einen zwischenzeitlichen Überlauf und damit einen Abbruch der Rechnung zu vermeiden, in (1.43) die Quadratbildung unter der Wurzel vermeiden. Beachtet man außerdem noch den Fall $|a_0| \gg |a_1|$, kommt man schließlich zu folgendem

Algorithmus 1.1:{Lösung der quadratischen Gleichung}
    if $\mathrm{abs}(a_1) \geq \mathrm{abs}(a_0)$ **then** $x_1 := -(a_1/2) * (1 + \mathrm{sqrt}(1 - (4 * a_0/a_1)/a_1))$
        else $x_1 := -(a_1/2) - (a_1/\mathrm{abs}(a_1)) * a_0 * \mathrm{sqrt}(\mathrm{sqr}(a_1/(2 * a_0)) - 1/a_0)$;
    $x_2 := a_0/x_1.$

Hierbei wurde vorausgesetzt, daß der Computer über eine Arithmetik für komplexe Zahlen verfügt. Ist das nicht der Fall, müßte noch eine Fallunterscheidung hinsichtlich des Vorzeichens des Terms unter der Quadratwurzel in den Algorithmus eingebaut werden.

2 Eigenwerte und Eigenvektoren

2.1 Einführung

Die Lösung der linearen, zeitinvarianten Differentialgleichung 1.Ordnung

$$\dot{x}(t) = ax(t) \tag{2.1}$$

für den Anfangswert $x(0) = x_0$ ist bekanntlich

$$x(t) = e^{at}x_0, \tag{2.2}$$

denn sie erfüllt die Anfangsbedingung für $t = 0$ und die Differentialgleichung (2.1):

$$\dot{x}(t) = \frac{d\left(e^{at}x_0\right)}{dt} = ae^{at}x_0 = ax(t). \tag{2.3}$$

Hätte die mathematische Beschreibung eines linearen, zeitinvarianten, dynamischen Systems der Ordnung n die Form

$$\begin{aligned}
\dot{x}_1(t) &= \lambda_1 x_1(t), \\
\dot{x}_2(t) &= \lambda_2 x_2(t), \\
&\vdots \\
\dot{x}_n(t) &= \lambda_n x_n(t),
\end{aligned}$$

oder mit dem *Zustandsvektor*

$$x \stackrel{\mathrm{def}}{=} \begin{pmatrix} x_1 \\ x_2 \\ \vdots \\ x_n \end{pmatrix} \tag{2.4}$$

die Form

$$\dot{x}(t) = \begin{pmatrix} \lambda_1 & 0 & \cdots & 0 \\ 0 & \lambda_2 & \ddots & \vdots \\ \vdots & \ddots & \ddots & 0 \\ 0 & \cdots & 0 & \lambda_n \end{pmatrix} x(t), \tag{2.5}$$

dann könnte man sofort die Gesamtlösung hinschreiben, da im einzelnen für die Anfangswerte $x_i(0) = x_{i,0}$ nach (2.2) die Lösungen

$$x_i(t) = e^{\lambda_i t}x_{i,0} \tag{2.6}$$

für $i = 1, 2, \ldots, n$ vorliegen, also allgemein

$$x(t) = \begin{pmatrix} e^{\lambda_1 t} & 0 & \cdots & 0 \\ 0 & e^{\lambda_2 t} & \ddots & \vdots \\ \vdots & \ddots & \ddots & 0 \\ 0 & \cdots & 0 & e^{\lambda_n t} \end{pmatrix} x_0. \tag{2.7}$$

Naheliegend ist folgende Frage: Gibt es Transformationsmatrizen T so, daß eine gegebene mathematische Beschreibung

$$\dot{x}(t) = A x(t) \tag{2.8}$$

mittels einer Ähnlichkeitstransformation auf die Form

$$\dot{\tilde{x}}(t) = \Lambda \tilde{x}(t) \tag{2.9}$$

transformiert werden kann, wobei Λ eine Diagonalmatrix wie in (2.5) ist?

Unter einer Ähnlichkeitstransformation versteht man dabei eine Basisänderung des Zustandsraums über die reguläre Transfomationsmatrix T gemäß

$$x = T\tilde{x}. \tag{2.10}$$

Wird (2.10) in (2.8) eingesetzt, erhält man zunächst

$$T\dot{\tilde{x}}(t) = AT\tilde{x}(t)$$

und nach Linksmultiplikation mit der inversen Transformationsmatrix

$$\dot{\tilde{x}}(t) = T^{-1}AT\tilde{x}(t). \tag{2.11}$$

Bezeichnet man die neue, durch Ähnlichkeitstransformation entstandene Systemmatrix mit $\tilde{A}$, also

$$\tilde{A} \stackrel{\text{def}}{=} T^{-1}AT, \tag{2.12}$$

erhält man schließlich die neue mathematische Beschreibung

$$\dot{\tilde{x}}(t) = \tilde{A}\tilde{x}(t). \tag{2.13}$$

Soll $\tilde{A}$ eine Diagonalmatrix Λ sein, muß gelten

$$T^{-1}AT = \Lambda, \tag{2.14}$$

oder

$$AT = T\Lambda. \tag{2.15}$$

Mit $T = [t_1, t_2, \ldots, t_n]$ wird dann aus (2.15)

$$[At_1, At_2, \ldots, At_n] = [\lambda_1 t_1, \lambda_2 t_2, \ldots, \lambda_n t_n], \tag{2.16}$$

d.h., es ist

$$At_i = \lambda_i t_i \tag{2.17}$$

oder

$$(\lambda_i \boldsymbol{I} - \boldsymbol{A})\boldsymbol{t}_i = \boldsymbol{o} \qquad (2.18)$$

für $i = 1, 2, \ldots, n$. Die oben gestellte Frage nach der Transformierbarkeit auf Diagonalform lautet jetzt: Gibt es n Zahlen λ_i und n zugehörige Spaltenvektoren $\boldsymbol{t}_i$ derart, daß (2.17) bzw. (2.18) erfüllt ist?

Die Gleichung (2.18) hat nur dann nicht triviale Lösungen $\boldsymbol{t}_i \neq \boldsymbol{o}$, wenn die $n \times n$–Matrix $(\lambda_i \boldsymbol{I} - \boldsymbol{A})$ nicht den vollen Rang n hat, d.h., wenn gilt

$$\det(\lambda_i \boldsymbol{I} - \boldsymbol{A}) = 0. \qquad (2.19)$$

Die Determinante

$$\det(\lambda \boldsymbol{I} - \boldsymbol{A}) = \begin{vmatrix} (\lambda - a_{11}) & -a_{12} & \cdots & -a_{1n} \\ -a_{21} & (\lambda - a_{22}) & \cdots & -a_{2n} \\ \vdots & \ddots & \ddots & \vdots \\ -a_{n1} & \cdots & -a_{n,n-1} & (\lambda - a_{nn}) \end{vmatrix} \qquad (2.20)$$

ist ein Polynom des Grades n in λ und wird *charakteristisches Polynom* und die Gleichung

$$\det(\lambda \boldsymbol{I} - \boldsymbol{A}) = \lambda^n + a_{n-1}\lambda^{n-1} + \cdots + a_1\lambda + a_0 = 0 \qquad (2.21)$$

charakteristische Gleichung der Matrix $\boldsymbol{A}$ genannt. Die n Nullstellen λ_i der charakteristischen Gleichung (2.21) heißen *Eigenwerte* und die zugehörigen, die Gleichung (2.18) erfüllenden Vektoren $\boldsymbol{t}_i \neq \boldsymbol{o}$ *Eigenvektoren* der Matrix $\boldsymbol{A}$.

Die Eigenwerte geben Auskunft über das dynamische Verhalten eines Systems; denn ist der Eigenwert λ_i eine positive reelle Zahl, so strebt der zugehörige Lösungsterm $e^{\lambda_i t}$ mit zunehmender Zeit über alle Grenzen. Ist dagegen der Eigenwert λ_i eine negative reelle Zahl, strebt $e^{\lambda_i t}$ gegen Null. Eine charakteristische Gleichung mit nur reellen Koeffizienten kann aber auch komplexe Nullstellen haben, die dann allerdings immer als konjugiert komplexes Eigenwertpaar auftreten müssen. Denn mit dem Gesetz für komplexe Zahlen

$$\overline{a+b} = \overline{a} + \overline{b} \quad \text{und} \quad \overline{a \cdot b} = \overline{a} \cdot \overline{b}, \qquad (2.22)$$

wobei $\overline{a}$ die zu a konjugiert komplexe Zahl ist, folgt aus der charakteristischen Gleichung für den komplexen Eigenwert $\lambda_i = \alpha_i + j\,\omega_i$ zunächst

$$\lambda_i^n + a_{n-1}\lambda_i^{n-1} + \cdots + a_1\lambda_i + a_0 = 0. \qquad (2.23)$$

Aus der zu (2.23) konjugiert komplexen charakteristischen Gleichung

$$\overline{\lambda^n + a_{n-1}\lambda_i^{n-1} + \cdots + a_1\lambda_i + a_0} = 0 \qquad (2.24)$$

folgt mit den Gesetzen (2.22)

$$\overline{\lambda}_i^n + a_{n-1}\overline{\lambda}^{n-1} + \cdots + a_1\overline{\lambda}_i + a_0 = 0, \qquad (2.25)$$

also, daß auch die konjugiert komplexe Zahl $\overline{\lambda}_i = \alpha_i - j\omega_i$ eine Nullstelle der charakteristischen Gleichung ist.

Außerdem können auch einige der Nullstellen gleich sein. So hat beispielsweise die charakteristische Gleichung dritten Grades

$$\lambda^3 - 5\lambda^2 + 12\lambda - 8 = 0 \tag{2.26}$$

die dreifache Nullstelle $\lambda = 2$; denn statt (2.26) kann man auch schreiben

$$(\lambda - 2)^3 = 0. \tag{2.27}$$

Ein charakteristisches Polynom des Grades n hat also genau n Nullstellen, wenn die Mehrfachnullstellen entsprechend ihrer Vielfachheit gezählt werden.

Damit ist scheinbar das Problem der Eigenwertermittlung gelöst, denn man braucht ja nur die Koeffizienten des charakteristischen Polynoms zu berechnen und kann anschließend seine Nullstellen ermitteln.

Je größer aber n ist, desto größer wird der Aufwand für die Berechnung der Polynomkoeffizienten aus den gegebenen Elementen der Systemmatrix A. Die *berechneten* Polynomkoeffizienten a_i sind mit Rundungsfehlern behaftet, die um so größer werden, je größer die Ordnung n des Systems ist. Nun können sich aber die Nullstellen eines Polynoms unter Umständen sehr stark ändern, wenn die Polynomkoeffizienten selbst nur sehr geringfügig verändert werden. Darin liegt das größte Problem, denn es führt dazu, daß für große Systemordnungen n die Berechnung der Eigenwerte der Systemmatrix als Nullstellen des charakteristischen Polynoms unannehmbar wird!

Die große Empfindlichkeit der Nullstellen eines Polynoms gegenüber Änderungen der Polynomkoeffizienten zeigt ein berühmtes Beispiel von WILKINSON [1.8]:

Beispiel 2.1: Das Polynom des Grades 20

$$\prod_{i=1}^{20}(\lambda - i) = (\lambda - 1)(\lambda - 2)\cdots(\lambda - 20)$$
$$= \lambda^{20} - 210\lambda^{19} + - \cdots + \underbrace{20!}_{2.4329...10^{18}}$$

hat natürlich die Wurzeln $1,2,3,\ldots,20$. Ändert man jetzt nur den Koeffizienten $a_{19} = -210$ des Polynoms in

$$a_{19} = -210 - 2^{-23} = -210 - 1.192\ldots10^{-7},$$

werden zwar die kleineren Nullstellen kaum verändert, aber die größten Nullstellen reagieren sehr empfindlich. WILKINSON gibt folgende Nullstellen λ_i für das geänderte Polynom an:

$$\begin{aligned}
\lambda_1 &= 1.000\,000\,000\\
\lambda_2 &= 2.000\,000\,000\\
\lambda_3 &= 3.000\,000\,000\\
\lambda_4 &= 4.000\,000\,000\\
\lambda_5 &= 4.999\,999\,928\\
\lambda_6 &= 6.000\,006\,944\\
\lambda_7 &= 6.999\,697\,234
\end{aligned}$$

$$
\begin{aligned}
\lambda_8 &= 8.007\,267\,603 \\
\lambda_9 &= 8.917\,250\,249 \\
\lambda_{10,11} &= 10.095\,266\,145 \pm j \cdot 0.643\,500\,904 \\
\lambda_{12,13} &= 11.793\,633\,881 \pm j \cdot 1.652\,329\,728 \\
\lambda_{14,15} &= 13.992\,358\,137 \pm j \cdot 2.518\,830\,070 \\
\lambda_{16,17} &= 16.730\,737\,466 \pm j \cdot 2.812\,624\,894 \\
\lambda_{18,19} &= 19.502\,439\,400 \pm j \cdot 1.940\,330\,347 \\
\lambda_{20} &= 20.846\,908\,101.
\end{aligned}
$$

Zehn Nullstellen sind komplex geworden! Die größte relative Änderung tritt bei der Nullstelle λ_{16} mit 18.16% auf. Vergleicht man diese relative Änderung mit der des Polynomkoeffizienten a_{19} von

$$
\frac{1.192\ldots 10^{-7}}{210} = 5.676\ldots 10^{-10},
$$

erkennt man, wie schlecht konditioniert das Problem ist! $\qquad\square$

Für die numerische Berechnung der Eigenwerte einer Matrix $\boldsymbol{A}$ ist es deshalb oft günstiger, die Matrix $\boldsymbol{A}$ durch Ähnlichkeitstransformationen so umzuformen, daß eine Diagonal- oder Dreiecksmatrix bzw. eine Blockdreiecksmatrix vorliegt, bei der man die Eigenwerte direkt ablesen kann. Hierbei muß natürlich gewährleistet sein, daß die Eigenwerte durch solche Transformationen nicht verändert werden. Dies ist bei Ähnlichkeitstransformationen aber der Fall, denn es gilt das

Lemma 2.1 *Ähnliche Matrizen haben gleiche Eigenwerte.*

Beweis: Unter Beachtung der Regeln

$$
\det(\boldsymbol{M}_1 \boldsymbol{M}_2) = \det(\boldsymbol{M}_1)\det(\boldsymbol{M}_2)
$$

und

$$
\det(\boldsymbol{M}^{-1}) = 1/\det(\boldsymbol{M})
$$

erhält man für die charakteristischen Polynome ähnlicher Matrizen:

$$
\begin{aligned}
\det(\lambda \boldsymbol{I} - \boldsymbol{T}^{-1}\boldsymbol{A}\boldsymbol{T}) &= \det(\lambda \boldsymbol{T}^{-1}\boldsymbol{T} - \boldsymbol{T}^{-1}\boldsymbol{A}\boldsymbol{T}) \\
&= \det(\boldsymbol{T}^{-1}(\lambda \boldsymbol{I} - \boldsymbol{A})\boldsymbol{T}) \\
&= \det(\boldsymbol{T}^{-1})\det(\lambda \boldsymbol{I} - \boldsymbol{A})\det(\boldsymbol{T}) \\
&= \det(\lambda \boldsymbol{I} - \boldsymbol{A}).
\end{aligned}
\qquad\square
$$

Bevor im übernächsten Abschnitt 2.3 auf Verfahren zur Eigenwertermittlung durch numerisch stabile Ähnlichkeitstransformationen näher eingegangen wird, soll zunächst im folgenden Abschnitt 2.2 doch noch auf die Ermittlung der Eigenwerte über die charakteristische Gleichung für Systeme niedriger Ordnung eingegangen werden. Dies aus im wesentlichen zwei Gründen:

1. Es liegt oft bereits eine Systembeschreibung in Form einer Übertragungsfunktion vor, bei der das Nennerpolynom gleich dem charakteristischen Polynom ist.

2. Es gibt bekanntlich bis einschließlich der Ordnung $n = 4$ Lösungsformeln für die direkte Berechnung der Polynomnullstellen.

Mit Hilfe dieser Lösungsformeln und der Intervallrechnung können dann auch leicht direkt Nullstellenbereiche in der komplexen Zahlenebene berechnet werden, wenn die Polynomkoeffizienten selbst als Intervalle vorliegen.

2.2 Ermittlung der Eigenwerte aus der charakteristischen Gleichung

Die Nullstellen von Polynomen zweiten, dritten oder vierten Grades können bekanntlich aus den Polynomkoeffizienten durch rationale Operationen und Wurzelziehen berechnet werden. Anfangs des 19. Jahrhunderts haben ABEL und GALOIS bewiesen, daß das für Polynome fünften und höheren Grades im allgemeinen nicht mehr der Fall ist [2.1].

2.2.1 Quadratische Gleichungen

Die quadratische Gleichung

$$\lambda^2 + a_1\lambda + a_0 = 0 \tag{2.30}$$

ist durch „Wurzelziehen" lösbar:

$$\lambda_{1,2} = -\frac{a_1}{2} \pm \sqrt{\frac{a_1^2}{4} - a_0}. \tag{2.31}$$

Um im Rechner durch die Quadratbildung unter der Wurzel, wenn $a_1 \neq 0$ ist, einen Überlauf zu vermeiden, ist es besser, (2.31) zunächst so umzuformen

$$\lambda_{1,2} = -\frac{a_1}{2}\left[1 \pm \sqrt{1 - 4(a_0/a_1)/a_1}\right]. \tag{2.32}$$

Ist außerdem noch

$$|4(a_0/a_1)/a_1| \ll 1,$$

so ist die Wurzel annähernd gleich Eins und es kann bei der Subtraktion der beiden fast gleichen Zahlen in den eckigen Klammern der Auslöschungseffekt wirksam werden. Deshalb sollte man, wie bereits in Abschnitt 1.4 erwähnt, λ_1 zwar mit dem positiven Wurzelvorzeichen gemäß (2.32), aber λ_2 über einen der VIETAschen Wurzelsätze, nämlich $\lambda_1 \cdot \lambda_2 = a_0$, berechnen, so daß man insgesamt diesen Lösungsalgorithmus für die quadratische Gleichung (2.30) erhält:

Algorithmus 2.2:
      if $4(a_0/a_1)/a_1 \leq 1$ then Algorithmus 1.1 {mit $\lambda_1 := x_1$ und $\lambda_2 := x_2$}
      else $\lambda_{1,2} := -(a_1/2) \pm j \cdot (a_1/2) * \mathrm{sqrt}((4 * a_0/a_1)/a_1 - 1)$.

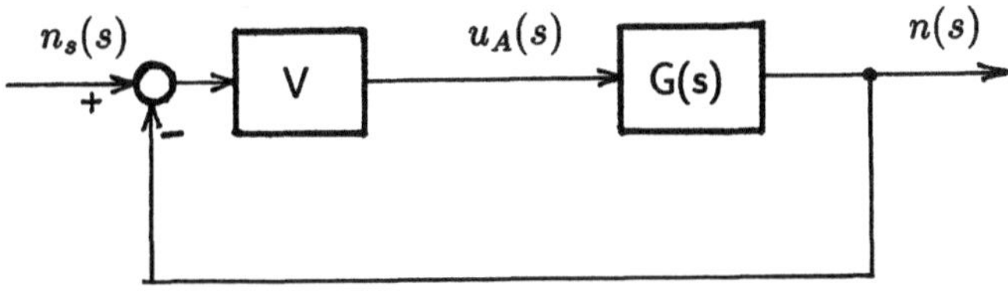

Abb. 2.1: Drehzahlregelkreis

In der regelungstechnischen Praxis kommt es häufig vor, daß sich die Parameter eines zu regelnden dynamischen Systems in gewissen Grenzen ändern können, die Koeffizienten des zugehörigen charakteristischen Polynoms also nicht mehr reelle Zahlen, sondern Intervalle sind.

Beispiel 2.2: Es soll für einen Gleichstrommotor mit der Übertragungsfunktion

$$G(s) = \frac{n(s)}{u_A(s)} = \frac{q}{s^2 + p\,s + q} \tag{2.33}$$

zwischen der Ankerspannung $u_A(s)$ als Eingangsgröße und der Drehzahl $n(s)$ als Ausgangsgröße ein Drehzahlregelkreis mit einem Verstärker als Regler gemäß Abbildung 2.1 aufgebaut werden. In der Übertragungsfunktion $G(s)$ des Gleichstrommotors hängt der Koeffizient p von den elektrischen Daten des Gleichstrommotors ab. Er sei gleich 20 und mit $\pm 2\%$ Genauigkeit bekannt. Der Koeffizient q wird durch das Trägheitsmoment des rotierenden Teils des Motors bestimmt und kann durch verschiedene anzutreibende Lastmassen z.B. zwischen 20 und 40 liegen. p und q sind also eigentlich Intervalle, nämlich $[p] = [19.6, 20.4]$ und $[q] = [20, 40]$. Der Verstärkungsfaktor V des Reglers sei von 1 bis 50 einstellbar, also auch wieder ein Intervall $[V] = [1, 50]$. Zwischen dem Drehzahlistwert $n(s)$ und dem Drehzahlsollwert $n_S(s)$ erhält man dann den Zusammenhang

$$\begin{aligned} F(s) &= \frac{n(s)}{n_S(s)} \\ &= \frac{[V]\,G(s)}{1 + [V]\,G(s)} \\ &= \frac{[V] \cdot [q]}{s^2 + [p] \cdot s + [q](1 + [V])} \tag{2.34} \\ &= \frac{[b]}{s^2 + [a_1] \cdot s + [a_0]}, \end{aligned}$$

wobei

$$[b] = [V] \cdot [q] = [1, 50] \cdot [20, 40] = [20, 2000],$$

$$[a_0] = [q](1 + [V]) = [20, 40] \cdot [2, 51] = [40, 2040]$$

und das Intervall

$$[a_1] = [p] = [19.6, 20.4]$$

ist. In welchem Gebiet der komplexen Zahlenebene können nun die das dynamische Verhalten des Gesamtregelkreises bestimmenden Pole der Übertragungsfunktion $F(s)$, das sind die Nullstellen des Nennerpolynoms $s^2 + [a_1]s + [a_0]$, liegen? □

Da bei realen Systemen kaum so große Parameterwerte auftreten werden, daß deren Quadrat in die Nähe der größten Computer-Maschinenzahl kommt, wird bei der intervallmäßigen Auswertung der quadratischen Gleichung

$$\lambda^2 + [a_1]\lambda + [a_0] = 0 \tag{2.35}$$

von der Lösung (2.31) ausgegangen:

$$[\lambda_{1,2}] = -[a_1]/2 \pm \sqrt{[a_1]^2/4 - [a_0]}, \tag{2.36}$$

wobei die Lösungen $[\lambda_1]$ und $[\lambda_2]$ komplexe Intervalle sein können.

Algorithmus 2.3:{Intervall-Lösung der quadratischen Gleichung (2.35)}
```
W:=ISQR(A1)/4-A0;
NULL:=INTPT(0);
WC:=CICOMPL(W,NULLI);
L:=CISQRT(W);
LAMBDA1:=-A1/2+L;
LAMBDA2:=-A1/2-L.
```

Hierbei bedeutet ISQR das Quadrat eines Intervalls, NULLI= $[0,0]$ das Nullintervall, CISQRT die Wurzel aus einem komplexen Intervall und INTPT sowie CICOMPL sogenannte Transferfunktionen, wobei INTPT aus dem Argument ein Punktintervall und CICOMPL aus den Argumenten ein komplexes Intervall macht.

Beispiel 2.3: Für das Polynom

$$\lambda^2 + [19.6, 20.4]\lambda + [40, 2040] = 0 \tag{2.37}$$

aus Beispiel 2.2 erhält man mit Hilfe des Algorithmus 2.3 die beiden komplexen Lösungsintervalle

$$[\lambda_1] = [-11, -1.7] + j \cdot [-45, 0] \tag{2.38}$$

und

$$[\lambda_2] = [-19, -9.8] + j \cdot [0, 45], \tag{2.39}$$

die in Abb. 2.2 dargestellt sind. □

Ein komplexes Intervall $[a] = [\underline{a}, \overline{a}]$ ist ein Rechteck in der komplexen Zahlenebene, dessen linke untere Ecke die komplexe Zahl $\underline{a}$ und dessen rechte obere Ecke die komplexe Zahl $\overline{a}$ ist, siehe Abb. 2.3.

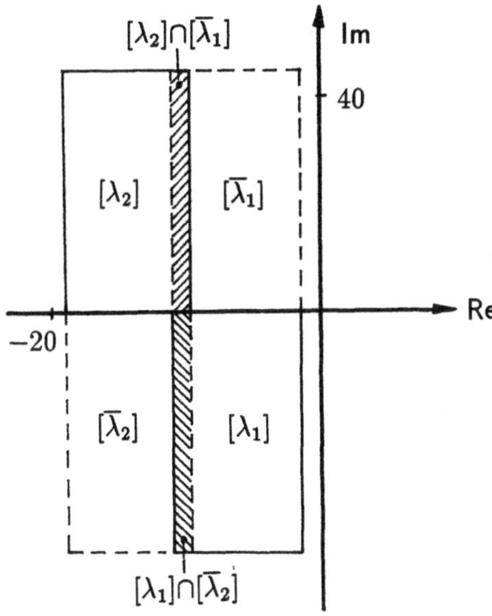

Abb. 2.2: Lösungsintervalle der quadratischen Intervallgleichung (2.37)

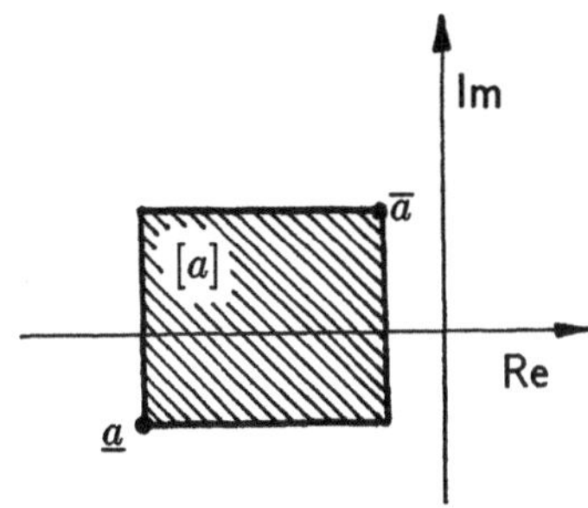

Abb. 2.3: Komplexes Intervall

Da im Beispiel 2.3 die Lösungsintervalle $[\lambda_1]$ und $[\lambda_2]$ für die Nullstellen der quadratischen Gleichung sowohl relle als auch komplexe Nullstellen umfassen, werden vor allem die Bereiche für die komplexen Nullstellen überschätzt. Dies kann aber sofort dadurch korrigiert werden, daß berücksichtigt wird, daß bei reellen Polynomkoeffizienten komplexe Nullstellen stets als konjugiert komplexes Paar auftreten müssen. Also müssen die komplexen Lösungen der Menge $[\lambda_1]$ auch in der konjugiert komplexen Menge von $[\lambda_2]$, d.h. in dem Durchschnitt $[\lambda_1] \cap [\overline{\lambda}_2]$ liegen. Entsprechend müssen die dazu konjugiert komplexen Nullstellen in dem Durchschnitt $[\lambda_2] \cap [\overline{\lambda}_1]$ enthalten sein. Deshalb kommen als Lösungsmengen für komplexe Nullstellen nur die in Abb. 2.2 schraffierten Gebiete $[\lambda_1] \cap [\overline{\lambda}_2]$ und $[\lambda_2] \cap [\overline{\lambda}_1]$ neben dem in eckigen Klammern eingeschlossenen Intervall auf der reellen Achse für die reellen Nullstellen in Frage.

2.2.2 Kubische Gleichungen

Die allgemeine kubische Gleichung

$$\lambda^3 + a_2 \lambda^2 + a_1 \lambda + a_0 = 0 \tag{2.40}$$

kann zunächst durch die Transformation

$$\lambda = x - a_2/3 \tag{2.41}$$

auf die Form

$$x^3 + px + q = 0 \tag{2.42}$$

gebracht werden, wobei p und q mit a_0, a_1 und a_2 so zusammenhängen

$$p \stackrel{\text{def}}{=} a_1 - a_2/3, \tag{2.43}$$

$$q \stackrel{\text{def}}{=} 2a_2^3/27 - a_1 a_2/3 + a_0. \tag{2.44}$$

Für $p = 0$ ist die Lösung der reduzierten Gleichung (2.42) trivial, so daß im folgenden immer $p \neq 0$ vorausgesetzt wird. Mit

$$k \stackrel{\text{def}}{=} -\frac{q}{2} \pm \sqrt{\left(\frac{q}{2}\right)^2 + \left(\frac{p}{3}\right)^3} \tag{2.45}$$

und

$$e \stackrel{\text{def}}{=} -\frac{1}{2} + \frac{\sqrt{3}}{2}j, \quad \text{also} \quad e^2 = -\frac{1}{2} - \frac{\sqrt{3}}{2}j, \tag{2.46}$$

erhält man zunächst die Zwischenwerte

$$u_1 = \sqrt[3]{k}, u_2 = eu_1, u_3 = e^2 u_1, \tag{2.47}$$

und

$$v_i = -\frac{p}{3u_i}; i = 1, 2 \quad \text{und} \quad 3, \tag{2.48}$$

und damit schließlich die Lösungen der reduzierten Gleichung (2.42):

$$x_1 = u_1 + v_1 \tag{2.49}$$

$$x_2 = u_2 + v_2 = eu_1 + e^2 v_1 = -\frac{u_1 + v_1}{2} + j\frac{u_1 - v_1}{2}\sqrt{3}, \qquad (2.50)$$

$$x_3 = u_3 + v_3 = e^2 u_1 + e v_1 = -\frac{u_1 + v_1}{2} - j\frac{u_1 - v_1}{2}\sqrt{3}. \qquad (2.51)$$

Das ist die bekannte Lösung nach CARDANO.

Die endgültigen Lösungen der allgemeinen kubischen Gleichung (2.40) erhält man dann gemäß (2.41) schließlich zu

$$\lambda_1 = x_1 - \frac{a_2}{3}, \qquad (2.52)$$

$$\lambda_2 = x_2 - \frac{a_2}{3}, \qquad (2.53)$$

$$\lambda_3 = x_3 - \frac{a_2}{3}. \qquad (2.54)$$

Damit während der Nullstellenberechnung mit Hilfe eines Computers, z.B. bei der Quadrat- oder Kubikbildung kein Überlauf auftritt, können die Lösungsformeln, ähnlich wie bei den quadratischen Gleichungen (siehe Formel (2.32)), modifiziert werden, worauf hier aber nicht weiter eingegangen werden soll.

Mit Hilfe der z.B. in PASCAL-SC möglichen komplexen Arithmetik erhält man so den folgenden Algorithmus für die Lösung der allgemeinen kubischen Gleichung (2.4):

Algorithmus 2.4: {Lösung der kubischen Gleichung (2.40) mit Hilfe komplexer Arithmetik}

```
P := A1 - SQR(A2)/3;
Q := 2 * A2 * SQR(A2)/27 - A2 * A1/3 + A0;
W := SQR(Q/2) + P * SQR(P)/27;
CW := COMPL(W, 0);
WURZELCW := CSQRT(CW);
CQ := COMPL(Q, 0);
K := CQ/2 + WURZELCW;
E := COMPL(-0.5, SQRT(3)/2);
EQUADRAT := CONJ(E);
U1 := CCUBRT(K);
V1 := -P/(3 * U1);
A2DRITTEL := COMPL(A2/3, 0);
LAMBDA1 := U1 + V1 - A2DRITTEL;
LAMBDA2 := E * U1 + EQUADRAT * V1 - A2DRITTEL;
LAMBDA3 := EQUADRAT * U1 + E * V1 - A2DRITTEL.
```

Hierbei bedeutet $CSQRT(a)$ die Quadratwurzel aus der komplexen Zahl a, $CONJ(a)$ bildet die konjugiert komplexe Zahl $\bar{a}$ der komplexen Zahl a und die Transferfunktion $COMPL(a, b)$ erzeugt aus den beiden reellen Zahlen a und b die komplexe Zahl $a + jb$.

Eine intervallmäßige Auswertung der Lösungen von CARDANO ist im allgemeinen nicht möglich, da das dabei auftretende Intervall $U1$ die Null enthalten kann und für die Berechnung des Intervalls $V1$ durch dieses Intervall $U1$ geteilt werden muß.

2.2.3 Polynome höheren Grades

Das bekannteste Verfahren zur Ermittlung von Polynomnullstellen ist das Iterationsverfahren von NEWTON, das allerdings den Nachteil hat, daß es von einem Polynom mit
reellen Koeffizienten nur die reellen Nullstellen ermittelt, nicht aber die eventuell auch
auftretenden konjugiert komplexen Nullstellenpaare. Dies kann aber z.B. das MULLER-
Verfahren, das eine Erweiterung des Bisektionsverfahrens ist [1.1].

Auf diese Verfahren soll hier jedoch nicht weiter eingegangen werden, denn im folgenden Abschnitt wird ausführlich ein numerisch stabiles Verfahren zur Eigenwertermittlung von reellen Matrizen beschrieben, das sich sofort auch zur Nullstellenermittlung
von Polynomen verwenden läßt; denn es gilt das

Lemma 2.5: *Die $n \times n$-Matrix*

$$
\boldsymbol{A} := \begin{pmatrix}
-a_{n-1} & -a_{n-2} & \cdots & -a_1 & -a_0 \\
1 & 0 & \cdots & \cdots & 0 \\
0 & 1 & \ddots & & 0 \\
\vdots & & \ddots & \ddots & \vdots \\
0 & \cdots & 0 & 1 & 0
\end{pmatrix}
\tag{2.55}
$$

hat das charakteristische Polynom

$$
\lambda^n + a_{n-1}\lambda^{n-1} + \cdots + a_1\lambda + a_0.
\tag{2.56}
$$

Beweis: Der Beweis kann leicht durch Entwickeln der Determinante der Matrix

$$
\lambda\boldsymbol{I} - \boldsymbol{A} = \begin{pmatrix}
(\lambda + a_{n-1}) & a_{n-2} & \cdots & a_1 & a_0 \\
-1 & \lambda & 0 & \cdots & 0 \\
0 & -1 & \ddots & \ddots & \vdots \\
\vdots & & \ddots & \ddots & \lambda & 0 \\
0 & & \cdots & 0 & -1 & \lambda
\end{pmatrix}
\tag{2.57}
$$

nach der ersten Zeile geführt werden. $\square$

Liegt also das Problem der Nullstellenermittlung eines Polynoms (2.56) vor, dann
kann man dieses Problem auf die Eigenwertermittlung der zugehörigen sogenannten
Begleitmatrix (2.55) zurückführen! In dieser Begleitmatrix stehen in der ersten Zeile
die negativen Polynomkoeffizienten, in der unteren Nebendiagonalen Einsen und sonst
Nullen.

2.3 Eigenwertermittlung mittels orthogonaler Ähnlichkeitstransformationen

2.3.1 Allgemeine SCHUR-Form

Zunächst soll gezeigt werden, was mit Ähnlichkeitstransformationen mittels orthogonaler Matrizen bezüglich der Vereinfachung der Systemmatrix A erreicht werden kann. Unter orthogonalen Matrizen versteht man:

Definition 2.6: *Wenn für eine Matrix Q gilt*

$$Q^T Q = I, \tag{2.58}$$

dann heißt sie **orthogonal**.

Aus (2.58) folgt natürlich sofort, daß man die Inverse einer orthogonalen Matrix einfach durch eine Matrizentransponierung erhält:

$$Q^{-1} = Q^T. \tag{2.59}$$

Also kann die Inverse einer orthogonalen Matrix ohne jede numerische Schwierigkeit sofort angegeben werden. Ist außerdem die orthogonale Matrix Q auch noch *symmetrisch*, d.h., ist $Q^T = Q$, dann folgt aus (2.58) sogar

$$Q^2 = I.$$

Ausschließlich orthogonale Matrizen sollen aber vor allem deshalb verwendet werden, weil bei einer Ähnlichkeitstransformation mit solchen Matrizen die Konditionszahl $\kappa(A)$ nicht verändert wird, denn es gilt das

Lemma 2.7: *Wenn Q eine orthogonale Matrix ist, dann ist*

$$\kappa(QA) = \kappa(A). \tag{2.60}$$

Beweis: Nach (1.41) ist die Konditionszahl $\kappa(A) := \|A\|_2 \|A^{-1}\|_2$ und außerdem gilt für die EUKLIDische Norm

$$\|A\|_2 = \max_{x \neq 0} \sqrt{\frac{x^T A^T A x}{x^T x}}.$$

Für eine orthogonale Matrix Q ist also wegen (2.58)

$$\|Q\|_2 = 1, \tag{2.61}$$

d.h. $\kappa(Q) = 1$, da auch $\|Q^{-1}\|_2 = \|Q^T\|_2 = \|Q\|_2 = 1$ ist. Damit erhält man aber

$$\|A\|_2 = \|Q^T Q A\|_2 \leq \|Q^T\|_2 \|QA\|_2 \leq \|Q\|_2 \|A\|_2 = \|A\|_2, \tag{2.62}$$

d.h., überall muß das Gleichheitszeichen gelten. Entsprechend erhält man

$$\|A^{-1}\|_2 = \|A^{-1}Q^T\|_2,$$

also insgesamt

$$\begin{aligned}
\kappa(QA) = \|QA\| \cdot \|(QA)^{-1}\| &= \|QA\| \cdot \|A^{-1}Q^T\| \\
&= \|A\| \cdot \|A^{-1}\| \\
&= \kappa(A).
\end{aligned} \tag{2.63}$$

$\square$

Die ursprüngliche Matrix A transformiert man nun mit Hilfe endlich vieler orthogonaler Ähnlichkeitstransformationen

$$\begin{aligned}
A_1 &= Q_1^T A Q_1, \\
A_2 &= Q_2^T A_1 Q_2 \\
&\vdots \\
A_N &= Q_N^T A_{N-1} Q_N
\end{aligned} \tag{2.64}$$

in eine einfacher strukturierte Matrix $\overline{A}$,

$$\overline{A} \stackrel{\text{def}}{=} A_N = Q^T A Q, \tag{2.65}$$

wobei $Q \stackrel{\text{def}}{=} Q_1 Q_2 \cdots Q_N$ ist.

Gesucht ist jetzt die einfachste Form $\overline{A}$, auf die man mittels orthogonaler Matrizen eine gegebene Matrix A ähnlichtransformieren kann. Die für das Eigenwertproblem einfachste Form wäre eine *Dreiecksform*, denn dann stünden in der Hauptdiagonalen dieser (z.B. oberen) Dreiecksmatrix die Eigenwerte. Eine solche Transformation ist tatsächlich mit Hilfe von *unitären* Transformationsmatrizen möglich. Unitäre Matrizen sind so definiert:

Definition 2.8: *Eine komplexe Matrix* $Q \in \mathbb{C}^{n \times n}$ *heißt* **unitär**, *wenn*

$$Q^H Q = I \tag{2.66}$$

ist, wobei Q^H *die konjugiert komplexe, transponierte Matrix zu* Q *ist.*

Auch für unitäre Matrizen gilt

$$Q^{-1} = Q^H; \tag{2.67}$$

ist sie darüberhinaus auch noch symmetrisch, gilt sogar

$$Q^2 = I. \tag{2.68}$$

Die Ähnlichkeitstransformation einer Matrix auf obere Dreiecksform mittels *reeller* Transformationsmatrizen gelingt nicht immer, da die auf der Hauptdiagonalen stehenden Eigenwerte auch komplex sein können! Es gilt jedoch allgemein der

Satz 2.9

> *Jede quadratische Matrix A kann durch eine unitäre Ähnlichkeitstransformation $Q^H A Q$ auf obere Dreiecksform,*
>
> $$\overline{A} = \begin{pmatrix} \lambda_1 & * & \cdots & * \\ 0 & \lambda_2 & \ddots & \vdots \\ \vdots & \ddots & \ddots & * \\ 0 & \cdots & 0 & \lambda_n \end{pmatrix},$$
>
> *genannt* **allgemeine SCHUR–Form**, *gebracht werden, wobei die Eigenwerte der Matrix A auf der Hauptdiagonalen von $\overline{A}$ liegen.*

Beweis: Sei λ_1 ein Eigenwert und x_1 der zugehörige, normalisierte Eigenvektor der Matrix A. Dann können immer den Eigenvektor x_1 ergänzende Vektoren $y_2, y_3, \ldots, y_n$ so gefunden werden, daß die n Vektoren zusammen eine orthogonale Basis bilden. Vektoren heißen *orthonormal*, wenn sie die Länge Eins haben, d.h., wenn $\|x_i\| = 1$, und paarweise für $i \neq j$ gilt $x_i^T x_j = 0$. Die Matrix

$$Q_1 := [x_1, Y], \tag{2.69}$$

wobei $Y = [y_2, \ldots, y_n]$ ist, ist dann unitär und insbesondere ist wegen der Orthogonalität sämtlicher Vektoren

$$Y^H x_1 = o. \tag{2.70}$$

Mit $A x_1 = \lambda_1 x_1$ ist deshalb

$$\begin{aligned} Q_1^H A Q_1 &= \begin{pmatrix} x_1^H \\ Y^H \end{pmatrix} A [x_1, Y] \\ &= \begin{pmatrix} x_1^H \\ Y^H \end{pmatrix} [\lambda_1 x_1, AY] \\ &= \begin{pmatrix} \lambda_1 & x_1^H A Y \\ o_{n-1} & Y^H A Y \end{pmatrix} \\ &= \begin{pmatrix} \lambda_1 & z^H \\ o_{n-1} & A_2 \end{pmatrix}, \end{aligned} \tag{2.71}$$

wobei o_{n-1} ein Nullvektor der Dimension $n-1$ ist. Der Beweis wird jetzt durch vollständige Induktion geführt. Der Satz ist für $n = 2$ wahr, denn dafür hat (2.71) bereits die gewünschte Form. Sei nun A eine $n \times n$-Matrix und der Satz für $n-1$ wahr. Dann ist A_2 in (2.72) eine $(n-1) \times (n-1)$-Matrix und es existiert eine unitäre $(n-1) \times (n-1)$-Matrix Q_2 so, daß $Q_2^H A_2 Q_2$ eine obere Dreiecksmatrix ist. Die $n \times n$-Matrix

$$\overline{Q}_2 \stackrel{\text{def}}{=} \begin{pmatrix} 1 & o_{n-1}^T \\ o_{n-1} & Q_2 \end{pmatrix}$$

ist dann ebenfalls unitär und es ist

$$
\begin{aligned}
\overline{Q}_2^H Q_1^H A Q_1 \overline{Q}_2 &= \begin{pmatrix} 1 & o_{n-1}^T \\ o_{n-1} & Q_2^H \end{pmatrix} \begin{pmatrix} \lambda_1 & z^H \\ o_{n-1} & A_2 \end{pmatrix} \begin{pmatrix} 1 & o_{n-1}^T \\ o_{n-1} & Q_2 \end{pmatrix} \\
&= \begin{pmatrix} \lambda_1 & z^H Q_2 \\ o_{n-1} & Q_2^H A_2 Q_2 \end{pmatrix},
\end{aligned}
\tag{2.72}
$$

also ist $(Q_1 \overline{Q}_2)^H A (Q_1 \overline{Q}_2)$ in oberer Dreiecksform. Da die Eigenwerte von ähnlichen Matrizen gleich sind, ist der Satz 2.9 damit bewiesen. $\square$

Bei diesem Satz 2.9 ist zum einen zu beachten, daß die Transformationsmatrizen komplexe Elemente enthalten können, also gegebenenfalls im Computer eine komplexe Arithmetik zur Verfügung stehen muß, was z.B. in PASCAL-SC aber nicht im allgemeinen der Fall ist. Deshalb wird generell die Transformation auf die in Abschnitt 2.3.5 beschriebene *reelle* SCHUR-*Form* bevorzugt, bei der man mit reellen Transformationsmatrizen auskommt.

Zum anderen ist zu beachten, daß das im Beweis des Satzes 2.9 beschriebene Vorgehen das Bekanntsein sämtlicher Eigenwerte und Eigenvektoren voraussetzt. Der Satz 2.9 soll deshalb nur zeigen, daß eine solche Transformation *prinzipiell möglich* ist. *Wie* man diese Transformation ohne die Kenntnis der Eigenwerte und -vektoren trotzdem numerisch stabil durchführen kann, ist Inhalt des nächsten Abschnitts.

Die zuverlässigste Methode für die Eigenwertermittlung ist die sogenannte *QR-Methode*, bei der als Transformationsmatrizen HOUSEHOLDER-*Matrizen* verwendet werden. Der Rechenaufwand wird dann noch wesentlich erniedrigt, wenn die Systemmatrix A zuvor auf HESSENBERG-*Form* transformiert wurde. Deshalb wird bei dem weiter unten beschriebenen QR-Verfahren zur Eigenwertermittlung zunächst die Systemmatrix A durch eine Ähnlichkeitstransformation auf HESSENBERG-Form gebracht, vor allem deshalb, weil das QR-Verfahren iterativ arbeitet, d.h., eine QR-Zerlegung mehrfach vorgenommen werden muß. Die Transformation auf HESSENBERG–Form hat den Vorteil, daß sie *nicht* iterativ erfolgt, siehe Abschnitt 2.3.3. Hat man es allerdings nur mit dem Grundproblem der linearen Algebra zu tun, nämlich x in $Ax = b$ zu bestimmen, kann dieses Problem auch direkt durch eine QR-Zerlegung der Matrix A gelöst werden, wie es im folgenden Abschnitt beschrieben wird.

2.3.2 QR-Zerlegung mittels HOUSEHOLDER-Matrizen

Das Ziel der QR-Zerlegung ist, eine gegebene Matrix A in ein Matrizenprodukt QR zu zerlegen, wobei die Matrix Q eine orthogonale und R eine obere Dreiecksmatrix ist. Die QR-Zerlegung wurde ursprünglich für die Lösung des Gleichungssystems

$$
Ax = b; \quad A \in \mathrm{R}^{n \times n}; \quad x, b \in \mathrm{R}^n
\tag{2.73}
$$

entwickelt. Denn hat man A in das Produkt QR zerlegt, dann wird aus (2.73)

$$
QRx = b,
$$

d.h.,

$$
Rx = Q^{-1}b,
$$

und da Q eine orthogonale Matrix ist, ist $Q^{-1} = Q^T$, also schließlich

$$R\,x = Q^T b. \qquad (2.74)$$

Ausgehend von der letzten Zeile von (2.74)

$$r_{nn}x_n = q_n^T b,$$

wobei q_n^T die letzte Zeile der Matrix Q^T sei, und die Lösung sofort hingeschrieben werden kann,

$$x_n = \frac{q_n^T b}{r_{nn}},$$

erhält man durch sukzessives Einsetzen x_{n-1}, x_{n-2} bis x_1. Dadurch, daß die QR-Zerlegung mittels orthogonaler Matrizen erfolgt, wird die Kondition des Problems nicht verändert und da die entstehende Matrix Q selbst auch wieder orthogonal ist, bereitet die Berechnung der Inversen $Q^{-1} = Q^T$ durch Transponieren auch keine numerischen Schwierigkeiten.

Im folgenden soll jetzt das Verfahren mit HOUSEHOLDER-Matrizen als Transformationsmatrizen beschrieben werden. Gegeben sei die reelle $n \times n-$Matrix A und gesucht werden orthogonale $n \times n-$Matrizen $U_1, U_2, \ldots, U_{n-1}$ so, daß

$$U_{n-1}U_{n-2} \cdots U_2 U_1 A = R \qquad (2.75)$$

wird, wobei R eine obere Dreiecksmatrix ist:

$$R = \begin{pmatrix} r_{11} & \cdots & \cdots & r_{1n} \\ 0 & \ddots & & \vdots \\ \vdots & \ddots & \ddots & \vdots \\ 0 & \cdots & 0 & r_{nn} \end{pmatrix}. \qquad (2.76)$$

Zunächst wird hierbei die Matrix U_1 so ausgewählt, daß aus der ersten Spalte a_1 von A die gewünschte Form der ersten Spalte r_1 von R wird, also

$$U_1 a_1 \overset{!}{=} r_1 = \begin{pmatrix} r_{11} \\ 0 \\ \cdots \\ 0 \end{pmatrix} = r_{11} i_1, \qquad (2.77)$$

wobei i_1 die erste Spalte der Einheitsmatrix I ist. Dies kann mit einer sogenannten HOUSEHOLDER-*Matrix* erreicht werden, die allgemein die Form

$$U = I - 2uu^T; \quad u^T u = 1 \qquad (2.78)$$

hat, also symmetrisch und orthogonal ist; denn es ist zum einen

$$U^T = (I - 2uu^T)^T = I - 2(uu^T)^T = I - 2uu^T = U$$

und zum anderen

$$UU^T = (I - 2uu^T)(I - 2uu^T)$$

$$
\begin{aligned}
&= \; \boldsymbol{I} - 4\boldsymbol{u}\boldsymbol{u}^T + 4\boldsymbol{u}\underbrace{\boldsymbol{u}^T\boldsymbol{u}}_{1}\boldsymbol{u}^T \\
&= \; \boldsymbol{I}.
\end{aligned}
\tag{2.79}
$$

Mit einer solchen HOUSEHOLDER-Matrix $\boldsymbol{U}_1$ wird aus (2.77)

$$
\begin{aligned}
\boldsymbol{U}_1\boldsymbol{a}_1 \;&= \; (\boldsymbol{I} - 2\boldsymbol{u}_1\boldsymbol{u}_1^T)\boldsymbol{a}_1 \\[2mm]
&= \; \boldsymbol{a}_1 - 2\boldsymbol{u}_1\boldsymbol{u}_1^T\boldsymbol{a}_1 \\
&\overset{!}{=} \; r_{11}\boldsymbol{i}_1.
\end{aligned}
\tag{2.80}
$$

Damit ist aber

$$
\begin{aligned}
(\boldsymbol{U}_1\boldsymbol{a}_1)^T(\boldsymbol{U}_1\boldsymbol{a}_1) \;&= \; \boldsymbol{a}_1^T\underbrace{\boldsymbol{U}_1^T\boldsymbol{U}_1}_{\boldsymbol{I}}\boldsymbol{a}_1 = \boldsymbol{a}_1^T\boldsymbol{a}_1 \\[2mm]
&= \; (r_{11}\boldsymbol{i}_1)^T(r_{11}\boldsymbol{i}_1) = r_{11}^2,
\end{aligned}
$$

also

$$
r_{11} = \pm\sqrt{\boldsymbol{a}_1^T\boldsymbol{a}_1}.
\tag{2.81}
$$

Andererseits folgt aus (2.80)

$$
\boldsymbol{u}_1 = \frac{\boldsymbol{a}_1 - r_{11}\boldsymbol{i}_1}{2\boldsymbol{u}_1^T\boldsymbol{a}_1},
$$

und da $\boldsymbol{u}_1^T\boldsymbol{u}_1 = 1$ sein soll, schließlich

$$
\boldsymbol{u}_1 = \frac{\boldsymbol{a}_1 - r_{11}\boldsymbol{i}_1}{\|\boldsymbol{a}_1 - r_{11}\boldsymbol{i}_1\|_2},
$$

oder mit (2.81)

$$
\boldsymbol{u}_1 = \frac{\boldsymbol{a}_1 \pm \sqrt{\boldsymbol{a}_1^T\boldsymbol{a}_1}\,\boldsymbol{i}_1}{\|\boldsymbol{a}_1 \pm \sqrt{\boldsymbol{a}_1^T\boldsymbol{a}_1}\,\boldsymbol{i}_1\|_2}.
\tag{2.82}
$$

Damit in (2.82) keine Auslöschung auftritt, wird das Wurzelvorzeichen gleich dem Vorzeichen des Elements a_{11} gewählt, so daß endgültig $\boldsymbol{u}_1$ so gewählt wird

$$
\boldsymbol{u}_1 = \frac{\boldsymbol{a}_1 + \operatorname{sign}(a_{11})\sqrt{\boldsymbol{a}_1^T\boldsymbol{a}_1}\,\boldsymbol{i}_1}{\|\boldsymbol{a}_1 + \operatorname{sign}(a_{11})\sqrt{\boldsymbol{a}_1^T\boldsymbol{a}_1}\,\boldsymbol{i}_1\|} \;\overset{\text{def}}{=}\; \frac{\tilde{\boldsymbol{u}}_1}{\|\tilde{\boldsymbol{u}}_1\|}
\tag{2.83}
$$

mit

$$
\tilde{\boldsymbol{u}}_1 = \begin{pmatrix} a_{11} + c_1 \\ a_{12} \\ \vdots \\ a_{1n} \end{pmatrix}
\tag{2.84}
$$

und

$$
c_1 := \operatorname{sign}(a_{11})\sqrt{\boldsymbol{a}_1^T\boldsymbol{a}_1}.
\tag{2.85}
$$

Für den so konstruierten Vektor wird

$$\|\tilde{u}_1\|^2 = \|a_1 + \text{sign}(a_{11})\|a_1\| \cdot i_1\|^2 = 2\|a_1\|^2 + 2|a_{11}|\,\|a_1\| \tag{2.86}$$

und

$$\tilde{u}_1^T a_1 = \|a_1\|^2 + |a_{11}|\,\|a_1\| = \|\tilde{u}_1\|^2/2. \tag{2.87}$$

Dies in (2.80) eingesetzt, liefert das gewünschte Ergebnis

$$\begin{aligned} U_1 a_1 &= a_1 - 2\frac{\tilde{u}^T a_1}{\|\tilde{u}\|^2}\tilde{u}_1 \\ &= a_1 - \tilde{u}_1 \\ &= -\text{sign}(a_{11})\|a_1\| i_1, \end{aligned} \tag{2.88}$$

d.h., nach (2.77) ist

$$r_{11} = -\text{sign}(a_{11})\|a_1\|. \tag{2.89}$$

Für die gesamte Linksmultiplikation der Matrix A mit der HOUSEHOLDER-Matrix U_1 erhält man dann

$$U_1 A \stackrel{\text{def}}{=} A_2 = \begin{pmatrix} a_{11}^{(2)} & a_{12}^{(2)} & \cdots & a_{1n}^{(2)} \\ 0 & a_{22}^{(2)} & \cdots & a_{2n}^{(2)} \\ \vdots & \vdots & & \vdots \\ 0 & a_{n2}^{(2)} & \cdots & a_{nn}^{(2)} \end{pmatrix}, \quad a_{11}^{(2)} = r_{11}. \tag{2.90}$$

Die Durchführung dieser Matrizenmultiplikation mit einem Computer wird man jedoch aus Rationalitätsgründen so nicht vornehmen, sondern man wird nur $\|a_1\|$, $\tilde{u}_1$ und r_{11} berechnen und damit die Spalten $a_2^{(2)}, a_3^{(2)}$ bis $a_n^{(2)}$ so ermitteln

$$a_i^{(2)} = U_1 a_i = a_i - (2\tilde{u}_1^T a_1/\|\tilde{u}_1\|^2)\tilde{u}_1. \tag{2.91}$$

Unterteilt man die neue Matrix A_2 so

$$A_2 = \begin{pmatrix} r_{11} & r_{12}\cdots r_{1n} \\ o_{n-1} & \tilde{A}_2 \end{pmatrix},$$

muß im nächsten Schritt eine $(n-1) \times (n-1)$-HOUSEHOLDER-Matrix $\tilde{U}_2$ so gefunden werden, daß die $(n-1) \times (n-1)$-Untermatrix $\tilde{A}_2$ wieder auf Dreiecksform gebracht wird. Damit ist dieses Problem aber auf das soeben behandelte zurückgeführt. Setzt man jetzt formal

$$U_2 = \begin{pmatrix} 1 & 0 & \cdots & 0 \\ 0 & & & \\ \vdots & & \tilde{U}_2 & \\ 0 & & & \end{pmatrix}, \tag{2.91a}$$

dann wurde bisher dies erreicht

$$U_2 U_1 A = \begin{pmatrix} r_{11} & r_{12} & r_{13} & \cdots & r_{1n} \\ 0 & r_{22} & r_{23} & \cdots & r_{2n} \\ 0 & 0 & a_{33}^{(3)} & \cdots & a_{3n}^{(3)} \\ \vdots & \vdots & \vdots & & \vdots \\ 0 & 0 & a_{n3}^{(3)} & \cdots & a_{nn}^{(3)} \end{pmatrix}.$$

So fortfahrend, erhält man schließlich die Dreiecksmatrix $\boldsymbol{R}$ gemäß (2.75) und (2.76). Für eine HOUSEHOLDER-Transformation $\boldsymbol{U}_k\boldsymbol{A}_k =: \boldsymbol{A}_{k+1}$ bekommt man diesen

Algorithmus 2.10:{HOUSEHOLDER- Transformation $\boldsymbol{U}_k\boldsymbol{A}_k =: \boldsymbol{A}_{k+1}$}
    input $\boldsymbol{A}_k$; ....{$=(n-k+1)\times(n-k+1)$-Matrix}
    $\|\boldsymbol{a}_1\|$:=sqrt(scalp$(\boldsymbol{a}_1,\boldsymbol{a}_1,0)$);....................{$\boldsymbol{a}_1=$ erste Spalte von $\boldsymbol{A}_k$}
    $\tilde{u}_1 := a_{11} + \text{sign}(a_{11})*\|\boldsymbol{a}_1\|$; ....{$a_{11}=$erste Komponente von $\boldsymbol{a}_1$}
    $\tilde{\boldsymbol{u}} := [\tilde{u}_1, a_{21}, \ldots, a_{n-k+1,1}]^T$; ....{$a_{i1} = i-$te Komponente von $\boldsymbol{a}_1$}
    $\|\tilde{\boldsymbol{u}}\|^2 := 2*\|\boldsymbol{a}_1\|*(\|\boldsymbol{a}_1\| + |a_{11}|)$;
    $\boldsymbol{u} := 2*\tilde{\boldsymbol{u}}/\|\tilde{\boldsymbol{u}}\|^2$;
    $\boldsymbol{a}_1^{(k+1)} := [\|\boldsymbol{a}_1, 0, \ldots, 0]^T$;
    for $i := 2$ **to** $n-k+1$ **do**
        begin
            α_i :=scalp$(\tilde{\boldsymbol{u}},\boldsymbol{a}_i,0)$ ....{$\boldsymbol{a}_i = i-$te Spalte von $\boldsymbol{A}_k$}
            $\boldsymbol{a}_i := \boldsymbol{a}_i - \alpha_i\boldsymbol{u}$;
        end;
    output $\boldsymbol{A}_{k+1}$.

Mit diesem Algorithmus 2.10 als Prozedur HOUSEHOLDER$(\boldsymbol{A}_k, \boldsymbol{A}_{k+1})$ kann man schließlich diesen Algorithmus für die Umformung einer Matrix $\boldsymbol{A}$ in eine obere Dreiecksmatrix $\boldsymbol{R}$ angeben

Algorithmus 2.11: {Dreiecksumformung }
    $\boldsymbol{A}_1 := \boldsymbol{A}$;..{$= n \times n-$Matrix}
    for $i := 1$ **to** $n-1$ **do**
        begin
            HOUSEHOLDER$(\boldsymbol{A}_i, \boldsymbol{A}_{i+1})$;
            $\boldsymbol{r}_i^T := [\boldsymbol{o}_{i-1}^T, \boldsymbol{a}_1^T]$;................................{$i-$te Zeile von $\boldsymbol{R}$}
            $\boldsymbol{A}_{i+1}$:=reduz$(\boldsymbol{A}_{i+1})$;..........{Streichen der ersten Zeile und Spalte}
        end
    $\boldsymbol{r}_n^T := [\boldsymbol{o}_{n-1}^T, a_{22}]$.

In der letzten Zeile dieses Algorithmus 2.13 ist a_{22} ein Element der Matrix

$$U_{n-1}\boldsymbol{A}_{n-1} = \begin{pmatrix} a_{11} & a_{12} \\ 0 & a_{22} \end{pmatrix}.$$

Für die Ermittlung der Eigenwerte der Matrix $\boldsymbol{A}$ mit Hilfe der QR-Zerlegung wird neben der oberen Dreiecksmatrix $\boldsymbol{R}$ noch explizit die Matrix $\boldsymbol{Q}^T = \boldsymbol{U}_{n-1}\cdots\boldsymbol{U}_1$ benötigt, was man so durchführen könnte:

$$\boldsymbol{Q}^T := \boldsymbol{U}_1;$$
$$\text{for } i := 2 \text{ to } n-1 \text{ do } \boldsymbol{Q}^T := \boldsymbol{U}_i\boldsymbol{Q}^T. \tag{2.92}$$

Bei diesem Algorithmus wäre allerdings die erste Matrix $\boldsymbol{Q}^T := \boldsymbol{U}_1$ bereits eine vollbesetzte Matrix. Im i-ten Schritt würde diese Multiplikation durchzuführen sein

$$U_i Q^T = \begin{pmatrix} I_{i-1} & O \\ O & \tilde{U}_i \end{pmatrix} \begin{pmatrix} Q_{11} & Q_{12} \\ Q_{21} & Q_{22} \end{pmatrix} = \begin{pmatrix} Q_{11} & Q_{12} \\ \tilde{U}_i Q_{21} & \tilde{U}_i Q_{22} \end{pmatrix}, \tag{2.93}$$

d.h., es würden zwar die beiden Untermatrizen Q_{11} und Q_{12} einfach übernommen, aber es müssen zwei neue Untermatrizen, nämlich $\tilde{U}_i Q_{21}$ und $\tilde{U}_i Q_{22}$ berechnet werden. Diesen Rechenaufwand kann man dadurch verringern, daß man nicht mit U_1, sondern mit U_{n-1} beginnt! Denn es wird ja bei der QR-Zerlegung $Q^T A := R$, d.h.,

$$A = QR \tag{2.94}$$

nicht die Matrix Q^T, sondern die Matrix

$$\begin{aligned} Q &= (U_{n-1}U_{n-2}\cdots U_2 U_1)^T \\ &= U_1^T U_2^T \cdots U_{n-2}^T U_{n-1}^T \\ &= U_1 U_2 \cdots U_{n-2} U_{n-1} \end{aligned} \tag{2.95}$$

benötigt! Also wird man so verfahren:

$$\begin{aligned} &Q := U_{n-1}; \\ &\textbf{for } i := n-2 \textbf{ downto } 1 \textbf{ do } Q := U_i Q. \end{aligned} \tag{2.96}$$

Jetzt ist im i-ten Schritt diese Multiplikation durchzuführen

$$U_i Q = \begin{pmatrix} I_{n-1} & O \\ O & \tilde{U}_i \end{pmatrix} \begin{pmatrix} I_{i-1} & O \\ O & Q_{22} \end{pmatrix} = \begin{pmatrix} I_{n-1} & O \\ O & \tilde{U}_i Q_{22} \end{pmatrix}, \tag{2.97}$$

d.h., die Matrizenmultiplikation $\tilde{U}_i Q_{21}$ im Algorithmus (2.93) entfällt hier.

Für die Berechnung der Matrix Q erhält man diesen Algorithmus, wobei $\tilde{u}_i$ und u_i zur HOUSEHOLDER-Matrix U_i gehören:

Algorithmus 2.12: {Q-Berechnung}
$$\tilde{Q} := \tilde{U}_{n-1};$$

$$\tilde{Q} := \mathrm{akk}(\tilde{Q}); \ldots\ldots\ldots\ldots\ldots \Big\{ \mathrm{akk}(\tilde{Q}) \overset{\text{def}}{=} \begin{pmatrix} 1 & 0 & \cdots & 0 \\ 0 & & & \\ \vdots & & \tilde{Q} & \\ 0 & & & \end{pmatrix} \Big\}$$

$$\textbf{for } i := n-2 \textbf{ downto } 1 \textbf{ do}$$
$$\quad \textbf{begin}$$
$$\qquad \tilde{Q} := \mathrm{akk}(\tilde{Q});$$
$$\qquad \tilde{q}_i := \tilde{q}_1 - \tilde{u}_{1,i} u_i; \ldots\ldots\ldots \{\text{für } j = 1 \text{ ist } \beta_1 := \mathrm{scalp}(\tilde{u}_1, \tilde{q}_1, 0) = \tilde{u}_{1,i}\}$$
$$\qquad \textbf{for } j := 2 \textbf{ to } n-i+1 \textbf{ do}$$
$$\qquad\quad \textbf{begin}$$
$$\qquad\qquad \beta_j := \mathrm{scalp}(\tilde{u}_i, \tilde{q}_j, 0);$$
$$\qquad\qquad \tilde{q}_j := \tilde{q}_j - \beta_j u_i;$$
$$\qquad\quad \textbf{end}$$
$$\quad \textbf{end.}$$

Hängt man diesen Algorithmus 2.12 als Prozedur „Q-Berechnung" an den Algorithmus 2.11 als Prozedur „Dreiecksumformung" an, so liegt der endgültige Algorithmus für die QR-Zerlegung vor:

Algorithmus 2.13: {QR-Zerlegung}
    input A;
    Dreiecksumformung;
    Q-Berechnung;
    output Q,R.

Bei diesem Algorithmus 2.13 wird natürlich davon ausgegangen, daß die während der Dreiecksumformung auftretenden Vektoren u und $\tilde{u}_i$ $(i = 1, 2, \ldots, n - 1)$, die in der folgenden Prozedur „Q-Berechnung" benötigt werden, zwischenzeitlich gespeichert werden.

2.3.3 Transformation auf HESSENBERG-Form

Viele Aufgaben der numerischen Mathematik, insbesondere auch die Eigenwertaufgabe, werden sehr vereinfacht, wenn die Systemmatrix A zunächst durch eine Ähnlichkeitstransformation auf eine besondere Form gebracht wird. Bei unsymmetrischen Matrizen ist dies die sogenannte HESSENBERG-*Form*

$$\begin{pmatrix} * & * & * & * & \cdots & * \\ * & * & * & * & \cdots & * \\ 0 & * & * & * & \cdots & * \\ 0 & 0 & * & * & \cdots & * \\ \vdots & \vdots & \ddots & \ddots & \ddots & \vdots \\ 0 & 0 & \cdots & 0 & * & * \end{pmatrix}. \tag{2.99}$$

Im vorigen Abschnitt 2.3.2 wurde gezeigt, wie man mittels Linksmultiplikation mit geeignet gewählten HOUSEHOLDER-Matrizen jede Matrix in eine obere Dreiecksmatrix umformen kann. Nach der Ähnlichkeitstransformation der Systemmatrix A mit Hilfe einer regulären Transformationsmatrix T erhält man die neue Matrix $T^{-1}AT$, die die gleichen Eigenwerte wie die Matrix A hat. Ist insbesondere die Transformationsmatrix eine orthogonale HOUSEHOLDER-Matrix, für die $U^{-1} = U^T$ ist, erhält man diese ähnliche Matrix $U^T AU$.

Was würde aber aus einer Matrix $A_2 = U_1 A$ gemäß (2.90) werden, wenn man sie auch noch von rechts mit der HOUSEHOLDER- Matrix U_1 multiplizieren würde? Bleibt insbesondere die Form

$$\begin{pmatrix} * \\ 0 \\ \vdots \\ 0 \end{pmatrix}$$

der ersten Spalte von A_2 erhalten? Dies ist keineswegs der Fall, denn man erhält

$$A_2 U_1 = \begin{pmatrix} * & | & * & \cdots & * \\ 0 & | & \vdots & & \vdots \\ \vdots & | & \vdots & & \vdots \\ 0 & | & * & \cdots & * \end{pmatrix} U_1 = \begin{pmatrix} ? & | & * & \cdots & * \\ ? & | & \vdots & & \vdots \\ \vdots & | & \vdots & & \vdots \\ ? & | & * & \cdots & * \end{pmatrix}, \qquad (2.100)$$

wobei die mit einem Fragezeichen gekennzeichneten Matrizenelemente ungleich Null sein können! Ganz anders sieht das Ergebnis aus, wenn die erste HOUSEHOLDER-Matrix so ausgewählt wird, daß in der ersten Spalte der Matrix A_2 nur die letzten $n-2$ Elemente zu Null werden; denn dann hat die HOUSEHOLDER-Matrix die Form (2.91a) und man erhält

$$U_2 A U_2 = \begin{pmatrix} * & | & * & \cdots & * \\ * & | & \vdots & & \vdots \\ 0 & | & \vdots & & \vdots \\ \vdots & | & \vdots & & \vdots \\ 0 & | & * & \cdots & * \end{pmatrix} \begin{pmatrix} 1 & o_{n-1}^T \\ o_{n-1} & \tilde{U}_2 \end{pmatrix}$$

$$= \begin{pmatrix} * & | & * & \cdots & * \\ * & | & \vdots & & \vdots \\ 0 & | & \vdots & & \vdots \\ \vdots & | & * & \cdots & * \end{pmatrix}$$

$$\overset{\text{def}}{=} A_3', \qquad (2.101)$$

d.h., die Elemente der ersten Spalte der Matrix $U_2 A$ bleiben unverändert und nur die folgenden Spalten werden geändert. Transformiert man jetzt mittels U_3 die zweite Spalte von A_3 so, daß die letzten $n-3$ Elemente zu Null werden, bleibt nach Rechtsmultiplikation von $U_3 A_3$ mit U_3 sowohl die erste als auch die zweite Spalte unverändert:

$$U_3 A_3' U_3 = \begin{pmatrix} * & * & | & * & \cdots & * \\ * & * & | & \vdots & & \vdots \\ 0 & * & | & \vdots & & \vdots \\ 0 & 0 & | & \vdots & & \vdots \\ \vdots & \vdots & | & \vdots & & \cdots \\ 0 & 0 & | & * & \cdots & * \end{pmatrix} \begin{pmatrix} I_2 & O_{2\times(n-2)} \\ O_{(n-2)\times 2} & \tilde{U}_3 \end{pmatrix}$$

$$= \begin{pmatrix} * & * & | & * & \cdots & * \\ * & * & | & \vdots & & \vdots \\ 0 & * & | & \vdots & & \vdots \\ 0 & 0 & | & \vdots & & \vdots \\ \vdots & \vdots & | & \vdots & & \vdots \\ 0 & 0 & | & * & \cdots & * \end{pmatrix} =: A_4'. \qquad (2.102)$$

Fährt man so fort, dann erhält man schließlich eine Matrix, bei der die Elemente $a_{i+1,i}$ direkt unterhalb der Hauptdiagonalen ungleich Null und die darunter liegenden Elemente sämtlich Null sind ($a_{ij} = 0$ für $i > j + 1$):

$$U_{n-1} \cdots U_3 U_2 A U_2 U_3 \cdots U_{n-1} = \begin{pmatrix} * & * & \cdots & * & * \\ * & * & \cdots & * & * \\ 0 & * & \cdots & * & * \\ \vdots & \ddots & \ddots & \vdots & \vdots \\ 0 & \cdots & 0 & * & * \end{pmatrix} =: H. \qquad (2.103)$$

Diese spezielle Form einer Matrix nennt man HESSENBERG-*Form*, die man also, im Gegensatz zur oberen Dreiecksform, mittels einer Ähnlichkeitstransformation nur mit HOUSEHOLDER-Matrizen erhält, so daß nach Lemma 2.9 die Konditionszahlen gleich bleiben:

$$\kappa(A) = \kappa(H).$$

Die numerische Durchführung der Transformation einer beliebigen Matrix A auf HESSENBERG-Form läuft so ab:

1.Schritt: Ermittlung der HOUSEHOLDER-Matrix U_2 so, daß die erste Spalte in A_3 diese Form hat und $\overline{A}_3$ eine $n \times (n-1)$-Matrix ist:

$$A_3 \stackrel{\text{def}}{=} U_2 A = \begin{pmatrix} \otimes & | & \\ \otimes & | & \\ 0 & | & \overline{A}_3 \\ \vdots & | & \\ 0 & | & \end{pmatrix}. \qquad (2.104)$$

Anschließende Rechtsmultiplikation mit U_2 ergibt

$$A_3 U_2 = \begin{pmatrix} \otimes & | & \\ \otimes & | & \\ 0 & | & \overline{A}_3 \\ \vdots & | & \\ 0 & | & \end{pmatrix} \begin{pmatrix} 1 & o_{n-1}^T \\ o_{n-1} & \tilde{U}_2 \end{pmatrix} = \begin{pmatrix} \otimes & | & \\ \otimes & | & \\ 0 & | & \overline{A}_3 \tilde{U}_2 \\ \vdots & | & \\ 0 & | & \end{pmatrix} =: A_3', \qquad (2.105)$$

wobei die erste Spalte von A unverändert bleibt, $\tilde{U}_2$ eine $(n-1) \times (n-1)$-Matrix und $\overline{A}_3 \tilde{U}_2$ eine $(n \times (n-1)$-Matrix ist.

2.Schritt: Ermittlung der HOUSEHOLDER-Matrix U_3 so, daß die zweite Spalte in A_4 diese Form hat

$$A_4 := U_3 A_3' = \begin{pmatrix} \otimes & \otimes & | & \\ \otimes & \otimes & | & \\ 0 & \otimes & | & \overline{A}_4 \\ 0 & 0 & | & \\ \vdots & \vdots & | & \\ 0 & 0 & | & \end{pmatrix} \qquad (2.106)$$

und $\overline{A}_4$ eine $n \times (n-2)$-Matrix ist. Anschließende Rechtsmultiplikation mit U_3 ergibt

$$
A_4 U_3 \;=\; \left(\begin{matrix} \otimes & \otimes & | \\ \otimes & \otimes & | \\ 0 & \otimes & | \\ 0 & 0 & | \\ \vdots & \vdots & | \\ 0 & 0 & | \end{matrix} \quad \overline{A}_4 \right) \left(\begin{matrix} I_2 & O_{n \times (n-2)} \\ O_{(n-2) \times n} & \tilde{U}_3 \end{matrix}\right)
$$

$$
=\; \left(\begin{matrix} \otimes & \otimes & | \\ \otimes & \otimes & | \\ 0 & \otimes & | \\ 0 & 0 & | \\ \vdots & \vdots & | \\ 0 & 0 & | \end{matrix} \quad \overline{A}_4 \tilde{U}_3 \right) =: A_4', \tag{2.107}
$$

wobei die beiden ersten Spalten von A_4 unverändert bleiben, $\tilde{H}_3$ eine $(n-2) \times (n-2)$-Matrix und $\overline{A}_4 \tilde{U}_3$ eine $n \times (n-2)$-Matrix ist. Und so weiter, bis zum letzten, dem

$$\vdots$$

(n-2)-ten Schritt: Ermittlung der HOUSEHOLDER–Matrix U_{n-1} so, daß die $(n-2)$-te Spalte in A_n diese Form hat ($\overline{A}_n$ ist eine $n \times 2$-Matrix)

$$
A_n := U_{n-1} A_{n-1}' = \left(\begin{matrix} \otimes & \cdots & \cdots & \otimes & | \\ \otimes & \cdots & \cdots & \otimes & | \\ 0 & \ddots & & \vdots & | \\ \vdots & \ddots & \ddots & \vdots & | \\ 0 & \cdots & 0 & \otimes & | \\ 0 & \cdots & 0 & 0 & | \end{matrix} \quad \overline{A}_n \right) \tag{2.108}
$$

und anschließende Rechtsmultiplikation mit der Matrix U_{n-1} ($\tilde{H}_2$ ist eine 2×2-Matrix):

$$
A_n U_{n-1} \;=\; \left(\begin{matrix} \otimes & \cdots & \cdots & \otimes & | \\ \otimes & \cdots & \cdots & \otimes & | \\ 0 & \ddots & & \vdots & | \\ \vdots & \ddots & \ddots & \vdots & | \\ 0 & \cdots & 0 & \otimes & | \\ 0 & \cdots & 0 & 0 & | \end{matrix} \quad \overline{A}_n \right) \left(\begin{matrix} I_{n-2} & O_{(n-2) \times 2} \\ O_{2 \times (n-2)} & \tilde{U}_{n-1} \end{matrix}\right)
$$

$$
=\; \left(\begin{matrix} \otimes & \cdots & \cdots & \otimes & | \\ \otimes & \cdots & \cdots & \otimes & | \\ 0 & \ddots & & \vdots & | \\ \vdots & \ddots & \ddots & \vdots & | \\ 0 & \cdots & 0 & \otimes & | \\ 0 & \cdots & 0 & 0 & | \end{matrix} \quad \overline{A}_n \tilde{U}_{n-1} \right) = H, \tag{2.109}
$$

womit die gewünschte HESSENBERG-Form vorliegt.

Der Algorithmus 2.10 für die HOUSEHOLDER–Transformation $U_k A_k \rightarrow A_{k+1}$ kann jetzt leicht um die soeben beschriebenen Schritte zu dem folgenden Algorithmus für die Transformation einer beliebigen quadratischen Matrix auf HESSENBERG-Form erweitert werden:

Algorithmus 2.14: {Ähnlichkeitstransformation auf HESSENBERG-Form}

$\quad$ **input** A;..{$n \times n$-Matrix}

$\quad$ **for** $i := 2$ **to** $n-1$ **do**

$\qquad$ **begin**

$\qquad\quad$ $\boldsymbol{a}_i := [a_{i,i-1}, \ldots, a_{n,i-1}]^T$;

$\qquad\quad$ $\|\boldsymbol{a}_i\|^2 := \mathrm{scalp}(\boldsymbol{a}_i, \boldsymbol{a}_i, 0)$;

$\qquad\quad$ **if** $\|\boldsymbol{a}_i\|^2 > 0$ **then** ....{wenn $\|\boldsymbol{a}_i\|^2 = 0$ ist, dann müssen sämtliche Komponenten gleich Null sein und man kann zu $i+1$ übergehen}

$\qquad\quad$ **begin**

$\qquad\qquad$ $\|\boldsymbol{a}_i\| := \mathrm{sqrt}(\|\boldsymbol{a}_i\|^2)$;

$\qquad\qquad$ $\tilde{u}_1 := a_{i,i-1} + \mathrm{sign}(a_{i,i-1}) * \|\boldsymbol{a}_i\|$;

$\qquad\qquad$ $\tilde{\boldsymbol{u}} := [\tilde{u}_1, a_{i+1,i-1}, \ldots, a_{n,n-1}]^T$;

$\qquad\qquad$ $\|\tilde{\boldsymbol{u}}\|^2 := 2 * \|\boldsymbol{a}_i\| * (\|\boldsymbol{a}_i\| + |a_{i,i+1}|)$;

$\qquad\qquad$ $\boldsymbol{u} := 2 * \|\tilde{\boldsymbol{u}}/\|\tilde{\boldsymbol{u}}\|^2$;

$\qquad\qquad$ $\boldsymbol{a}_{i-1} := [\|\boldsymbol{a}_i\|, 0, \ldots, 0]^T$;

$\qquad\qquad$ **for** $j := i$ **to** n **do** $\qquad\qquad\qquad\qquad$ {$A := U_i A$}

$\qquad\qquad\quad$ **begin**

$\qquad\qquad\qquad$ $\boldsymbol{a}_i := [a_{i,j}, \ldots, a_{n,j}]^T$,

$\qquad\qquad\qquad$ $\alpha_j := \mathrm{scalp}(\tilde{\boldsymbol{u}}, \boldsymbol{a}_j, 0)$;

$\qquad\qquad\qquad$ $\boldsymbol{a}_j := \boldsymbol{a}_j - \alpha_j \boldsymbol{u}$;

$\qquad\qquad\quad$ **end**;

$\qquad\qquad$ **for** $k := 1$ **to** n **do** $\qquad\qquad\qquad\quad$ {$A := A U_i$}(2.110)

$\qquad\qquad\quad$ **begin**

$\qquad\qquad\qquad$ $\boldsymbol{a}_k^T := [a_{k,i-1}, \ldots, a_{k,n}]$;

$\qquad\qquad\qquad$ $\beta_k := \mathrm{scalp}(\tilde{\boldsymbol{u}}, \boldsymbol{a}_k, 0)$;

$\qquad\qquad\qquad$ $\boldsymbol{a}_k^T := \boldsymbol{a}_k^T - \beta_k \boldsymbol{u}^T$;

$\qquad\qquad\quad$ **end**;

$\qquad\qquad$ **end**;

$\qquad$ **end**;

$\quad$ $H := A$;

$\quad$ **output** H. ....{HESSENBERG-Form}

Beispiel 2.4: Es sollen die folgenden drei Matrizen auf HESSENBERG–Form transformiert werden.

(a) Für die Matrix

$$A_1 = \begin{pmatrix} 23 & 35 & 7 & 8 \\ 9 & 8 & -6 & 8 \\ 6 & -76 & 8 & 9 \\ 0 & 9 & -7 & 4 \end{pmatrix}$$

erhält man das Ergebnis

$H_1 =$

$$\begin{pmatrix} 2.300\,000\,000\,00E+01 & -3.300\,466\,167\,55E+01 & 1.412\,273\,224\,16E+01 & 7.017\,174\,767\,22E+00 \\ -1.081\,665\,382\,64E+01 & -2.984\,615\,384\,62E+01 & 1.835\,726\,122\,14E+01 & -1.298\,174\,692\,90E+01 \\ -2.992\,463\,071\,02E-12 & -5.089\,710\,004\,30E+01 & 4.618\,490\,445\,20E+01 & -6.406\,756\,940\,86E+00 \\ 2.125\,200\,417\,50E-13 & -3.812\,145\,694\,63E-11 & 7.820\,747\,964\,44E+00 & 3.661\,249\,391\,84E+00 \end{pmatrix}$$

Erwartet wird bei der HESSENBERG–Form, daß die drei Elemente h_{31}, h_{41} und h_{42} gleich Null sind, was hier nicht der Fall ist. Vergleicht man aber die Größenordnungen dieser Elemente mit den Größenordnungen der anderen Elemente, erkennt man, daß auf Grund des Rechnens mit einer zwölfstelligen Mantisse, also auf Grund der Rechengenauigkeit, kein anderes Ergebnis zu erwarten war. Im Rahmen dieser Genauigkeit gilt aber für diese Elemente $h_{31} \approx h_{41} \approx h_{42} \approx 0$.

(b) Für die Matrix

$$A_2 = \begin{pmatrix} 4 & 1 & 1 & 1 \\ 25 & 1 & 1 & 1 \\ -50 & 7 & 5 & -7 \\ 27 & -2 & -2 & 2 \end{pmatrix}$$

ist das Ergebnis der Transformation auf HESSENBERG–Form

$H_2 =$

$$\begin{pmatrix} 4.000\,000\,000\,00E+00 & -3.221\,618\,721\,60E-02 & -1.425\,820\,472\,60E+00 & 9.828\,520\,220\,29E-01 \\ -6.208\,059\,278\,02E+01 & 4.166\,580\,176\,46E+00 & -6.987\,812\,145\,74E+00 & -6.247\,513\,068\,31E+00 \\ 1.782\,285\,793\,14E-10 & -1.879\,135\,676\,13E+00 & 4.883\,018\,960\,27E+00 & 2.069\,578\,701\,17E+00 \\ 5.875\,860\,376\,11E-11 & -4.538\,700\,380\,76E-13 & -1.372\,301\,236\,84E-01 & -1.049\,599\,136\,69E+00 \end{pmatrix}$$

wie bei der Matrix H_1 zu interpretieren.

(c) In der numerischen Mathematik sind HILBERT-Matrizen, da sie schlecht konditioniert sind, beliebte Testobjekte für die Güte von Algorithmen. Sie sind aber stets regulär und ihre Inverse kann direkt angegeben werden, so daß z.B. Lösungsalgorithmen für lineare Gleichungssysteme damit gut überprüft werden können. HILBERT-Matrizen sind symmetrisch und ihre Elemente werden wie folgt erzeugt

$$a_{ij} = \frac{1}{i+j-1} = a_{ji}.$$

Für die Elemente $b_{ij}^{(n)}$ der Inversen einer $n \times n$–HILBERT-Matrix gilt das Bildungsgesetz [2.5]

$$b_{ij}^{(n)} = \frac{(-1)^{i+j}(n+i-1)!(n+j-1)!}{(i+j-1)((i-1)!(j-1)!)^2(n-i)!(n-j)!}.$$

So erhält man für die 4×4-HILBERT-Matrix

$$Hi_4 = \begin{pmatrix} 1 & \frac{1}{2} & \frac{1}{3} & \frac{1}{4} \\ \frac{1}{2} & \frac{1}{3} & \frac{1}{4} & \frac{1}{5} \\ \frac{1}{3} & \frac{1}{4} & \frac{1}{5} & \frac{1}{6} \\ \frac{1}{4} & \frac{1}{5} & \frac{1}{6} & \frac{1}{7} \end{pmatrix}$$

die Inverse mit ganzzahligen Elementen

$$Hi_4^{-1} = \begin{pmatrix} 16 & -120 & 240 & -140 \\ -120 & 1200 & -2700 & 1680 \\ 240 & -2700 & 6480 & -4200 \\ -140 & 1680 & -4200 & 2800 \end{pmatrix} .$$

HILBERT-Matrizen haben jedoch den Nachteil, daß sich einige Matrixelemente nicht exakt in Maschinenzahlen umsetzen lassen, z.B. das Element $a_{1,3} = 1/3$. Dieser Nachteil kann dadurch beseitigt werden, daß die HILBERT-Matrix mit dem kleinsten gemeinsamen Vielfachen KGV der Nenner multipliziert wird. Man erhält dann die modifizierte HILBERT-Matrix mit den ganzzahligen Elementen

$$\overline{a}_{ij} = \frac{KGV}{i+j-1}$$

und die, jetzt allerdings nicht mehr ganzzahligen, aber beliebig genau berechenbaren Elemente der Inversen

$$\overline{b}_{ij}^{(n)} = \frac{b_{ij}^{(n)}}{KGV}.$$

An der Konditionszahl κ der HILBERT-Matrix ändert sich durch diese Modifizierung nichts. Für die modifizierte 4×4-HILBERT-Matrix

$$A_3 = \begin{pmatrix} 420 & 210 & 140 & 105 \\ 210 & 140 & 105 & 84 \\ 140 & 105 & 84 & 70 \\ 105 & 84 & 70 & 60 \end{pmatrix}$$

erhält man diese HESSENBERG-Form

$$H_3 =$$

$$\begin{pmatrix} 4.200\,000\,000\,00E+02 & -2.733\,587\,386\,55E+02 & -4.959\,817\,030\,95E-10 & -3.810\,708\,848\,21E-11 \\ -2.733\,587\,386\,55E+02 & 2.732\,459\,016\,35E+02 & 2.684\,298\,958\,31E+01 & 2.382\,342\,857\,76E-10 \\ -4.959\,817\,030\,95E-10 & 2.684\,298\,958\,34E+01 & 1.063\,446\,023\,49E+01 & -4.893\,873\,773\,22E-01 \\ -3.810\,708\,848\,21E-11 & -7.261\,991\,434\,67E-11 & -4.893\,873\,773\,57E-01 & 1.196\,381\,256\,70E-01 \end{pmatrix}$$

Sie ist wie die HILBERT-Matrix symmetrisch, d.h., sie ist, bis auf die Rundungsfehler, eine symmetrische tridiagonale Matrix. Theoretisch erhält man für jede symmetrische Matrix eine symmetrische tridiagonale HESSENBERG-Matrix; denn man erhält die

HESSENBERG–Matrix für eine symmetrische $n \times n$–Matrix $\boldsymbol{A} = \boldsymbol{A}^T$ gemäß (2.103) aus

$$H = U_{n-1} \cdots U_2 A U_2 \cdots U_{n-1}.$$

Transponiert man diese Gleichung, dann erhält man für die rechte Seite wegen der Symmetrie der HOUSEHOLDER–Matrizen ($\boldsymbol{U}_i = \boldsymbol{U}_i^T$),

$$(U_{n-1} \cdots U_2 A U_2 \cdots U_{n-1})^T = U_{n-1} \cdots U_2 A U_2 \cdots U_{n-1},$$

also wieder das Ausgangsprodukt, d.h., es muß $\boldsymbol{H} = \boldsymbol{H}^T$ und damit $h_{ij} = h_{ji} = 0$ für $i > j + 1$ sein. $\qquad\qquad\square$

Sind sämtliche Elemente $a_{i+1,i}$ der unteren Nebendiagonalen der HESSENBERG-Form ungleich Null, liegt eine *unreduzierbare* HESSENBERG-Form vor. Tritt jedoch im Laufe der Berechnung der HESSENBERG-Form der Fall $\|a_i\| = 0$ auf, wird das zugehörige Nebendiagonalelement $a_{i+1,i} = 0$ und die entstehende HESSENBERG-Matrix hat z.B. diese Form

$$H = \left(\begin{array}{ccc|cccc} * & * & * & & & & \\ * & * & * & & * & & \\ 0 & * & * & & & & \\ \hline 0 & 0 & 0 & * & * & * & * \\ 0 & 0 & 0 & * & * & * & * \\ 0 & 0 & 0 & 0 & * & * & * \\ 0 & 0 & 0 & 0 & 0 & * & * \end{array} \right) =: \begin{pmatrix} H_{11} & H_{12} \\ O & H_{22} \end{pmatrix},$$

$$(2.110a)$$

d.h., sie ist eine obere Block-Dreiecksmatrix. Eine solche HESSENBERG-Matrix heißt *reduzierbar*, weil das zugehörige Eigenwertproblem auf zwei niedriger dimensionale Eigenwertprobleme reduziert werden kann; denn es gilt für eine solche Block-Dreiecksmatrix

$$\det(\lambda I - H) = \det(\lambda I - H_{11}) \det(\lambda I - H_{22});$$

also setzen sich die Eigenwerte der Matrix $\boldsymbol{H}$ aus den Mengen der Eigenwerte der Matrizen $\boldsymbol{H}_{11}$ und $\boldsymbol{H}_{22}$ zusammen, die jede für sich getrennt berechnet werden kann.

2.3.4   QR-Zerlegung einer HESSENBERG-Matrix

In Abschnitt 2.3.2 wurde gezeigt, wie für eine *beliebige* Matrix $\boldsymbol{A}$ eine QR-Zerlegung mit Hilfe von HOUSEHOLDER-Matrizen durchgeführt werden kann. Liegt die zu zerlegende Matrix in HESSENBERG-Form $\boldsymbol{H}$ vor, muß zur Erzeugung einer oberen Dreiecksmatrix $\boldsymbol{R}$ nur noch die untere Nebendiagonale von $\boldsymbol{H}$ zum Verschwinden gebracht werden:

$$H = \begin{pmatrix} h_{11} & h_{12} & \cdots & \cdots & h_{1n} \\ h_{21} & h_{22} & \cdots & \cdots & h_{2n} \\ 0 & h_{32} & \cdots & \cdots & h_{3n} \\ \vdots & \ddots & \ddots & & \vdots \\ 0 & \cdots & 0 & h_{n,n-1} & h_{n,n} \end{pmatrix} \implies \begin{pmatrix} r_{11} & \cdots & \cdots & r_{1n} \\ 0 & r_{22} & & \vdots \\ \vdots & \ddots & \ddots & \vdots \\ 0 & \cdots & 0 & r_{nn} \end{pmatrix} = R. \quad (2.119)$$

Zunächst muß in der ersten Spalte der HESSENBERG-Matrix H als einziges das Element h_{21} eleminiert werden. Hierzu benötigt man nicht eine HOUSEHOLDER-Matrix, sondern nur eine viel einfacher gebaute GIVENS-*Matrix*

$$G_1 \overset{\text{def}}{=} \begin{pmatrix} c_1 & s_1 & & & 0 \\ -s_1 & c_1 & & & \\ & & 1 & & \\ & & & \ddots & \\ 0 & & & & 1 \end{pmatrix}. \tag{2.120}$$

Damit soll erreicht werden, daß die erste Spalte von H so umgeformt wird

$$G_1 \begin{pmatrix} h_{11} \\ h_{21} \\ 0 \\ \vdots \\ 0 \end{pmatrix} \overset{!}{=} \begin{pmatrix} r_{11} \\ 0 \\ \vdots \\ 0 \end{pmatrix}, \tag{2.121}$$

es soll also

$$-s_1 h_{11} + c_1 h_{21} \overset{!}{=} 0 \tag{2.122}$$

sein. Andererseits soll G_1 orthogonal sein, damit nach Lemma 2.9 die Kondition der HESSENBERG-Matrix H erhalten bleibt. Dann muß aber

$$G_1 G_1^T = I \tag{2.123}$$

sein, d.h., insbesondere für die linke, obere 2×2–Untermatrix von G_1 muß gelten

$$\begin{pmatrix} c_1 & s_1 \\ -s_1 & c_1 \end{pmatrix} \begin{pmatrix} c_1 & -s_1 \\ s_1 & c_1 \end{pmatrix} = \begin{pmatrix} c_1^2 + s_1^2 & 0 \\ 0 & c_1^2 + s_1^2 \end{pmatrix} \overset{!}{=} I. \tag{2.124}$$

Daraus erhält man für die gesuchten Größen c_1 und s_1 diese beiden Bestimmungsgleichungen

$$c_1 h_{21} - s_1 h_{11} = 0 \quad \text{und} \quad c_1^2 + s_1^2 = 1, \tag{2.125}$$

und daraus schließlich

$$c_1 = \frac{h_{11}}{h_{21}} s_1 \rightsquigarrow s_1^2 + \frac{h_{11}^2}{h_{21}^2} s_1^2 = 1 \rightsquigarrow s_1^2 = 1 / \left(1 + \frac{h_{11}^2}{h_{21}^2} \right)$$

also

$$s_1 = \frac{h_{21}}{\sqrt{h_{11}^2 + h_{21}^2}} \quad \text{und} \quad c_1 = \frac{h_{11}}{\sqrt{h_{11}^2 + h_{21}^2}}. \tag{2.126}$$

Mit einer so gewählten GIVENS-Matrix G_1 erhält man für r_{11} in (2.121)

$$r_{11} = c_1 h_{11} + s_1 h_{21} = \sqrt{h_{11}^2 + h_{21}^2}. \tag{2.127}$$

r_{11} ist bei einer unreduzierbaren HESSENBERG-Matrix stets ungleich Null, da dann zumindest $h_{21} \neq 0$ ist.

Als nächstes wird eine GIVENS-Matrix G_2 so gesucht, daß nach Linksmultiplikation mit G_2 von

$$
G_1 H = \begin{pmatrix}
r_{11} & r_{12} & r_{13} & \cdots & r_{1n} \\
0 & \bar{h}_{22} & \bar{h}_{23} & \cdots & \bar{h}_{2n} \\
0 & h_{32} & h_{33} & \cdots & h_{3n} \\
\vdots & \ddots & \ddots & \ddots & \vdots \\
0 & \cdots & 0 & h_{n,n-1} & h_{nn}
\end{pmatrix}
\tag{2.128}
$$

das Element h_{32} verschwindet. In der Matrix H wurden übrigens durch die Linksmultiplikation mit G_1 sämtliche Elemente der ersten Zeile in r_{1i} und sämtliche Elemente der zweiten Zeile in $\bar{h}_{2i}$ verändert, dagegen blieben die restlichen Matrixelemente unverändert.

Setzt man die GIVENS-Matrix G_2 so an

$$
G_2 = \begin{pmatrix}
1 & & & & & 0 \\
& c_2 & s_2 & & & \\
& -s_2 & c_2 & & & \\
& & & 1 & & \\
& & & & \ddots & \\
0 & & & & & 1
\end{pmatrix},
\tag{2.129}
$$

dann erhält man mit einer Herleitung wie für c_1 und s_1 jetzt

$$
s_2 = \frac{h_{32}}{\sqrt{\bar{h}_{22}^2 + h_{32}^2}} \quad \text{und} \quad c_2 = \frac{\bar{h}_{22}}{\sqrt{\bar{h}_{22}^2 + h_{32}^2}}.
\tag{2.130}
$$

Für das Matrizenelement r_{22} in

$$
G_2 G_1 H = \begin{pmatrix}
r_{11} & r_{12} & r_{13} & \cdots & r_{1n} \\
0 & r_{22} & r_{23} & \cdots & r_{2n} \\
0 & 0 & \bar{h}_{33} & \cdots & \bar{h}_{3n} \\
0 & 0 & h_{43} & \cdots & h_{4n} \\
\vdots & \vdots & \ddots & \ddots & \vdots \\
0 & 0 & \cdots 0 & h_{n,n-1} & h_{nn}
\end{pmatrix}
\tag{2.131}
$$

erhält man bei einer unreduzierbaren HESSENBERG-Matrix einen Wert, der ungleich Null ist, nämlich

$$
r_{22} = \sqrt{\bar{h}_{22}^2 + h_{32}^2} \neq 0.
\tag{2.133}
$$

So fortfahrend wird schließlich erreicht, daß alle Subdiagonalelemente $h_{i+1,i}$ der HESSENBERG-Matrix verschwinden und bei einer unreduzierbaren HESSENBERG-Matrix die Hauptdiagonalelemente r_{ii} für $i = 1, 2, \ldots, n-1$ verschieden von Null sind, wobei mit der letzten GIVENS-Matrix

$$
G_{n-1} = \begin{pmatrix}
1 & & & & 0 \\
& \ddots & & & \\
& & 1 & & \\
& & & c_{n-1} & s_{n-1} \\
0 & & & -s_{n-1} & c_{n-1}
\end{pmatrix}
\tag{2.134}
$$

diese Form erzeugt wurde

$$G_{n-1}G_{n-2}\cdots G_1 H = \begin{pmatrix} r_{11} & r_{12} & \cdots & r_{1n} \\ 0 & r_{22} & \cdots & r_{2n} \\ \vdots & \ddots & \ddots & \vdots \\ 0 & \cdots & 0 & r_{nn} \end{pmatrix} = R. \tag{2.135}$$

Mit

$$Q^T := G_{n-1}G_{n-2}\cdots G_1 \tag{2.136}$$

erhält man nach Linksmultiplikation mit der Matrix Q aus der Gleichung (2.135) die QR-Zerlegung der HESSENBERG-Matrix

$$H = QR, \tag{2.137}$$

in der also

$$Q = G_1^T G_2^T \cdots G_{n-1}^T \tag{2.138}$$

ist.

Zusammenfassend erhält man für die QR-Zerlegung einer HESSENBERG-Matrix mit Hilfe von GIVENS-Matrizen diesen

Algorithmus 2.15: {QR-Zerlegung einer HESSENBERG-Matrix}
    input H;
    $Q^T := I$;
    for $i := 1$ to $n-1$ do
        begin
            $\alpha_i :=$ sqrt(sqr(h_{ii})+sqr($h_{i+1,i}$));
            $c_i := h_{ii}/\alpha_i$;
            $s_i := h_{i+1,i}/\alpha_i$;
            $r_i^T := c_i h_i^T + s_i h_{i+1}^T$; $\ldots\ldots\ldots$ {h_i^T ist die i−te Zeile von $G_{i-1}\cdots G_1 H$
                               und r_i^T die i−te Zeile von R}
            $h_{i+1}^T := -s_i h_i^T + c_i h_{i+1}^T$;
            $Q^T := G_i q^T$;
        end;
    $r_n^T := h_n^T$;
    $Q := Q^T$;
    output Q, R.

Beispiel 2.5: Für die drei HESSENBERG−Matrizen aus Beispiel 2.4 bekommt man die QR−Zerlegungen:
(a) $H_1 = Q_1 R_1$ mit

$$Q_1 =$$

$$\begin{pmatrix} -9.049\,228\,966\,69E-01 & -2.671\,892\,072\,45E-01 & 2.730\,586\,416\,62E-01 & 1.875\,192\,172\,24E-01 \\ 4.255\,755\,527\,32E-01 & -5.681\,379\,718\,05E-01 & 5.806\,184\,480\,93E-01 & 3.987\,316\,285\,95E-01 \\ 0 & -7.783\,502\,890\,88E-01 & -5.175\,429\,560\,92E-01 & -3.554\,154\,133\,89E-01 \\ 0 & 0 & -5.661\,011\,257\,24E-01 & 8.243\,358\,026\,03E-01 \end{pmatrix}$$

und

$$\boldsymbol{R}_1 =$$

$$\begin{pmatrix} -2.541\,653\,005\,42E+01 & 1.716\,488\,062\,68E+01 & -4.967\,582\,178\,13E+00 & -1.187\,471\,624\,15E+01 \\ 0 & 6.539\,099\,523\,39E+01 & -5.015\,093\,252\,39E+01 & 1.020\,700\,502\,07E+01 \\ 0 & 0 & -1.381\,510\,760\,04E+01 & -4.564\,522\,485\,49E+00 \\ 0 & 0 & 0 & 1.306\,831\,598\,24E+00 \end{pmatrix}$$

(b) $\boldsymbol{H}_2 = \boldsymbol{Q}_2\boldsymbol{R}_2$ mit

$$\boldsymbol{Q}_2 =$$

$$\begin{pmatrix} -6.429\,904\,295\,60E-02 & -1.242\,272\,642\,14E-01 & -9.842\,523\,739\,21E-01 & -1.080\,764\,043\,46E-01 \\ 9.979\,306\,754\,85E-01 & -8.004\,251\,161\,30E-03 & -6.341\,771\,450\,78E-02 & -6.963\,619\,353\,82E-03 \\ 0 & 9.922\,215\,194\,37E-01 & -1.237\,410\,096\,61E-01 & -1.358\,745\,353\,19E-02 \\ 0 & 0 & -1.091\,495\,307\,56E-01 & 9.940\,253\,416\,96E-01 \end{pmatrix}$$

und

$$\boldsymbol{R}_2 =$$

$$\begin{pmatrix} -6.220\,932\,405\,99E+01 & 4.160\,029\,639\,94E+00 & -6.881\,673\,202\,96E+00 & -6.297\,781\,380\,75E+00 \\ 0 & -1.893\,867\,084\,38E+00 & 5.078\,094\,329\,65E+00 & 1.981\,390\,267\,63E+00 \\ 0 & 0 & 1.257\,267\,188\,86E+00 & -7.126\,999\,218\,04E-01 \\ 0 & 0 & 0 & -1.134\,166\,254\,55E+00 \end{pmatrix}$$

(c) sowie für $\boldsymbol{H}_3 = \boldsymbol{Q}_3\boldsymbol{R}_3$ mit

$$\boldsymbol{Q}_3 =$$

$$\begin{pmatrix} -4.087\,995\,873\,06E-01 & -2.229\,171\,674\,50E-01 & -4.656\,181\,169\,47E-01 & 7.525\,892\,658\,30E-01 \\ 9.126\,241\,819\,16E-01 & -9.985\,320\,120\,05E-02 & -2.085\,683\,217\,93E-01 & 3.371\,137\,729\,84E-01 \\ 0 & 9.697\,098\,920\,11E-01 & 1.285\,131\,639\,58E-01 & 2.077\,187\,811\,05E-01 \\ 0 & 0 & 8.504\,018\,996\,94E-01 & 5.261\,336\,417\,64E-01 \end{pmatrix}$$

und

$$\boldsymbol{R}_3 =$$

$$\begin{pmatrix} -3.146\,970\,188\,96E+00 & 7.039\,465\,331\,55E+01 & -1.028\,440\,041\,83E+02 & 0 \\ 0 & -1.162\,104\,490\,46E+02 & 5.609\,477\,486\,13E+02 & -1.470\,030\,302\,71E+02 \\ 0 & 0 & -1.782\,626\,013\,04E+02 & 7.050\,604\,841\,10E+01 \\ 0 & 0 & 0 & 7.893\,004\,626\,46E-02 \end{pmatrix}$$

Der besseren Übersichtlichkeit wegen wurden die Elemente, die sich bei der numerischen Rechnung als annähernd Null ergaben, zu Null gesetzt. Wie man den Beispielen entnehmen kann, bleibt in den Matrizen Q_i die HESSENBERG–Form erhalten und die Matrizen R_i sind obere Dreiecksmatrizen.   □

2.3.5   Reelle SCHUR-Form

Wie in Abschnitt 2.3.3 gezeigt wurde, kann man jede $n \times n$–Matrix A mit Hilfe von HOUSEHOLDER-Matrizen U_i in eine HESSENBERG-Matrix H umformen. Diese HESSENBERG-Matrix kann dann gemäß Abschnitt 2.3.4 mittels GIVENS-Matrizen G_i in eine obere Dreiecksmatrix R so umgeformt werden

$$G_{n-1}G_{n-2}\cdots G_1 H = R, \tag{2.139}$$

d.h., mit $Q^T := G_{n-1}\cdots G_1$ die Matrix A in das Produkt einer orthogonalen Matrix Q mit einer oberen Dreiecksmatrix R zerlegen

$$H = QR. \tag{2.140}$$

Mittels einer solchen QR–Zerlegung kann diese *QR–Iteration* definiert werden

Definition 2.16 {*QR-Iteration*} *Ausgehend von* $H_1 := H = Q_0^T A Q_0$
bilde man für $k = 1, 2, \ldots$ *die QR-Zerlegung*

$$H_{k-n} = Q_k R_k \tag{2.141}$$

und bilde

$$H_{k+1} := R_k Q_k. \tag{2.142}$$

Auf Grund dieser Vorgehensweise erhält man allmählich

$$H_k = (Q_0 Q_1 \cdots Q_{k-1})^T A (Q_0 Q_1 \cdots Q_{k-1}), \tag{2.143}$$

also ist die so entstandene Matrix H_k ähnlich zu der Matrix A und hat damit die gleichen Eigenwerte. Es wurde vorausgesetzt, daß alle Elemente der Systemmatrix A reelle Zahlen sind. Das bedeutet aber nicht, daß auch die Eigenwerte alle reell sind. Man kann also nicht erwarten, daß die QR-Iteration im allgemeinen auf eine obere Dreiecksmatrix führt, wenn man *reelle* Transformationsmatrizen verwendet. Allerdings kann man mit Hilfe von reellen orthogonalen Transformationsmatrizen folgendes erreichen:

Satz 2.17 {*Reelle* SCHUR-*Form*} *Wenn A eine reelle $n \times n$—Matrix ist, dann existiert eine reelle orthogonale $n \times n$—Matrix Q so, daß die ähnliche Matrix*

$$Q^T A Q = \begin{pmatrix} R_{11} & R_{12} & \cdots & R_{1m} \\ O & R_{22} & \cdots & R_{2m} \\ \vdots & \ddots & \ddots & \vdots \\ O & \cdots & O & R_{mm} \end{pmatrix} \qquad (2.144)$$

eine reelle obere Blockdreiecksmatrix, genannt reelle SCHUR-*Form, ist, wobei die Untermatrizen R_{ii} in der Hauptdiagonalen entweder Skalare, wenn der entsprechende Eigenwert reell ist, oder 2×2– Matrizen sind, wenn konjugiert komplexe Eigenwerte auftreten.*

Beweis: 1. Zunächst wird angenommen, daß sämtliche Eigenwerte reell sind. Dann ist für eine orthogonale Matrix $Q \in \mathsf{R}^{n \times n}$ die Matrix $Q^T A Q$ ähnlich zur Matrix A und es existiert insbesondere eine orthogonale Matrix Q so, daß $Q^T A Q$ eine obere Dreiecksmatrix ist, bei der die Eigenwerte in irgendeiner Reihenfolge sind. Dies soll jetzt durch vollständige Induktion gezeigt werden. Die Gültigkeit dieser Aussage für $n = 1$ ist klar. Angenommen, sie gilt auch für Matrizen der Ordnung $n - 1$ oder kleiner. Seien λ und x Eigenwert und Eigenvektor von A:

$$A x = \lambda x. \qquad (2.145)$$

Dann gibt es eine orthogonale Matrix U so, daß

$$U x = \begin{pmatrix} r \\ o \end{pmatrix} \qquad (2.146)$$

oder

$$x = Q \begin{pmatrix} r \\ o \end{pmatrix}, \qquad (2.147)$$

mit $Q = U^T$, ist. (2.147) in die Gleichung (2.145) eingesetzt und durch r dividiert, ergibt

$$A Q \begin{pmatrix} 1 \\ o \end{pmatrix} = \lambda Q \begin{pmatrix} 1 \\ o \end{pmatrix} \qquad (2.148)$$

und nach Linksmultiplikation mit Q^T

$$Q^T A Q \begin{pmatrix} 1 \\ o \end{pmatrix} = \text{erste Spalte von } Q^T A Q. \qquad (2.149)$$

Also hat die ähnliche Matrix $Q^T A Q$ diese Struktur

$$Q^T A Q = \begin{pmatrix} \lambda & w^T \\ o & \tilde{A} \end{pmatrix}. \qquad (2.150)$$

Auf Grund der Induktionsvoraussetzung gibt es eine orthogonale $(n-1) \times (n-1)$– Matrix $\tilde{Q}$ so, daß die $(n-1) \times (n-1)$–Matrix $\tilde{Q}^T \tilde{A} \tilde{Q}$ eine obere Dreiecksmatrix ist. Also ist mit

$$\bar{Q} = Q \begin{pmatrix} 1 & o^T \\ o & \tilde{Q} \end{pmatrix} \qquad (2.151)$$

die $n \times n$–Matrix $\bar{Q}^T A \bar{Q}$ eine obere Dreiecksmatrix.

2. Jetzt seien k konjugiert komplexe Eigenwertpaare vorhanden und $\lambda = \alpha + j\omega$ $(\omega \neq 0)$ ein Eigenwert von A. Der zugehörige komplexe Eigenvektor sei $x = y + jz$, d.h., es gilt

$$A(y + jz) = (\alpha + j\omega)(y + jz). \tag{2.152}$$

Durchführen der Multiplikation und Zusammenfassen von Real- und Imaginärteil liefert

$$Ay + jAz = (\alpha y - \omega z) + j(\omega y + \alpha z),$$

was auch so zusammengefaßt werden kann

$$A(y,z) = (y,z) \begin{pmatrix} \alpha & \omega \\ -\omega & \alpha \end{pmatrix} = (y,z)\Omega. \tag{2.153}$$

Für die zusammengesetzte Matrix (y,z) gibt es dann zwei HOUSEHOLDER-Matrizen U_1 und U_2 so, daß in

$$U_2 U_1 (y,z) = \begin{pmatrix} R \\ O_{n-2,2} \end{pmatrix} \tag{2.154}$$

die 2×2–Matrix R eine reguläre obere Dreiecksmatrix ist. Mit $Q := (U_2 U_1)^T$ wird aus (2.154)

$$(y,z) = Q \begin{pmatrix} R \\ O_{n-2,2} \end{pmatrix}. \tag{2.155}$$

(2.155) in Gleichung (2.153) eingesetzt, liefert

$$AQ = \begin{pmatrix} R \\ O \end{pmatrix} = Q \begin{pmatrix} R \\ O \end{pmatrix} \Omega \tag{2.156}$$

und nach Linksmultiplikation mit $Q^{-1} = Q^T$

$$Q^T A Q \begin{pmatrix} R \\ O \end{pmatrix} = \begin{pmatrix} R \\ O \end{pmatrix} \Omega. \tag{2.157}$$

Unterteilt man jetzt die Matrix $Q^T A Q$ so

$$Q^T A Q = \begin{pmatrix} \overline{A}_{11} & \overline{A}_{12} \\ \overline{A}_{21} & \overline{A}_{22} \end{pmatrix},$$

wobei $\overline{A}_{11}$ eine 2×2–Matrix ist, folgt aus

$$\begin{pmatrix} \overline{A}_{11} & \overline{A}_{12} \\ \overline{A}_{21} & \overline{A}_{22} \end{pmatrix} \begin{pmatrix} R \\ O \end{pmatrix} = \begin{pmatrix} R\Omega \\ O \end{pmatrix},$$

daß

$$\overline{A}_{21} R = O,$$

also

$$\overline{A}_{21} = O,$$

und

$$\overline{A}_{11} R = R\Omega,$$

also

$$R^{-1}\overline{A}_{11}R = \Omega.$$

Die Untermatrix $\overline{A}_{11}$ ist zur Matrix Q ähnlich und hat somit das gleiche Eigenwertpaar $\alpha \pm j\omega$. Setzt man jetzt $R_{11} := \overline{A}_{11}$, dann ist

$$Q^T A Q = \begin{pmatrix} R_{11} & \overline{A}_{12} \\ O & \overline{A}_{22} \end{pmatrix}.$$

Mit der Untermatrix $\overline{A}_{22}$ kann man jetzt entsprechend verfahren und endet schließlich bei der Form (2.144). $\qquad\square$

Der Satz 2.17 besagt, daß jede reelle Matrix mittels orthogonaler Transformationsmatrizen auf die reelle SCHUR-Form gebracht werden *kann*, an der man sofort die reellen Eigenwerte ablesen und aus der man die konjugiert komplexen Eigenwertpaare leicht berechnen kann. *Wie* man diese Transformation *ohne* Kenntnis der Eigenwerte durchführt, ist Inhalt des nächsten Abschnitts.

2.3.6 QR-Verfahren zur Eigenwertermittlung

Unter den Verfahren zur Eigenwertermittlung wird allgemein das mit der QR-Iteration arbeitende QR-Verfahren als numerisch zuverlässigstes Verfahren angesehen. Deshalb soll nur dieses Verfahren hergeleitet werden. Allerdings wird im nächsten Kapitel 3 ein neues Verfahren vorgestellt, das die mit dem QR-Verfahren gewonnenen Ergebnisse noch verbessert und sogar durch Intervalleinschließung garantiert!

Da der Rechenaufwand bei der QR-Zerlegung wesentlich reduziert wird, wenn man sie für eine HESSENBERG-Matrix durchführt, wird zunächst die Systemmatrix A auf HESSENBERG-Form mittels einer Ähnlichkeitstransformation gebracht, wie es in Abschnitt 2.2.4 gezeigt würde. Diese HESSENBERG-Form bleibt bei den folgenden QR-Iterationen erhalten, denn es gilt das

Lemma 2.18 *Die* HESSENBERG-*Form* H *einer Matrix bleibt bei einem QR-Iterationsschritt erhalten.*

Beweis: Der QR-Iterationsschritt besteht darin, die obere Dreiecksmatrix R von rechts mit der Matrix $Q = G_1^T \cdots G_{n-1}^T$ zu multiplizieren. Führt man die erste Multiplikation mit der transponierten GIVENS-Matrix G_1^T durch, erhält man

$$
\begin{aligned}
RG_1^T &= \begin{pmatrix} r_{11} & r_{12} & \cdots & r_{1n} \\ 0 & r_{22} & \cdots & r_{2n} \\ \vdots & \ddots & \ddots & \vdots \\ 0 & \cdots & 0 & r_{nn} \end{pmatrix} \begin{pmatrix} c_1 & -s_1 & & & 0 \\ s_1 & c_1 & & & \\ & & 1 & & \\ & & & \ddots & \\ 0 & & & & 1 \end{pmatrix} \\[2ex]
&= \begin{pmatrix} * & * & r_{13} & \cdots & r_{1n} \\ * & * & r_{23} & \cdots & r_{2n} \\ 0 & 0 & r_{33} & \cdots & r_{3n} \\ \vdots & \vdots & \ddots & \ddots & \vdots \\ 0 & 0 & \cdots & 0 & r_{nn} \end{pmatrix}.
\end{aligned}
$$

Bei der nächsten Multiplikation entsteht

$$(\boldsymbol{R}\boldsymbol{G}_1^T)\boldsymbol{G}_2^T = \begin{pmatrix} * & * & r_{13} & \cdots & r_{1n} \\ \otimes & * & r_{23} & \cdots & r_{2n} \\ 0 & 0 & r_{33} & \cdots & r_{3n} \\ \vdots & \vdots & \ddots & \ddots & \vdots \\ 0 & 0 & \cdots & 0 & r_{nn} \end{pmatrix} \begin{pmatrix} 1 & & & & 0 \\ & c_2 & -s_2 & & \\ & s_2 & c_2 & & \\ & & & 1 & \\ & & & & \ddots & \\ 0 & & & & & 1 \end{pmatrix} =$$

$$= \begin{pmatrix} * & * & * & r_{14} & \cdots & r_{1n} \\ \otimes & * & * & r_{24} & \cdots & r_{2n} \\ 0 & \otimes & * & r_{34} & \cdots & r_{3n} \\ 0 & 0 & 0 & r_{44} & \cdots & r_{4n} \\ \vdots & \vdots & \vdots & \ddots & \ddots & \vdots \\ 0 & 0 & 0 & \cdots & 0 & r_{nn} \end{pmatrix}.$$

Die anschließende Multiplikation mit $\boldsymbol{G}_3^T$ liefert dann in der dritten Spalte in der vierten Zeile ein Element $\otimes$ u.s.w., so daß schließlich nach Multiplikation mit $\boldsymbol{G}_{n-1}^T$ wieder eine HESSENBERG-Matrix vorliegt. $\qquad\qquad\Box$

Grundlegend für das gesamte QR-Verfahren zur Eigenwertermittlung ist der folgende Satz, dessen Beweis z.B. in [2.2] zu finden ist,

Satz 2.19:
> *Die in der QR-Iteration auftretende Matrix $\boldsymbol{H}_k$ konvergiert gegen eine obere Blockdreiecksmatrix (2.144), die reelle SCHUR-Form, wobei für die „1×1—Blöcke" gilt*
>
> $$\lim_{k\to\infty} h_{jj}^{(k)} = \lambda_j$$
>
> *und die eventuell auftretenden 2×2—Blöcke jeweils zu einem konjugiert komplexen Eigenwertpaar gehören.*

Im Laufe der QR-Iteration führt man zunächst die QR-Zerlegung

$$\boldsymbol{H}_k = \boldsymbol{Q}_k \boldsymbol{R}_k \tag{2.158}$$

solange durch, bis in

$$\boldsymbol{H}_{k+1} = \boldsymbol{R}_k \boldsymbol{Q}_k \tag{2.159}$$

für ein Subdiagonalelement $h_{i+1,i}^{(k+1)}$ der Matrix $\boldsymbol{H}_{k+1}$ die Ungleichung

$$\left| h_{i+1,i}^{(k+1)} \right| \leq \mathrm{eps} \cdot \left(\left| h_{ii}^{(k+1)} \right| + \left| h_{i+1,i+1}^{(k+1)} \right| \right) \tag{2.160}$$

für ein $i \in \{1, 2, \ldots, n-1\}$ erfüllt, d.h. praktisch Null ist (eps: relative Maschinengenauigkeit, siehe Abschnitt 1.2). Dann wird $h_{i+1,i}^{(k+1)} = 0$ gesetzt und $\boldsymbol{H}_{i+1}$ in zwei

Untermatrizen gemäß diesem Schema zerlegt:

$$\boldsymbol{H}_{k+1} = \begin{pmatrix} * & * & * & & & & & \\ * & * & * & & & * & & \\ 0 & * & * & & & & & \\ & & & \circ & * & * & * & * & * \\ & & & & * & * & * & * & * \\ & \boldsymbol{O} & & 0 & * & * & * & * \\ & & & 0 & 0 & * & * & * \\ & & & 0 & 0 & 0 & * & * \end{pmatrix}, \tag{2.161}$$

wobei die beiden Untermatrizen in der Hauptdiagonalen dieser oberen Blockdreiecks-matrix wieder HESSENBERG-Form haben. Das mit $\circ$ gekennzeichnete Matrixelement ist das zu Null gesetzte Element $h_{i+1,i}^{(k+1)}$. Auf die Untermatrizen wird jetzt das QR-Verfahren weiter angewendet, bis „$1\times 1-$Matrizen", d.h. reelle Eigenwerte, oder $2\times 2-$Matrizen, also konjugiert komplexe Eigenwertpaare abgespalten werden können.

Die Aussage des Satzes 2.19 hat zur Folge, daß die Matrix $\boldsymbol{H}_k$ gegen die reelle SCHUR-Form konvergiert, mithin für gewisse Subdiagonalelemente $h_{i+1,i}^{(k)}$ gilt

$$\lim_{k\to\infty} h_{i+1,i}^{(k)} = 0.$$

Es wird aber nichts darüber ausgesagt, wie *schnell* die Konvergenz erfolgt. Nach [2.2] konvergiert das Element $h_{i+1,i}^{(k)}$ betragsmäßig wie $(|\lambda_{i+1}|/|\lambda_i|)^k$ gegen Null, also unter Umständen sehr langsam, nämlich dann, wenn $|\lambda_{i+1}| \approx |\lambda_i|$ ist. Beträgt dieses Verhält-nis z.B. $|\lambda_{i+1}|/|\lambda_i| = 0.95$, dann ist beispielsweise $(|\lambda_{i+1}|/|\lambda_i|)^{45} = 0.099\ldots$, also ist nach 45 Iterationen $h_{i+1,i}^{(45)}$ erst auf ungefähr den zehnten Teil reduziert!

Durch eine vorübergehende Verschiebung sämtlicher Eigenwerte kann die Konver-genzgeschwindigkeit jedoch beträchtlich gesteigert werden. Denn würde man bereits einen Näherungswert $\hat{\lambda}_i$ für den Eigenwert λ_i kennen und statt der HESSENBERG-Matrix $\boldsymbol{H}$ die um $\hat{\lambda}_i\boldsymbol{I}$ verschobene (shifted) HESSENBERG-Matrix

$$\bar{\boldsymbol{H}} \stackrel{\text{def}}{=} \boldsymbol{H} - \hat{\lambda}_i\boldsymbol{I}$$

betrachten, hat $\bar{\boldsymbol{H}}$ die Eigenwerte

$$\bar{\lambda}_j = \lambda_j - \hat{\lambda}_i;$$

denn es ist

$$\begin{aligned} \det(\bar{\lambda}\boldsymbol{I} - \bar{\boldsymbol{H}}) &= \det(\bar{\lambda}\boldsymbol{I} - (\boldsymbol{H} - \hat{\lambda}_i\boldsymbol{I})) \\ &= \det((\bar{\lambda} + \hat{\lambda}_i)\boldsymbol{I} - \boldsymbol{H}), \end{aligned}$$

d.h. $\bar{\lambda}_j + \hat{\lambda}_i = \lambda_j$, also $\bar{\lambda}_j = \lambda_j - \hat{\lambda}_i$. Jetzt würde insbesondere das Subdiagonalelement $\bar{h}_{i,i-1}^{(k)}$ der verschobenen HESSENBERG-Matrix $\hat{\boldsymbol{H}}$ betragsmäßig wie $(|\lambda_i - \hat{\lambda}_i|/|\lambda_{i-1} - \hat{\lambda}_i|)^k$ gegen Null streben.

Wenn z.B. $\lambda_i = 5$ und $\lambda_{i-1} = 4.75$ ist, also $|\lambda_i|/|\lambda_{i-1}| = 0.95$, und als Näherungswert $\hat{\lambda}_i = 4.9$ bekannt ist, dann ist $|5 - 4.9|/|4.75 - 4.9| = 0.666\ldots$ und bereits nach sechs Iterationen wäre $\bar{h}_{i,i-1}^{(6)}$ auf weniger als ein Zehntel reduziert.

Insbesondere gilt für die letzte Zeile der verschobenen HESSENBERG-Matrix der

Satz 2.20   *Wenn λ ein reeller Eigenwert der HESSENBERG-Matrix $\boldsymbol{H}$ ist und für die verschobene Matrix $\boldsymbol{H} - \lambda \boldsymbol{I}$ die QR-Zerlegung*

$$\boldsymbol{H} - \lambda \boldsymbol{I} = \boldsymbol{Q}\boldsymbol{R} \qquad (2.162)$$

vorliegt, dann ist in der HESSENBERG-Matrix

$$\bar{\boldsymbol{H}} = \boldsymbol{R}\boldsymbol{Q} + \lambda \boldsymbol{I} \qquad (2.163)$$

das Element $\bar{h}_{n,n-1} = 0$ und das Element $\bar{h}_{n,n} = \lambda$.

Beweis: Die Matrix $\bar{\boldsymbol{H}} = \boldsymbol{H} - \lambda \boldsymbol{I}$ ist wieder eine HESSENBERG-Matrix, bei der ein Eigenwert gleich Null, also diese Matrix singulär sein muß. Deshalb muß die obere Dreiecksmatrix $\boldsymbol{R} = \boldsymbol{Q}^T \bar{\boldsymbol{H}}$ der QR-Zerlegung auch singulär sein. Nach Abschnitt 2.3.4 ist

$$|r_{ii}| = \sqrt{|h_{ii}|^2 + |h_{i+1,i}|^2},$$

also ist für eine unreduzierbare HESSENBERG-Matrix

$$|r_{ii}| \geq |h_{i+1,i}| > 0 \qquad (2.164)$$

für $i = 1$ bis $n - 1$. *Ein* Diagonalelement der Dreiecksmatrix $\boldsymbol{R}$ muß aber Null sein, also ist $r_{nn} = 0$, d.h., die gesamte letzte Zeile von $\boldsymbol{R}$ ist eine Nullzeile. Damit ist aber auch bei der Produktmatrix $\boldsymbol{Q}\boldsymbol{R}$ die letzte Zeile eine Nullzeile und in (2.163) muß $\bar{h}_{n,n-1} = 0$ und $\bar{h}_{nn} = \lambda$ sein. $\square$

Kennt man nur einen *Näherungswert* $\hat{\lambda}$ für einen Eigenwert, wird man nur eine iterative Näherung an das Verhalten gemäß Satz 2.20 von $\boldsymbol{H} - \hat{\lambda}\boldsymbol{I}$ erwarten können. Wesentlich für das Funktionieren des gesamten QR-Verfahrens ist dann der

Satz 2.21   *Für ein beliebiges $\hat{\lambda} \in \mathrm{R}$ und eine beliebige $n \times n-$Matrix $\boldsymbol{H}$ sei eine QR-Zerlegung so durchgeführt*

$$\boldsymbol{H} - \hat{\lambda}\boldsymbol{I} = \boldsymbol{Q}\boldsymbol{R}. \qquad (2.165)$$

Dann haben $\boldsymbol{H}$ und

$$\bar{\boldsymbol{H}} = \boldsymbol{R}\boldsymbol{Q} + \hat{\lambda}\boldsymbol{I} \qquad (2.166)$$

die gleichen Eigenwerte.

Beweis: Aus (2.165) folgt $\boldsymbol{Q}^T[\boldsymbol{H} - \hat{\lambda}\boldsymbol{I}] = \boldsymbol{R}$ und aus (2.166) $\boldsymbol{R} = (\bar{\boldsymbol{H}} - \hat{\lambda}\boldsymbol{I})\boldsymbol{Q}^T$, also

$$\boldsymbol{Q}^T(\boldsymbol{H} - \hat{\lambda}\boldsymbol{I}) = (\bar{\boldsymbol{H}} - \hat{\lambda}\boldsymbol{I})\boldsymbol{Q}^T,$$

d.h.,

$$\boldsymbol{Q}^T(\boldsymbol{H} - \hat{\lambda}\boldsymbol{I})\boldsymbol{Q} = (\bar{\boldsymbol{H}} - \hat{\lambda}\boldsymbol{I}),$$

und daraus $Q^T H Q = \bar{H}$, womit H und $\bar{H}$ ähnlich sind und damit die gleichen Eigenwerte haben. $\qquad\square$

Es wurde bereits darauf hingewiesen, daß die Subdiagonalelemente $h_{i+1,i}$ einer HESSENBERG-Matrix beim QR-Verfahren wie das Verhältnis $|\lambda_{i+1}|/|\lambda_i|$ der Eigenwerte dieser Matrix konvergieren. Das gleiche gilt natürlich auch für die verschobene Matrix $\bar{H} = H - \hat{\lambda} I$, d.h., $\bar{h}_{i+1,i}$ konvergiert wie $|\lambda_{i+1} - \hat{\lambda}|/|\lambda_i - \hat{\lambda}|$. Ist insbesondere $\hat{\lambda}$ eine gute Näherung für λ_n, dann ist

$$|\lambda_n - \hat{\lambda}| \ll |\lambda_i - \hat{\lambda}|$$

für $i \neq n$ und $\bar{h}_{n,n-1}^{(k)}$ konvergiert sehr schnell gegen Null. Für $\hat{\lambda} = \lambda_n$ würde das QR-Verfahren gemäß Satz 2.20 sogar in nur einem Schritt konvergieren!

Wie erhält man aber einen geeigneten Schätzwert $\hat{\lambda}$ für λ_n? Im allgemeinen wird, je weiter das Iterationsverfahren gediehen ist, $h_{nn}^{(k)}$ den Eigenwert λ_n repräsentieren, also wird $h_{nn}^{(k)}$ eine geeignete Eigenwertschätzung sein. Empfohlen wird $\hat{\lambda} = h_{nn}^{(k)}$ dann zu setzen, wenn $h_{nn}^{(k)}$ hinreichend nahe bei λ_n liegt, was z.B. der Fall ist, wenn

$$\frac{h_{nn}^{(k-1)}}{h_{nn}^{(k)}} > \frac{2}{3} \tag{2.167}$$

ist. Nimmt man mit $h_{nn}^{(k)}$ die Verschiebung bei jedem Iterationsschritt vor, erhält man dieses QR-Verfahren:

1) QR-Zerlegung von $H_k - h_{nn}^{(k)} I = Q_k R_k$, $\qquad$ (2.168)
2) erzeugen von $H_{k+1} := R_k Q_k + h_{nn}^{(k)} I$. $\qquad$ (2.169)

Diese Iteration wird man so lange fortsetzen, bis für das unterste Subdiagonalelement $h_{n,n-1}^{(k+1)}$ die Bedingung (2.160), also

$$\left| h_{n,n-1}^{(k+1)} \right| \le \mathrm{eps} \cdot \left(\left| h_{nn}^{(k+1)} \right| + \left| h_{n-1,n-1}^{k+1} \right| \right) \tag{2.170}$$

erfüllt ist. Die Matrix H_{k+1} hat dann diese Form

$$H_{k+1} = \left(\begin{array}{ccccc|c} * & * & \cdots & \cdots & * & * \\ * & * & \cdots & \cdots & * & * \\ 0 & * & \cdots & \cdots & * & * \\ \vdots & \ddots & \ddots & & \vdots & \vdots \\ 0 & \cdots & 0 & * & * & * \\ \hline 0 & \cdots & \cdots & 0 & 0 & \lambda_n \end{array} \right) \left(\begin{array}{cc} \tilde{H} & \tilde{h} \\ o^T & \lambda_n \end{array} \right) . \tag{2.171}$$

Die Untermatrix $\tilde{H}$ ist eine $(n-1) \times (n-1)$-HESSENBERG-Matrix und hat als Eigenwerte λ_1 bis λ_{n-1}. Damit hat sich die Ordnung des Problems um Eins erniedrigt. Das ist natürlich auch nach der Ermittlung von λ_{n-1} aus $\tilde{H}$ der Fall, d.h., mit jedem berechneten Eigenwert reduziert sich die Ordnung des Problems um Eins.

Beispiel 2.6: (a) Für die zur Matrix A_1 aus Beispiel 2.4 gehörende HESSENBERG-Matrix H_1 aus Beispiel 2.5 erhält man die reelle SCHUR-Form

$$H_{Schur1} =$$

$$\begin{pmatrix} 3.933\,199\,721\,88E+01 & 5.589\,626\,153\,45E+01 & 3.794\,115\,539\,89E+00 & 3.754\,380\,005\,94E+01 \\ 8.347\,289\,234\,57E-13 & -1.871\,813\,210\,26E+01 & -4.173\,712\,053\,97E+00 & -3.597\,588\,762\,16E+01 \\ -8.952\,416\,885\,91E-16 & 1.100\,014\,770\,82E-18 & 2.038\,697\,868\,29E+01 & -6.163\,712\,216\,44E+00 \\ -6.076\,995\,078\,43E-22 & -5.288\,799\,425\,19E-19 & -2.715\,816\,013\,91E-18 & 1.999\,156\,200\,82E+00 \end{pmatrix}.$$

Die Näherungen für die Eigenwerte λ_1 bis λ_4 sind auf der Hauptdiagonalen abzulesen.

(b) Für die HESSENBERG-Matrix H_3 aus Beispiel 2.5, die zu der modifizierten 4×4-HILBERT-Matrix A_3 aus Beispiel 2.4 gehörte, erhält man die reelle SCHUR-Form

$$H_{Schur3} =$$

$$\begin{pmatrix} 6.300\,899\,976\,07E+02 & 1.378\,239\,576\,03E+00 & -1.203\,297\,476\,34E+02 & 1.992\,883\,222\,70E+02 \\ -6.353\,720\,876\,73E-13 & 7.103\,931\,249\,82E+01 & -8.041\,910\,297\,64E+00 & 2.734\,584\,034\,11E+01 \\ -7.535\,391\,751\,08E-21 & -1.422\,450\,862\,82E-14 & 2.830\,074\,914\,19E+00 & 8.544\,055\,036\,75E-01 \\ 7.284\,964\,674\,59E-34 & -6.037\,942\,897\,09E-28 & 2.488\,594\,300\,84E-24 & 4.061\,496\,768\,42E-02 \end{pmatrix}.$$

Auch hier sind die Näherungswerte für die Eigenwerte λ_1 bis λ_4 auf der Hauptdiagonalen abzulesen. $\qquad\qquad\qquad\Box$

Wie schon mehrfach erwähnt, kann eine reelle Matrix auch konjugiert komplexe Eigenwertpaare besitzen. In diesem Fall sind also λ_i und $\lambda_{i+1} = \bar{\lambda}_i$ zwei Eigenwerte, für die die Beträge gleich sind: $|\lambda_i| = |\lambda_{i+1}|$, d.h., das zugehörige Subdiagonalelement $h_{i+1,i}^{(k)}$ konvergiert *nicht* gegen Null und es entsteht gemäß Satz 2.21 bei der QR-Iteration ein 2×2-Block bei der reellen SCHUR-Form. Angenommen, ein solcher 2×2-Block H^* tritt in der rechten unteren Ecke der Matrix H_k auf,

$$\begin{pmatrix} h_{n-1,n-1}^{(k)} & h_{n-1,n}^{(k)} \\ h_{n,n-1}^{(k)} & h_{n,n}^{(k)} \end{pmatrix} =: H^* \tag{2.172}$$

und hat das konjugiert komplexe Eigenwertpaar λ_n und $\lambda_{n-1} = \bar{\lambda}_n$. In diesem Fall würde man zwei QR-Iterationen mit den komplexen Verschiebungsparametern $\lambda_n = \alpha + j\omega$ und $\lambda_{n-1} = \alpha - j\omega$ so durchführen:

$$\begin{aligned} H_k - \lambda_n I &= Q_k R_k & \text{(2.173)} \\ H_{k+1} &:= R_k Q_k + \lambda_n I, & \text{(2.174)} \\ H_{k+1} - \lambda_{n-1} I &= Q_{k+1} R_{k+1} & \text{(2.175)} \\ H_{k+2} &:= R_{k+1} Q_{k+1} + \lambda_{n-1} I. \end{aligned}$$

Multipliziert man jetzt Gleichung (2.175) von links mit der Matrix Q_k und von rechts mit R_k, erhält man unter Berücksichtigung von (2.173) und (2.174) diesen Zusammenhang

$$Q_k Q_{k+1} R_{k+1} R_k = Q_k H_{k+1} R_k - \lambda_{n-1} Q_k R_k$$

$$
\begin{aligned}
&= Q_k(R_kQ_k + \lambda_nI)R_k - \lambda_{n-1}(H_k - \lambda_nI) \\
&= Q_kR_kQ_kR_k + \lambda_nQ_kR_k - \lambda_{n-1}(H_k - \lambda_nI) \\
&= (H_k - \lambda_nI)^2 + \lambda_n(H_k - \lambda_nI) - \lambda_{n-1}(H_k - \lambda_nI) \\
&= (H_k - \lambda_nI)(H_k - \lambda_{n-1}I) \\
&= H_k^2 - 2\alpha H_k + (\alpha^2 + \omega^2)I \\
&=: M.
\end{aligned} \tag{2.176}
$$

Daraus folgt aber, daß $(Q_kQ_{k+1})(R_{k+1}R_k)$ die QR-Zerlegung der *reellen* Matrix M ist! Allgemein gilt für die beiden Eigenwerte λ_n und λ_{n-1} der 2×2–Matrix H^*

$$
\mathrm{spur}(H^*) = \lambda_n + \lambda_{n-1}
$$

und

$$
\det(H^*) = \lambda_n \cdot \lambda_{n-1},
$$

also erhält man insbesondere für ein konjugiert komplexes Eigenwertpaar $\alpha \pm j\omega$ die *reellen* Zahlen

$$
h^{(k)}_{n-1,n-1} + h^{(k)}_{n,n} = 2\alpha =: s, \tag{2.177}
$$

$$
h^{(k)}_{n-1,n-1}h^{(k)}_{n,n} - h^{(k)}_{n,n-1}h^{(k)}_{n-1,n} = \alpha^2 + \omega^2 =: t. \tag{2.178}
$$

Nach (2.123) ist

$$
H_{k+2} = Q_{k+1}Q_kH_kQ_k^TQ_{k+1}^T,
$$

d.h., mit $Q := Q_{k+1}Q_k$ wird

$$
H_{k+2} = QH_kQ^T \tag{2.179}
$$

und mit $R := R_{k+1}R_k$ erhält man aus (2.176)

$$
Q^TR = M. \tag{2.180}
$$

Damit ist aber gezeigt, daß man einen direkten Weg angeben kann, um von der reellen Matrix H_k zu der wieder reellen Matrix H_{k+2} zu kommen, auch wenn ein konjugiert komplexes Eigenwertpaar vorliegt. Die beiden komplexen Verschiebungen werden dabei nur indirekt vorgenommen. Man berechnet also zunächst die reelle Matrix

$$
M = H_k^2 - sH_k + tI, \tag{2.181}
$$

dann die QR-Zerlegung gemäß (2.180) und setzt schließlich

$$
H_{k+2} := QH_kQ^T. \tag{2.182}
$$

Die Berechnung der Matrix H_{k+2} gemäß (2.182) ist sehr aufwendig, kann aber durch ein von FRANCIS [2.3] angegebenes Verfahren elegant vereinfacht werden. Das Verfahren beruht auf dieser Beobachtung:

Lemma 2.22 *Angenommen, man erhält aus H_k mittels einer orthogonalen Matrix Z auch eine obere HESSENBERG-Matrix*

$$
H = ZH_kZ^T. \tag{2.183}
$$

Dann muß

$$
Z = Q \tag{2.184}
$$

sein, wenn $H_{k+2} = H$ sowie Z und Q die gleiche erste Spalte haben.

Beweis: Mit

$$W := ZQ^T \tag{2.185}$$

erhält man aus (2.182) und (2.183)

$$
\begin{aligned}
HW &= ZH_k Z^T R Q^T \\
&= ZH_k Q^T \\
&= ZQ^T Q H_k Q^T \\
&= WH_{k+2} \\
&= WH.
\end{aligned}
\tag{2.186}
$$

Für den j–ten Spaltenvektor Hw_j auf der linken Seite dieser Gleichung erhält man dann auf Grund der vorausgesetzten HESSENBERG-Form von H auf der rechten Gleichungsseite

$$Hw_j = \sum_{i=1}^{j+1} h_{ij} w_i \tag{2.187}$$

und daraus

$$h_{j+1,j} w_{j+1} = Hw_j - \sum_{i=1}^{j} h_{ij} w_i. \tag{2.188}$$

Abschnitt 2.3.3 ist zu entnehmen, daß jede orthogonale Matrix U, die eine gegebene Matrix auf eine ähnliche HESSENBERG-Matrix transformiert, diese allgemeine Form hat

$$
U = \left(\begin{array}{c|cccc}
1 & 0 & \cdots & & 0 \\
\hline
0 & & & & \\
\vdots & & & \tilde{U} & \\
0 & & & &
\end{array}\right),
$$

d.h., die erste Spalte ist gleich dem ersten Einheitsvektor $i_1 = [1, 0, \ldots, 0]^T$. Das muß dann auch für die Matrix W

$$w_1 = i_1 \tag{2.189}$$

und natürlich auch für die Matrizen Z und Q gelten. Für den zweiten Spaltenvektor w_2 erhält man dann aus (2.188)

$$
\begin{aligned}
h_{21} w_2 &= Hw_1 - h_{11} w_1 \\[1em]
&= \begin{pmatrix} h_{11} \\ h_{21} \\ 0 \\ \vdots \\ 0 \end{pmatrix} - \begin{pmatrix} h_{11} \\ 0 \\ 0 \\ \vdots \\ 0 \end{pmatrix} = \begin{pmatrix} 0 \\ h_{21} \\ 0 \\ \vdots \\ 0 \end{pmatrix},
\end{aligned}
$$

also

$$
w_2 = i_2 = \begin{pmatrix} 0 \\ 1 \\ 0 \\ \vdots \\ 0 \end{pmatrix}.
$$

Das in (2.188) eingesetzt, liefert für den dritten Spaltenvektor $\boldsymbol{w}_3$

$$h_{32}\boldsymbol{w}_3 = \boldsymbol{H}\boldsymbol{i}_2 - h_{12}\boldsymbol{i}_1 - h_{22}\boldsymbol{i}_2 = \begin{pmatrix} 0 \\ 0 \\ h_{32} \\ 0 \\ \vdots \\ 0 \end{pmatrix},$$

d.h.,

$$\boldsymbol{w}_3 = \boldsymbol{i}_3 = \begin{pmatrix} 0 \\ 0 \\ 1 \\ 0 \\ \vdots \\ 0 \end{pmatrix}.$$

Fährt man so fort, erhält man für die Matrix $\boldsymbol{W}$ die Einheitsmatrix $\boldsymbol{I}$, also aus (2.185) die Behauptung (2.184). $\qquad\qquad\square$

Bei dem zu behandelnden Problem, nämlich $\boldsymbol{H}_{k+2} = \boldsymbol{Q}\boldsymbol{H}_k\boldsymbol{Q}^T$ zu berechnen, ist die orthogonale Matrix $\boldsymbol{Q}$ durch die QR-Zerlegung der Matrix $\boldsymbol{M}$ definiert. Die erste Spalte von $\boldsymbol{Q}$ ist durch die erste Spalte von $\boldsymbol{M}$ festgelegt; denn da $\boldsymbol{H}_k$ eine HESSENBERG-Matrix ist, setzt sich die erste Spalte der Matrix $\boldsymbol{M}$ so zusammen:

$$\boldsymbol{M} = \begin{pmatrix} m_{11} & | & \\ m_{21} & | & \\ m_{31} & | & \cdots \\ \vdots & | & \\ m_{n1} & | & \end{pmatrix}$$

$$= \begin{pmatrix} h_{11}^{(k)} & h_{12}^{(k)} & \cdots & h_{1n}^{(k)} \\ h_{21}^{(k)} & h_{22}^{(k)} & \cdots & h_{2n}^{(k)} \\ 0 & h_{32}^{(k)} & \cdots & h_{3n}^{(k)} \\ 0 & 0 & & \vdots \\ \vdots & \vdots & & \vdots \\ 0 & 0 & & h_{nn}^{(k)} \end{pmatrix} \begin{pmatrix} h_{11}^{(k)} & | & \\ h_{21}^{(k)} & | & \\ 0 & | & \cdots \\ \vdots & | & \\ 0 & | & \end{pmatrix} - \begin{pmatrix} sh_{11}^{(k)} & | & \\ sh_{21}^{(k)} & | & \\ 0 & | & \cdots \\ \vdots & | & \\ 0 & | & \end{pmatrix} + \begin{pmatrix} t & | & \\ 0 & | & \\ 0 & | & \cdots \\ \vdots & | & \\ 0 & | & \end{pmatrix},$$

woraus man leicht entnehmen kann

$$m_{11} = \left(h_{11}^{(k)}\right)^2 + h_{12}^{(k)} h_{21}^{(k)} - sh_{11}^{(k)} + t,$$

$$m_{21} = h_{21}^{(k)} \left(h_{11}^{(k)} + h_{22}^{(k)} - s\right), \qquad\qquad (2.189a)$$

$$m_{31} = h_{32}^{(k)} h_{21}^{(k)},$$
$$m_{41} = \cdots = m_{n1} = 0,$$

d.h., nur die ersten drei Elemente der ersten Spalte m_1 von M sind von Null verschieden. Bei der QR-Zerlegung der Matrix M mit Hilfe von HOUSEHOLDER-Matrizen, wie in Abschnitt 2.3.2 beschrieben, M ist allerdings keine HESSENBERG-Matrix, hat der Vektor u_1 in der ersten HOUSEHOLDER-Matrix

$$U_1 = I - 2u_1 u_1^T \tag{2.190}$$

nach (2.84) diese Form

$$u_1 = \begin{pmatrix} m_{11} + c_1 \\ m_{21} \\ m_{31} \\ 0 \\ \vdots \\ 0 \end{pmatrix} / \|m_1 + c_1 i_1\|; \tag{2.190a}$$

$$\text{mit} \quad c_1 = \operatorname{sign}(m_{11}) \|m_1\|,$$

also sind auch nur die ersten drei Elemente verschieden von Null. Insgesamt hat also die erste HOUSEHOLDER-Matrix U_1 diese Struktur

$$U_1 = \begin{pmatrix} * & * & * & & & \\ * & * & * & & 0 & \\ * & * & * & & & \\ & & & 1 & & \\ & 0 & & & \ddots & \\ & & & & & 1 \end{pmatrix}. \tag{2.191}$$

Bildet man jetzt H_{k+2} aus H_k gemäß (2.182), so muß zunächst $U_1 H_k U_1^T$ diese Form haben

$$U_1 H_k U_1^T = \begin{pmatrix} * & * & * & * & \cdots & \cdots & * & * \\ * & * & * & * & \cdots & \cdots & * & * \\ \diamond & * & * & * & \cdots & \cdots & * & * \\ \diamond & \diamond & * & * & & & \vdots & \vdots \\ 0 & 0 & 0 & * & & & \vdots & \vdots \\ 0 & 0 & 0 & 0 & \ddots & & \vdots & \vdots \\ \vdots & \vdots & \vdots & \vdots & \ddots & \ddots & \vdots & \vdots \\ 0 & 0 & 0 & 0 & \cdots & 0 & * & * \end{pmatrix} \tag{2.192}$$

d.h., bis auf die drei Elemente $\diamond$ liegt HESSENBERG-Form vor. Ermittelt man jetzt weitere HOUSEHOLDER-Matrizen $U_2, \ldots, U_{n-1}$ so, daß mit

$$Z := U_{n-1} \cdots U_2 U_1$$

die Matrix $Z H_k Z^T$ obere HESSENBERG-Form hat, dann haben diese Matrix Z und die Matrix Q aus der QR-Zerlegung von M die gleiche erste Spalte. Denn sowohl die Matrizen $U_2, \ldots, U_{n-1}$ von Z, als auch die neben U_1 weiteren orthogonalen Matrizen der QR-Zerlegung von Z haben als erste Zeile

$$[1, 0, \ldots, 0],$$

d.h., sowohl die erste Zeile von Z als auch die erste Zeile von Q ist gleich der ersten Zeile von U_1. Wegen der Symmetrie der HOUSEHOLDER-Matrizen gilt das gleiche auch für die Spalten. Also sind nach Lemma 2.24 die beiden Matrizen Z und Q gleich.

Insgesamt erhält man ohne Berechnung der gesamten Matrix M, von der nur die erste Spalte m_1 benötigt wird, dieses Vorgehen für die Berechnung von H_{k+2} aus H_k:

1. Berechnen von m_{11}, m_{21} und m_{31} gemäß (2.189a).
2. Berechnen von u_1 gemäß (2.190a).
3. Durchführen der Ähnlichkeitstransformation $U_1 H_k U_1^T$.
4. Ermittlung der HOUSEHOLDER-Matrizen U_2 bis U_{n-1} so, daß mit $Z := U_{n-1} \cdots U_1$ die Matrix $Z H_k Z^T$ eine obere HESSENBERG-Matrix ist. H_{k+2} ist dann gleich $Z H_k Z^T$.

Dies ist der wesentliche Inhalt des sogenannten FRANCIS–*QR–Doppelschritt–Algorithmus*, der im einzelnen so aussieht:

Algorithmus 2.23:{Francis–QR–Doppelschritt}

$$s := h^{(k)}_{n-1,n-1} + h^{(k)}_{n,n};$$
$$t := h^{(k)}_{n-1,n-1} * h^{(k)}_{n,n} - h^{(k)}_{n,n-1} * h^{(k)}_{n-1,n};$$
$$m_{11} := \left(h^{(k)}_{11}\right)^2 + h^{(k)}_{12} * h^{(k)}_{21} - s * h^{(k)}_{11} + t;$$
$$m_{21} := h^{(k)}_{21} * \left(h^{(k)}_{11} + h^{(k)}_{22} - s\right);$$
$$m_{31} := h^{(k)}_{21} * h^{(k)}_{32};$$
$$H := H_k;$$

for $i := 1$ to $n - 2$ do

    begin

        ermittle die 3×3–Matrix $\tilde{U}_i$ so, daß

$$\tilde{U} \begin{pmatrix} m_{11} \\ m_{21} \\ m_{31} \end{pmatrix} = \begin{pmatrix} * \\ 0 \\ 0 \end{pmatrix} \text{ wird;}$$

        $H := U_i H U_i^T;$

        $m_{11} := h_{i+2,i+1};$

        $m_{21} := h_{i+3,i+1};$

        if $i < n - 2$ then $m_{31} := h_{i+4,i+1};$

    end;

    ermittle 2×2–HOUSEHOLDER-Matrix $\tilde{U}_{n-1}$

    so, daß $\tilde{U}_{n-1} \begin{pmatrix} m_{11} \\ m_{21} \end{pmatrix} = \begin{pmatrix} * \\ 0 \end{pmatrix} wird;$

$$H_{k+2} := U_{n-1} H \tilde{U}_{n-1}.$$

Beispiel 2.7: Als reelle SCHUR–Form für die Matrix A_2 aus Beispiel 2.4 und die zugehörige HESSENBERG–Form H_2 aus Beispiel 2.5 erhält man

$$H_{Schur,2} =$$

$$\begin{pmatrix} 1.992\,914\,861\,56E+01 & -7.314\,377\,729\,40E+00 & -2.417\,354\,597\,61E+01 & -3.402\,519\,194\,02E+00 \\ 2.306\,842\,206\,96E+01 & -4.827\,206\,776\,25E+00 & -4.197\,502\,946\,18E+01 & -4.184\,280\,643\,00E+00 \\ -2.652\,245\,672\,33E-21 & 1.352\,518\,960\,06E-19 & -1.849\,629\,492\,26E+00 & -1.119\,290\,467\,02E+00 \\ -5.017\,270\,781\,18E-29 & 4.215\,835\,861\,45E-21 & -1.374\,505\,098\,29E-12 & 1.252\,312\,347\,10E+00 \end{pmatrix} .$$

Dieser SCHUR–Form kann man in der Hauptdiagonalen die beiden reellen Eigenwerte

$$\lambda_3 = -1.849\,629\,492\,26$$

und

$$\lambda_4 = -1.252\,312\,347\,10$$

entnehmen und aus dem 2×2–Block in der linken oberen Ecke das konjugiert komplexe Eigenwertpaar

$$\lambda_{1,2} = 7.550\,970\,919\,65 \pm j \cdot 3.938\,511\,085\,06$$

berechnen. $\qquad\qquad\qquad\qquad\qquad\qquad\qquad\qquad\qquad\qquad\qquad\qquad\qquad\quad$ $\square$

2.3.7 Zusammenfassung

Jetzt kann für reelle HESSENBERG–Matrizen der endgültige QR-Algorithmus zur Eigenwertermittlung angegeben werden. Hierbei ist während des Iterationsverfahrens immer darauf zu achten, ob eins der Subdiagonalelemente $h_{i+1,i}$ annähernd gleich Null wird, ob es also im Vergleich mit seinen Nachbarelementen gemäß (2.160)

$$\left| h_{i+1,i}^{(k+1)} \right| \le \text{eps} \cdot \left(\left| h_{i,i}^{(k)} \right| + \left| h_{i+1,i+1}^{(k)} \right| \right)$$

sehr klein ist. Wenn ein $h_{i+1,i}$ diese Bedingung erfüllt, wird es gleich Null gesetzt. Sind beispielsweise für eine 9×9–Matrix bereits die beiden Eigenwerte λ_9 und λ_8 ermittelt worden und ist $h_{4,3} \approx 0$, dann hat die HESSENBERG-Matrix diese Form

$$H = \begin{pmatrix} * & * & * & & & & & & \\ * & * & * & & & & * & & \\ 0 & * & * & & & & & & \\ & & & 0 & * & * & * & * & \\ & & & & * & * & * & * & \\ & & & & 0 & * & * & * & \\ & & & & 0 & 0 & * & * & \\ & & & & & & & \lambda_8 & * \\ & & & 0 & & & & 0 & \lambda_9 \end{pmatrix}$$

$$= \begin{pmatrix} H_{11} & * & * \\ O & H_{22} & * \\ O & O & H_{33} \end{pmatrix} \qquad\qquad (2.193)$$

und das Restproblem der Ermittlung der Eigenwerte λ_1 bis λ_7 zerfällt in die beiden niedriger dimensionalen Teilprobleme der Ermittlung der Eigenwerte der beiden Untermatrizen H_{11} und H_{22}.

Auf die $q \times q$-Matrix $\boldsymbol{H}_{22}$ wird jetzt der FRANCIS–QR–Doppelschritt–Algorithmus 2.23 so lange angewendet, bis entweder $h_{q,q-1}^{(k)}$ oder $h_{q-1,q-2}^{(k)}$ vernachlässigbar klein ist. Im ersten Fall ist $h_{qq}^{(k)}$ eine gute Näherung für einen Eigenwert und im zweiten Fall hat man einen 2×2-Block der reellen SCHUR-Form erhalten, dessen beide Eigenwerte dann ebenfalls als gute Näherungswerte für zwei Eigenwerte der Gesamtmatrix anzusehen sind. Wenn $\boldsymbol{H}_{33}$ eine $p \times p$-Matrix war, wird im ersten Fall jetzt aus ihr eine $(p+1) \times (p+1)$-Matrix und aus $\boldsymbol{H}_{22}$ eine $(q-1) \times (q-1)$-Matrix, sowie im zweiten Fall aus $\boldsymbol{H}_{33}$ eine $(p+2) \times (p+2)$-Matrix und aus $\boldsymbol{H}_{22}$ eine $(q-2) \times (q-2)$-Matrix.

Zusammenfassend erhält man schließlich diesen

Algorithmus 2.24:{Eigenwertermittlung mittels QR-Algorithmus}
>   Transformation der gegebenen Matrix auf HESSENBERG-Form
>   mit Algorithmus 2.16;
>   **for** $i := 1$ **to** $n-1$ **do**
>   **begin**
>   **if** $|h_{i+1,i}| \leq$ eps $\cdot (|h_{i+1,i+1}| + |h_{i,i}|)$ **then** $h_{i+1,i} := 0$;
>   suche größtes p und dann größtes q so, daß in (2.193) die
> $p \times p$-Untermatrix $\boldsymbol{H}_{33}$ reelle SCHUR-Form hat
>   und die $q \times q$-Untermatrix $\boldsymbol{H}_{22}$ eine unreduzierbare
>   HESSENBERG-Matrix ist;
>   **if** $p = n$ **then stop**;
>   FRANCIS–QR–Doppelschritt für $\boldsymbol{H}_{22}$;
>   **end.**

Abschließend sei noch erwähnt, daß für besondere Matrixstrukturen wie z.B. symmetrische oder tridiagonale Matrizen spezielle, den Rechenaufwand möglicherweise stark reduzierende Algorithmen existieren, siehe [2.4]. Außerdem sollte man die dort ebenfalls angegebene Balancierung der Matrix vornehmen, wenn sich in der i-ten Zeile der Matrix $\boldsymbol{A}$ das betragsmäßig größte Matrixelement um Größenordnungen von dem betragsmäßig größten Matrixelement der i-ten Spalte unterscheidet. Hierzu werden Diagonalmatrizen verwendet, deren Elemente ausschließlich Zehnerpotenzen sind, so daß keine zusätzlichen Rundungsfehler durch das Balancieren entstehen.

2.4 Ermittlung der Eigenvektoren

2.4.1 Einleitung

Nach Abschnitt 2.1 erfüllen die zur Matrix $\boldsymbol{A}$ gehörenden Eigenvektoren $\boldsymbol{x}_i$ die Gleichung

$$\boldsymbol{A}\boldsymbol{x}_i = \lambda_i \boldsymbol{x}_i. \tag{2.194}$$

Die in dieser Gleichung auftretenden Eigenwerte λ_i wurden im vorhergehenden Abschnitt anhand der Matrix $\boldsymbol{R}$ in SCHUR-Form bestimmt, die wiederum durch Ähnlichkeitstransformation mit orthogonalen Matrizen $\boldsymbol{Q}_j$ aus der HESSENBERG-Matrix

H entstand:

$$R = Q_N Q_{N-1} \cdots Q_1 H Q_1^T \cdots Q_{N-1}^T Q_N^T, \qquad (2.197)$$

wobei die Zahl N von benötigten orthogonalen Matrizen Q_i von der Iterationsgeschwindigkeit gegen die SCHUR-Form abhängt und nicht von vornherein festliegt. Da die HESSENBERG-Matrix H aus der Matrix A durch eine Ähnlichkeitstransformation mit HOUSEHOLDER-Matrizen hervorging,

$$H = UAU^T, \qquad (2.196)$$

erhält man insgesamt zwischen der SCHUR-Form R und der Ausgangsmatrix A diesen Zusammenhang

$$R = (Q_N \cdots Q_1 U) A (U^T Q_1^T \cdots Q^T) =: TAT^{-1}. \qquad (2.197)$$

Für die Eigenwerte von ähnlichen Matrizen gilt nach Lemma 2.1, daß sie gleich sind. Das gilt aber nicht für die Eigenvektoren! Denn multipliziert man Gleichung (2.194) von links mit der Transformationsmatrix T und fügt zwischen A und x_i auf der linken Gleichungsseite die Einheitsmatrix in der Form $T^{-1}T = I$ ein, erhält man

$$TAT^{-1}Tx_i = \lambda_i Tx_i \qquad (2.198)$$

oder mit (2.197)

$$R(Tx_i) = \lambda_i(Tx_i), \qquad (2.199)$$

d.h., der transformierte Vektor Tx_i ist der zu R und λ_i gehörende Eigenvektor! Wird zunächst der zur Matrix R und dem Eigenwert λ_i gehörende Eigenvektor $\tilde{x}_i$ bestimmt, muß dieser Eigenvektor noch mit T^{-1} multipliziert werden, um den Eigenvektor x_i von A zu erhalten:

$$x_i = T^{-1}\tilde{x}_i. \qquad (2.200)$$

Obwohl die Ermittlung der Eigenvektoren $\tilde{x}_i$ von R keine Schwierigkeiten bereitet, ist die notwendige Transformation (2.200), um den eigentlich gesuchten Eigenvektor x_i von A zu bekommen, sehr rechenintensiv. Denn gemäß (2.197) setzt sich T^{-1} aus dem Produkt sämtlicher Iterationsmatrizen Q_1^T bis Q_N^T und U^T zusammen.

Diese Schwierigkeiten können dadurch umgangen werden, daß die Eigenvektoren $\tilde{x}_i$ nicht für die reelle SCHUR-Form R, sondern für die ebenfalls sehr gut geeignete HESSENBERG-Form H ermittelt werden. Aus diesen Eigenvektoren x_i können dann über

$$x_{i,A} = U^T x_i \qquad (2.201)$$

die Eigenvektoren $x_{i,A}$ von A leicht berechnet werden.

2.4.2 Eigenvektorermittlung für die HESSENBERG-Form

Zunächst wird angenommen, daß die HESSENBERG-Matrix unreduzierbar ist. Für den zum Eigenwert λ_i gehörenden Eigenvektor x_i gilt gemäß (2.194) $Hx_i = \lambda_i x_i$ oder

$$(H - \lambda_i I)x_i = o. \qquad (2.202)$$

Das ergibt z.B. für eine 4×4-Matrix diese Bestimmungsgleichung für den Eigenvektor $\boldsymbol{x}_i$

$$
\begin{pmatrix}
(h_{11} - \lambda_i) & h_{12} & h_{13} & h_{14} \\
h_{21} & (h_{22} - \lambda_i) & h_{23} & h_{24} \\
0 & h_{32} & (h_{33} - \lambda_i) & h_{34} \\
0 & 0 & h_{43} & (h_{44} - \lambda_i)
\end{pmatrix}
\begin{pmatrix}
x_1^{(i)} \\ x_2^{(i)} \\ x_3^{(i)} \\ x_4^{(i)}
\end{pmatrix}
=
\begin{pmatrix}
0 \\ 0 \\ 0 \\ 0
\end{pmatrix} .
\qquad (2.203)
$$

Aus (2.202) folgt sofort, daß für eine beliebige Zahl $\alpha \neq 0$ auch $\alpha \boldsymbol{x}_i$ ein Eigenvektor zum Eigenwert λ_i ist, wenn $\boldsymbol{x}_i$ selbst ein Eigenvektor ist. Das bedeutet aber, daß durch (2.202) nur die Eigenvektor-*Richtung*, nicht aber die Eigenvektor-*Länge* festgelegt wird. Es wird deshalb für die letzte Komponente $x_4^{(i)}$ des Eigenvektors $\boldsymbol{x}_i$ vorgeschrieben

$$
x_4^{(i)} \overset{!}{=} 1 .
$$

Würde $x_4^{(i)} = 0$ gewählt werden, dann würde wegen der angenommenen Unreduzierbarkeit, d.h. wegen $h_{i+1,i} \neq 0$, aus (2.203) folgen, daß auch $x_j^{(i)} = 0$ für alle $j < 4$ sein müßte. $\boldsymbol{x}^{(i)} = \boldsymbol{o}$ ist aber kein Eigenvektor. Es muß also für jeden Eigenwert λ_i stets $x_4^{(i)} \neq 0$ sein. Da aber die Länge eines Eigenvektors beliebig ist, wird sie gerade so gewählt, daß die letzte Komponente $x_4^{(i)} = 1$ ist. Dann folgt aus der letzten Gleichung des Gleichungssystems (2.203)

$$
x_3^{(i)} = -(h_{44} - \lambda_i) x_4^{(i)} / h_{43}
$$

und aus der vorletzten und drittletzten Gleichung

$$
\begin{aligned}
x_2^{(i)} &= -[(h_{33} - \lambda_i) x_3^{(i)} - h_{34} x_4^{(i)}]/h_{32}, \\
x_1^{(i)} &= -[(h_{22} - \lambda_i) x_2^{(i)} - h_{23} x_3^{(i)} - h_{24} x_4^{(i)}]/h_{21},
\end{aligned}
$$

woraus man leicht das allgemeine Bildungsgesetz

$$
x_j^{(i)} = -\left[(h_{j+1,j+1} - \lambda_i)\, x_{j+1}^{(i)} - \sum_{k=j+2}^{n} h_{j+1,k} x_k^{(i)} \right] / h_{j+1,j} \quad \text{für} \quad j < n, \qquad (2.204)
$$

$$
x_n^{(i)} = 1, \qquad (2.205)
$$

für beliebiges n ablesen bzw. diesen Algorithmus formulieren kann

Algorithmus 2.25: {Ermittlung des zum Eigenwert λ_i gehörenden Eigenvektors $\boldsymbol{x}_i$ einer HESSENBERG-Matrix}

```
x_n^(i) := 1;
for j := n - 1 downto 1 do
    begin
        s := (λ_i - h_{j+1,j+1}) * x_{j+1}^(i);
        for k := j + 2 to n do s := s + h_{j+1,k} * h_k^(i);
        x_j^(i) := s / h_{j+1,j};
    end.
```

Ist der Eigenwert λ_i einer reellen Matrix komplex, erhält man auch einen Eigenvektor mit komplexen Komponenten, d.h., der Algorithmus 2.27 muß mit komplexer Arithmetik durchgeführt werden. Wenn allerdings der Eigenwert λ_i einer *reellen* Matrix komplex ist, dann ist auch die konjugiert komplexe Zahl $\bar{\lambda}_i$ ein Eigenwert und wenn x_i der zum Eigenwert λ_i gehörende Eigenvektor ist, dann ist der konjugiert komplexe Vektor $\bar{x}_i$ auch Eigenvektor zum Eigenwert $\bar{\lambda}_i$; denn es folgt unmittelbar aus $Hx_i = \lambda_i x_i$ und $\bar{H} = H$:

$$\bar{H}\bar{x}_i = H\bar{x}_i = \bar{\lambda}_i\bar{x}_i.$$

Damit braucht aber der Eigenvektor zum Eigenwert $\bar{\lambda}_i$ nicht mehr mittels eines Algorithmus berechnet zu werden, wenn bereits der zum Eigenwert λ_i gehörende Eigenvektor x_i bekannt ist.

Beispiel 2.8: Für die drei Matrizen A_1, A_2 und A_3 aus den Beispielen 2.4 erhält man mit Hilfe der im Beispiel 2.5 angegebenen HESSENBERG–Matrizen die zu den in den Beispielen 2.6 und 2.7 angegebenen Eigenwerten gehörenden Eigenvektoren
(a) zur Matrix A_1:

$$t_1 = \begin{pmatrix} -8.429\,226\,616\,95E-01 \\ -5.178\,935\,651\,29E-01 \\ 1 \\ -3.300\,419\,733\,95E-01 \end{pmatrix}, \quad t_2 = \begin{pmatrix} -4.819\,563\,078\,09E-01 \\ +3.343\,098\,659\,89E-01 \\ 1 \\ +1.756\,839\,509\,49E-01 \end{pmatrix},$$

$$t_3 = \begin{pmatrix} +9.118\,806\,106\,10E-01 \\ -1.514\,305\,865\,90E-01 \\ 1 \\ -5.103\,366\,179\,33E-01 \end{pmatrix} \quad \text{und} \quad t_4 = \begin{pmatrix} -6.798\,299\,393\,12E-01 \\ +9.718\,542\,196\,33E-02 \\ +4.107\,875\,138\,24E-01 \\ 1 \end{pmatrix};$$

(b) zur Matrix A_2 gehören zu dem konjugiert komplexen Eigenwertpaar λ_1, λ_2 die beiden konjugiert komplexen Eigenvektoren

$$t_{1,2} = \begin{pmatrix} -1.836\,660\,668\,17E-01 \\ -6.892\,233\,507\,84E-01 \\ 1 \\ -6.037\,513\,970\,02E-01 \end{pmatrix} \pm j \cdot \begin{pmatrix} -9.120\,657\,696\,92E-02 \\ -8.116\,749\,041\,36E-02 \\ -1.532\,058\,337\,39E+00 \\ +5.659\,830\,852\,20E-01 \end{pmatrix}$$

und zu den beiden reellen Eigenwerten λ_3 und λ_4 die beiden reellen Eigenvektoren

$$t_3 = \begin{pmatrix} +8.993\,070\,494\,45E-02 \\ -9.311\,088\,123\,30E-01 \\ 1 \\ -5.949\,524\,916\,15E-01 \end{pmatrix} \quad \text{und} \quad t_4 = \begin{pmatrix} +5.663\,392\,823\,78E-02 \\ -8.930\,592\,499\,35E-01 \\ 1 \\ -4.043\,998\,306\,18E-01 \end{pmatrix}$$

(c) zur HILBERT–Matrix A_3 gehören die Eigenvektoren

$$t_1 = \begin{pmatrix} 1 \\ 5.701\,720\,836\,67E-01 \\ 4.067\,789\,880\,30E-01 \\ 3.181\,409\,688\,75E-01 \end{pmatrix}, \quad t_2 = \begin{pmatrix} 1 \\ -6.365\,189\,019\,06E-01 \\ -8.754\,507\,960\,74E-01 \\ -8.831\,295\,872\,10E-01 \end{pmatrix},$$

$$t_3 = \begin{pmatrix} -2.415\,177\,163\,77E - 01 \\ 1 \\ -1.350\,933\,193\,06E - 01 \\ -8.603\,143\,585\,72E - 01 \end{pmatrix} \quad \text{und} \quad t_4 = \begin{pmatrix} +3.688\,768\,261\,54E - 02 \\ -4.153\,492\,877\,87E - 01 \\ 1 \\ -6.501\,712\,197\,26E - 01 \end{pmatrix}.$$

$\square$

Jetzt wird die Voraussetzung, daß die HESSENBERG-Matrix H unreduzierbar ist, fallengelassen, d.h., die HESSENBERG-Matrix hat beispielsweise dieses Aussehen

$$H = \begin{pmatrix} * & * & * & * & | & & & & | & & & \\ * & * & * & * & | & & * & & | & & * & \\ 0 & * & * & * & | & & & & | & & & \\ 0 & 0 & * & * & | & & & & | & & & \\ \hline & & & & | & * & * & * & | & & & \\ & & O & & | & * & * & * & | & & * & \\ & & & & | & * & * & * & | & & & \\ \hline & & & & | & & & & | & * & * & * & * & * \\ & & & & | & & & & | & * & * & * & * & * \\ & & O & & | & & O & & | & 0 & * & * & * & * \\ & & & & | & & & & | & 0 & 0 & * & * & * \\ & & & & | & & & & | & 0 & 0 & 0 & * & * \end{pmatrix}$$

$$= \begin{pmatrix} H_{11} & H_{12} & H_{13} \\ O & H_{22} & H_{23} \\ O & O & H_{33} \end{pmatrix} \tag{2.206}$$

Zunächst hat man für jede Untermatrix H_{11}, H_{22} und H_{33} in HESSENBERG-Form mittels des QR–Algorithmus getrennt die Eigenwerte bestimmt, die als paarweise verschieden angenommen werden. Allgemein seien die unreduzierbaren HESSENBERG-Untermatrizen H_{ii} $(n_i \times n_i)$–Matrizen. Die zu den Eigenwerten von H_{11} gehörenden Eigenvektoren erhält man dann einfach, indem man im Algorithmus 2.27 n durch n_1 ersetzt und $x_j^{(i)}$ für $j > n_1$ setzt, d.h., ein solcher Eigenvektor x_i hat diese Form

$$x_i = \begin{pmatrix} * \\ * \\ * \\ 1 \\ 0 \\ \vdots \\ 0 \end{pmatrix}, \tag{2.207}$$

wobei die Eins die n_1–te Vektorkomponente ist.

Bei den Eigenvektoren zu den Eigenwerten von H_{22} wird man zunächst entsprechend beginnen, d.h., man berechnet den Mittelteil $x^{(i)}$ des Eigenvektors

$$x_i = \begin{pmatrix} x_1^{(i)} \\ x_2^{(i)} \\ x_3^{(i)} \end{pmatrix} \tag{2.208}$$

mit dem Algorithmus 2.27 für $n = n_2$. Setzt man $x_3^{(i)} = o$, dann wird aus (2.202) für diesen Fall

$$\begin{pmatrix} (H_{11} - \lambda_i I) & H_{12} & H_{13} \\ O & (H_{22} - \lambda_i I) & H_{23} \\ O & O & (H_{33} - \lambda_i I) \end{pmatrix} \begin{pmatrix} x_1^{(i)} \\ x_2^{(i)} \\ o \end{pmatrix} = o. \tag{2.209}$$

Man erhält also im besonderen für den noch unbestimmten Untervektor $x_1^{(i)}$ die Bestimmungsgleichung

$$(H_{11} - \lambda_i I)x_1(i) + H_{12}x_2^{(i)} = o$$

oder umgeformt

$$(H_{11} - \lambda_i I)x_1^{(i)} = -H_{12}x_2^{(i)}. \tag{2.210}$$

Damit ist aber dieses Problem auf das Grundproblem der linearen Algebra zurückgeführt: Bei bekannter Matrix $H_{11} - \lambda_i I$ auf der linken Gleichungsseite und bekanntem Vektor $-H_{12}x_2^{(i)}$ auf der rechten Gleichungsseite den gesuchten Vektor $x_1^{(i)}$ zu bestimmen. Hierfür bekommt man allerdings nur dann eine eindeutige Lösung, wenn λ_i nicht auch Eigenwert der Untermatrix H_{11} ist! Diese Möglichkeit wurde aber durch die Bedingung der paarweisen Verschiedenheit der Eigenwerte ausgeschlossen.

Schließlich erhält man die zu den Eigenwerten von H_{33} gehörenden Eigenvektoren der Form (2.208) so:

1. Berechnen von $x_3^{(i)}$ mit dem Algorithmus 2.27 für $n = n_3$;
2. Ermittlung von $x_2^{(i)}$ aus

$$(H_{22} - \lambda_i I)x_2^{(i)} = -H_{23}x_3^{(i)}; \tag{2.211}$$

3. Ermittlung von $x_3^{(i)}$ aus

$$(H_{11} - \lambda_i I)x_1^{(i)} = -H_{12}x_2^{(i)} - H_{13}x_3^{(i)}. \tag{2.212}$$

Allgemein erhält man für eine reduzierbare HESSENBERG-Matrix mit m HESSENBERG-Untermatrizen H_{ii} der jeweiligen Dimension n_i diesen Algorithmus für die Berechnung der Eigenvektoren

Algorithmus 2.26: {Eigenvektor–Ermittlung einer reduzierbaren HESSENBERG-Matrix mit m unreduzierbaren HESSENBERG-Untermatrizen H_{ii} und paarweise verschiedenen Eigenwerten}

```
input H,λⱼ(j = 1,...,n),m,nᵢ(i = 1,...,m);
for i := 1 to m do
   begin {i−Schleife}
```

$$\textbf{if } i = 1 \textbf{ then } \kappa := 0 \textbf{ else } \kappa := \kappa + n_{i-1};$$
$$\textbf{for } j := 1 \textbf{ to } n_i \textbf{ do}$$
$$\quad \textbf{begin } \{j-\text{Schleife}\}$$
$$\qquad \ell := \kappa + j;$$
$$\qquad \lambda := \lambda_\ell;$$
$$\qquad \textbf{for } k := i + 1 \textbf{ to } m \textbf{ do } \boldsymbol{x}_k^{(\ell)} := 0;$$
$$\qquad \text{Ermitteln von } \boldsymbol{x}_i^{(\ell)} \text{ mittels Algorithmus 2.27 aus}$$
$$\qquad\quad (\boldsymbol{H}_{ii} - \lambda_i \boldsymbol{I})\boldsymbol{x}_i^{(\ell)} = \boldsymbol{o};$$
$$\qquad \textbf{if } i > 1 \textbf{ then}$$
$$\qquad\quad \textbf{for } k := i - 1 \textbf{ downto } 1 \textbf{ do}$$
$$\qquad\qquad \textbf{begin } \{k-\text{Schleife}\}$$
$$\qquad\qquad\quad \boldsymbol{b} := \boldsymbol{o};$$
$$\qquad\qquad\quad \textbf{for } p := k + 1 \textbf{ to } i \textbf{ do } \boldsymbol{b} := \boldsymbol{b} - \boldsymbol{H}_{k,p}\boldsymbol{x}_p^{(\ell)};$$
$$\qquad\qquad\quad \text{Ermitteln von } \boldsymbol{x}_k^{(\ell)} \text{ mittels des lin. Gleichungssystems}$$
$$\qquad\qquad\qquad (\boldsymbol{H}_{kk} - \lambda \boldsymbol{I})\boldsymbol{x}_k^{(\ell)} = \boldsymbol{b};$$
$$\qquad\qquad \textbf{end}; \{k-\text{Schleife}\}$$
$$\quad \textbf{end}; \{j-\text{Schleife}\}$$
$$\textbf{end}; \{i-\text{Schleife}\}$$
$$\textbf{end}.$$

Dieser Algorithmus läuft nur, wenn alle Eigenwerte paarweise verschieden sind; denn für die eindeutige Berechnung von $\boldsymbol{x}_k^{(\ell)}$ durfte der Eigenwert λ_ℓ von $\boldsymbol{H}_{ii}$ nicht auch Eigenwert von $\boldsymbol{H}_{kk}$ sein.

3 Hochgenaue Lösung von Gleichungssystemen

3.1 Einleitung und NEWTON-Iterationsverfahren

In diesem Kapitel werden Iterationsverfahren beschrieben, die es zusammen mit Methoden der Intervallmathematik erlauben, trotz endlicher Genauigkeit der Computerarithmetik zu hochgenauen Lösungen verschiedener Probleme zu kommen. Hierbei ist gegenüber den herkömmlichen Algorithmen der numerischen Mathematik vor allem hervorzuheben, daß *Einschließungen* für die Lösungen berechnet werden. Das sind Intervalle, deren obere und untere Schranken sich häufig nur in der letzten Mantissenstelle unterscheiden und wobei trotzdem *garantiert* wird, daß die exakte Lösung innerhalb des berechneten Intervalls liegt. Als Startwerte für diese Iterationsverfahren werden die angenäherten Lösungen genommen, die man mit den herkömmlichen Gleitpunkt-Algorithmen, wie beispielsweise das QR-Verfahren zur Eigenwertermittlung, erhält.

Ausgangspunkt für alle diese Verfahren ist das Iterationsverfahren von NEWTON zur Bestimmung von Nullstellen differenzierbarer Funktionen. Es beruht auf dem Mittelwertsatz der Differentialrechnung, der geometrisch besagt, daß es mindestens einen Punkt x_0 im Intervall $[a, b]$ gibt, in dem die Steigung $f'(x_0)$ der Tangente an die differenzierbare Funktion $f(x)$ mit der Steigung der geraden Verbindung von $f(a)$ mit $f(b)$ übereinstimmt, siehe Abb. 3.1:

$$f'(x_0) = \frac{f(b) - f(a)}{b - a}. \tag{3.1}$$

Die Gleichung für die Tangente ist dann

$$y(x) = f(x_0) + f'(x_0)(x - x_0). \tag{3.2}$$

Schneidet die Tangente die x−Achse im Punkt x_1, so ist dort $y(x_1) = 0$ und man erhält aus (3.2) für $x = x_1$ die Beziehung

$$x_1 = x_0 - \frac{f(x_0)}{f'(x_0)}. \tag{3.3}$$

Die Funktion f selbst schneidet die x−Achse im Punkt ξ, hat also dort eine Nullstelle. Legt man im Punkt x_1 die Tangente an die Funktion f, so schneidet diese neue Tangente

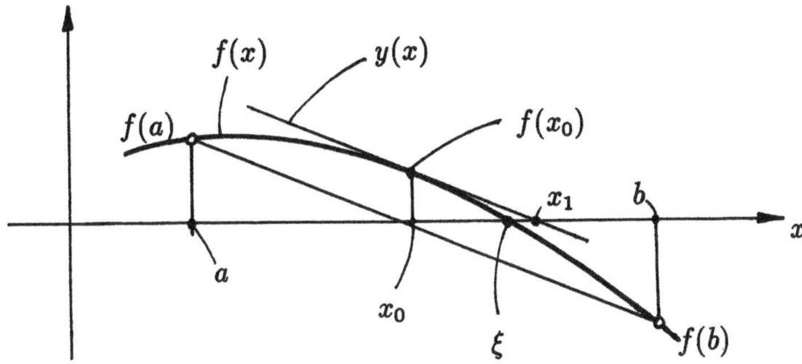

Abb. 3.1: Das NEWTON-Verfahren

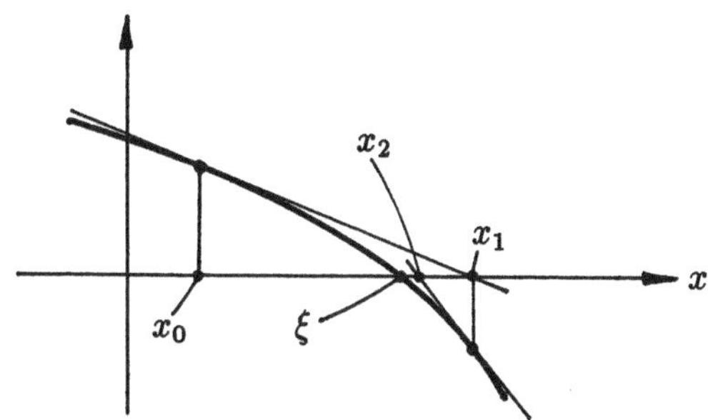

Abb. 3.2: Zum NEWTON-Iterationsverfahren

mit der Steigung $f'(x_1)$ die x—Achse im Punkt

$$x_2 = x_1 - \frac{f(x_1)}{f'(x_1)}. \tag{3.4}$$

Fährt man so fort, erhält man das NEWTON-*Iterationsverfahren*

$$x_{k+1} = x_k - \frac{f(x_k)}{f'(x_k)}, \quad k = 0, 1, 2, \ldots, \tag{3.5}$$

das gegen die einfache Nullstelle ξ konvergiert, wenn hinreichend nahe bei ξ im Punkt x_0 gestartet wird (Abb. 3.2).

Ebenso kann man das Grundproblem der Algebra, nämlich den Lösungsvektor $\boldsymbol{x}$ für das Gleichungssystem $\boldsymbol{Ax} = \boldsymbol{b}$ zu finden, durch Umstellen der Gleichung in ein Nullstellenproblem umformen: Gesucht ist die Nullstelle $\boldsymbol{x}$ des linearen Gleichungssystems

$$\boldsymbol{f(x)} = \boldsymbol{Ax} - \boldsymbol{b} = \boldsymbol{o}_n. \tag{3.6}$$

Das gleiche gilt für die Eigenwert- und Eigenvektorermittlung. Zunächst gilt für einen Eigenwert λ_i und den zugehörigen Eigenvektor $\boldsymbol{x}_i$ die Gleichung

$$\boldsymbol{Ax}_i = \lambda_i \boldsymbol{x}_i \tag{3.7}$$

Das sind n Gleichungen für die $n+1$ Unbekannten $\lambda_i, x_{1i}, \ldots, x_{ni}$. Da aber die Länge des Eigenvektors nicht festliegt, kann als $(n+1)$—te Gleichung die Normierungsgleichung für den Eigenvektor hinzugenommen werden. Hat man beispielsweise durch eine Näherungsrechnung festgestellt, daß die j–te Eigenvektorkomponente $x_{j,i}$ die betragsmäßig größte ist, kann man deren Betrag auf den Wert Eins normieren. Das kann man mit Hilfe des j–ten Einheitsvektors

$$i_j = [0, \ldots, 0, \underbrace{1}_{j-te\ Komponente}, 0, \ldots, 0]^T$$

so festlegen

$$x_i^T i_j = 1. \tag{3.8}$$

Faßt man die Gleichungen (3.7) und (3.8) zusammen, erhält man dieses Nullstellenproblem: Gesucht ist die „Nullstelle λ_i, x_i" des *nichtlinearen* Gleichungssystems

$$f(\lambda_i, x_i) = \begin{pmatrix} (\lambda_i I - A)x_i \\ x_i^T i_j - 1 \end{pmatrix} = o_{n+1}. \tag{3.9}$$

Das Gleichungssystem (3.9) ist nichtlinear, da in den ersten n Gleichungen auch Produkte von Unbekannten der Form $\lambda_i \cdot x_{j,i}$ auftreten.

3.2 Hochgenaue Lösung von Gleichungssystemen

3.2.1 Hochgenaue Lösung linearer Gleichungssysteme

Wenn man für das lineare Gleichungssystem (3.6) z.B. mit Hilfe der QR-Zerlegung der Matrix A einen Näherungswert $\hat{x}$ berechnet hat, wird aufgrund von Rundungsfehlern $\hat{x}$ nicht exakt die Gleichung (3.6) erfüllen, sondern es wird ein Fehler $\tilde{x}$ auftreten:

$$\tilde{x} \overset{\text{def}}{=} A\hat{x} - b. \tag{3.10}$$

Wird der Näherungswert $\hat{x}$ um diesen Fehler korrigiert, erhält man den neuen Wert

$$x_1 = \hat{x} - \tilde{x} = \hat{x} - (A\hat{x} - b), \tag{3.11}$$

oder mit $x_0 = \hat{x}$

$$x_1 = x_0 - (Ax_0 - b) = (I - A)x_0 + b. \tag{3.12}$$

Aber auch x_1 wird die Gleichung (3.6) nicht exakt erfüllen und einen Fehler

$$\tilde{x}_1 = Ax_1 - b \tag{3.13}$$

erzeugen, womit man einen neuen Lösungsvektor

$$x_2 = x_1 - \tilde{x}_1 = (I - A)x_1 + b \tag{3.14}$$

erhält.

Im $(k+1)$–ten Iterationsschritt bekommt man allgemein den neuen Näherungswert

$$x_{k+1} = x_k - \tilde{x}_k = x_k - (Ax_k - b) = (I - A)x_k + b \tag{3.15}$$

und den Fehlervektor

$$\begin{aligned}
\tilde{x}_{k+1} &= A x_{k+1} - b \\
&= A(x_k - \tilde{x}_k) - b \\
&= (A x_k - b) - A\tilde{x}_k \\
&= \tilde{x}_k - A\tilde{x}_k,
\end{aligned}$$

also

$$\tilde{x}_{k+1} = (I - A)\tilde{x}_k. \tag{3.16}$$

Diese Gleichung beschreibt das Verhalten des Fehlervektors während der Iteration.

Ausgehend vom Anfangsfehler

$$\tilde{x}_0 = A\hat{x} - b \tag{3.17}$$

erhält man als Lösung für die Differenzengleichung (3.16) sukzessive

$$\begin{aligned}
\tilde{x}_1 &= (I - A)\tilde{x}_0 \\
\tilde{x}_2 &= (I - A)\tilde{x}_1 = (I - A)^2\tilde{x}_0 \\
\tilde{x}_3 &= (I - A)\tilde{x}_2 = (I - A)^3\tilde{x}_0
\end{aligned}$$

u.s.w., allgemein

$$\tilde{x}_k = (I - A)^k\tilde{x}_0. \tag{3.18}$$

Der Fehlervektor $\tilde{x}_k$ strebt für $k \to \infty$ nur dann gegen den Nullvektor, d.h., die Iteration gemäß (3.15) strebt nur dann gegen die genaue Lösung von Gleichung (3.6), wenn sämtliche Eigenwerte λ_i der Matrix $(I - A)$ betragsmäßig kleiner als Eins sind

$$|\lambda_i| < 1.$$

Das gilt aber nur in Ausnahmefällen, also ist das Iterationsverfahren in der Form der Gleichung (3.15) unbrauchbar.

Abhilfe bringt eine Verallgemeinerung des NEWTON-Verfahrens zur Nullstellenbestimmung von Funktionen einer Variablen auf n Funktionen von n Variablen. Zunächst kann (3.5) auch so geschrieben werden

$$x_{k+1} = x_k - \left(\frac{df}{dx}(x_k)\right)^{-1} f(x_k). \tag{3.19}$$

Analog hierzu wird für den Vektor x und die Vektorfunktion f geschrieben

$$x_{k+1} = x_k - \left(\frac{\partial f}{\partial x}(x_k)\right)^{-1} f(x_k). \tag{3.20}$$

Eine ausführliche Begründung hierfür wird im Abschnitt 3.2.3 gegeben.

Für das hier zu behandelnde lineare Problem folgt für $f(x)$ aus (3.6)

$$f(x) = Ax - b = o.$$

Damit erhält man für die in (3.20) benötigte partielle Ableitung

$$\frac{\partial f}{\partial x} = \frac{\partial}{\partial x}(Ax - b) = A,$$

die in (3.20) eingesetzt diese Iterationsformel

$$x_{k+1} = x_k - A^{-1}f(x_k) \tag{3.21}$$

liefert. Wäre die Kehrmatrix A^{-1} exakt bekannt, würde auch das NEWTON-Verfahren sofort in einem Iterationsschritt die Lösung ermitteln:

$$\begin{aligned} x_1 &= x_0 - A^{-1}(Ax_0 - b) \\ &= x_0 - x_0 + A^{-1}b \\ &= A^{-1}b. \end{aligned}$$

Bei Verwendung des hochgenauen Skalarprodukts von PASCAL–SC oder FORTRAN–SC wäre die Lösung selbst auch hochgenau.

Mit einer angenäherten Kehrmatrix $R \approx A^{-1}$ wird aus (3.21) das *vereinfachte* NEWTON-*Verfahren*

$$x_{k+1} = x_k - R(Ax_k - b) \tag{3.22}$$

oder

$$x_{k+1} = (I - RA)x_k + Rb, \tag{3.23}$$

für das man folgende Fehlergleichung erhält:

$$\begin{aligned} \tilde{x}_{k+1} &= Ax_{k+1} - b \\ &= A(I - RA)x_k + ARb - b \\ &= (I - AR)Ax_k - (I - AR)b \end{aligned}$$

also mit (3.10)

$$\tilde{x}_{k+1} = (I - AR)\tilde{x}_k. \tag{3.24}$$

Daraus bekommt man für den Anfangsfehler

$$\tilde{x}_0 = A\hat{x} - b$$

nach k Iterationsschritten den Fehlervektor

$$\tilde{x}_k = (I - AR)^k\tilde{x}_0, \tag{3.25}$$

der für $k \to \infty$ wieder nur dann gegen den Nullvektor strebt, wenn sämtliche n Eigenwerte λ_i der Matrix $(I - AR)$ betragsmäßig kleiner als Eins sind. Das ist aber jetzt höchstwahrscheinlich der Fall, denn für $R \approx A^{-1}$ ist $AR \approx I$ und damit $(I - AR) \approx O$, d.h., die Eigenwerte der Matrix $(I - AR)$ liegen sogar in der Nähe von Null! Vorausgesetzt natürlich, daß die Matrix A invertierbar, also regulär ist.

Um mit dem Iterationsverfahren (3.23) zu einer in Schranken eingeschlossenen garantierten Lösung zu kommen, wird in (3.23) der Vektor x_k durch den *Intervallvektor* $[x]_k$ ersetzt, was diese intervallwertige Funktion

$$f([x]_k) = Rb + (I - RA)[x]_k \tag{3.26}$$

ergibt, die wieder einen Intervallvektor liefert. Gegen welches Intervall die Funktion konvergiert, legt der in [3.1] bewiesene SCHAUDERsche Fixpunktsatz fest:

Satz 3.1 {*SCHAUDERscher Fixpunktsatz*} *Gegeben sei eine stetige Funktion* $\boldsymbol{f} : \mathrm{R}^n \to \mathrm{R}^n$, *die eine nichtleere, konvexe und kompakte Menge* $[\boldsymbol{x}]$ *in sich abbildet,*

$$\boldsymbol{f}([\boldsymbol{x}]) \subseteq [\boldsymbol{x}]. \tag{3.27}$$

Dann hat die Gleichung $\boldsymbol{f}(\boldsymbol{x}) = \boldsymbol{x}$ *wenigstens eine Lösung* $\boldsymbol{x}^*$ *in* $[\boldsymbol{x}]$.

Findet man einen Intervallvektor $[\boldsymbol{x}]$ so, daß mit der Funktion (3.26) die Bedingung (3.27) des SCHAUDERschen Fixpunktsatzes 3.1 erfüllt ist, dann ist die *Existenz* einer Lösung $\boldsymbol{x}^* \in [\boldsymbol{x}]$, für die $\boldsymbol{f}(\boldsymbol{x}^*) = \boldsymbol{x}^*$ gilt, bewiesen. Zu untersuchen ist dann allerdings noch, ob diese Lösung *eindeutig* ist, d.h., ob die Matrix $\boldsymbol{R}$ in (3.22) regulär ist. Hier hilft der

Satz 3.2 *Seien* $\boldsymbol{A}$ *und* $\boldsymbol{R}$ *reelle* $n \times n-$*Matrizen und* $\boldsymbol{b}$ *ein reeller* $n-$*dimensionaler Vektor. Wenn ein Intervallvektor* $[\boldsymbol{x}]$ *so existiert, daß gilt*

$$\boldsymbol{f}([\boldsymbol{x}]) := \boldsymbol{R}\boldsymbol{b} + (\boldsymbol{I} - \boldsymbol{R}\boldsymbol{A})[\boldsymbol{x}] \subseteq [\overset{\circ}{\boldsymbol{x}}], \tag{3.28}$$

dann sind die beiden Matrizen $\boldsymbol{R}$ *und* $\boldsymbol{A}$ *regulär und es existiert nur ein einziger Lösungsvektor* $\boldsymbol{x}^* \in [\overset{\circ}{\boldsymbol{x}}]$, *für den* $\boldsymbol{A}\boldsymbol{x}^* = \boldsymbol{b}$ *ist.*

Bei diesem Satz bedeutet $[\overset{\circ}{\boldsymbol{x}}]$ das Innere des Intervallvektors $[\boldsymbol{x}]$, d.h., wenn $[\boldsymbol{x}] := [\underline{\boldsymbol{x}}, \overline{\boldsymbol{x}}]$ und $[\boldsymbol{y}] := [\underline{\boldsymbol{y}}, \overline{\boldsymbol{y}}]$ zwei Intervallvektoren sind, dann bedeutet $[\boldsymbol{y}] \subseteq [\overset{\circ}{\boldsymbol{x}}]$, daß sowohl für die unteren Intervallgrenzen $\underline{x}_i < \underline{y}_i$ als auch für die oberen Intervallgrenzen $\overline{y}_i < \overline{x}_i$ für alle $i = 1, 2, \ldots, n$ gilt.

Beweis des Satzes 3.2: [3.2] Wenn (3.28) gilt, dann auch

$$\boldsymbol{R}\boldsymbol{b} + (\boldsymbol{I} - \boldsymbol{R}\boldsymbol{A})[\boldsymbol{x}] \subseteq [\overset{\circ}{\boldsymbol{x}}] \subseteq [\boldsymbol{x}], \tag{3.29}$$

d.h., es existiert nach Satz 3.1 eine Lösung $\boldsymbol{x}^* \in [\boldsymbol{x}]$, für die

$$\boldsymbol{f}(\boldsymbol{x}^*) = \boldsymbol{x}^* - \boldsymbol{R}(\boldsymbol{A}\boldsymbol{x}^* - \boldsymbol{b}) = \boldsymbol{x}^* \tag{3.30}$$

gilt, also

$$\boldsymbol{R}(\boldsymbol{A}\boldsymbol{x}^* - \boldsymbol{b}) = \boldsymbol{o} \tag{3.31}$$

ist. Angenommen, es existiert ein Vektor $\boldsymbol{y} \neq \boldsymbol{o}$ so, daß $\boldsymbol{A}\boldsymbol{y} = \boldsymbol{o}$ ist. Für eine beliebige reelle Zahl α gilt dann

$$\begin{aligned} \boldsymbol{f}(\boldsymbol{x}^* + \alpha\boldsymbol{y}) &= \boldsymbol{x}^* + \alpha\boldsymbol{y} - \boldsymbol{R}(\boldsymbol{A}(\boldsymbol{x}^* + \alpha\boldsymbol{y}) - \boldsymbol{b}) \\ &= \boldsymbol{x}^* + \alpha\boldsymbol{y} - \alpha\boldsymbol{R}\boldsymbol{A}\boldsymbol{y} \\ &= \boldsymbol{x}^* + \alpha\boldsymbol{y}, \end{aligned}$$

also wäre auch $\boldsymbol{x}^* + \alpha\boldsymbol{y}$ ein Fixpunkt von $\boldsymbol{f}$. Da α beliebig groß sein darf, existiert bestimmt auch ein solches, daß $\boldsymbol{x}^* + \alpha\boldsymbol{y}$ auf dem Rand des Intervallvektors $[\boldsymbol{x}]$ liegt.

Das widerspricht aber der Voraussetzung (3.28)

$$f([x]) \subseteq [\overset{\circ}{x}].$$

Also muß $y = o$ der einzige Vektor sein, für den $Ay = o$ ist, was aber nur dann der Fall ist, wenn A regulär ist. Um schließlich noch zu zeigen, daß aus (3.28) auch die Regularität von R folgt, wird angenommen, daß ein Vektor $y \in R^n$ so existiert, daß $Ry = o$ ist. Da A regulär ist, existiert auch die Kehrmatrix A^{-1} und damit auch der Vektor $A^{-1}y$. Für ein beliebiges reelles α gilt jetzt

$$\begin{aligned} f(x^* + \alpha A^{-1}y) &= x^* + \alpha A^{-1}y - R(A(x^* + \alpha A^{-1}y) - b) \\ &= x^* + \alpha A^{-1}y + \alpha Ry \\ &= x^* + \alpha A^{-1}y, \end{aligned}$$

also wäre auch $x^* + \alpha A^{-1}y$ ein Fixpunkt von f. Das führt wegen der Beliebigkeit von α, wie oben, zu einem Widerspruch. Es muß also $y = o$ und damit R ebenfalls regulär sein. □

Wenn die Bedingung (3.28) im Verlauf eines Algorithmus noch nicht erfüllt ist, kann die Konvergenzgeschwindigkeit mit Hilfe der Aussage des folgenden Lemmas erhöht werden.

Lemma 3.3 *Es sei $[x]_0$ ein Intervallvektor und $x^* \in [x]_0$. Dann ist für alle $k > 0$ stets $x^* \in [x]_k$, wobei die Intervallvektoren $[x]_k$ so bestimmt werden*

$$[x]_{k+1} := (Rb + (I - RA) * [x]_k) \cap [x]_k. \qquad (3.32)$$

Beweis: Der Beweis wird durch vollständige Induktion geführt. Nach Voraussetzung ist $x^* \in [x]_0$. Angenommen, es ist $x^* \in [x]_k$. Dann ist mit $Ax^* = b$

$$\begin{aligned} x^* &= Rb + x^* - Rb \\ &= Rb + x^* - RAx^* \\ &= Rb + (I - RA)x^* \in Rb + (I - RA)[x]_k \overset{\text{def}}{=} [\tilde{x}]_{k+1}, \end{aligned}$$

also ist auch $x^* \in [x]_k \cap [\tilde{x}]_{k+1} = [x]_{k+1}$. □

Abbildung 3.3 zeigt für den Fall $n = 2$ das Vorgehen nach (3.32). Zum Vergleich ist in Abb. 3.4 das Vorgehen nach (3.26), also ohne Durchschnittsbildung, veranschaulicht. Die schnellere Konvergenz des Verfahrens (3.32) ist klar erkennbar.

Ein weiteres Problem ist die Wahl des Anfangsintervalls $[x]_0$. Wie muß das Anfangsintervall $[x]_0$ gewählt werden, damit es den exakten Lösungsvektor x^* enthält? Hierzu die Abschätzung für die Norm der exakten Lösung x^*:

$$\begin{aligned} x^* &= Rb + x^* - Rb \\ &= Rb + x^* - RAx^* \\ &= Rb + (I - RA)x^*, \quad \text{d.h.,} \\ \|x^*\| &= \|Rb + (I - RA)x^*\| \end{aligned}$$

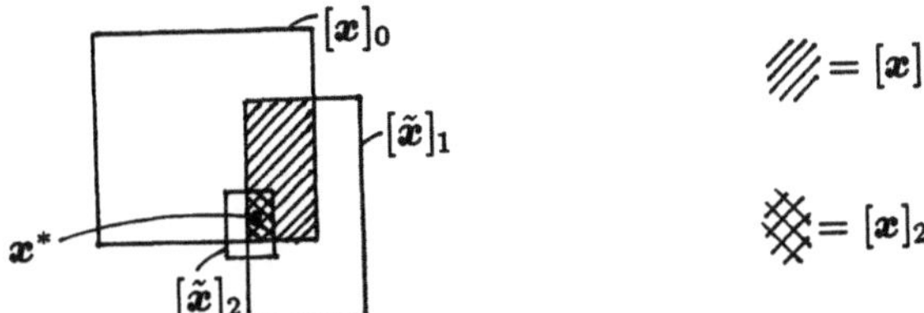

Abb. 3.3: Zum Iterationsverfahren nach (3.32)

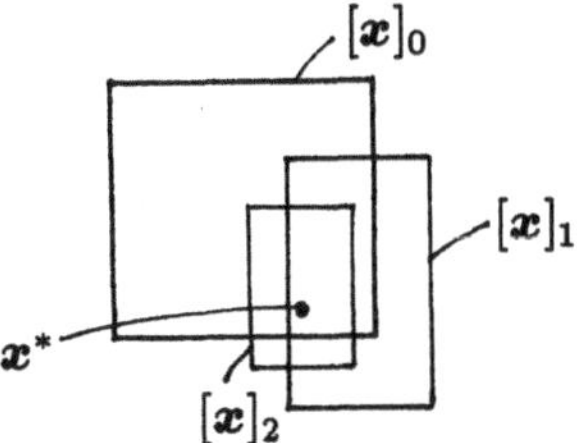

Abb. 3.4: Zum Iterationsverfahren nach (3.26)

$$\leq \ \|Rb\| + \|I - RA\| \cdot \|x^*\|,$$

also

$$\gamma \stackrel{\text{def}}{=} \|x^*\| \leq \frac{\|Rb\|}{1 - \|I - RA\|}. \tag{3.33}$$

Die Berechnung von Rb in (3.33) bereitet keine Schwierigkeiten und die Matrix $I - RA$ wird sowieso für den Algorithmus benötigt. Wählt man außerdem noch die Unendlichnorm aus Abschnitt 1.4, ist γ nach (3.33) leicht zu berechnen und stellt eine Abschätzung für die betragsmäßig größte Komponente des Lösungsvektors dar. Der Lösungsvektor x^* muß also in dem Intervallvektor

$$x^* \in \begin{pmatrix} -\gamma, +\gamma \\ -\gamma, +\gamma \\ \vdots \\ -\gamma, +\gamma \end{pmatrix} \tag{3.34}$$

enthalten sein.

Damit bei der Berechnung der Differenzmatrix $I - RA$ keine Auslöschungen auftreten – diese Gefahr ist umso größer, je genauer die Matrix R die Kehrmatrix von A repräsentiert – sollte diese Matrizendifferenz mit Hilfe des hochgenauen Skalarprodukts und der beiden erweiterten Matrizen

$$[I \,|\, -R] \quad \text{und} \quad \begin{pmatrix} I \\ +A \end{pmatrix}$$

so berechnet werden

$$I - RA := [I \,|\, -R] * \begin{pmatrix} I \\ A \end{pmatrix}. \tag{3.35}$$

Der Vektor Rb wird natürlich ebenfalls mit Hilfe des hochgenauen Skalarprodukts berechnet.

Jetzt ist noch zu klären, wann der Iterationsvorgang nach (3.32) angehalten werden soll. Da jeder Computer nur mit einer endlichen Genauigkeit rechnet und auf Grund der Aussagen des Lemmas 3.3, daß $x^* \in [x]_k$ für alle $k \geq 0$ ist, muß der Iterationsprozeß nach *endlich* vielen Schritten dies ergeben

$$[x]_{k+1} = [x]_k,$$

d.h., ein „Fixintervall". Damit hat der Computer die kleinste Intervalleinschließung $[x]_k$ der Lösung x^* gefunden, die mit der gewählten Genauigkeit, die durch die Mantissenlänge festgelegt ist, berechnet werden kann. Eine noch engere Intervalleinschließung könnte man nur durch Erhöhen der Genauigkeit erreichen.

Zusammenfassend erhält man den

Algorithmus 3.4:{Hochgenaue Ermittlung einer Einschließung $[x]$ der Lösung x^* von $Ax = b$ }
1. Berechnung einer Näherungsinversen R, z.B. mit Hilfe der QR-Zerlegung von A;
2. Berechnung von $[z] := [R * b]_m$ mit Hilfe des optimalen Skalarprodukts, wobei einmal nach oben und einmal nach unten zur nächsten Maschinenzahl gerundet wird, so daß der berechnete Intervallvektor $[z]$ eine hochgenaue Einschließung der Näherungslösung ist;

3. Berechnung von $[C] := [I - R*A]_m$ gemäß (3.35) mit Hilfe des optimalen Skalarprodukts; auch hier soll das Symbol $[\ \ ]_m$ zum Ausdruck bringen, daß nach oben und nach unten zu den nächstgelegenen Maschinenzahlen gerundet wird, so daß die Intervallmatrix $[C]$ hochgenau berechnet wird;

4. Berechnung von $c := \|C\|_\infty$; wenn $c \geq 1$ dann STOP $\{R$ ist zu ungenau, es ist keine Konvergenz zu erwarten$\}$;

5. Berechnug von $\|Rb\|_\infty$ und γ gemäß (3.33);

6. Berechnung der Anfangseinschließung $[x]_0$ gemäß (3.34);

7. **repeat** $[x]_{k+1} := ([z] \oplus [C] \odot [x]_k) \cap [x]_k$
   until $([x]_{k+1} = [x]_k$ or $k > 10)$;

8. **if** $[x]_{k+1} = [x]_k$ **then** $\{[x]$ ist die bestmögliche Einschließung von $x^*\}$
      else$\{A$ ist singulär oder auch nicht; eine Entscheidung
      ist nicht möglich$\}$.

Das Lösungsintervall eines Gleichungssystems kann aber auch noch dadurch verkleinert werden, daß statt der Einschließung der *Lösung* eine Einschließung des *Defekts*

$$d := b - A\hat{x} \tag{3.36}$$

bestimmt wird [3.2]. Sei wieder x^* die exakte Lösung und $\hat{x}$ eine Näherungslösung, dann ist

$$\breve{x} \stackrel{\text{def}}{=} x^* - \hat{x} \tag{3.37}$$

der Lösungsfehlervektor. Mit Hilfe des optimalen Skalarprodukts kann der Defektvektor d gemäß (3.36) mit maximaler Genauigkeit so berechnet werden

$$d = [I| - A] * \binom{b}{\hat{x}}.$$

Mit $Ax^* = b$ erhält man aus (3.37) nach Linksmultiplikation mit A

$$A\breve{x} = b - A\hat{x} = d. \tag{3.38}$$

Berechnet man jetzt eine Intervalleinschließung $[\breve{x}]$ für den Fehlervektor $\breve{x}$, erhält man eine Einschließung für die Lösung x^* so

$$\breve{x} = x^* - \hat{x} \in [\breve{x}] \quad \Longrightarrow \quad x^* \in \hat{x} + [\breve{x}]. \tag{3.39}$$

Aus der Identität

$$\breve{x} = Rd + \breve{x} - Rd \tag{3.40}$$

wird mit (3.38)

$$\breve{x} = Rd + (I - RA)\breve{x}. \tag{3.41}$$

Setzt man hierfür in Analogie zu (3.23) dieses Iterationsverfahren

$$\breve{x}_{k+1} = Rd + (I - RA)\breve{x}_k, \tag{3.42}$$

an, erhält man als Defektfehlergleichung

$$e_{k+1} \stackrel{\text{def}}{=} A\breve{x}_{k+1} - d$$

$$= A(I - RA)\breve{x}_k + ARd - d$$
$$= (I - AR)A\breve{x}_k - (I - AR)d$$

also

$$e_{k+1} = (I - AR)e_k. \tag{3.43}$$

Für den Anfangsdefektfehler

$$e_0 = A\breve{x}_0 - d$$

bekommt man im k−ten Iterationsschritt den Defektfehlervektor

$$e_k = (I - AR)^k e_0, \tag{3.44}$$

der wieder nur dann gegen den Nullvektor strebt, wenn sämtliche n Eigenwerte λ_i der Matrix $(I - AR)$ betragsmäßig kleiner als Eins sind. Ist dies der Fall, so strebt in (3.42) $\breve{x}_k$ gegen die Lösung von $A\breve{x} = d$, so daß man theoretisch mit Hilfe der vorher gefundenen Näherungslösung $\hat{x}$ aus (3.37) die exakte Lösung $x^* = \hat{x} + \breve{x}$ berechnen könnte. Das geht wegen der Rundungsfehler natürlich nicht, aber mittels der Intervalliteration

$$[\breve{x}]_{k+1} := Rd + (I - RA)[\breve{x}]_k \tag{3.45}$$

kann eine hochgenaue *Einschließung* für $\breve{x}$ berechnet werden. Damit erhält man diesen

Algorithmus 3.5: {Hochgenaue Ermittlung einer Einschließung $[\breve{x}]$ für den Fehler, so daß $x^* \in \hat{x} + [\breve{x}]$}
1. Berechnung einer Näherungsinversen R von A, z.B. mit Hilfe der QR-Zerlegung von A;
2. mit Hilfe des optimalen Skalarprodukts berechnen:
   $\hat{x} := Rb$; $[d] := [b - A\hat{x}]_m$; $[z] := [R * [d]]_m$ (siehe Bemerkungen zum 2. und 3.Schritt beim Algorithmus 3.4);
3. berechnen von $[C] := [I - R * A]_m$ mit Hilfe des optimalen Skalarprodukts;
4. setzen $[\breve{x}] := [z]$ und $k := 0$;
5. **repeat**
   $[y] := [\breve{x}] \circ \epsilon$;
   $k := k + 1$;
   $[\breve{x}] := ([z] \oplus [C] \odot [y])$
   until $[\breve{x}] \subseteq [\overset{\circ}{y}]$ or $k = 10$;
6. **if** $[\breve{x}] \subseteq [\overset{\circ}{y}]$ **then** {es existiert eine eindeutige Lösung x^* von $Ax = b$ und
   es ist $x^* \in \hat{x} + [\breve{x}]$};
   else {es kann nicht entschieden werden, ob A singulär oder
   regulär ist};
7. **repeat**
   $[Y] := [\breve{x}]$;
   $[\breve{x}] := ([z] \oplus [C] \odot [y] \cap [y]$
   until $[\breve{x}] = [y]$ {hierdurch wird die Lösung eventuell noch verbessert}.

Im 5. Schritt des Algorithmus 3.5 soll die Operation $[\breve{x}] \circ \epsilon$ eine *Aufweitung* des Intervallvektors $[\breve{x}]$ bedeuten, und zwar für das i−te Komponentenintervall $[\breve{x}]_i = [\underline{\breve{x}_i}, \overline{\breve{x}_i}]$

mit dem Durchmesser $d_i \stackrel{\text{def}}{=} \overline{x}_i - \underline{x}_i$:

$$[\breve{x}]_i \circ \epsilon \stackrel{\text{def}}{=} [\underline{\breve{x}}_i - 0.1d_i, \overline{\breve{x}}_i + 0.1d_i], \quad \text{wenn} \quad d_i \neq 0. \tag{3.46}$$

Wenn $d_i = 0$ ist, wird die Mantisse um ± 2 in der letzten Stelle verändert. Diese Aufweitung hat sich bei der Defektiteration als notwendig erwiesen [3.3], vor allem wenn beim Anfangsintervall $[\breve{x}]_0$ nicht der wahre Differenzvektor $x^* - \hat{x}$ „eingefangen" wurde, also $x^* \notin \hat{x} + [\breve{x}]_0$ gilt. Liegt aber trotzdem x^* sehr nahe am Rand von $\hat{x} + [\breve{x}]$, kann bei der Iteration $[\breve{x}]_{k+1} \supseteq [\breve{x}]_k$ und dann $[\breve{x}]_{i+1} \supseteq [\breve{x}]_i$ für alle $i \geq k$ auftreten, die Iteration würde nie die exakte Lösungseinschließung ergeben. Dagegen erreicht man mit der obengenannten Aufweitung nach [3.3], daß in fast allen gerechneten Beispielen bereits $[\breve{x}]_1 \subset [\breve{x}]_0$ ist und in dem Fall, in dem keine Einschließung möglich ist, die Iteration schneller abbricht. Der Zahlenfaktor 0.1 in (3.46) hat sich dabei als optimal erwiesen.

Wenn $\hat{x}$ bereits eine gute Näherung für x^* ist, ist $A\hat{x} \approx b$, so daß die Differenzbildung $b - A\hat{x}$ sehr leicht zu Auslöschungen führt. Das gleiche gilt für die Matrix $(I - RA)$, wenn R eine gute Näherung für die Inverse von A ist. Deshalb müssen die Schritte 2, 3 und 5 des Algorithmus 3.5 unbedingt so genau wie möglich durchgeführt werden, also mit dem optimalen Skalarprodukt!

3.2.2 Hochgenaue Lösung linearer Intervallgleichungen

Die im vorigen Abschnitt hergeleiteten Algorithmen liefern nur dann hochgenaue Lösungseinschließungen, wenn die Elemente der Matrix A und des Vektors b auch exakt in den Computer eingegeben werden können, also selbst Maschinenzahlen sind. Dies wäre aber beispielsweise schon für das Element $a_{ij} = 1/3$ nicht der Fall, denn es liegt zwischen zwei benachbarten Maschinenzahlen, nämlich

$$3.333\,333\,333\,33E - 01 < \frac{1}{3} < 3.333\,333\,333\,34E - 01.$$

Wenn andererseits die Daten von A oder b aus technischen oder naturwissenschaftlichen Messungen hervorgegangen sind, sind sie mit Meßfehlern behaftet, d.h., es können im günstigsten Fall für A und b *Intervallmatrizen* $[A]$ bzw. *Intervallvektoren* $[b]$ angegeben werden. Außerdem ist das auch dann der Fall, wenn A oder b selbst aus vorangegangenen Berechnungen mit Hilfe der Intervallmathematik hervorgegangen sind. In diesen Fällen ist der Lösungsvektor $[x]$ des Intervallgleichungssystems

$$[A][x] = [b] \tag{3.47}$$

natürlich auch kein Punktvektor mehr, sondern ein Intervallvektor. Für ein solches Intervallgleichungssystem gilt der

Satz 3.6 *Sei $[A]$ eine reelle Intervallmatrix und $[b]$ ein reeller Intervallvektor, R eine reelle Matrix und $\hat{x}$ ein reeller Vektor. Wenn dann für einen Intervallvektor $[x]$ gilt*

$$R([b] - [A][\hat{x}]) + (I - R[A]) * [x] \subseteq [\overset{\circ}{x}], \qquad (3.48)$$

dann gilt für alle $A \in [A]$ und $b \in [b]$, daß alle Matrizen A und R regulär sind und es genau eine Lösung $x^* \in \hat{x} + [\overset{\circ}{x}]$ gibt, für die $Ax^* = b$ ist.

Beweis: Da für jede Matrix $A \in [A]$ und jeden Vektor $b \in [b]$ das folgende gilt

$$R(b - A\hat{x}) + (I - RA)[x] \subseteq R([b] - [A]\hat{x}) + (I - R[A])[x], \qquad (3.49)$$

ist, wenn (3.48) gilt, auch (3.28) von Satz 3.2 erfüllt und damit gilt Satz 3.2, d.h., auch Satz 3.6. $\square$

3.2.3   Hochgenaue Berechnung der inversen Matrix

Die zu einer Matrix A inverse Matrix X ist so definiert, daß sie mit A multipliziert die Einheitsmatrix I ergibt

$$AX = I. \qquad (3.50)$$

In dieser Matrizengleichung lautet die Gleichung für die j−te Spalte

$$Ax_j = i_j. \qquad (3.51)$$

Wenn die inverse Matrix X gesucht ist, ist mit Gleichung (3.51) aber dieses Problem auf das Grundproblem der linearen Algebra, nämlich x in $Ax = b$ zu bestimmen, zurückgeführt und es können mit $b = i_j$ $(j = 1, 2, \ldots, n)$ die Verfahren aus Abschnitt 3.2 bzw. 3.3 zur Berechnung der inversen Matrix einer Punktmatrix bzw. einer Intervallmatrix herangezogen werden.

Für den Defektvektor $d = b - A\hat{x}$ erhält man mit $b = i_j$ und $\hat{x} = Rb = \hat{x}_j = Ri_j = r_j$

$$d_j := i_j - Ar_j, \qquad (3.52)$$

also für die *Defektmatrix* $D := [d_1, \ldots, d_n]$:

$$D = I - AR. \qquad (3.53)$$

Erweitert man die Iterationsvorschrift (3.45) auf das hier vorliegende Matrizenproblem, erhält man für die Fehlermatrix

$$\check{X} \overset{\text{def}}{=} X^* - \hat{X} = A^{-1} - R \qquad (3.54)$$

diese Matrixintervalliteration

$$\begin{aligned} [\check{X}]_{k+1} &= RD + (I - RA)[\check{X}]_k \\ &= R(I - AR) + (I - RA)[\check{X}]_k \end{aligned}$$

$$= (I - RA)R + (I - RA)[\check{X}]_k,$$

mit der eine hochgenaue Einschließung $[\check{X}]$ für die Fehlermatrix $\check{X}$ berechnet werden kann, so daß

$$A^{-1} \in R + [\check{X}] \tag{3.55}$$

gilt. Damit erhält man für die hochgenaue Inversenermittlung diesen

Algorithmus 3.7: {Hochgenaue Ermittlung einer Einschließungsmatrix $[\check{X}]$, so daß $A^{-1} \in R + [\check{X}]$}
1. Berechnung einer Näherungsinversen R von A, z.B. mit Hilfe der QR-Zerlegung von A;
2. Berechnung von $[C] := [I - RA]_m$ gemäß (3.35) mit Hilfe des optimalen Skalarprodukts, wie im 3. Schritt des Algorithmus 3.4;
3. Berechnung von $[Z] := [C] \odot [R]$ mit Hilfe des optimalen Skalarprodukts;
4. setzen $[\check{X}] := [Z]$ und $k := 0$;
5. **repeat**
   $$[Y] := [\check{X}] \circ \epsilon;$$
   $$k := k + 1;$$
   $$[\check{X}] := [Z] \oplus [C] \odot [Y]$$
   until $[\check{X}] \subseteq [\overset{\circ}{Y}]$ **or** $k = 10$;

6. **if** $[\check{X}] \subseteq [\overset{\circ}{Y}]$ **then** {A ist regulär und $A^{-1} \in R + [\tilde{X}]$}
   else{es kann nicht entschieden werden, ob A regulär oder singulär ist};
7. **repeat** $[Y] := [\check{X}]; [\check{X}] := ([Z] \oplus [C] \odot [Y]) \cap [Y]$
   until $[\check{X}] = [Y]$ {hierdurch wird die Lösungseinschließung eventuell enger}.

Will man den hohen Speicherbedarf für die Matrizen im Algorithmus 3.7 vermeiden, kann man natürlich auch mit Hilfe des Algorithmus 3.5 die Spalten x_j der Inversen X mit $b = i_j$ für $j = 1, 2, \ldots, n$ nacheinander ermitteln.

Für Intervallmatrizen $[A]$ kann die Menge der Inversen spaltenweise mit den im Abschnitt 3.2.2 angegebenen Verfahren ermittelt werden.

3.2.4 Hochgenaue Lösung nichtlinearer Gleichungssysteme

Wie bereits in Abschnitt 3.1 gezeigt wurde, führt die hochgenaue Berechnung der Eigenwerte und Eigenvektoren einer Matrix auf die Lösung eines Systems von nichtlinearen Gleichungen. Deshalb wird in diesem Abschnitt das allgemeine Problem der Lösungsberechnung von Systemen nichtlinearer Gleichungen behandelt.

Das im Abschnitt 3.1 eingeführte NEWTON-Iterationsverfahren für die Lösung der Gleichung $f(x) = 0$ kann geometrisch interpretiert werden als Näherung der nichtlinearen Funktion $f(x)$ im k-ten Iterationsschritt durch die lineare Funktion

$$y_k(x) = f(x_k) + f'(x_k)(x - x_k), \tag{3.56}$$

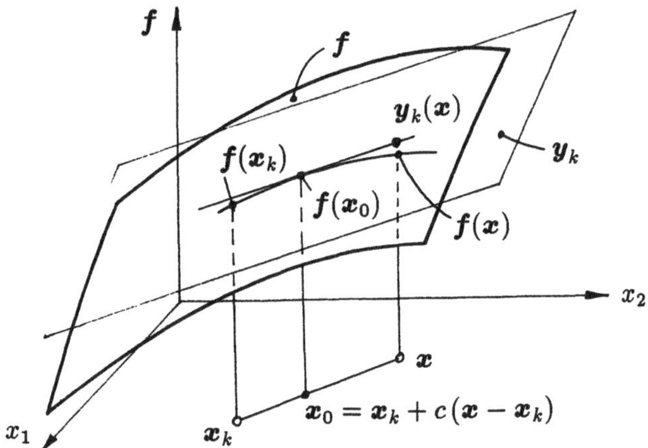

Abb. 3.5: Tangentenebene an nichtlineare Funktion

die die Funktion f im Punkt $\{x_k, f(x_k)\}$ tangiert, siehe Abb. 3.1. Als nächste Näherung x_{k+1} für die Nullstelle von $f(x)$ wird dann die Nullstelle von $y_k(x)$ genommen:

$$y_k(x_{k+1}) = 0 = f(x_k) + f'(x_k)(x_{k+1} - x_k),$$

woraus durch Umstellen die Iterationsformel des NEWTON-Verfahrens folgt

$$x_{k+1} = x_k - \left(f'(x_k)\right)^{-1} f(x_k). \tag{3.57}$$

Hier wird jetzt eine Lösung des *Systems* von Gleichungen

$$f_i(x_1, x_2, \ldots, x_n) = 0; \quad i = 1, 2, \ldots, n \tag{3.58}$$

gesucht, wobei die $f_1, f_2, \ldots, f_n$ nichtlineare Funktionen der n Variablen $x_1, x_2, \ldots, x_n$ sind. Mit Hilfe von Vektoren kann (3.58) auch so geschrieben werden

$$\boldsymbol{f}(\boldsymbol{x}) = \boldsymbol{o}. \tag{3.59}$$

Der Spezialfall, daß $\boldsymbol{f}(\boldsymbol{x})$ ein System von *linearen* Gleichungen ist, nämlich

$$\boldsymbol{f}(\boldsymbol{x}) = \boldsymbol{A}\boldsymbol{x} - \boldsymbol{b}, \tag{3.60}$$

wurde bereits in Abschnitt 3.2 behandelt.

Zunächst wird eine nichtlineare Funktion f betrachtet, die von zwei Variablen abhängt: $f(x_1, x_2)$. Diese Funktion stellt im dreidimensionalen Raum mit den Koordinaten x_1, x_2 und f eine Fläche dar. Auch für eine solche Funktion gilt eine modifizierte Form des Mittelwertsatzes der Differentialrechnung. Er besagt, daß es mindestens einen Punkt $\boldsymbol{x}_0 = \boldsymbol{x}_k + c(\boldsymbol{x} - \boldsymbol{x}_k)$ auf der Verbindungsgeraden zwischen $\boldsymbol{x}_k$ und $\boldsymbol{x}$ gibt (siehe Abb. 3.5), in dem die Steigung $\frac{\partial f}{\partial x}(\boldsymbol{x}_0)$ der Tangente an das differenzierbare Kurvenstück der Funktion f, das zu der geradlinigen Verbindung zwischen $\boldsymbol{x}_k$ und $\boldsymbol{x}$ gehört, mit der Steigung der geradlinigen Verbindung von $f(\boldsymbol{x}_k)$ mit $f(\boldsymbol{x})$ übereinstimmt, so daß gilt

$$f(\boldsymbol{x}) - f(\boldsymbol{x}_k) = \frac{\partial f}{\partial x}(\boldsymbol{x}_0)(\boldsymbol{x} - \boldsymbol{x}_k). \tag{3.61}$$

Hierbei ist die Steigung $\frac{\partial f}{\partial x}(x_0)$ der Zeilenvektor

$$\frac{\partial f}{\partial x}(x_0) := \left[\frac{\partial f}{\partial x_1}(x_0), \frac{\partial f}{\partial x_2}(x_0)\right]. \tag{3.62}$$

Will man, ausgehend von $f(x_k)$, den Funktionswert $f(x)$ berechnen, wobei x in der Nähe von x_k liegen soll, kann die gekrümmte nichtlineare Fläche f im Punkt $\{x_k, f(x_k)\}$ durch die Tangentenebene y_k angenähert werden, so daß $y_k(x_k) \approx f(x_k)$ ist. Die Tangentenebene y_k ist dann durch die Gleichung

$$y_k(x) = f(x_k) + \left[\frac{\partial f}{\partial x_1}(x_k), \frac{\partial f}{\partial x_2}(x_k)\right](x - x_k) \tag{3.63}$$

gegeben. Ist f eine Funktion von n Variablen x_1 bis x_n, tritt an die Stelle von (3.63) die n−dimensionale Tangentenhyperebene y_k im $(n+1)$−dimensionalen Raum mit den Koordinaten $x_1, x_2, \ldots, x_n, f$:

$$y_k(x) = f(x_k) + \left[\frac{\partial f}{\partial x_1}(x_k), \ldots, \frac{\partial f}{\partial x_n}(x_k)\right](x - x_k). \tag{3.64}$$

Für ein System von n nichtlinearen Funktionen $f_1, \ldots, f_n$ erhält man dann entsprechend für jede Funktion f_i einzeln die Näherungsebenen

$$y_{i,k}(x) = f_i(x_k) + \left[\frac{\partial f_i}{\partial x_1}(x_k), \ldots, \frac{\partial f_i}{\partial x_n}(x_k)\right](x - x_k), \tag{3.65}$$

die man auch so zusammenfassen kann

$$y_k(x) = f(x_k) + \begin{pmatrix} \frac{\partial f_1}{\partial x_1}(x_k) & \cdots & \frac{\partial f_1}{\partial x_n}(x_k) \\ \vdots & & \vdots \\ \frac{\partial f_n}{\partial x_1}(x_k) & \cdots & \frac{\partial f_n}{\partial x_n}(x_k) \end{pmatrix}(x - x_k), \tag{3.66}$$

oder noch kompakter mit der JACOBI-*Matrix* $J(x_k)$ der partiellen Ableitungen im Punkt x_k

$$y_k(x) = f(x_k) + J(x_k) \cdot (x - x_k). \tag{3.67}$$

Ein Vergleich mit Gleichung (3.56) zeigt, daß (3.67) eine Verallgemeinerung auf den Fall $n > 1$ von (3.56) ist. Wird die vektorielle Nullstelle der Vektorfunktion $f(x_k)$ gesucht, kann wieder als nächste Näherungslösung x_{k+1} die Nullstelle von $y_k(x)$ genommen werden

$$y_k(x_{k+1}) = o = f(x_k) + J(x_k)(x_{k+1} - x_k). \tag{3.68}$$

Löst man diese Gleichung (3.68) nach x_{k+1} auf, erhält man die Grundgleichung für das verallgemeinerte NEWTON-Iterationsverfahren

$$\boxed{x_{k+1} = x_k - J^{-1}(x_k)f(x_k).}$$
$$\tag{3.69}$$

In (3.69) wird natürlich vorausgesetzt, daß die JACOBI-Matrix J regulär ist. Es soll jedoch im Moment nicht weiter der Weg über die invertierte JACOBI-Matrix verfolgt,

sondern zum Mittelwertsatz der Differentialrechnung zurückgekehrt werden, der für eine
Funktion f_i der n Funktionen in f entsprechend (3.61) so aussieht

$$f_i(\boldsymbol{x}) - f_i(\boldsymbol{x}_k) = \frac{\partial f_i}{\partial \boldsymbol{x}}(\boldsymbol{x}_i)(\boldsymbol{x} - \boldsymbol{x}_k), \tag{3.70}$$

mit

$$\frac{\partial f_i}{\partial \boldsymbol{x}}(\boldsymbol{x}_i) \stackrel{\text{def}}{=} \left[\frac{\partial f_i}{\partial x_1}(\boldsymbol{x}_i), \ldots, \frac{\partial f_i}{\partial x_n}(\boldsymbol{x}_i) \right], \tag{3.71}$$

und

$$\boldsymbol{x}_i = \boldsymbol{x}_k + c_i(\boldsymbol{x} - \boldsymbol{x}_k). \tag{3.72}$$

Es existieren also n Punkte $\boldsymbol{x}_i$ auf der Verbindungsgeraden von $\boldsymbol{x}_k$ nach $\boldsymbol{x}$ so, daß mit
der so definierten JACOBI-Matrix

$$J(\{\boldsymbol{x}_i\}) \stackrel{\text{def}}{=} \begin{pmatrix} \frac{\partial f_1}{\partial x_1}(\boldsymbol{x}_1) & \cdots & \frac{\partial f_1}{\partial x_n}(\boldsymbol{x}_1) \\ \vdots & & \vdots \\ \frac{\partial f_n}{\partial x_1}(\boldsymbol{x}_n) & \cdots & \frac{\partial f_n}{\partial x_n}(\boldsymbol{x}_n) \end{pmatrix} \tag{3.73}$$

exakt gilt

$$\boldsymbol{f}(\boldsymbol{x}) = \boldsymbol{f}(\boldsymbol{x}_k) + J(\{\boldsymbol{x}_i\})(\boldsymbol{x} - \boldsymbol{x}_k). \tag{3.74}$$

Zurück zum verallgemeinerten NEWTON-Verfahren (3.69). Verwendet man einen
Algorithmus gemäß (3.69), in dem allerdings statt der exakten Inversen $J^{-1}(\{\boldsymbol{x}_k\})$ nur
eine Näherungsinverse R verwendet wird, also

$$\boldsymbol{x}_{k+1} = \boldsymbol{x}_k - R\boldsymbol{f}(\boldsymbol{x}_k), \tag{3.75}$$

kommt man auch mit diesem Algorithmus zum Ziel, wenn die Matrix R gewisse Bedin-
gungen erfüllt und es ist in der Tat eine stationäre Lösung (ein Fixpunkt) $\boldsymbol{x}_{k+1} = \boldsymbol{x}_k = \bar{\boldsymbol{x}}$
erreicht, wenn $\boldsymbol{f}(\bar{\boldsymbol{x}}) = \boldsymbol{o}$ ist, also eine Nullstelle der Funktion f gefunden wurde. Um
diese Bedingungen herzuleiten, wird der Fehler betrachtet, der nach der Berechnung
von $\boldsymbol{x}_{k+1}$ noch vorhanden ist. Wenn $\boldsymbol{x}_{k+1}$ nicht exakt die Nullstelle von $\boldsymbol{f}(\boldsymbol{x})$ ist, ist
$\boldsymbol{f}(\boldsymbol{x}_{k+1}) \neq \boldsymbol{o}$ und es wird dieser Funktionswert als Fehlervektor

$$\tilde{\boldsymbol{x}}_{k+1} := \boldsymbol{f}(\boldsymbol{x}_{k+1}) \tag{3.76}$$

bezeichnet. Andererseits folgt für $\boldsymbol{x} = \boldsymbol{x}_{k+1}$ aus (3.74)

$$\boldsymbol{f}(\boldsymbol{x}_{k+1}) = \boldsymbol{f}(\boldsymbol{x}_k) + J(\{\boldsymbol{x}_i\})(\boldsymbol{x}_{k+1} - \boldsymbol{x}_k), \tag{3.77}$$

oder mit (3.75)

$$\boldsymbol{f}(\boldsymbol{x}_{k+1}) = (I - J(\{\boldsymbol{x}_i\})R)\,\boldsymbol{f}(\boldsymbol{x}_k). \tag{3.78}$$

Einsetzen von (3.78) in (3.76) liefert die Fehlergleichung

$$\tilde{\boldsymbol{x}}_{k+1} = (I - J(\{\boldsymbol{x}_i\})R)\,\tilde{\boldsymbol{x}}_k. \tag{3.79}$$

In (3.79) kann sich im allgemeinen die JACOBI-Matrix in jedem Iterationsschritt ändern!
Ist allerdings in jedem Iterationsschritt der betragsmäßig größte Eigenwert der Matrix
$(I - J(\{\boldsymbol{x}_i\})R)$ kleiner als Eins, strebt der Fehlervektor für $k \to \infty$, ausgehend von

dem Anfangsfehler $\tilde{x}_0 = f(x_0)$ gegen den Nullvektor, also x_k gegen die Nullstelle von $f(x)$. Damit ist aber auch klar, welche Bedingung die Matrix R erfüllen muß. Ist die Matrix R angenähert gleich der Inversen der JACOBI-Matrix $J(\{x_i\})$,

$$R \approx J^{-1}(\{x_i\}),$$

gilt für die Matrix in (3.79)

$$I - J(\{x_i\})R \approx O,$$

d.h., die Eigenwerte dieser Matrix liegen sogar in der Nähe von Null.

Um mit dem Iterationsverfahren (3.75) wie bei den linearen Gleichungssystemen zu einer in Schranken eingeschlossenen garantierten Lösung für nichtlineare Gleichungssysteme zu kommen, wird jetzt vorausgesetzt, daß die Funktion $f(x)$ auf dem Vektorintervall $[x]$ stetig ist und für alle $x, x_k \in [x]$ eine JACOBI-Matrix so existiert, daß (3.74) gilt. Ist jetzt $[R([x])]$ eine Intervallmatrix so, daß in ihr sämtliche Inversen $J^{-1}(\{x_i\})$ für $x, x_k \in [x]$ enthalten sind und ist $m([x])$ der sogenannte *Mittenvektor*, für den komponentenweise gilt $m_i = (\underline{x}_i + \overline{x}_i)/2$, kann man diesen intervallmäßigen Iterationsprozeß ansetzen

$$[x]_{k+1} = (m([x]_k) - [R([x]_k)] \cdot f(m([x]_k)) \cap [x]_k, \tag{3.80}$$

von dem in [1.6] gezeigt wird, daß die Nullstelle x^* von $f(x)$ auch in allen folgenden Intervallen $[x]_k$ liegt, wenn sie Element des Anfangsintervalls $[x]_0$ ist, und daß die Intervallgrenzen immer enger werden. Statt in (3.80) zunächst die Intervallmatrix $[R([x]_k)]$ und dann das Produkt $[R([x]_k)] \cdot f(m([x]_k)$ zu berechnen, kann auch gleich das lineare Gleichungssystem

$$J([x]_k) \cdot [y] = f(m([x]_k)) \tag{3.81}$$

mit Hilfe eines der Algorithmen aus Abschnitt 3.2 gelöst werden, denn es ist dann

$$[y] = J^{-1}([x]_k) \cdot f(m([x]_k) \subseteq [R([x]_k)] \cdot f(m([x]_k)). \tag{3.82}$$

In [3.5] wird eine wichtige Modifikation des Iterationsverfahrens (3.80) vorgeschlagen, bei der man keine inverse Intervallmatrix wie $[R([x]_k)]$ benötigt. Statt dessen wird eine reelle genäherte inverse Matrix R genommen und der dadurch begangene Fehler durch einen Korrekturterm gemindert. Setzt man nämlich in den Ausdruck $y - Rf(y)$ für $f(y)$ gemäß Mittelwertsatz (3.74) den Wert $f(x) + J \cdot (y - x)$ ein, erhält man nach zusätzlicher „Nullergänzung" mit $x - x$

$$
\begin{aligned}
y - R \cdot f(y) &= y - R(f(x) + J \cdot (y - x)) + x - x \\
&= x - Rf(x) + (y - x) - RJy + RJx \\
&= x - Rf(x) + (I - RJ)(y - x).
\end{aligned}
$$

Für $x = m([x]_k)$ und den Intervallvektor $[x]_k$ statt des reellen Vektors y kommt man mit der Funktion

$$[k([x]_k)] \stackrel{\text{def}}{=} m([x]_k) - Rf(m([x]_k)) + (I - RJ([x]_k))([x]_k - m([x]_k)) \tag{3.83}$$

zu dem Iterationsprozeß

$$[x]_{k+1} := [k([x]_k)] \cap [x]_k. \tag{3.84}$$

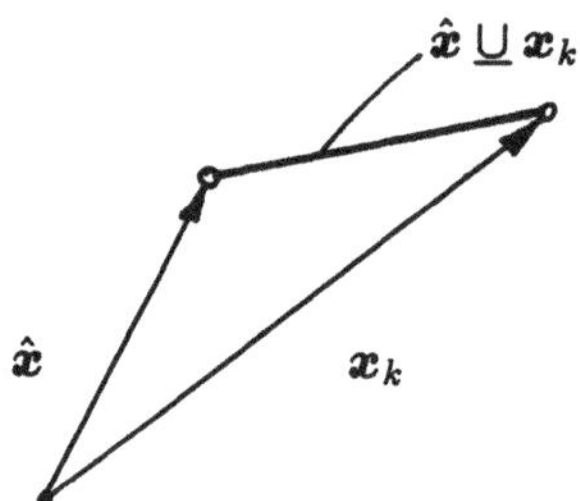

Abb. 3.6: Konvexe Hülle zweier Vektoren

Unter der Voraussetzung, daß für jede JACOBI-Matrix $J \in J([x]_k)$ die Eigenwerte der Matrix $(I - RJ)$ betragsmäßig kleiner als Eins sind, kann für das Vefahren (3.84) die gleiche Konvergenzeigenschaft wie für das Verfahren (3.80) gezeigt werden [1.7].

Durch eine weitere Modifikation erhält man den ersten hochgenauen Algorithmus zur Nullstellenermittlung des nichtlinearen Gleichungssystems $f(x) = o$. Hierzu wird angenommen, daß schon ein Näherungsvektor $\hat{x}$ für den Nullstellenvektor x^* bekannt ist. Ausgehend von $\hat{x}$ wird dann ein möglichst enger Intervallvektor $[x]$ so ermittelt, daß garantiert $x^* \in [x]$ ist. Zu dem Verfahren kommt man, indem zunächst in (3.83) $m([x]_k)$ durch den Näherungsvektor $\hat{x}$ ersetzt wird:

$$[x]_{k+1} := \hat{x} - Rf(\hat{x}) + (I - RJ(\hat{x} \sqcup ([x]_k + \hat{x}))) \cdot ([x]_k - \hat{x}). \tag{3.85}$$

Hierzu ist zu bemerken, daß in (3.73) die JACOBI-Matrix $J(\{[x_i]\})$ so definiert wurde, daß die Steigung an n bestimmten Stellen x_1 bis x_n genommen wurde. Diese n Orte x_1 bis x_n lagen alle auf der Verbindungsgeraden zwischen x und x_k. Deshalb bedeutet bei der Intervallmatrix $J(\hat{x} \sqcup ([x]_k + \hat{x}))$ auch zunächst für zwei Vektoren $\hat{x}$ und x_k der Ausdruck $\hat{x} \sqcup x_k$ die konvexe Hülle von $\hat{x}$ und x_k, siehe Abb. 3.6, die alle Punkte x enthält, die auf der Verbindungsgeraden von $\hat{x}$ mit x_k liegen:

$$\hat{x} \sqcup x_k := \{x | x = (1 - \alpha)\hat{x} + \alpha x_k, \forall \alpha \in [0,1]\} . \tag{3.86}$$

Daraus folgt für die konvexe Hülle von $\hat{x}$ und dem Intervallvektor $(\hat{x} + [x])$ die Definition:

$$\hat{x} \sqcup (\hat{x} + [x]) := \{x | x \in \hat{x} \sqcup y, \forall y \in \hat{x} + [x]\} , \tag{3.87}$$

siehe Abb. 3.7.

Es ist allerdings wieder wie bei den linearen Gleichungssystemen besser, eine Einschließung für die Korrektur $[y]$ von $\hat{x}$ zu berechnen und nicht eine Einschließung für den Lösungsvektor x^* von $f(x) = o$ selbst. Es gilt der in [3.2] bewiesene

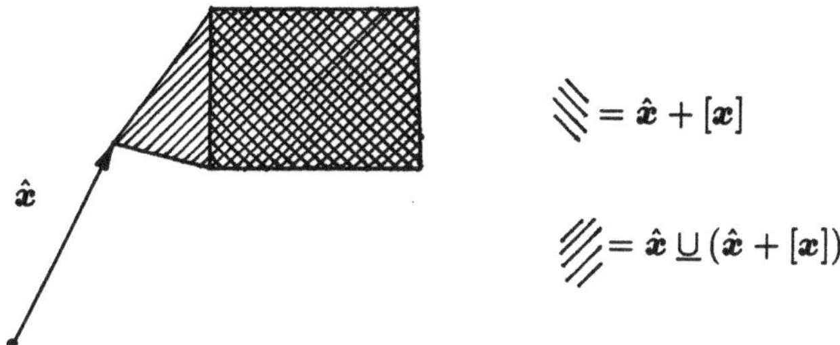

Abb. 3.7: Konvexe Hülle eines Vektors und eines Intervalls

Satz 3.8 | *Sei $f(x)$ stetig differenzierbar nach x, R eine beliebige reelle $n \times n-$Matrix und $\hat{x} \in R^n$ ein beliebiger Vektor. Sei $G([y])$ eine intervallwertige Funktion für den Intervallvektor $[y]$ gemäß*

$$G([y]) := -R \cdot f(\hat{x}) + (I - R \cdot J(\hat{x}\sqcup(\hat{x} + [y]))) \cdot [y]. \quad (3.88)$$

Wenn

$$G([x]) \subset [x] \quad (3.89)$$

für einen Intervallvektor $[x]$ gilt, dann hat die Gleichung $f(x) = o$ eine einzige Lösung x^* in $\hat{x} + [x]$.

Damit kann der folgende Algorithmus angegeben werden, der die Lösung x^*, wenn eine vorhanden ist, des nichtlinearen Gleichungssystems $f(x) = o$ in sehr engen Intervallgrenzen ermittelt:

Algorithmus 3.9:{Nullstellenermittlung nichtlinearer Gleichungssysteme
$$f(x) = o\}$$
1. Berechnung einer Gleitpunktnäherung $\hat{x}$ von $f(x) = o$;
2. Berechnung einer angenäherten Inversen R der JACOBI-Matrix $J(\hat{x})$ mit Hilfe eines Gleitpunkt-Algorithmus;
3. $[y] :=$ Nullintervallvektor$=[0,0]$;
   $k := 0$;
4. Berechnung von $[z] := [f(\hat{x})]_m$ mit Hilfe der Intervallarithmetik und dem hochgenauen Skalarprodukt;
5. Berechnung von $[z] := [-R * [z]]_m$ mit der gleichen hochgenauen Arithmetik;
   $[y] := [z]$;
6. **repeat**
   $k := k + 1$
   $[y] := [y] \circ \epsilon;\ldots\ldots\ldots\ldots\ldots\ldots\ldots\ldots\ldots\ldots$ {$\epsilon-$Aufweitung gemäß (3.46)}
   $[x] := [y]$;
   hochgenaue Berechnung von $[D] := [J([\hat{x} + [x]]_m)]_m$ und $[C] := [I - R * [D]]_m$
       wie im 3. Schritt von Algorithmus 3.4;
   hochgenaue Berechnung von $[y] := [z] \oplus [C] \odot [x]$;

until $[y] \subseteq [\overset{\circ}{x}]$ oder $k > 10$;

7. **if** $[y] \subseteq [\overset{\circ}{x}]$ **then** {es wurde bewiesen, daß es eine einzige Lösung von $f(x) = o$

                in $\hat{x} + [y]$ gibt}

       else {es kann nicht entschieden werden ob es eine Lösung gibt}.

3.3 Anwendung auf das Eigenwertproblem

3.3.1 Hochgenaue Berechnung reeller Eigenwerte und Eigenvektoren

In Abschnitt 3.1 wurde bereits gezeigt, wie die Ermittlung eines Eigenwerts und des dazugehörigen Eigenvektors auf die Nullstellenbestimmung des nichtlinearen Gleichungssystems

$$f(x, \lambda) = \begin{pmatrix} (A - \lambda I)x \\ x^T i_j - 1 \end{pmatrix} = o \tag{3.90}$$

zurückgeführt werden kann, wobei $x^T i_j$ die j−te Komponente des Eigenvektors x ist und somit durch die letzte Gleichung in (3.90) auf den Wert Eins normiert wird. Statt auf Eins kann diese Komponente auch auf einen anderen Wert, z.B. auf die Matrixnorm $\|A\|_1$ normiert werden [3.3]. In dem Funktionsvektor f sind also $n + 1$ Funktionen zusammengefaßt, die von den $n + 1$ Größen x_1, x_2 bis x_n und λ abhängen.

Zunächst wird angenommen, daß der Eigenwert λ reell ist und damit auch die Komponenten des Eigenvektors x. Der Fall komplexer Eigenwerte wird im nächsten Abschnitt behandelt. Weiterhin wird durchgehend angenommen, daß die zu berechnenden Eigenwerte nicht mehrfach sind. Auf dieses Problem wird beispielsweise in [3.5] eingegangen.

Aus Satz 3.8 des vorangegangenen Abschnitts kann sofort dieser Satz hergeleitet werden:

Satz 3.10

Sei $A \in \mathsf{R}^{n \times n}$, $R \in \mathsf{R}^{(n+1) \times (n+1)}$, $\hat{x} \in \mathsf{R}^n$ und $\hat{\lambda}, \xi \in \mathsf{R}$, wobei $\xi \neq 0$ ist. Es wird für den reellen n−dimensionalen Intervallvektor $[x]$ und das reelle Intervall $[\lambda]$ diese intervallwertige Funktion definiert

$$G\left(\begin{matrix}[x]\\ [\lambda]\end{matrix}\right) \stackrel{\text{def}}{=} -R * \left(\begin{matrix}A\hat{x} - \hat{\lambda}\hat{x}\\ \hat{x}^T i_j - \xi\end{matrix}\right) + \left(I - R * \left(\begin{matrix}A - (\hat{\lambda} + [\lambda])I & -(\hat{x} + [x]))\\ i_j^T & 0\end{matrix}\right)\right) * \left(\begin{matrix}[x]\\ [\lambda]\end{matrix}\right).$$

$$(3.91)$$

Wenn dann für einen reellen Intervallvektor $[x]$ und ein reelles Intervall $[\lambda]$ gilt

$$G\left(\begin{matrix}[x]\\ [\lambda]\end{matrix}\right) \subseteq \left(\begin{matrix}[x]\\ [\lambda]\end{matrix}\right), \tag{3.92}$$

dann existiert genau ein Eigenvektor bzw. der zugehörige Eigenwert in den Mengen $\hat{x} + [x]$ bzw. $\hat{\lambda} + [\lambda]$.

Hierbei wurde diese JACOBI-Matrix J von f verwendet

$$J(x, \lambda) = \left(\begin{matrix}\frac{\partial}{\partial x}((A - \lambda I)x) & \frac{\partial}{\partial \lambda}((A - \lambda I)x)\\ \frac{\partial}{\partial x}(i_j^T x - \xi) & \frac{\partial}{\partial \lambda}(i_j^T x - \xi)\end{matrix}\right) = \left(\begin{matrix}A - \lambda I & -x\\ i_j^T & 0\end{matrix}\right). \tag{3.93}$$

Faßt man in dem Satz 3.10 $\hat{x}$ und $\hat{\lambda}$ als Näherungswerte für einen Eigenvektor und den zugehörigen Eigenwert der Matrix A auf, stellen $[x]$ und $[\lambda]$ Korrekturintervalle dar, so daß für den wahren Eigenvektor $x^* \in \hat{x} + [x]$ und den wahren Eigenwert $\lambda^* \in \hat{\lambda} + [\lambda]$ gilt. Die Einschließung von x^* und λ^* ist dann umso genauer, je enger die Intervalle von $[x]$ bzw. $[\lambda]$ sind.

Aus Satz 3.10 folgt direkt der

Algorithmus 3.11:{Einschließung eines reellen Eigenwerts und des zugehörigen reellen Eigenvektors einer reellen Matrix}

1. $\hat{\lambda}$ und $\hat{x}$ seien mit dem Algorithmus 2.26 (QR-Algorithmus mittels HESSENBERG-Form) und dem Algorithmus 2.28 (Eigenvektorermittlung mittels HESSENBERG-Form) ermittelte Näherungen für einen reellen Eigenwert und den zugehörigen Eigenvektor der reellen Matrix A;

2. näherungsweise Berechnung der Inversen R der JACOBI-Matrix

$$R \approx J^{-1}(\hat{x}, \hat{\lambda}) = \left(\begin{matrix}A - \hat{\lambda}I & -\hat{x}\\ \|A\|i_j^T & 0\end{matrix}\right)^{-1}; \tag{3.94}$$

3. $[y] :=$ Nullintervallvektor;
   $k := 0$;

4. mittels optimalem Skalarprodukt und Intervallarithmetik berechnen

$$[z] := \left[-R * \left(\begin{matrix}(A - \hat{\lambda}I) * \hat{x}\\ 0\end{matrix}\right)\right]_m; \tag{3.95}$$

   $[y] := [z]$;

5. **repeat** $k := k + 1$;
   $[y] := [y] \circ \epsilon;$ .... {ϵ−Aufweitung gemäß (3.46)}

$$\underline{[x]} := [y]; \dots\dots\dots\dots\dots\dots\dots\dots\dots\dots\dots\dots\dots\dots \left\{ \underline{[x]} \overset{\text{def}}{=} \begin{pmatrix} [x] \\ [\lambda] \end{pmatrix} \right\}$$

hochgenaue Intervallberechnung von

$$[D] := \left[\begin{pmatrix} A - (\hat{\lambda} + [\lambda]) * I & -(\hat{x} + [x]) \\ \|A\| * i_j^T & 0 \end{pmatrix} \right]_m ; \qquad (3.96)$$

hochgenaue Intervallberechnung von

$$[y] := [z] \oplus [I - R * D]_m \odot \underline{[x]}; \qquad (3.97)$$

until

$$[y] \subseteq \underline{[\overset{\circ}{x}]} \quad \text{or} \quad k > 10; \qquad (3.98)$$

6. **if** $[y] \subseteq \underline{[\overset{\circ}{x}]}$ **then** {Es gibt genau einen Eigenwert $\lambda^* \in \hat{\lambda} + [\lambda]$ und genau
einen Eigenvektor $x^* \in \hat{x} + [x]$ von A.}

Dieser Algorithmus weist einige Besonderheiten auf, die sich in der numerischen
Praxis als günstig erwiesen haben [3.3] und jetzt näher erläutert werden sollen.

Bei der näherungsweisen Berechnung der invertierten JACOBI-Matrix R treten indirekt die Komponenten von A^{-1} auf, die bei betragsmäßig großen Komponenten von
A relativ klein sein können, vor allem gegenüber der Eins aus i_j^T. Es hat sich deshalb
als vorteilhaft erwiesen, i_j^T in der letzten Zeile von (3.94) und (3.96) durch $\|A\|i_j^T$ zu
ersetzen. Als Matrixnorm kann dabei z.B. die einfach zu berechnende Maximumnorm

$$\|A\|_\infty = \max_j \sum_{i=1}^{n} |a_{ij}|$$

genommen werden.

Weiterhin braucht in (3.94) die j−te Zeile der inversen Matrix R nicht berechnet
zu werden, da sie auf Grund des Aufbaus der JACOBI-Matrix (3.93) gleich dem ($n +
1$)−dimensionalen Zeilenvektor $i_{n+1}^T = [0, \dots, 0, 1]$ sein muß; denn genau dann ist die
j−te Zeile in dem Produkt $R * J$ gleich $i_j^T \in \mathbb{R}^{n+1}$,d.h., gleich der j−ten Zeile der
Einheitsmatrix I_{n+1}. Außerdem wird die j−te Komponente von z gemäß (3.95) Null
und damit auch diese Komponente von y gemäß (3.97). Deshalb braucht in der Abfrage
$[y] \subseteq \underline{[\overset{\circ}{x}]}$ in (3.98) die j−te Komponente nicht mehr abgefragt zu werden. Im 6.
Schritt des Algorithmus 3.11 ist also die j−te Komponente des Intervallvektors $[x]$ ein
Nullintervall und die j−te Komponente x_j^* des Eigenvektors x^* ist gleich $\hat{x}_k$.

Beispiel 3.1: Mit Hilfe des Algorithmus 3.11 erhält man für die beiden Matrizen
A_1 und A_3 aus Beispiel 2.4, die nur reelle Eigenwerte haben, mit den Näherungen für
die Eigenwerte und Eigenvektoren aus den Beispielen 2.6 und 2.8 als Startwerte, die
folgenden hochgenauen Einschließungen für die Eigenwerte und Eigenvektoren:
(a) Für die Matrix A_1

$$\lambda_1 \;\in\; [+3.933\,199\,721\,9\,^{1}_{0}E+01],$$

$$\lambda_2 \;\in\; [-1.871\,813\,210\,^{30}_{29}E+01],$$

$$\lambda_3 \;\in\; [+2.038\,697\,868\,^{30}_{29}E+01],$$

$$\lambda_4 \;\in\; [+1.999\,156\,200\,9\,^{2}_{1}E+00],$$

$$t_1 \;\in\; \begin{pmatrix} [-8.429\,226\,616\,9\,^{3}_{2}E-01] \\ [-5.178\,935\,651\,2\,^{9}_{8}E-01] \\ [1,1] \\ [-3.300\,419\,733\,9\,^{5}_{4}E-01] \end{pmatrix},$$

$$t_2 \;\in\; \begin{pmatrix} [-4.819\,563\,078\,^{10}_{09}E-01] \\ [+3.343\,098\,659\,8\,^{3}_{2}E-01] \\ [1,1] \\ [+1.756\,839\,509\,5\,^{5}_{4}E-01] \end{pmatrix},$$

$$t_3 \;\in\; \begin{pmatrix} [+9.118\,806\,106\,^{10}_{09}E-01] \\ [-1.514\,305\,865\,8\,^{9}_{8}E-01] \\ [1,1] \\ [-5.103\,366\,179\,^{40}_{39}E-01] \end{pmatrix},$$

$$t_4 \;\in\; \begin{pmatrix} [-6.798\,299\,393\,1\,^{3}_{2}E-01] \\ [+9.718\,542\,196\,^{30}_{29}E-02] \\ [+4.107\,875\,138\,2\,^{2}_{1}E-01] \\ [1,1] \end{pmatrix}.$$

Mit $[x\ldots xx\,^{2}_{1}E+01]$ wird ein Intervall bezeichnet, das als obere Grenze $x\ldots xx2E+01$ und als untere Grenze $x\ldots xx1E+01$ hat. Die berechneten Einschließungsintervalle sind optimal, denn die Intervallgrenzen unterscheiden sich jeweils nur um eine Einheit in der letzten Mantissenstelle. Aber auch die „Näherungswerte" für die Eigenwerte und Eigenvektoren, die in den Beispielen des Kapitels 2 berechnet wurden, sind schon sehr genau. Das liegt vor allem daran, daß überall, wo es möglich war, das hochgenaue Skalarprodukt verwendet wurde.

(b) Für die modifizierte 4×4-HILBERT-Matrix $\boldsymbol{A}_3$

$$\lambda_1 \;\in\; [+6.300\,899\,976\,2\,^{5}_{4}E+02],$$

$$\lambda_2 \;\in\; [+7.103\,931\,249\,3\,^{1}_{0}E+01],$$

$$\lambda_3 \;\in\; [+2.830\,074\,914\,4\,^{2}_{1}E+00],$$

$$\lambda_4 \;\in\; [+4.061\,496\,768\,9\,^{5}_{4}E-02],$$

$$t_1 \in \begin{pmatrix} [1,1] \\ [+5.701\,720\,836\,6^4_3 E - 01] \\ [+4.067\,789\,880\,2^8_7 E - 01] \\ [+3.181\,409\,688\,7^4_3 E - 01] \end{pmatrix},$$

$$t_2 \in \begin{pmatrix} [1,1] \\ [-6.365\,189\,019\,0^1_0 E - 01] \\ [-8.754\,507\,960\,7^7_6 E - 01] \\ [-8.831\,295\,872\,1^1_0 E - 01] \end{pmatrix},$$

$$t_3 \in \begin{pmatrix} [-2.415\,177\,163\,8^2_1 E - 01] \\ [1,1] \\ [-1.350\,933\,192\,5^1_0 E - 01] \\ [-8.603\,143\,586\,2^1_0 E - 01] \end{pmatrix},$$

$$t_4 \in \begin{pmatrix} [+3.688\,768\,261\,4^2_1 E - 02] \\ [-4.153\,492\,877\,8^1_0 E - 01] \\ [1,1] \\ [-6.501\,712\,197\,3^4_3 E - 01] \end{pmatrix}.$$

3.3.2 Hochgenaue Berechnung komplexer Eigenwerte und Eigenvektoren

Wenn ein Eigenwert λ der reellen Matrix A komplex ist, muß der zugehörige Eigenvektor x auch komplexe Komponenten besitzen, da in der Bestimmungsgleichung

$$(A - \lambda I)x = o \tag{3.99}$$

für den Eigenvektor die Matrix $(A - \lambda I)$ komplexe Elemente enthält. Für den Eigenwert λ und den Eigenvektor x gilt also jetzt

$$\lambda = \lambda_R + j\lambda_C \in \mathsf{C}; \lambda_R, \lambda_C \in \mathsf{R}, \tag{3.100}$$

und

$$x = x_R + jx_C \in \mathsf{C}^n; x_R, x_C \in \mathsf{R}^n. \tag{3.101}$$

Steht im Computer eine Arithmetik für das Rechnen mit komplexen Zahlen zur Verfügung, kann direkt der Algorithmus 3.11 mit entsprechenden Modifikationen zur hochgenauen Einschließung auch von komplexen Eigenwerten und Eigenvektoren verwendet werden. Im folgenden soll jedoch ein Verfahren hergeleitet werden, das mit rein reeller Arithmetik auskommt.

Setzt man (3.100) und (3.101) in (3.99) ein, erhält man

$$A(x_R + jx_C) - (\lambda_R + j\lambda_C)(x_R + jx_C) = o = (Ax_R - \lambda_R x_R + \lambda_C x_C) + j(Ax_C - \lambda_C x_R - \lambda_R x_C). \tag{3.102}$$

In (3.102) müssen sowohl der Realteil als auch der Imaginärteil für sich gleich dem Nullvektor sein:

$$Ax_R - \lambda_R x_R + \lambda_C x_C = o, \tag{3.103}$$

$$Ax_C - \lambda_C x_R + \lambda_R x_C = o. \tag{3.104}$$

Diese beiden Gleichungen können so zusammengefaßt werden

$$\left(\begin{array}{c|c} A - \lambda_R I & \lambda_C I \\ \hline -\lambda_C & A - \lambda_C I \end{array}\right) \left(\begin{array}{c} x_R \\ \hline x_C \end{array}\right) = o. \tag{3.105}$$

Das sind bis jetzt $2n$ Bestimmungsgleichungen für die $2 + 2n$ gesuchten Größen $\lambda_R, \lambda_C, x_{R,1}, \ldots, x_{R,n}$ und $x_{C,1}, \ldots, x_{C,n}$. Da auch von einem komplexen Eigenvektor nur die Richtung, nicht aber die Länge vorgeschrieben ist, ist mit x auch $c \cdot x$, wobei c eine komplexe Zahl ist, ein zu λ gehörender Eigenvektor von A. Ausgeschrieben erhält man für $c \cdot x$:

$$(c_R + jc_C)(x_R + jx_C) = (c_R x_R - c_C x_C) + j(c_C x_R + c_R x_C). \tag{3.106}$$

Daraus folgt, daß zwei der Komponenten von x_R und x_C frei gewählt werden können. Wenn $x_{R,\mu}$ bzw. $x_{C,\nu}$ die betragsmäßig größten Komponenten der Vektoren x_R bzw. x_C sind, wählt man zweckmäßig diese beiden zusätzlichen Gleichungen

$$i_\mu^T x_R - 1 = 0, \tag{3.107}$$

$$i_\nu^T x_C - 1 = 0. \tag{3.108}$$

Mit

$$\underline{x} \stackrel{def}{=} \left(\begin{array}{c} x_R \\ x_C \\ \lambda_R \\ \lambda_C \end{array}\right) \tag{3.109}$$

können die Gleichungen (3.103),(3.104),(3.107) und (3.108) zu diesem $(2n+2)-$dimensionalen nichtlinearen Gleichungssystem zusammengefaßt werden

$$f(\underline{x}) = \left(\begin{array}{c} \left(\begin{array}{c|c} A - \lambda_R I & \lambda_C I \\ \hline -\lambda_C I & A - \lambda_C I \end{array}\right) \left(\begin{array}{c} x_R \\ \hline x_C \end{array}\right) \\ i_\mu^T x_R - 1 \\ i_\nu^T x_C - 1 \end{array}\right) = O_{2n+2}. \tag{3.110}$$

Damit ist aber auch dieses Problem auf die Nullstellenbestimmung eines nichtlinearen Gleichungssystems zurückgeführt worden!

Die für das Lösen dieses Problems benötigte $(2n + 2) \times (2n + 2)-$JACOBI-Matrix hat dann die Form

$$J(x_R, x_C, \lambda_R, \lambda_C) = \frac{\partial f}{\partial \underline{x}} = \left(\begin{array}{c|c|c|c} A - \lambda_R I & \lambda_C I & -x_R & x_C \\ \hline -\lambda_C I & A - \lambda_C I & -x_C & x_R \\ \hline i_\mu^T & o^T & 0 & 0 \\ \hline o^T & i_\nu^T & 0 & 0 \end{array}\right). \tag{3.111}$$

Für die hochgenaue Einschließung des wahren komplexen Eigenwerts $\lambda_R^* + j\lambda_C^*$ und des wahren komplexen Eigenvektors $\boldsymbol{x}_R^* + j\boldsymbol{x}_C^*$ braucht der Algorithmus 3.11 nur wie folgt *abgeändert* zu werden:

- Im 2. Schritt wird die $(2n+2) \times (2n+2)$–Matrix $\boldsymbol{R}$ näherungsweise so berechnet

$$\boldsymbol{R} \approx \boldsymbol{J}^{-1}(\hat{\boldsymbol{x}}_R, \hat{\boldsymbol{x}}_C, \hat{\lambda}_R, \hat{\lambda}_C) = \left(\begin{array}{c|c|c|c} \boldsymbol{A} - \hat{\lambda}_R \boldsymbol{I} & \hat{\lambda}_C \boldsymbol{I} & -\hat{\boldsymbol{x}}_R & \hat{\boldsymbol{x}}_C \\ \hline -\hat{\lambda}_C \boldsymbol{I} & \boldsymbol{A} - \hat{\lambda}_C \boldsymbol{I} & -\hat{\boldsymbol{x}}_C & \hat{\boldsymbol{x}}_R \\ \hline \|\boldsymbol{A}\| \boldsymbol{i}_\mu^T & \boldsymbol{o}^T & 0 & 0 \\ \hline \boldsymbol{o}^T & \|\boldsymbol{A}\| \boldsymbol{i}_\nu^T & 0 & 0 \end{array}\right) ; \tag{3.112}$$

hierbei können wieder die μ–te Zeile $\boldsymbol{r}_\mu^T$, aber hier auch die $(n+\nu)$–te Zeile $\boldsymbol{r}_{n+\nu}^T$ der Inversen $\boldsymbol{R}$ wegen des Aufbaus der JACOBI-Matrix $\boldsymbol{J}$ gemäß (3.112) exakt so vorgegeben werden

$$\boldsymbol{r}_\mu^T = \boldsymbol{i}_\mu^T / \|\boldsymbol{A}\|$$

und

$$\boldsymbol{r}_{\nu+n}^T = \boldsymbol{i}_{\nu+n}^T / \|\boldsymbol{A}\|,$$

wobei $\boldsymbol{i}_\mu^T$ die μ–te und $\boldsymbol{i}_{\nu+n}^T$ die $(\nu+n)$–te Zeile der Einheitsmatrix $\boldsymbol{I}_{2n+2}$ ist;

- im 4. Schritt wird der $(2n+2)$–dimensionale Intervallvektor $[\boldsymbol{z}]$ so ermittelt

$$[\boldsymbol{z}] := \left[-\boldsymbol{R} \begin{pmatrix} (\boldsymbol{A} - \hat{\lambda}_R \boldsymbol{I}) * \hat{\boldsymbol{x}}_R + \hat{\lambda}_C * \hat{\boldsymbol{x}}_C \\ (\boldsymbol{A} - \hat{\lambda}_C \boldsymbol{I}) * \hat{\boldsymbol{x}}_C - \hat{\lambda}_C * \hat{\boldsymbol{x}}_R \\ 0 \\ 0 \end{pmatrix} \right]_m ; \tag{3.113}$$

- im 5. Schritt wird die $(2n+2) \times (2n+2)$–Intervallmatrix $[\boldsymbol{D}]$ so berechnet

$$[\boldsymbol{D}] := \left[\left(\begin{array}{c|c|c|c} \boldsymbol{A} - \hat{\lambda}_R \boldsymbol{I} & \hat{\lambda}_C \boldsymbol{I} & -\hat{\boldsymbol{x}}_R - [\boldsymbol{x}]_R & \hat{\boldsymbol{x}}_C + [\boldsymbol{x}]_C \\ \hline -\hat{\lambda}_C \boldsymbol{I} & \boldsymbol{A} - \hat{\lambda}_C \boldsymbol{I} & -\hat{\boldsymbol{x}}_C - [\boldsymbol{x}]_C & \hat{\boldsymbol{x}}_R - [\boldsymbol{x}]_R \\ \hline \|\boldsymbol{A}\| \boldsymbol{i}_\mu^T & \boldsymbol{o}^T & 0 & 0 \\ \hline \boldsymbol{o}^T & \|\boldsymbol{A}\| \boldsymbol{i}_\nu^T & 0 & 0 \end{array}\right)\right]_m . \tag{3.114}$$

und der $(2n+2)$–dimensionale Intervallvektor $[\underline{\boldsymbol{x}}]$ setzt sich wie folgt zusammen

$$[\underline{\boldsymbol{x}}] = \begin{pmatrix} [\boldsymbol{x}]_R \\ [\boldsymbol{x}]_C \\ [\lambda]_R \\ [\lambda]_R \end{pmatrix},$$

so daß

- im 6. Schritt, wenn $[\boldsymbol{y}] \subseteq [\overset{\circ}{\boldsymbol{x}}]$ gilt, garantiert werden kann

$$
\begin{aligned}
\lambda_R^* &\in \hat{\lambda}_R + [\lambda]_R \\
\lambda_C^* &\in \hat{\lambda}_C + [\lambda]_C \\
\boldsymbol{x}_R^* &\in \hat{\boldsymbol{x}}_R + [\boldsymbol{x}]_R \\
\boldsymbol{x}_C^* &\in \hat{\boldsymbol{x}}_C + [\boldsymbol{x}]_C .
\end{aligned}
$$

Beispiel 3.2: Die Matrix $\boldsymbol{A}_2$ aus Beispiel 2.4 hat ein konjugiert komplexes Eigenwertpaar und zwei reelle Eigenwerte. Für diese und die zugehörigen Eigenvektoren erhält man die Einschließungen:

$$
\lambda_{1,2} \in \quad [7.550\,970\,919\,{}^{70}_{65}E + 00] \quad \pm j \cdot [3.938\,511\,08\,{}^{500}_{494}E + 00],
$$

$$
\lambda_3 \in \quad [-1.849\,629\,492\,2\,{}^{6}_{5}E + 00],
$$

$$
\lambda_4 \in \quad [-1.252\,312\,347\,0\,{}^{9}_{8}E + 00];
$$

$$
\boldsymbol{t}_{1,2} \in \begin{pmatrix} [-1.836\,660\,668\,1\,{}^{8}_{4}E - 01] \\ [-6.892\,233\,507\,{}^{9}_{7}E - 01] \\ [1,1] \\ [-6.037\,513\,9\,{}^{701}_{699}E - 01] \end{pmatrix} \pm j \cdot \begin{pmatrix} [-9.120\,657\,69\,{}^{71}_{68}E - 02] \\ [-8.116\,749\,04\,{}^{20}_{11}E - 02] \\ [-1.532\,058\,337\,{}^{40}_{38}E + 00] \\ [+5.659\,830\,852\,{}^{21}_{14}E - 01] \end{pmatrix},
$$

$$
\boldsymbol{t}_3 \in \begin{pmatrix} [+8.993\,070\,494\,6\,{}^{6}_{5}E - 02] \\ [-9.311\,088\,123\,{}^{10}_{09}E - 01] \\ [1,1] \\ [-5.949\,524\,916\,0\,{}^{6}_{5}E - 01] \end{pmatrix},
$$

$$
\boldsymbol{t}_4 \in \begin{pmatrix} [+5.663\,392\,823\,6\,{}^{4}_{3}E - 02] \\ [-8.930\,592\,499\,3\,{}^{2}_{1}E - 01] \\ [1,1] \\ [-4.043\,998\,306\,0\,{}^{8}_{7}E - 01] \end{pmatrix}.
$$

Die Einschließungen für die Eigenwerte λ_3 und λ_4 sowie für die dazugehörigen Eigenvektoren $\boldsymbol{t}_3$ und $\boldsymbol{t}_4$ wurden mit dem Algorithmus 3.11 aus Abschnitt 3.3.1 berechnet. Die Einschließungen für das konjugiert komplexe Eigenwertpaar λ_1, λ_2 und die zugehörigen Eigenvektoren wurden dagegen mit Hilfe des in diesem Abschnitt beschrieben Verfahrens ermittelt. $\qquad\qquad\qquad\qquad\qquad\qquad\qquad\qquad\qquad\qquad\quad\square$

4 Steuerbarkeit und Eigenwertzuweisung (Polvorgabe)

4.1 Steuerbarkeit eines dynamischen Systems

4.1.1 Steuerbarkeit zeitdiskreter Systeme

Die Hauptaufgabe der Regelungstechnik besteht darin, die Ausgangsgröße eines zu regelnden Prozesses gegebenen Führungsgrößen anzugleichen. Da die augenblicklichen Ausgangsgrößen eines Prozesses, d.h. eines dynamischen Systems, außer von den augenblicklichen Eingangsgrößen auch von den Zustandsgrößen abhängen, muß man ermitteln, ob überhaupt mit Hilfe der vorhandenen Eingangsgrößen das System aus jedem beliebigen Anfangszustand in jeden beliebigen Endzustand gesteuert werden kann. Diese *Steuerbarkeit* genannte Eigenschaft eines dynamischen Systems soll jetzt näher untersucht werden, und zwar zunächst für zeitdiskrete Systeme.

Definition 4.1 *Das lineare zeitdiskrete System der Ordnung n mit p Eingangsgrößen und der Zustandsgleichung*

$$x_{k+1} = Ax_k + Bu_k \qquad (4.1)$$

($A \in \mathsf{R}^{n \times n}, B \in \mathsf{R}^{p \times n}$) heißt **steuerbar**, *wenn für jeden beliebigen Anfangszustand $x_0 \in \mathsf{R}^n$ und jeden beliebigen Endzustand $x \in \mathsf{R}^n$ eine endliche Eingangsfolge $u_0, u_1, \ldots, x_{N-1}$ so existiert, daß $x_N = x$ ist.*

Man erhält den Zusammenhang zwischen Anfangs- und Endzustand über die Lösung der *Zustandsgleichung* (4.1)

$$x_N = A^N x_0 + \sum_{i=0}^{N-1} A^{N-1-i} Bu_i. \qquad (4.2)$$

Bringt man den Vektor $A^N x_0$ auf die linke Seite der Gleichung (4.2) und schreibt die

Summe als Produkt einer Matrix und eines Vektors, erhält man

$$x_N - A^N x_0 = \left[B, AB, A^2 B, \ldots, A^{N-1} B \right] \begin{pmatrix} u_{N-1} \\ u_{N-2} \\ u_{N-3} \\ \vdots \\ u_0 \end{pmatrix}. \tag{4.3}$$

Da nach Definition 4.1 die Zustände x_N und x_0 auf der linken Seite von (4.3) beliebige Vektoren des Zustandsraums R^n sein können, muß jeder beliebige Vektor

$$x^* \stackrel{\text{def}}{=} x_N - A^N x_0 \in \mathsf{R}^n$$

durch die rechte Seite von (4.3) darstellbar sein. Das ist aber nur dann der Fall, wenn die Spaltenvektoren der Matrix $[B, AB, \ldots, A^{N-1} B]$ den gesamten $n-$dimensionalen Zustandsraum aufspannen, d.h., wenn die Matrix den vollen Rang n hat. Allgemein gilt der

<table>
<tr><td>Satz 4.2</td><td>

Das lineare zeitdiskrete System mit der Zustandsgleichung

$$x_{k+1} = A x_k + B u_k$$

($A \in \mathsf{R}^{n \times n}$, $B \in \mathsf{R}^{n \times p}$) ist dann und nur dann steuerbar, wenn die Steuerbarkeitsmatrix

$$S \stackrel{\text{def}}{=} [B, AB, \ldots, A^{n-1} B] \tag{4.4}$$

den Rang n hat.

</td></tr>
</table>

Für den Beweis dieses fundamentalen Satzes wird folgendes Lemma benötigt

Lemma 4.3 *Sei $A \in \mathsf{R}^{n \times n}$ und*

$$S_i \stackrel{\text{def}}{=} [B, AB, \ldots, A^{i-1} B]. \tag{4.5}$$

Dann ist

$$\operatorname{rang} S_N = \operatorname{rang} S_n \tag{4.6}$$

für jedes $N \geq n$.

Beweis: Angenommen, es ist rang S_{i+1} = rang S_i. Dann sind die p Spalten von $A^i B$, die S_{i+1} mehr hat als S_i, linear abhängig von den Spalten von S_i, müssen also Linearkombinationen der Spalten von $B, AB, \ldots, A^{i-1} B$ sein. Es muß $p \times p-$Diagonalmatrizen $D_j, j = 0, 1, \ldots, i$, so geben, daß gilt

$$A^i B = [B, AB, \ldots, A^{i-1} B] \begin{pmatrix} D_0 \\ D_1 \\ \vdots \\ D_{i-1} \end{pmatrix} = S_i D \tag{4.7}$$

und nicht sämtliche Elemente der Matrix D gleich Null sind. Multiplikation dieser Gleichung von links mit der Systemmatrix A ergibt

$$A^{i+1}B = [AB, A^2B, \ldots, A^iB]D, \qquad (4.8)$$

d.h., die Spalten von $A^{i+1}B$ sind linear abhängig von den Spalten der Matrix S_{i+1}, also ist $\text{Rang}(S_{i+2}) = \text{Rang}(S_{i+1})$. So fortfahrend, erhält man für alle $j > i$, daß $\text{Rang}(S_j) = \text{Rang}(S_i)$ ist. Andererseits nimmt der Rang der Matrix S_i wenigstens um Eins mit zunehmendem i zu, bis der maximale Rang erreicht ist. Da die Matrizen S_i alle aus n Zeilen bestehen, kann der maximale Rang höchstens gleich n sein. Der maximale Rang ist also spätestens bei $i = n$ erreicht. $\qquad \square$

Mit Hilfe des Lemmas 4.3 wird der Beweis des Satzes 4.2 sehr kurz:

Beweis des Satzes 4.2: Aus der Darstellung (4.3) folgt, daß ein lineares zeitdiskretes System genau dann steuerbar ist, wenn der Rang der Matrix S_N gleich n ist. Auf Grund des Lemmas 4.3 ist aber $\text{rang } S_N = \text{rang } S_n = \text{rang } S$. $\qquad \square$

Die Steuerbarkeitsuntersuchung eines dynamischen Systems läuft also auf die Rangbestimmung der Steuerbarkeitsmatrix S hinaus. Für Einfachsysteme, das sind Systeme mit nur einer Eingangsgröße ($p = 1$), erhält man als Steuerbarkeitsmatrix die *quadratische $n \times n$*—Matrix

$$S = [b, Ab, \ldots, A^{n-1}b], \qquad (4.9)$$

und aus Satz 4.2 als Steuerbarkeitskriterium

<table>
<tr><td>

Satz 4.4

</td><td>

Das lineare zeitdiskrete Einfachsystem mit der Zustandsgleichung

$$x_{k+1} = Ax_k + bu_k \qquad (4.10)$$

$(A \in \mathbb{R}^{n \times n}, b \in \mathbb{R}^n)$ *ist dann und nur dann steuerbar, wenn die $n \times n$—Steuerbarkeitsmatrix*

$$S = [b, Ab, \ldots, A^{n-1}b]$$

den Rang n hat.

</td></tr>
</table>

4.1.2 Steuerbarkeit zeitkontinuierlicher Systeme

Für *zeitkontinuierliche* Systeme wird die Steuerbarkeit so definiert

Definition 4.5 *Das zeitkontinuierliche lineare System der Ordnung n mit p Eingangsgrößen und der Zustandsgleichung*

$$\dot{\boldsymbol{x}}(t) = \boldsymbol{A}\boldsymbol{x}(t) + \boldsymbol{B}\boldsymbol{u}(t) \tag{4.11}$$

($\boldsymbol{A} \in \mathrm{R}^{n \times n}, \boldsymbol{B} \in \mathrm{R}^{n \times p}$) heißt **steuerbar,** *wenn für jeden Anfangszustand $\boldsymbol{x}_0 \in \mathrm{R}^n$ und jeden beliebigen Endzustand $\boldsymbol{x}_1 \in \mathrm{R}^n$ eine endliche Zeit t_1 und eine Eingangsfunktion $\boldsymbol{u}_{[0,t_1]}$ so existieren, daß $\boldsymbol{x}(t_1) = \boldsymbol{x}_1$ ist.*

Die Lösung der Zustandsgleichung (4.11) liefert den Zusammenhang zwischen Anfangs- und Endzustand

$$\boldsymbol{x}(t_1) = \mathrm{e}^{At_1}\boldsymbol{x}_0 + \int_0^{t_1} \mathrm{e}^{A(t_1-t)}\boldsymbol{B}\boldsymbol{u}(t)\mathrm{d}t \stackrel{!}{=} \boldsymbol{x}_1. \tag{4.12}$$

Mit der Reihendarstellung der Transitionsmatrix (siehe Abschnitt 7.2.1)

$$\mathrm{e}^{A(t_1-t)} = \boldsymbol{I} + (t_1 - t)\boldsymbol{A} + \frac{(t_1 - t)^2}{2!}\boldsymbol{A}^2 + \cdots$$

erhält man aus (4.12)

$$\boldsymbol{x}_1 - \mathrm{e}^{At_1}\boldsymbol{x}_0 = \int_0^{t_1} \boldsymbol{B}\boldsymbol{u}(t)\mathrm{d}t + \int_0^{t_1} (t_1 - t)\boldsymbol{A}\boldsymbol{B}\boldsymbol{u}(t)\mathrm{d}t +$$

$$+ \int_0^{t_1} \frac{(t_1 - t)^2}{2!}\boldsymbol{A}^2\boldsymbol{B}\boldsymbol{u}(t)\mathrm{d}t + \cdots$$

und nach Einführen dieser p-dimensionalen Vektoren

$$\boldsymbol{u}_0 \stackrel{\mathrm{def}}{=} \int_0^{t_1} \boldsymbol{u}(t)\mathrm{d}t,$$

$$\boldsymbol{u}_1 \stackrel{\mathrm{def}}{=} \int_0^{t_1} (t_1 - t)\boldsymbol{u}(t)\mathrm{d}t,$$

$$\boldsymbol{u}_2 \stackrel{\mathrm{def}}{=} \int_0^{t_1} \frac{(t_1 - t)^2}{2!}\boldsymbol{u}(t)\mathrm{d}t,$$

$$\vdots$$

einen der Darstellung (4.3) für zeitdiskrete Systeme entsprechenden Zusammenhang für zeitkontinuierliche Systeme

$$x_1 - \mathrm{e}^{At_1}x_0 = [B, AB, A^2B, \ldots] \begin{pmatrix} u_0 \\ u_1 \\ u_2 \\ \vdots \end{pmatrix}. \tag{4.13}$$

Wieder muß jeder beliebige Vektor

$$x^* \overset{\text{def}}{=} x_1 - \mathrm{e}^{At_1}x_0 \in \mathsf{R}^n$$

durch die rechte Seite von (4.13) darstellbar sein, was nur dann der Fall ist, wenn die Matrix $[B, AB, A^2B, \ldots]$ den vollen Rang n hat (notwendige Bedingung). Da diese Matrix auf Grund des Lemmas 4.3 keinen höheren Rang als die Steuerbarkeitsmatrix

$$S = [B, AB, \ldots, A^{n-1}B]$$

haben kann, spielt auch bei der Untersuchung der Steuerbarkeit zeitkontinuierlicher Systeme diese Steuerbarkeitsmatrix S die entscheidende Rolle. Duch Konstruktion einer geeigneten Eingangsfunktion $u_{[0,t_1]}$, siehe z.B. [4.1], kann bewiesen werden, daß der folgende Satz auch hinreichend ist.

Satz 4.6 *Das zeitkontinuierliche System mit der Zustandsgleichung*

$$\dot{x}(t) = Ax(t) + Bu(t)$$

$(A \in \mathsf{R}^{n \times n}, B \in \mathsf{R}^{n \times p})$ ist dann und nur dann steuerbar, wenn die Steuerbarkeitsmatrix

$$S = [B, AB, \ldots, A^{n-1}B]$$

den Rang n hat.

Für zeitkontinuierliche *Einfachsysteme* ($p = 1$) wird die Steuerbarkeitsmatrix S wieder eine quadratische $n \times n$–Matrix (4.9).

4.2   Numerische Untersuchung der Steuerbarkeit und Normalformen

4.2.1   Einfachsysteme

Steuerbarkeitsmatrix

Die Eigenschaft *Steuerbarkeit* eines linearen Systems hängt nur von den Systemparametern ab, die in der Systemmatrix A und dem Systemvektor b zusammengefaßt sind. Die bisher formulierten Sätze über die Steuerbarkeit gehen alle von der Steuerbarkeitsmatrix S aus. In dieser Steuerbarkeitsmatrix treten Produkte von A und b, sowie Potenzen von A auf. Es ist aber im allgemeinen numerisch sehr gefährlich, ein Problem durch solche Matrizenmultiplikationen in ein anderes Problem zu transformieren. Dies zeigt die folgende Betrachtung.

Die eigentlich schon schwierige Rangbestimmung einer Matrix wird bei einer Matrix der Form

$$S = [b, Ab, {}^2b, \ldots, A^{n-1}b] \qquad (4.14)$$

noch schwieriger, da die Spaltenvektoren einer solchen Matrix mit steigender Potenz von A immer linear abhängiger werden. Es gilt nämlich das

Lemma 4.7 *Mit Hilfe der Links- und Rechtseigenvektoren v_i und w_i läßt sich jede diagonalähnliche Matrix A so darstellen*

$$A = \sum_{i=1}^{r} \lambda_i \frac{v_i w_i^T}{v_i^T w_i}, \qquad (4.15)$$

wenn die Matrix A r von Null verschiedene Eigenwerte hat.

Hierbei sind die *Rechts*eigenvektoren w_i die bisher schon betrachteten Eigenvektoren, also Vektoren, die die Gleichung

$$Aw_i = \lambda_i w_i \qquad (4.16)$$

für einen Eigenwert λ_i der Matrix A erfüllen. Als *Links*eigenvektoren bezeichnet man Vektoren v_i, die diese Gleichung erfüllen

$$v_i^T A = \lambda_i v_i^T. \qquad (4.17)$$

Transponiert man diese Gleichung, erkennt man, daß die Linkseigenvektoren von A Rechtseigenvektoren der transponierten Matrix A^T sind

$$A^T v_i = \lambda_i v_i.$$

Den Beweis des Lemmas 4.7 kann man z.B. in [4.2] finden.

Seien nun die Eigenwerte einer Matrix nach fallenden Beträgen geordnet,

$$|\lambda_1| \geq |\lambda_2| \geq |\lambda_3| \geq \cdots \geq |\lambda_n|, \qquad (4.18)$$

dann ist

$$\frac{A}{|\lambda_1|} = \frac{\lambda_1}{|\lambda_1|} \cdot \frac{v_1 w_1^T}{v_1^T w_1} + \sum_{i=2}^{n} \frac{\lambda_i}{|\lambda_1|} \cdot \frac{v_i w_i^T}{v_i^T w_i}. \qquad (4.19)$$

Für die m–te Potenz von (4.19) erhält man

$$\frac{A^m}{|\lambda_1|^m} = \left(\frac{\lambda_1}{|\lambda_1|}\right)^m \cdot \frac{v_1 w_1^T}{v_1^T w_1} + \sum_{i=2}^{n} \left(\frac{\lambda_i}{|\lambda_1|}\right)^m \frac{v_i w_i^T}{v_i^T w_i}, \qquad (4.20)$$

da

$$\frac{v_i w_i^T}{v_i^T w_i} \cdot \frac{v_i w_i^T}{v_i^T w_i} = \frac{v_i (w_i^T v_i) w_i^T}{(v_i^T w_i)^2} = \frac{v_i w_i^T}{v_i^T w_i}$$

und

$$\frac{v_i w_i^T}{v_i^T w_i} \cdot \frac{v_j w_j^T}{v_j^T w_j} = \frac{v_i (w_i^T v_j) w_j^T}{(v_i^T w_i)(v_j^T w_j)} = 0$$

sind. Die letzte Gleichung folgt dabei daraus, daß Links- und Rechtseigenvektoren, die zu verschiedenen Eigenwerten gehören, aufeinander senkrecht stehen, d.h., es ist $w_i^T v_j = 0$ für $i \neq j$, siehe z.B.[4.1].

Ist der Eigenwert λ_1 dominierend, d.h., ist

$$|\lambda_1| > |\lambda_i| \quad \text{für} \quad i = 2, 3, \ldots, n,$$

wird bei hinreichend großer Potenz m aus (4.20)

$$\frac{A^m}{|\lambda_1|^m} \approx \left(\frac{\lambda_1}{|\lambda_1|}\right)^m \frac{v_1 w_1^T}{v_1^T w_1}. \tag{4.21}$$

Multiplikation von (4.21) mit dem Vektor b ergibt

$$\frac{1}{|\lambda_1|^m} A^m b \approx \left(\frac{\lambda_1}{|\lambda_1|}\right)^m \frac{v_1 (w_1^T b)}{v_1^T w_1},$$

also

$$A^m b \approx c \cdot v_1. \tag{4.22}$$

Daraus folgt aber, daß $A^m b$ mit größer werdendem m richtungsmäßig gegen den zum dominanten Eigenwert λ_1 gehörenden Eigenvektor v_1 konvergiert, also die Spaltenvektoren der Steuerbarkeitsmatrix S immer linear abhängiger werden! Hierzu das

Beispiel 4.1: Die Systemmatrix A sei eine modifizierte 6×6−HILBERT-Matrix mit den Elementen

$$a_{ij} = 27720/(i + j - 1),$$

$$A = \begin{pmatrix} 27720 & 13860 & 9240 & 6930 & 5544 & 4620 \\ 13860 & 9240 & 6930 & 5544 & 4620 & 3960 \\ 9240 & 6930 & 5544 & 4620 & 3960 & 3465 \\ 6930 & 5544 & 4620 & 3960 & 3465 & 3080 \\ 5544 & 4620 & 3960 & 3465 & 3080 & 2772 \\ 4620 & 3960 & 3465 & 3080 & 2772 & 2520 \end{pmatrix} \cdot$$

Die sechs reellen positiven Eigenwerte dieser symmetrischen Matrix wurden mit Hilfe des Algorithmus 3.11 hochgenau bestimmt zu

$$\lambda_1 \in [4.487\,590\,408\,9\,^3_4 E + 04],$$

$$\lambda_2 \in [6.718\,243\,332\,3\,^5_4 E + 03],$$

$$\lambda_3 \in [4.524\,325\,709\,8\,^6_7 E + 02],$$

$$\lambda_4 \in [1.706\,854\,437\,^{80}_{79} E + 01],$$

$$\lambda_5 \in [3.484\,613\,874\,^{40}_{39} E - 01],$$

$$\lambda_6 \in [3.001\,520\,171\,2\,^2_1 E - 03],$$

d.h., $|\lambda_1| > |\lambda_i|$ ist hier für $i = 2, \ldots, 6$ erfüllt. Mit demselben Algorithmus 3.11 wurde als zum dominierenden Eigenwert λ_1 gehörender Eigenvektor bestimmt

$$v_1 \in \begin{pmatrix} [1,1] \\ [5.886\,285\,434\,2\,{}^5_6\,E - 01] \\ [4.283\,272\,844\,2\,{}^8_9\,E - 01] \\ [3.396\,618\,918\,3\,{}^8_9\,E - 01] \\ [2.825\,235\,879\,4\,{}^2_3\,E - 01] \\ [2.423\,378\,111\,2\,{}^2_3\,E - 01] \end{pmatrix} . \tag{4.23}$$

Die zum Systemvektor $b = [1,1,1,1,1,1]^T$ und der oben angegebenen Systemmatrix A gehörende Steuerbarkeitsmatrix S wurde mit Hilfe des optimalen Skalarprodukts aus PASCAL-SC berechnet. Um einen Richtungsvergleich mit dem Eigenvektor v_1 leichter durchführen zu können, wurden die zweiten bis sechsten Spaltenvektoren $s_2 = Ab$ bis $s_6 = A^5b$ ebenfalls so normiert, daß die erste Vektorkomponente jeweils gleich Eins ist. Für diese normierten Vektoren s_i' wurde berechnet:

$$s_2' = \begin{pmatrix} 1 \\ 6.501\,457\,725\,96\,E - 01 \\ 4.970\,845\,481\,05\,E - 01 \\ 4.063\,816\,002\,59\,E - 01 \\ 3.451\,571\,104\,63\,E - 01 \\ 3.006\,302\,087\,93\,E - 01 \end{pmatrix}, \quad s_3' = \begin{pmatrix} 1 \\ 5.975\,672\,309\,71\,E - 01 \\ 4.381\,560\,420\,95\,E - 01 \\ 3.490\,968\,338\,19\,E - 01 \\ 2.913\,124\,958\,83\,E - 01 \\ 2.504\,700\,823\,24\,E - 01 \end{pmatrix},$$

$$s_4' = \begin{pmatrix} 1 \\ 5.889\,581\,771\,76\,E - 01 \\ 4.297\,877\,146\,45\,E - 01 \\ 3.410\,627\,920\,26\,E - 01 \\ 2.838\,278\,914\,84\,E - 01 \\ 2.435\,441\,992\,95\,E - 01 \end{pmatrix}, \quad s_5' = \begin{pmatrix} 1 \\ 5.888\,273\,809\,43\,E - 01 \\ 4.285\,456\,655\,41\,E - 01 \\ 3.398\,713\,611\,01\,E - 01 \\ 2.827\,186\,068\,36\,E - 01 \\ 2.425\,181\,850\,39\,E - 01 \end{pmatrix},$$

$$s_6' = \begin{pmatrix} 1 \\ 5.886\,583\,056\,56\,E - 01 \\ 4.283\,599\,718\,04\,E - 01 \\ 3.396\,932\,451\,82\,E - 01 \\ 2.825\,527\,782\,87\,E - 01 \\ 2.423\,648\,093\,66\,E - 01 \end{pmatrix} . \tag{4.24}$$

Ein Vergleich dieser Vektoren mit dem Eigenvektor v_1 zeigt, daß in der Tat mit zunehmendem i die Vektoren s_i' immer stärker mit v_1 übereinstimmen, und zwar stimmen bei s_3' eine, bei s_4' zwei, bei s_5' drei und bei s_6' sogar schon vier der führenden Stellen der einzelnen Vektorkomponenten überein. Dann werden die Spalten der Steuerbarkeitsmatrix natürlich auch immer paralleler. So beträgt der Winkel

$$\alpha = \arccos\left(\frac{s_5^T s_6}{\|s_5\|_2 \cdot \|s_6\|_2}\right)$$

zwischen den Spalten s_5 und s_6 beispielsweise nur noch

$$\alpha = 2.209\,E - 04,$$

das sind ungefähr ein Hundertstel Grad! $\qquad\qquad\qquad\qquad\qquad\qquad\qquad\qquad\square$

Soll trotz all dieser negativen Eigenschaften die Steuerbarkeitsmatrix S berechnet werden, gibt es die Möglichkeit der sukzessiven Berechnung der Spalten s_i der Steuerbarkeitsmatrix S gemäß

$$s_1 := b; \quad \text{for } i := 1 \text{ to } n - 1 \text{ do } s_{i+1} := A * s_i; \tag{4.25}$$

mit der normalen Gleitpunktarithmetik, dem optimalen Skalarprodukt oder der Intervallarithmetik. Eine weitere Möglichkeit besteht darin, die Berechnung der Spalten s_i auf die Lösung eines linearen Gleichungssystems zurückzuführen.

Setzt man nämlich das folgende Gleichungssystem an, hier beispielsweise für ein System vierter Ordnung,

$$\begin{pmatrix} I & O & O & O \\ -A & I & O & O \\ O & -A & I & O \\ O & O & -A & I \end{pmatrix} \begin{pmatrix} s_1 \\ s_2 \\ s_3 \\ s_4 \end{pmatrix} = \begin{pmatrix} b \\ o \\ o \\ o \end{pmatrix}, \tag{4.26}$$

folgt aus der ersten Zeile

$$s_1 = b,$$

aus der zweiten

$$-As_1 + s_2 = o,$$

also

$$s_2 = As_1 = Ab,$$

aus der dritten Zeile

$$-As_2 + s_3 = o,$$

d.h.,

$$s_3 = As_2 = A^2b,$$

und schließlich aus der letzten Zeile

$$s_4 = As_3 = A^3b.$$

Die Vektoren s_i sind gerade wieder die Spalten der gesuchten Steuerbarkeitsmatrix. Verwendet man zur Lösung des Gleichungssystems (4.26) den Algorithmus 3.5, kann auch bei einer schlecht konditionierten Systemmatrix A die Steuerbarkeitsmatrix S hochgenau berechnet werden.

Beispiel 4.2: Für das System aus Beispiel 4.1 wurde die Steuerbarkeitsmatrix mit fünf verschiedenen Verfahren ermittelt. Für einen Genauigkeitsvergleich werden nur die berechneten letzten Spalten s_6 der Steuerbarkeitsmatrix angegeben.

1. Verfahren: Sukzessive Berechnung gemäß (4.25) mittels normaler Gleitpunkt-Arithmetik:

$$s_6 = \begin{pmatrix} 2.939\,717\,705\,15E+23 \\ 1.730\,489\,243\,42E+23 \\ 1.259\,257\,393\,30E+23 \\ 9.986\,022\,471\,81E+22 \\ 8.306\,254\,049\,68E+22 \\ 7.124\,841\,211\,98E+22 \end{pmatrix}. \tag{4.27}$$

2. Verfahren: Sukzessive Berechnung mit Hilfe der naiven Intervall-Arithmetik, indem nur statt der Gleitpunktzahlen in den Ablauf (4.25) Intervalle eingesetzt werden:

$$s_6 \in \begin{pmatrix} [2.939\,717\,705^{22}_{05}\,E+23] \\ [1.730\,489\,243^{46}_{36}\,E+23] \\ [1.259\,257\,393^{33}_{24}\,E+23] \\ [9.986\,022\,471^{99}_{57}\,E+22] \\ [8.306\,254\,049^{84}_{47}\,E+22] \\ [7.124\,841\,21^{211}_{180}\,E+22] \end{pmatrix} \tag{4.28}$$

Dieses Ergebnis zeigt, daß dem Ergebnis (4.27) des 1. Verfahrens schon bis auf die letzten beiden bzw. letzten drei Stellen der Mantisse zu trauen ist.

3. Verfahren: Verwendet man bei der sukzessiven Berechnung das optimale Skalarprodukt, erhält man dieses Ergebnis

$$s_6 = \begin{pmatrix} 2.939\,717\,705\,13\,E+23 \\ 1.730\,489\,243\,42\,E+23 \\ 1.259\,257\,393\,28\,E+23 \\ 9.986\,022\,471\,75\,E+22 \\ 8.306\,254\,049\,64\,E+22 \\ 7.124\,841\,211\,94\,E+22 \end{pmatrix} . \tag{4.29}$$

4. Verfahren: Zur Überprüfung des Ergebnisses (4.29) des dritten Verfahrens wurde auch noch das optimale Intervall-Skalarprodukt von PASCAL-SC verwendet und folgendes Ergebnis erhalten:

$$s_6 \in \begin{pmatrix} [2.939\,717\,705\,1^{4}_{1}\,E+23] \\ [1.730\,489\,243\,^{42}_{39}\,E+23] \\ [1.259\,257\,393\,2^{9}_{7}\,E+23] \\ [9.986\,022\,471\,^{78}_{69}\,E+22] \\ [8.306\,254\,049\,^{66}_{59}\,E+22] \\ [7.124\,841\,211\,9^{7}_{0}\,E+22] \end{pmatrix} . \tag{4.30}$$

Vergleicht man dieses Ergebnis mit dem des 2. Verfahrens, erkennt man die enger gewordenen Intervalle, d.h., die höhere Genauigkeit.

5. Verfahren: Schließlich wurde mit Hilfe des Algorithmus 3.5 das (4.26) entsprechende lineare Gleichungssystem der Dimension $6 \cdot 6 = 36$ für das hier vorliegende System gelöst und damit diese bestmögliche Einschließung, nämlich auf eine Einheit in der letzten Stelle der Mantisse genau, erzielt:

$$s_6 \in \begin{pmatrix} [2.939\,717\,705\,1^{4}_{3}\,E+23] \\ [1.730\,489\,243\,4^{1}_{0}\,E+23] \\ [1.259\,257\,393\,2^{9}_{8}\,E+23] \\ [9.986\,022\,471\,7^{5}_{4}\,E+22] \\ [8.306\,254\,049\,6^{5}_{4}\,E+22] \\ [7.124\,841\,211\,9^{5}_{4}\,E+22] \end{pmatrix} . \tag{4.31}$$

$\square$

System-HESSENBERG-Form

Das Beispiel 4.1 zeigt, daß die Spalten der Steuerbarkeitsmatrix immer paralleler werden können, aber trotzdem die Matrix den vollen Rang n haben kann. Die numerische Rangbestimmung ist dann aber durchaus problematisch; ein Verfahren zur Rangbestimmung wird in Kapitel 6 mit der Singulärwertzerlegung vorgestellt werden.

Da die Steuerbarkeit eine Systemeigenschaft ist, müssen doch sämtliche Informationen darüber bereits in der Systemmatrix A und dem Eingabevektor b bzw. der Eingabematrix B stecken. In der Tat gilt z.B. das folgende Lemma, wobei unter $\{A, B\}$ ein lineares zeitdiskretes oder zeitkontinuierliches System verstanden wird.

Lemma 4.8 *Das System $\{A, B\}$ ist dann und nur dann steuerbar, wenn es keine Transformationsmatrix T so gibt, daß die transformierten Matrizen*

$$\tilde{A} = T^{-1}AT \quad und \quad \tilde{B} = T^{-1}B \tag{4.32}$$

diese Formen haben

$$\tilde{A} = \begin{pmatrix} \tilde{A}_{11} & \tilde{A}_{12} \\ O & \tilde{A}_{22} \end{pmatrix} \quad und \quad \tilde{B} = \begin{pmatrix} \tilde{B}_1 \\ O \end{pmatrix}, \tag{4.33}$$

$\tilde{A}_{11} \in \mathsf{R}^{r \times r}, \tilde{B}_1 \in \mathsf{R}^{r \times p}, r < n.$

Beweis: Für die Systembeschreibung $\{\tilde{A}, \tilde{B}\}$ erhält man die Steuerbarkeitsmatrix

$$S = \begin{pmatrix} \tilde{B}_1 & | & \tilde{A}_{11}\tilde{B}_1 & | & \cdots & | & \tilde{A}_{11}^{n-1}\tilde{B}_1 \\ O & | & O & | & \cdots & | & O \end{pmatrix},$$

deren Rang offensichtlich kleiner oder gleich $r < n$ ist. $\square$

Eine für die numerische Steuerbarkeitsuntersuchung von Einfachsystemen sehr gut geeignete Aussage enthält das

Lemma 4.9 *Das Einfachsystem $\{A, b\}$ ist dann und nur dann steuerbar, wenn die Matrizen A und b in diese ähnlichen Formen transformierbar sind*

$$\tilde{A} = \begin{pmatrix} * & * & \cdots & \cdots & * \\ \otimes & * & \cdots & \cdots & * \\ 0 & \otimes & \ddots & & * \\ \vdots & \ddots & \ddots & \ddots & \vdots \\ 0 & \cdots & 0 & \otimes & * \end{pmatrix}, \quad \tilde{b} = \begin{pmatrix} \otimes \\ 0 \\ 0 \\ \vdots \\ 0 \end{pmatrix}, \tag{4.34}$$

wobei die mit $\otimes$ gekennzeichneten Elemente ungleich Null sein müssen.

Beweis: Als Steuerbarkeitsmatrix für das System $\{\tilde{A}, \tilde{b}\}$ erhält man

$$S = \begin{pmatrix} \otimes & * & \cdots & * \\ 0 & \otimes & \ddots & \vdots \\ \vdots & \ddots & \ddots & * \\ 0 & \cdots & 0 & \otimes \end{pmatrix}.$$

Der Rang dieser Matrix ist offensichtlich gleich n, wenn die mit $\otimes$ gekennzeichneten Elemente, die durch Multiplikation der entsprechend gekennzeichneten Elemente von $\tilde{A}$ und $\tilde{b}$ entstehen, ungleich Null sind. $\qquad\square$

Das Lemma 4.9 hätte man auch mit Hilfe des Lemmas 4.8 beweisen können. Denn wenn z.B. in der Matrix $\tilde{A}$ das Subdiagonalelement in der i–ten Zeile Null wäre, könnte man $\tilde{A}$ und $\tilde{b}$ so in Untermatrizen zerlegen

$$\tilde{A} = \left(\begin{array}{ccccc|cccc} * & \cdots & \cdots & & * & * & \cdots & \cdots & * \\ \otimes & \ddots & & & \vdots & \vdots & & & \vdots \\ & \ddots & \ddots & & * & \vdots & & & \vdots \\ 0 & & \otimes & & * & * & \cdots & \cdots & * \\ \hline 0 & \cdots & \cdots & & 0 & * & \cdots & \cdots & * \\ \vdots & & & & \vdots & \otimes & \ddots & & \vdots \\ \vdots & & & & \vdots & & \ddots & \ddots & \vdots \\ 0 & \cdots & \cdots & & 0 & 0 & & \otimes & * \end{array} \right), \quad \tilde{b} = \begin{pmatrix} \otimes \\ 0 \\ \vdots \\ 0 \\ \hline 0 \\ \vdots \\ \vdots \\ 0 \end{pmatrix}, \quad (4.35)$$

also in eine Form der Gestalt (4.33), die nicht steuerbar ist.

Die Systembeschreibung gemäß (4.34) heißt *System-*HESSENBERG-*Form*. Man kann sie durch eine Ähnlichkeitstransformation mit HOUSEHOLDER-Matrizen erhalten. Denn mittels einer nach Abschnitt 2.3.2 geeignet gewählten HOUSEHOLDER-Matrix U_1 kann zunächst der Eingabevektor b einer allgemeinen Systembeschreibung $\{A, b\}$ so umgeformt werden

$$U_1 b = \begin{pmatrix} \tilde{b}_1 \\ 0 \\ \vdots \\ 0 \end{pmatrix}. \qquad (4.36)$$

Multipliziert man die Systemmatrix A ebenfalls von links mit U_1 und von rechts mit $U_1^{-1} = U_1$, ist die neue Systembeschreibung $\{U_1 A U_1, U_1 b\}$ aus der alten Systembeschreibung durch eine Ähnlichkeitstransformation hervorgegangen. Die neue Systemmatrix $U_1 A U_1$ kann jetzt mit dem Algorithmus 2.16 durch eine Ähnlichkeitstransformation mittels weiterer HOUSEHOLDER-Matrizen U_2, U_3 bis U_{n-1} auf HESSENBERG-Form transformiert werden. Wegen der besonderen Form der verwendeten HOUSEHOLDER-Matrizen nach (2.105),(2.107) und (2.109) hat eine zusätzliche Multiplikation des Vektors $U_1 b$ von links mit U_2 bis U_{n-1} keinen Einfluß, so daß

$$U_{n-1} U_{n-2} \cdots U_2 U_1 b = U_1 b \qquad (4.37)$$

ist. Insgesamt erhält man aus $\{A, b\}$ mit Hilfe der Transformationsmatrix

$$T \overset{\text{def}}{=} U_{n-1} \cdots U_1$$

und ihrer Inversen

$$T^{-1} = U_1^{-1} \cdots U_{n-1}^{-1} = U_1 \cdots U_{n-1}$$

durch Ähnlichkeitstransformation die System-HESSENBERG-Form

$$TAT^{-1} = A_H = \begin{pmatrix} * & \cdots & \cdots & * \\ \otimes & \ddots & & \vdots \\ & \ddots & \ddots & \vdots \\ 0 & & \otimes & * \end{pmatrix} \tag{4.38}$$

$$Tb = b_H = \begin{pmatrix} \otimes \\ 0 \\ \vdots \\ 0 \end{pmatrix}. \tag{4.39}$$

Der Algorithmus 2.16 muß nur geringfügig ergänzt werden, um den folgenden zu erhalten:

> **Algorithmus 4.10:**{Ähnlichkeitstransformation von $\{A, b\}$ auf System-
> HESSENBERG-Form $\{A_H, b_H\}$}
>> input A, b;
>> for $i := 1$ to $n - 1$ do
>>> begin
>>>> if $i = 1$ then
>>>>> $a_i := [b_1, \ldots, b_n]^T$
>>>> else
>>>>> $a_i := [a_{i,i-1}, \ldots, a_{n,i-1}]^T$;
>>>> (2.109a) bis (2.110a) von Algorithmus 2.16;
>>> end;
>> $b_H := a_0$;
>> $A_H := A$;
>> output A_H, b_H. {System-HESSENBERG-Form}□

Regelungsnormalform für Einfachsysteme

Bei der theoretischen Untersuchung insbesondere von Zustandsrückkoppelungen spielt eine besondere Form der System-HESSENBERG-Form, nämlich die *Regelungsnormalform* $\{A_R, b_R\}$ eine hervorragende Rolle. Diese Regelungsnormalform ist dadurch gekennzeichnet, daß die in (4.38) und (4.39) mit $\otimes$ bezeichneten Elemente gleich Eins sind und in der Systemmatrix A_R außer den Elementen in der ersten Zeile alle übrigen mit * markierten Elemente gleich Null sind. Die Systembeschreibung eines Einfachsystems in Regelungsnormalform hat dieses Aussehen

$$
A_R = \begin{pmatrix} -a_{n-1} & -a_{n-2} & \cdots & \cdots & -a_0 \\ 1 & 0 & \cdots & \cdots & 0 \\ 0 & 1 & \ddots & & \vdots \\ \vdots & & \ddots & \ddots & \vdots \\ 0 & & \cdots & 0 & 1 & 0 \end{pmatrix} ; \quad b_R = \begin{pmatrix} 1 \\ 0 \\ \vdots \\ \vdots \\ 0 \end{pmatrix} . \tag{4.40}
$$

In der Regelungstheorie wird mit Regelungsnormalform oft auch diese Systembeschreibung bezeichnet

$$
\overline{A}_R = \begin{pmatrix} 0 & 1 & 0 & \cdots & 0 \\ 0 & 0 & 1 & \ddots & 0 \\ \vdots & \vdots & \ddots & \ddots & 0 \\ 0 & 0 & \cdots & 0 & 1 \\ -a_0 & -a_1 & \cdots & \cdots & -a_{n-1} \end{pmatrix} ; \quad \overline{b}_R = \begin{pmatrix} 0 \\ 0 \\ \vdots \\ 0 \\ 1 \end{pmatrix} . \tag{4.41}
$$

Wegen des Zusammenhangs von (4.40) mit der oben definierten System-HESSENBERG-Form (4.38)/(4.39) wird hier der Form (4.40) der Vorzug gegeben. Es kann leicht nachgeprüft werden, daß man durch eine Ähnlichkeitstransformation mit Hilfe der Transformationsmatrix

$$
T = \begin{pmatrix} 0 & \cdot & \cdot & \cdot & 0 & 1 \\ \cdot & & & \cdot & 1 & 0 \\ \cdot & & \cdot & \cdot & & \cdot \\ \cdot & \cdot & \cdot & \cdot & & \cdot \\ 0 & 1 & \cdot & & & \cdot \\ 1 & 0 & \cdot & \cdot & \cdot & 0 \end{pmatrix} \tag{4.42}
$$

von der einen zur anderen Regelungsnormalform kommt.

Offen ist jetzt noch die Frage, mit welcher Transformationsmatrix T_R eine gegebene Systembeschreibung $\{A, b\}$ auf die Regelungsnormalform $\{A_R, b_R\}$ transformiert werden kann und ob das überhaupt immer möglich ist. Hierzu wird von der Ähnlichkeitstransformation

$$
A_R = T_R A T_R^{-1} \tag{4.43}
$$

ausgegangen. (4.43) von rechts mit T_R multipliziert, liefert

$$
A_R T_R = T_R A . \tag{4.44}
$$

Wird die i–te Zeile der Transformationsmatrix T_R mit t_i^T bezeichnet, folgt aus der letzten Zeile der Gleichung (4.44) wegen der besonderen Form der Matrix A_R

$$
[0, \cdots, 0, 1, 0] T_R = t_n^T A , \tag{4.45}
$$

d.h.,

$$
t_{n-1}^T = t_n^T A . \tag{4.46}
$$

Die vorletzte Zeile von (4.44) liefert

$$
[0, \cdots, 0, 1, 0, 0] T_R = t_{n-1}^T A ,
$$

also

$$t_{n-2}^T = t_{n-1}^T A = t_n^T A^2.$$

Allgemein erhält man für $i = 1$ bis $n - 1$

$$t_i^T = t_{i+1}^T A = t_n^T A^{n-i}, \tag{4.47}$$

womit die Transformationsmatrix diese Struktur haben muß

$$T_R = \begin{pmatrix} t_n^T A^{n-1} \\ \vdots \\ t_n^T A^2 \\ t_n^T A \\ t_n^T \end{pmatrix}. \tag{4.48}$$

Es fehlt noch der Zeilenvektor t_n^T. Man erhält ihn mit Hilfe der Steuerbarkeitsmatrizen. Für die Regelungsnormalform hat die Steuerbarkeitsmatrix folgendes Aussehen:

$$S_R \stackrel{\text{def}}{=} [b_R, A_R b_R, \ldots, A_R^{n-1} b_R]$$

$$= \begin{pmatrix} 1 & * & * & \cdots & * \\ 0 & 1 & * & \cdots & * \\ \vdots & \ddots & \ddots & & \vdots \\ \vdots & & \ddots & \ddots & * \\ 0 & \cdots & \cdots & 0 & 1 \end{pmatrix}$$

$$= [T_R b, T_R A T_R^{-1} T_R b, \ldots]$$

$$= T_R [b, Ab, \ldots, A^{n-1} b],$$

also gilt

$$S_R = T_R S. \tag{4.49}$$

Die Gleichung von rechts mit der Inversen der Steuerbarkeitsmatrix S multipliziert, liefert

$$S_R S^{-1} = T_R$$

und davon die letzte Zeile

$$[0, \ldots, 0, 1] S^{-1} \stackrel{\text{def}}{=} q^T = t_n^T. \tag{4.50}$$

t_n^T ist also gleich der letzten Zeile der invertierten Steuerbarkeitsmatrix S^{-1}. Wird dieser Zeilenvektor mit q^T bezeichnet, hat die gesuchte Transformationsmatrix die endgültige Form

$$T_R = \begin{pmatrix} q^T A^{n-1} \\ \vdots \\ q^T A \\ q^T \end{pmatrix}. \tag{4.51}$$

Den Vektor q wird man allerdings nicht, wie in (4.50) angegeben, berechnen, sondern vielmehr als Lösung des linearen Gleichungssystems

$$S^T q = i_n, \tag{4.52}$$

wobei i_n die letzte Spalte der Einheitsmatrix ist. Diese Gleichung erhält man aus (4.50) durch Multiplikation von rechts mit der Steuerbarkeitsmatrix S und anschließendes Transponieren dieser Gleichung.

Wird in der Systemmatrix A_R die erste Zeile mit $-a^T$ bezeichnet, folgt für die erste Zeile der Gleichung (4.44)

$$- a^T T_R = t_1^T A = q^T A^n. \tag{4.53}$$

Durch Transponieren der Gleichung und Multiplikation mit -1 erhält man das lineare Gleichungssystem zur Berechnung von a

$$T_R^T a = -(A^T)^n q. \tag{4.54}$$

Es kann leicht verifiziert werden, daß die Komponenten a_i des Vektors a die Koeffizienten des charakteristischen Polynoms der Matrix A_R und damit auch der Matrix A sind:

$$\det(\lambda I - A_R) = a_0 + a_1 \lambda + \cdots + a_{n-1}\lambda^{n-1} + \lambda^n = \det(\lambda I - A). \tag{4.55}$$

Soll tatsächlich der Vektor a mit Hilfe von (4.54) berechnet werden, wird dazu nicht der Vektor q benötigt; denn mit T_R nach (4.48), also mit einem beliebigen Vektor t_n statt q, erhält man für die erste Zeile von (4.44)

$$T_R^T a = -(A^T)^n t_n, \tag{4.56}$$

mit T_R gemäß (4.48). Das lineare Gleichungssystem (4.56) hat nur dann eine eindeutige Lösung a, wenn die Transformationsmatrix T_R regulär ist. Daraus folgt die einzige Bedingung, die man an den Vektor t_n stellen muß: er muß so gewählt werden, daß die Matrix T_R regulär ist. Im allgemeinen wird das beispielsweise für den Vektor

$$t_n = [1, 1, \ldots, 1]^T$$

der Fall sein. Wenn nicht, wähle man einen stochastisch erzeugten Vektor t_n, für den dies dann mit der Wahrscheinlichkeit 1 der Fall sein wird.

Bei schlecht konditionierter Matrix A kann man die Matrix T_R trotzdem wieder hochgenau berechnen, wenn man einen zu (4.26) ähnlichen Algorithmus wählt, nämlich dieses lineare Gleichungssystem ($n = 4$)

$$\begin{pmatrix} I & O & O & O \\ -A^T & I & O & O \\ O & -A^T & I & O \\ O & O & A^T & I \end{pmatrix} \begin{pmatrix} t_3 \\ t_2 \\ t_1 \\ t_0 \end{pmatrix} = \begin{pmatrix} A^T t_4 \\ o \\ o \\ o \end{pmatrix}; \tag{4.57}$$

denn es gilt dann

$$\begin{aligned} t_3 &= A^T t_4, \\ t_2 &= (A^T)^2 t_4, \\ t_1 &= (A^T)^3 t_4, \\ t_0 &= -(A^T)^4 t_4, \end{aligned}$$

also

$$[t_1, t_2, t_3, t_4]\,a = t_0. \qquad (4.58)$$

Wendet man zur hochgenauen Berechnung der Spalten t_i gemäß (4.57) das Verfahren aus Abschnitt 3.2.1 an, erhält man als Ergebnis Intervallvektoren. Setzt man diese Intervallvektoren in (4.58) ein, führt das zu einem linearen Intervallgleichungssystem für die Berechnung des Vektors a (sowohl die Elemente der Matrix T_R^T als auch des Vektors t_0 sind Intervalle!), dessen Lösung nach Abschnitt 3.2.2 der Intervallvektor $[a]$ ist. Ist das Problem schlecht konditioniert, sind die Elementintervalle von $[a]$ groß. Abhilfe kann man dadurch schaffen, indem (4.57) und (4.58) zu einem Gleichungssystem zusammengefaßt werden ($n = 4$),

$$\begin{pmatrix} I & O & O & O & O \\ -A^T & I & O & O & O \\ O & -A^T & I & O & O \\ O & O & +A^T & I & O \\ O & O & O & O & T_R^T \end{pmatrix} \begin{pmatrix} t_3 \\ t_2 \\ t_1 \\ t_0 \\ a \end{pmatrix} = \begin{pmatrix} A^T t_4 \\ o \\ o \\ o \\ t_0 \end{pmatrix}. \qquad (4.59)$$

Dies ist aber kein lineares Gleichungssystem, denn sowohl die Matrix als auch der Vektor auf der linken Gleichungsseite enthalten zu berechnende Elemente, nämlich die Spalten der Submatrix T_R und den Vektor t_0. Wird die linke Seite ausmultipliziert und der rechts stehende Vektor auf die linke Gleichungsseite gebracht, erhält man das nichtlineare Gleichungssystem

$$\begin{aligned} t_3 - A^T t_4 &= o, \\ t_2 - A^T t_3 &= o, \\ t_1 - A^T t_2 &= o, \\ t_0 + A^T t_1 &= o, \\ -t_0 + t_1 a_3 + t_2 a_2 + t_3 a_1 + t_4 a_0 &= o, \end{aligned}$$

das mit dem Vektor

$$\underline{x} \stackrel{\text{def}}{=} \begin{pmatrix} t_3 \\ t_2 \\ t_1 \\ t_0 \\ a \end{pmatrix}$$

auch so zusammengefaßt werden kann

$$\underline{f}(\underline{x}) = \underline{o}. \qquad (4.60)$$

Gesucht ist jetzt die „Nullstelle" $\underline{x}$ des nichtlinearen Gleichungssystems (4.60).

Für das in Abschnitt 3.2.4 beschriebene Lösungsverfahren benötigt man die JACOBI-Matrix $J(\underline{\tilde{x}})$ für eine bereits berechnete Näherungslösung $\underline{\tilde{x}}$; sie hat für das jetzt vorliegende Problem, wieder für den Fall $n = 4$, die Form

$$J(\underline{\tilde{x}}) = \frac{\partial \underline{f}}{\partial \underline{x}}(\underline{\tilde{x}}) = \begin{pmatrix} I & O & O & O & O \\ -A^T & I & O & O & O \\ O & -A^T & I & O & O \\ O & O & A^T & I & O \\ a_1 I & a_2 I & a_3 I & -I & T_R^T \end{pmatrix}(\underline{\tilde{x}}). \qquad (4.61)$$

Die Inverse der JACOBI-Matrix kann in diesem Fall sofort in geschlossener Form angegeben werden:

$$
J^{-1} = \begin{pmatrix}
I & O & O & O & \vline & O \\
-A^T & I & O & O & \vline & O \\
O & -A^T & I & O & \vline & O \\
O & O & A^T & I & \vline & O \\
\hline
a_1 I & a_2 I & a_3 I & -I & \vline & T_R^T
\end{pmatrix}^{-1}
$$

$$
\stackrel{\text{def}}{=} \begin{pmatrix}
A_{11} & \vline & O \\
\hline
A_{21} & \vline & T_R^T
\end{pmatrix}^{-1}
$$

$$
= \begin{pmatrix}
A_{11}^{-1} & \vline & O \\
\hline
-(T_R^T)^{-1} A_{21} A_{11}^{-1} & \vline & (T_R^T)^{-1}
\end{pmatrix}
$$

$$
= \begin{pmatrix}
I & O & O & O & \vline & O \\
A^T & I & O & O & \vline & O \\
(A^T)^2 & A^T & I & O & \vline & O \\
-(A^T)^3 & -(A^T)^2 & -A^T & I & \vline & O \\
\hline
\Gamma_1 & \Gamma_2 & \Gamma_3 & (T_R^T)^{-1} & \vline & (T_R^T)^{-1}
\end{pmatrix},
$$

wobei

$$
\Gamma_1 = -(T_R^T)(a_1 I + a_2 A^T + a_3 (A^T)^2 + (A^T)^3),
$$

$$
\Gamma_2 = -(T_R^T)(a_2 I + a_3 A^T + (A^T)^2),
$$

$$
\Gamma_3 = -(T_R^T)(a_3 I + A^T).
$$

4.2.2 Mehrfachsysteme

Steuerbarkeitsmatrix

Wie bereits oben bei der Untersuchung der Steuerbarkeitsmatrix für Einfachsysteme ausgeführt wurde, ist die Rangbestimmung oft schwierig, da die Spaltenvektoren der Steuerbarkeitsmatrix möglicherweise immer linear abhängiger werden. Dies gilt natürlich auch für die Steuerbarkeitsmatrix

$$
S = [B, AB, \ldots, A^{-1}B] \tag{4.62}
$$

von Mehrfachsystemen. Aber auch dann kann die Steuerbarkeitsmatrix von Mehrfachsystemen hochgenau berechnet werden.

Hierzu braucht das Gleichungssystem (4.26) nur für Mehrfachsysteme entsprechend abgewandelt zu werden (z.B. $n = 4$, also $A \in \mathsf{R}^{4 \times 4}$):

$$\begin{pmatrix} I & O & O & O \\ -A & I & O & O \\ O & -A & I & O \\ O & O & -A & I \end{pmatrix} \begin{pmatrix} S_1 \\ S_2 \\ S_3 \\ S_4 \end{pmatrix} = \begin{pmatrix} B \\ O \\ O \\ O \end{pmatrix}, \tag{4.63}$$

denn dann ist

$$S_1 = B, S_2 = AB, S_3 = A^2 B \text{ und } S_4 = A^3 B, \tag{4.64}$$

also

$$S = [S_1, S_2, S_3, S_4]. \tag{4.65}$$

Die Untermatrizen S_i sind $n \times p$–Matrizen, so daß man für ihre Berechnung den Algorithmus 3.5 aus Abschnitt 3.2 p–mal auf

$$\begin{pmatrix} I & O & O & O \\ -A & I & O & O \\ O & -A & I & O \\ O & O & -A & I \end{pmatrix} \begin{pmatrix} s_{1,i} \\ s_{2,i} \\ s_{3,i} \\ s_{4,i} \end{pmatrix} = \begin{pmatrix} b_i \\ o \\ o \\ o \end{pmatrix} \tag{4.66}$$

anwenden muß ($i = 1, 2, \ldots, n$), wobei $s_{j,i}$ die i–te Spalte der Untermatrix S_j ist.

Die so hochgenau ermittelte Steuerbarkeitsmatrix müßte jetzt noch auf ihren Rang hin untersucht werden, wenn man eine Aussage über die Steuerbarkeit des dazugehörenden Mehrfachsystems machen wollte, was z.B. mit Hilfe der Singulärwertzerlegung aus Kapitel 6 erfolgen könnte.

Bei der Steuerbarkeitsuntersuchung von Einfachsystemen half die Transformation der Systembeschreibung $\{A, b\}$ auf die System-HESSENBERG-Form $\{A_H, b_H\}$ weiter, da man dieser Form direkt ansehen konnte, ob das System steuerbar ist, siehe Lemma 4.10. Auch für Mehrfachsysteme gibt es solche Formen. Für die Gewinnung einer dieser Formen geht man beispielsweise so vor:

Zunächst wird die erste Spalte b_1 der Eingabematrix B mittels einer, wie in Abschnitt 2.3.2 angegebenen, geeignet gewählten HOUSEHOLDER-Matrix U_1 so umgeformt

$$U_1 b_1 = \begin{pmatrix} \otimes \\ 0 \\ \vdots \\ 0 \end{pmatrix}, \tag{4.67}$$

wobei $\otimes \neq 0$ ist. Dann werden alle restlichen Spalten von B und die Systemmatrix A ebenfalls von links mit dieser HOUSEHOLDER-Matrix U_1 multipliziert. Multipliziert man die Systemmatrix A zusätzlich noch von rechts mit $U_1^{-1} = U_1$, so ist die neue Systembeschreibung $\{U_1 A U_1^{-1}, U_1 B\}$ aus der alten Systembeschreibung durch eine Ähnlichkeitstransformation hervorgegangen. Jetzt wird die zweite Spalte von $U_1 B$ mittels einer HOUSEHOLDER-Matrix U_2 so umgeformt

$$U_2 U_1 b_2 = \begin{pmatrix} * \\ \otimes \\ 0 \\ \vdots \\ 0 \end{pmatrix}, \otimes \neq 0. \tag{4.68}$$

Anschließend werden wieder mit der Matrix U_2 die restlichen B-Spalten von links und die Systemmatrix A von links und von rechts multipliziert, so daß jetzt die Systembeschreibung $\{U_2U_1AU_1^{-1}U_2^{-1}, U_2U_1B\}$ vorliegt. So fortfahrend erhält man im allgemeinen zunächst die neue Eingabematrix

$$U_pU_{p-1}\cdots U_1B = \begin{pmatrix} \otimes & * & \cdots & * \\ & \otimes & \ddots & \vdots \\ & & \ddots & * \\ & & & \otimes \\ & & \\ & 0 & \end{pmatrix}. \tag{4.69}$$

Tritt dagegen zwischenzeitlich, z.B. nach Multiplikation mit der HOUSEHOLDER-Matrix U_2, der Fall ein $(p = 5)$

$$U_2U_1B = \begin{pmatrix} \otimes & * & * & * & * \\ 0 & \otimes & * & * & * \\ 0 & 0 & 0 & * & * \\ 0 & 0 & 0 & * & * \\ 0 & 0 & 0 & * & * \\ 0 & 0 & 0 & * & * \\ 0 & 0 & 0 & * & * \\ 0 & 0 & 0 & * & * \\ 0 & 0 & 0 & * & * \end{pmatrix}, \tag{4.70}$$

kann die dritte Spalte dieser Matrix durch Multiplikation mit weiteren HOUSEHOLDER-Matrizen nicht in die Form

$$\begin{pmatrix} * \\ * \\ \otimes \\ 0 \\ \vdots \\ 0 \end{pmatrix} \tag{4.71}$$

gebracht werden. Eine solche Spalte wird übergangen und es wird versucht, die nächste Spalte auf diese Form (4.71) zu bringen, so daß man dann beispielsweise folgendes Ergebnis erhält

$$U_4U_3U_2U_1B = \begin{pmatrix} \otimes & * & * & * & * \\ 0 & \otimes & * & * & * \\ 0 & 0 & 0 & \otimes & * \\ 0 & 0 & 0 & 0 & \otimes \\ 0 & 0 & 0 & 0 & 0 \\ 0 & 0 & 0 & 0 & 0 \\ 0 & 0 & 0 & 0 & 0 \\ 0 & 0 & 0 & 0 & 0 \\ 0 & 0 & 0 & 0 & 0 \end{pmatrix}, \otimes \neq 0. \tag{4.72}$$

Jetzt wird mit der Systemmatrix entsprechend verfahren, so daß man mit

$$[\tilde{B}|\tilde{A}]. \stackrel{\text{def}}{=} [U_n \cdots U_1 B | U_n \cdots U_1 A U_1 \cdots U_n]$$

z.B. dieses Resultat erhält

$$[\tilde{B}|\tilde{A}] = \begin{pmatrix}
\otimes & * & * & * & * & | & * & * & * & * & * & * & * & * & * \\
0 & \otimes & * & * & * & | & * & * & * & * & * & * & * & * & * \\
0 & 0 & 0 & \otimes & * & | & * & * & * & * & * & * & * & * & * \\
0 & 0 & 0 & 0 & \otimes & | & * & * & * & * & * & * & * & * & * \\
0 & 0 & 0 & 0 & 0 & | & \otimes & * & * & * & * & * & * & * & * \\
0 & 0 & 0 & 0 & 0 & | & 0 & \otimes & * & * & * & * & * & * & * \\
0 & 0 & 0 & 0 & 0 & | & 0 & 0 & 0 & \otimes & * & * & * & * & * \\
0 & 0 & 0 & 0 & 0 & | & 0 & 0 & 0 & 0 & 0 & 0 & \otimes & * & * \\
0 & 0 & 0 & 0 & 0 & | & 0 & 0 & 0 & 0 & 0 & 0 & 0 & \otimes & *
\end{pmatrix} . \quad (4.73)$$

Bildet man jetzt die Steuerbarkeitsmatrix für die Systembeschreibung $\{\tilde{A}, \tilde{B}\}$, erhält man unter anderem die $n = 9$ Spaltenvektoren

$$[\tilde{b}_1, \tilde{b}_2, \tilde{b}_4, \tilde{b}_5 | \tilde{A}\tilde{b}_1, \tilde{A}\tilde{b}_2, \tilde{A}\tilde{b}_5 | \tilde{A}(\tilde{A}\tilde{b}_5) | \tilde{A}(\tilde{A}^2\tilde{b}_5)] =$$

$$= \begin{pmatrix}
\otimes & * & * & * & | & * & * & * & | & * & | & * \\
0 & \otimes & * & * & | & * & * & * & | & * & | & * \\
0 & 0 & \otimes & * & | & * & * & * & | & * & | & * \\
0 & 0 & 0 & \otimes & | & * & * & * & | & * & | & * \\
0 & 0 & 0 & 0 & | & \otimes & * & * & | & * & | & * \\
0 & 0 & 0 & 0 & | & 0 & \otimes & * & | & * & | & * \\
0 & 0 & 0 & 0 & | & 0 & 0 & \otimes & | & * & | & * \\
0 & 0 & 0 & 0 & | & 0 & 0 & 0 & | & \otimes & | & * \\
0 & 0 & 0 & 0 & | & 0 & 0 & 0 & | & 0 & | & \otimes
\end{pmatrix} ,$$

$$(4.74)$$

die offensichtlich linear unabhängig sind und den gesamten Zustandsraum R^n aufspannen. Also hat die Steuerbarkeitsmatrix den Rang n und das System ist steuerbar.

Aus dieser Herleitung und Lemma 4.8 folgt schließlich das

Lemma 4.11 *Das Mehrfachsystem $\{A, B\}$ ist dann und nur dann steuerbar, wenn* HOUSEHOLDER-*Matrizen so existieren, daß bei der aus den transformierten Matrizen gebildeten zusammengesetzten Matrix*

$$[U_n \cdots U_1 B | U_n \cdots U_1 A U_1 \cdots U_n] \quad (4.75)$$

in jeder Zeile ein Element $\otimes \neq 0$ auftritt, wobei links von diesem Element nur Nullen stehen, in der i−ten Zeile dieses Element später auftritt als in den darüberliegenden Zeilen 1 bis $i - 1$ und in der letzten Zeile dieses Element nicht erst in der letzten Spalte auftritt.

Wäre in der letzten Zeile von (4.75) nur das letzte Element von Null verschieden, könnte man es zu $\tilde{A}_{22}$ in Lemma 4.8 deklarieren und das System wäre nicht steuerbar.

System-HESSENBERG-Form für Mehrfachsysteme
Wendet man die HOUSEHOLDER-Matrizen auf die Spalten der zusammengesetzten Matrix $[B|A]$ in einer anderen Reihenfolge an, dann bekommt man eine Unterteilung von A in Untersysteme in HESSENBERG-Form.

Hierfür wird zunächst wieder die erste Spalte b_1 mittels einer geeignet gewählten HOUSEHOLDER-Matrix U_1 auf die Form (4.67) gebracht. Dann wird aber nicht wie in (4.68) der Vektor $U_1 b_2$, sondern die erste Spalte der inzwischen entstandenen Matrix $U_1 A U_1$ umgeformt:

$$U_2 U_1 A U_1 U_2 = \begin{pmatrix} * & | & \\ \otimes & | & \\ 0 & | & * \\ \vdots & | & \\ 0 & | & \end{pmatrix} = \left(\begin{array}{c|c} \begin{matrix} * \\ \otimes \end{matrix} & * \\ \hline \begin{matrix} 0 \\ \vdots \\ 0 \end{matrix} & A^{(2)} \end{array} \right). \tag{4.76}$$

Multiplikation von rechts mit $U_2^{-1} = U_2$ ergibt wieder eine Ähnlichkeitstransformation:

$$[U_2 U_1 B | U_2 U_1 A U_1 U_2]. \tag{4.77}$$

Jetzt wird die nächste Spalte von $U_2 U_1 A U_1 U_2$ so umgeformt, daß in der dritten Zeile das von Null verschiedene Element $\otimes$ auftritt:

$$U_3 U_2 U_1 A U_1 U_2 U_3 = \left(\begin{array}{c|c} \begin{matrix} * & * \\ \otimes & * \\ 0 & \otimes \end{matrix} & * \\ \hline \begin{matrix} 0 & 0 \\ \vdots & \vdots \\ 0 & 0 \end{matrix} & A^{(3)} \end{array} \right). \tag{4.78}$$

So fährt man fort, bis die erste Spalte der Untermatrix $A^{(i)} \in \mathsf{R}^{\mu \times (\mu+1)}$ ($\mu = n - i$) eimal zur Nullspalte wird

$$U_i \cdots U_1 A U_1 \cdots U_i = \left(\begin{array}{c|c} \begin{matrix} * & \cdots & * \\ \otimes & \ddots & \vdots \\ & \ddots & * \\ & & \otimes \end{matrix} & * \\ \hline O & \begin{matrix} 0 & * & \cdots & * \\ \vdots & \vdots & & \vdots \\ 0 & * & \cdots & * \end{matrix} \end{array} \right). \tag{4.79}$$

Dann geht man zurück zur zweiten Spalte $U_i \cdots U_1 b_2$ der Eingabematrix und formt diese mittels einer geeignet gewählten HOUSEHOLDER-Matrix U_{i+1} auf diese Form um

$$U_{i+1}(U_i \cdots U_1 b_2) = \begin{pmatrix} * \\ \vdots \\ * \\ \otimes \\ 0 \\ \vdots \\ 0 \end{pmatrix}, \tag{4.80}$$

wobei das Element $\otimes$ das $(i{+}1)$–te Element dieses Vektors ist. Sind die letzten $\mu = n - i$ Elemente des Spaltenvektors $U_i \cdots U_1 b_2$ bereits alle gleich Null gewesen, so geht man zu $U_i \cdots U_1 b_3$ über. Sind in dieser und allen folgenden Spalten der Eingabematrix $U_i \cdots U_1 B$ die letzten μ Elemente ebenfalls gleich Null, ist nach Lemma 4.8 das System *nicht* steuerbar. Sonst fährt man bei dem ersten Spaltenvektor, bei dem die letzten μ Elemente nicht gleich Null sind, fort und erhält

$$U_{i+1}(U_i \cdots U_1 b_j) = \begin{pmatrix} * \\ \vdots \\ * \\ \otimes \\ 0 \\ \vdots \\ 0 \end{pmatrix}. \tag{4.81}$$

Danach wird wieder die Systemmatrix betrachtet. Es wird mittels einer geeignet gewählten HOUSEHOLDER-Matrix U_{i+2} die erste Spalte der Untermatrix $A^{(i+1)}$ in

$$U_{i+1} \cdots U_1 A U_1 \cdots U_{i+1} = \left(\begin{array}{cccc|c} * & \cdots & \cdots & * & \\ \otimes & \ddots & & \vdots & \ast \\ & \ddots & \ddots & * & \\ & & \otimes & * & \\ \hline & & O & & A^{(i+1)} \end{array} \right) \tag{4.82}$$

so umgeformt, daß

$$\overline{U}_{i+2} A^{(i+1)} = \left(\begin{array}{c|c} * & \\ \otimes & \\ 0 & \ast \\ \vdots & \\ 0 & \end{array} \right) \tag{4.83}$$

wird, wobei $\overline{U}_{i+2}$ eine Untermatrix der HOUSEHOLDER-Matrix

$$U_{i+2} = \begin{pmatrix} I & O \\ O & \overline{U}_{i+2} \end{pmatrix} \tag{4.84}$$

ist. So fortfahrend, landet man bei einem steuerbaren System schließlich, beispielsweise für ein System mit drei Eingangsgrößen, bei dieser Form

$$U_n \cdots U_1 B = \tilde{B} = \begin{pmatrix} \otimes & \vline & * & \vline & * \\ 0 & \vline & \vdots & \vline & \vdots \\ \vdots & \vline & \vdots & \vline & \vdots \\ 0 & \vline & * & \vline & * \\ \hline & \vline & \otimes & \vline & * \\ & \vline & 0 & \vline & * \\ o & \vline & \vdots & \vline & \vdots \\ & \vline & 0 & \vline & * \\ \hline & \vline & & \vline & \otimes \\ & \vline & & \vline & 0 \\ o & \vline & o & \vline & \vdots \\ & \vline & & \vline & 0 \end{pmatrix}, \qquad (4.85)$$

$$\tilde{A} = \begin{pmatrix} * & \cdots & \cdots & * & \vline & * & \cdots & \cdots & * & \vline & * & \cdots & \cdots & * \\ \otimes & \ddots & & \vdots & \vline & \vdots & & & \vdots & \vline & \vdots & & & \vdots \\ & \ddots & \ddots & \vdots & \vline & \vdots & & & \vdots & \vline & \vdots & & & \vdots \\ 0 & & \otimes & * & \vline & * & \cdots & \cdots & * & \vline & * & \cdots & \cdots & * \\ \hline & & & & \vline & * & \cdots & \cdots & * & \vline & * & \cdots & \cdots & * \\ & O & & & \vline & \otimes & \ddots & & \vdots & \vline & \vdots & & & \vdots \\ & & & & \vline & & \ddots & \ddots & \vdots & \vline & \vdots & & & \vdots \\ & & & & \vline & 0 & & \otimes & * & \vline & * & \cdots & \cdots & * \\ \hline & & & & \vline & & & & & \vline & * & \cdots & \cdots & * \\ & & & & \vline & & & & & \vline & \otimes & \ddots & & \vdots \\ & O & & & \vline & & O & & & \vline & & \ddots & \ddots & \vdots \\ & & & & \vline & & & & & \vline & 0 & & \otimes & * \end{pmatrix} \qquad (4.86)$$

mit

$$\tilde{A} = U_n \cdots U_1 A U_1 \cdots U_n. \qquad (4.87)$$

Die neue Systemmatrix $\tilde{A}$ ist eine obere Block-Dreiecksmatrix, bei der die Untermatrizen auf der Hauptdiagonalen $\mu_i \times \mu_i$–HESSENBERG-Matrizen sind. Die mit $\otimes$ gekennzeichneten Elemente sind ungleich Null und die mit $*$ gekennzeichneten Elemente können ungleich Null sein. Die Form $\{\tilde{A}, \tilde{B}\}$ gemäß (4.85) und (4.86) heißt deshalb *System*-HESSENBERG-*Form* für Mehrfachsysteme. Ein Mehrfachsystem, das sich auf die System-HESSENBERG-Form transformieren läßt, ist offensichtlich steuerbar; denn faßt man die folgenden n Spaltenvektoren der $n \times (p \cdot n)$–Steuerbarkeitsmatrix S in dieser Reihenfolge zusammen

$$[\tilde{b}_1, \tilde{A}\tilde{b}_1, \ldots, \tilde{A}^{\mu_1-1}\tilde{b}_1, \tilde{b}_2, \tilde{A}\tilde{b}_2, \ldots, \tilde{A}^{\mu_2-1}\tilde{b}_2, \tilde{b}_3, \tilde{A}\tilde{b}_3, \ldots, \tilde{A}^{\mu_3-1}\tilde{b}_3] =$$

$$= \begin{pmatrix}
\otimes & * & \cdots & * & | & * & \cdots & * & | & * & \cdots & \cdots & * \\
0 & \otimes & \ddots & \vdots & | & \vdots & & \vdots & | & \vdots & & & \vdots \\
\vdots & \ddots & \ddots & * & | & \vdots & & \vdots & | & \vdots & & & \vdots \\
\vdots & & \ddots & \otimes & | & * & & \vdots & | & \vdots & & & \vdots \\
\vdots & & & 0 & | & \otimes & \ddots & \vdots & | & \vdots & & & \vdots \\
\vdots & & & \vdots & | & 0 & \ddots & * & | & \vdots & & & \vdots \\
\vdots & & & \vdots & | & \vdots & \ddots & \otimes & | & * & & & \vdots \\
\vdots & & & \vdots & | & \vdots & & 0 & | & \otimes & \ddots & & \vdots \\
\vdots & & & \vdots & | & \vdots & & \vdots & | & 0 & \ddots & \ddots & \vdots \\
\vdots & & & \vdots & | & \vdots & & \vdots & | & \vdots & \ddots & \ddots & * \\
0 & \cdots & \cdots & 0 & | & 0 & \cdots & 0 & | & 0 & \cdots & 0 & \otimes
\end{pmatrix},$$

erkennt man, daß die $\mu_1 + \mu_2 + \mu_3 = n$ Spaltenvektoren linear unabhängig sind, also die Steuerbarkeitsmatrix S den vollen Rang n hat.

Ist ein System nicht steuerbar, gelingt es auch nicht, den letzten Diagonalblock in (4.86) auf HESSENBERG-Form zu transformieren.

Wie später gezeigt wird, hat die System-HESSENBERG-Form für Mehrfachsysteme den Vorteil, daß mit ihrer Hilfe Zustandsrückführungs-Verfahren für Einfachsysteme direkt auf Mehrfachsysteme übertragen werden können. Weiterhin kann das charakteristische Polynom der Systemmatrix als Produkt der charakteristischen Polynome der HESSENBERG-Untermatrizen berechnet werden. Außerdem besteht nur eine Kopplung von Zustandsgrößen x_i nach Zustandsgrößen x_j für $i \geq j$, also nur von „unten" nach „oben".

Die System-HESSENBERG-Form hat aber diesen Nachteil: Bei ihrer Herleitung wurde zunächst versucht, die ersten HESSENBERG-Untermatrizen so groß wie möglich zu machen. Es kann dabei durchaus vorkommen, daß die erste HESSENBERG-Matrix gleich der gesamten Systemmatrix $\tilde{A}$ wird, daß also das gesamte System allein mittels der ersten Eingangsgröße steuerbar ist, die übrigen Eingangsgrößen aber werden scheinbar überhaupt nicht benötigt. Das kann natürlich nicht der Sinn von mehreren Eingangsgrößen, also z.B. Stellgrößen bei technischen Systemen sein. Sinnvoll dagegen könnte z.B. eine Aufteilung der Eingangsgrößen auf möglichst gleichdimensionale Untersysteme sein. Dies kann man mit der *Regelungsnormalform für Mehrfachsysteme* erreichen.

Regelungsnormalform für Mehrfachsysteme

Im folgenden wird die Transformation auf die Regelungsnormalform hergeleitet. Wie bei der Ermittlung der Form (4.73) wird in der Steuerbarkeitsmatrix

$$S = [b_1, b_2, \ldots, b_p | Ab_1, Ab_2, \ldots, Ab_p | A^2b_1, A^2b_2, \ldots, A^2b_p | \cdots] \tag{4.88}$$

links beginnend geprüft, ob ein Spaltenvektor linear unabhängig von den links von ihm stehenden Spaltenvektoren ist. Wenn dies beispielsweise für $A^j b_i$ der Fall ist, werden dieser Vektor und alle folgenden Vektoren der Form $A^k b_i$ für $k > j$ gestrichen. Man erhält dann z.B. eine solche Vektorfolge für ein System neunter Ordnung mit fünf Eingangsgrößen

$$b_1, b_2, b_4, b_5 | A b_1, A b_2, A b_5 | A^2 b_5 | A^3 b_5. \tag{4.89}$$

In dieser Vektorfolge kommt der Vektor b_1 μ_1 =zweimal, μ_2 =zweimal der Vektor b_2, μ_4 =einmal der Vektor b_4 und μ_5 =viermal der Vektor b_5 vor. Wenn die Summe der μ_i gleich der Ordnung n des Systems ist, dann ist das System steuerbar. Die μ_i werden KRONECKER-*Indices* genannt. Sie sind invariante Größen eines Mehrfachsystems, d.h., sie sind unabhängig von der gewählten mathematischen Beschreibung für das System, also gleich für ähnliche Systembeschreibungen $\{A, B\}$ und $\{T A T^{-1}, T B\}$ [4.3].

Mit Hilfe der Form (4.73) können die KRONECKER-Indices direkt bestimmt werden, denn man kann in ihr direkt die Folge (4.89), wie in (4.74) gezeigt, ablesen und daraus diese Indices ermitteln.

Faßt man jetzt in (4.89) zunächst die Spalten mit b_1, dann die mit b_2 u.s.w. zusammen, bekommt man beispielsweise eine solche Matrix

$$S_n \overset{\text{def}}{=} [b_1, A b_1 | b_2, A b_2 | b_4 | b_5, A b_5, A^2 b_5, A^3 b_5]. \tag{4.90}$$

Gesucht wird jetzt eine Transformationsmatrix T_R so, daß die mathematische Beschrebung $\{A, B\}$ eines Mehrfachsystems übergeführt wird in die *Regelungsnormalform* $\{A_R, B_R\}$ mit

$$A_R \overset{\text{def}}{=} T_R A T_R^{-1} = \begin{pmatrix} A_{R11} & \cdots & A_{R1p} \\ \vdots & & \vdots \\ A_{Rp1} & \cdots & A_{Rpp} \end{pmatrix}, \tag{4.91}$$

wobei die $\mu_i \times \mu_i$-Matrizen A_{Rii} in der Hauptdiagonalen die Form

$$A_{Rii} = \begin{pmatrix} * & \cdots & \cdots & \cdots & * \\ 1 & 0 & \cdots & \cdots & 0 \\ 0 & 1 & \ddots & & \vdots \\ \vdots & \ddots & \ddots & \ddots & \vdots \\ 0 & \cdots & 0 & 1 & 0 \end{pmatrix} \tag{4.92}$$

haben, also die gleiche Form (4.40) wie bei der Regelungsnormalform für Einfachsysteme, die $\mu_i \times \mu_j$-Matrix A_{Rij} für $i \neq j$ die Form

$$A_{Rij} = \begin{pmatrix} * & \cdots & * \\ 0 & \cdots & 0 \\ \vdots & & \vdots \\ 0 & \cdots & 0 \end{pmatrix}, \tag{4.93}$$

sowie

$$B_R = T_R B = \begin{pmatrix} 1 & * & \cdots & \cdots & * \\ 0 & \cdots & \cdots & \cdots & 0 \\ \vdots & & & & \vdots \\ 0 & \cdots & \cdots & \cdots & 0 \\ \hline 0 & 1 & * & \cdots & * \\ 0 & \cdots & \cdots & \cdots & 0 \\ \vdots & & & & \vdots \\ 0 & \cdots & \cdots & \cdots & 0 \\ \hline & & \vdots & & \\ \hline 0 & \cdots & \cdots & 0 & 1 \\ \vdots & & & & \vdots \\ 0 & \cdots & \cdots & \cdots & 0 \end{pmatrix} . \qquad (4.94)$$

Die Matrix B_R kann in das Produkt von zwei Matrizen so zerlegt werden

$$B_R = \begin{pmatrix} i_1^T \\ O \\ \hline i_2^T \\ O \\ \hline \vdots \\ \hline i_n^T \\ O \end{pmatrix} \begin{pmatrix} 1 & * & \cdots & \cdots & * \\ 0 & 1 & * & \cdots & * \\ \vdots & \ddots & \ddots & \ddots & \vdots \\ \vdots & & \ddots & \ddots & * \\ 0 & \cdots & \cdots & 0 & 1 \end{pmatrix} \overset{\mathrm{def}}{=} \overline{B} V, \qquad (4.95)$$

wobei die Matrix $\overline{B}$ eine besonders einfache Form hat und die Matrix V stets regulär
ist.

Allgemein gilt für Mehrfachsysteme der

Satz 4.12   *Das Mehrfachsystem $\{A, B\}$ ist dann und nur dann auf Regelungsnor-malform $\{A_R, B_R\}$ gemäß (4.91) bis (4.94) transformierbar, wenn es steuerbar ist.*

Beweis: Der Beweis wird konstruktiv so geführt, daß er gleichzeitig die gesuchte
Transformationsmatrix T_R liefert.

1. <u>Notwendigkeit</u>. Wenn ein System steuerbar ist, sind die n Spaltenvektoren
$b_1, Ab_1, \ldots, A^{\mu_1-1}b_1, b_2, Ab_2, \ldots, A^{\mu_2-1}b_2, \ldots b_p, Ab_p, \ldots, A^{\mu_p-1}b_p$ linear unabhängig;
faßt man die Spalten in dieser Reihenfolge zur Matrix S_n wie in (4.90) zusammen, ist
diese regulär. Wenn die mathematische Beschreibung $\{A, B\}$ in die Regelungsnormalform $\{A_R, B_R\}$ transformiert werden kann, erhält man für die Regelungsnormalform
diese S_n-Matrix

$$S_{Rn} = [b_{R1}, A_R b_{R1}, \ldots, A_R^{\mu_1-1} b_{R1} | \cdots | b_{Rp}, A_R b_{Rp}, \ldots, A_R^{\mu_p-1} b_{Rp}]$$

also z.B. für $n = 9, \mu_1 = 4, \mu_2 = 3, \mu_3 = 2$ und $p = 3$ Eingangsgrößen

$$S_{R9} = \begin{pmatrix} 1 & * & * & * & * & * & * & * & * \\ 0 & 1 & * & * & * & * & * & * & * \\ 0 & 0 & 1 & * & * & * & * & * & * \\ 0 & 0 & 0 & 1 & * & * & * & * & * \\ 0 & * & * & * & 1 & * & * & * & * \\ 0 & 0 & * & * & 0 & 1 & * & * & * \\ 0 & 0 & 0 & * & 0 & 0 & 1 & * & * \\ 0 & * & * & * & 0 & * & * & 1 & * \\ 0 & 0 & * & * & 0 & 0 & * & 0 & 1 \end{pmatrix}, \tag{4.96}$$

wobei die mit $*$ gekennzeichneten Matrixelemente verschieden von Null sein können. Diese Matrix ist regulär. Ein System, für das die Regelungsnormalform $\{A_R, B_R\}$ existiert, ist also stets steuerbar. Andererseits erhält man aus (4.96) mit (4.91) und (4.94)

$$S_{Rn} = T_R S_n. \tag{4.97}$$

Da in (4.97) die Matrizen S_{Rn} und T_R regulär sind, muß auch S_n regulär sein, also muß auch das System mit der mathematischen Beschreibung $\{A, B\}$ steuerbar sein, damit es auf die Regelungsnormalform transformierbar ist.

2. <u>Hinlänglichkeit.</u> Aus (4.91) folgt

$$A_R T_R = T_R A \tag{4.98}$$

und daraus wegen der besonderen Form der Matrix A_R für die Zeilenvektoren der Transformationsmatrix T_R

$$t_{ij}^T = t_{i,j+1}^T A; \text{für } i = 1, \ldots, p; j = 1, \ldots, \mu_i - 1, \tag{4.99}$$

d.h., jede reguläre Transformationsmatrix T_R, die so aufgebaut ist

$$T_R = \begin{pmatrix} t_1^T A^{\mu_1 - 1} \\ \vdots \\ t_1^T A \\ t_1^T \\ \hline \vdots \\ \hline t_p^T A^{\mu_p - 1} \\ \vdots \\ t_p^T A \\ t_p \end{pmatrix}, \tag{4.100}$$

transformiert A auf die Form A_R. Da die Steuerbarkeit des Systems vorausgesetzt ist, ist die Matrix S_n regulär und kann invertiert werden. Wird insbesondere in (4.100)

$$t_i^T = q_i^T \qquad (4.101)$$

gewählt, wobei q_i^T die $(\mu_1 + \mu_2 + \cdots + \mu_i)$–te Zeile von S_n^{-1} ist, hat zusätzlich auch die Matrix B_R die gewünschte Form (4.94). Denn wegen des Auswahlverfahrens der Spalten von S_n folgt aus $S_n^{-1} S_n = I$

$$q_i^T A^{j-1} b_k = \begin{cases} 1 & , \quad \text{wenn} \quad j = \mu_i \quad \text{und} \quad k = i, \\ * & , \quad \text{wenn} \quad j = \mu_i \quad \text{und} \quad k > i, \\ 0 & , \quad \text{sonst,} \end{cases} \qquad (4.102)$$

wobei $*$ verschieden von Null sein kann. Mit (4.102) erhält man dann für $B_R = T_R B$ die in (4.94) angegebene Form. Daß die so konstruierte Transformationsmatrix T_R regulär ist, erkennt man aus dem Produkt $T_R S_N$, für das gilt

$$T_R S_n = \begin{pmatrix} 1 & 0 & 0 & 0 & | & & & | & & \\ 0 & 1 & 0 & 0 & | & & O & | & O & \\ 0 & 0 & 1 & 0 & | & & & | & & \\ 0 & 0 & 0 & 1 & | & & & | & & \\ \hline & & O & & | & 1 & 0 & 0 & | & & \\ & & & & | & 0 & 1 & 0 & | & O & \\ & & & & | & 0 & 0 & 1 & | & & \\ \hline & & O & & | & & O & & | & 1 & 0 \\ & & & & | & & & & | & 0 & 1 \end{pmatrix}, \qquad (4.103)$$

d.h., die Produktmatrix ist regulär, also auch T_R.   □

Eine weitere Normalform, die sogenannte *Block*-HESSENBERG-Form für Mehrfachsysteme, wird in Abschnitt 6.3 behandelt werden. Mit Hilfe der in Kapitel 6 eingeführten *Singulärwertzerlegung* kann diese Normalform numerisch stabil konstruiert werden. Die Regelungsnormalform wurde vor allem als Vorbereitung für die folgenden Abschnitte über Eigenwertzuweisung hergeleitet.

4.3   Eigenwertzuweisung (Polverschiebung)

4.3.1   Zustandsrückführung

Mit Hilfe einer Zustandsrückführung kann ein instabiles dynamisches System stabilisiert oder allgemein das dynamische Verhalten, das durch die Eigenwerte bestimmt wird, verändert werden.

Die folgenden Herleitungen werden gemeinsam für zeitkontinuierliche und zeitdiskrete Systeme durchgeführt. Dies ist möglich, da sich formal die rechten Seiten der

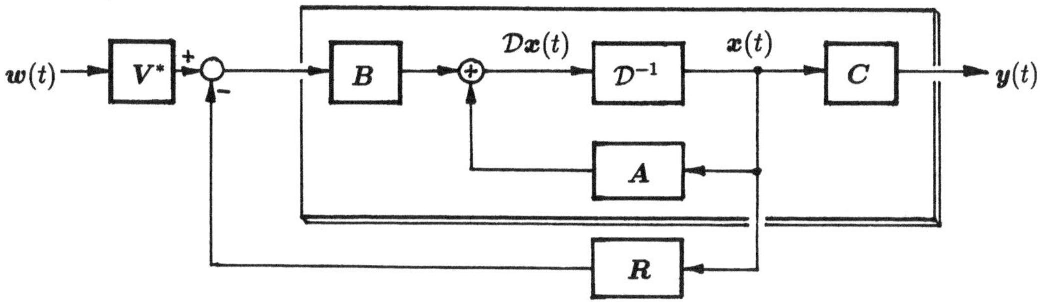

Abb. 4.1: Zustandsrückführung

Zustandsgleichungen von linearen zeitkontinuierlichen und zeitdiskreten Systemen nicht unterscheiden. Sie können gemeinsam durch die Zustandsgleichung

$$\mathcal{D}\boldsymbol{x}(t) = \boldsymbol{A}\boldsymbol{x}(t) + \boldsymbol{B}\boldsymbol{u}(t), \tag{4.104}$$

wobei der Operator

$$\mathcal{D}\boldsymbol{x}(t) = \begin{cases} \dot{\boldsymbol{x}}(t) \text{ und } t \in \mathsf{R} & \text{für zeitkontinuierliche Systeme} \\ \boldsymbol{x}(t+1) \text{ und } t \in \mathsf{Z} & \text{für zeitdiskrete Systeme} \end{cases} \tag{4.105}$$

bedeutet, beschrieben werden. Wird gemäß Abb. 4.1 der Zustandsvektor $\boldsymbol{x}(t)$ rückgekoppelt, erhält man über

$$\boldsymbol{u}(t) = -\boldsymbol{R}\boldsymbol{x}(t) + \boldsymbol{V}\boldsymbol{w}(t) \tag{4.106}$$

als Zustandsgleichung für das rückgekoppelte System

$$\mathcal{D}\boldsymbol{x}(t) = (\boldsymbol{A} - \boldsymbol{B}\boldsymbol{R})\boldsymbol{x}(t) + \boldsymbol{B}\boldsymbol{V}^{*}\boldsymbol{w}(t). \tag{4.107}$$

In den nächsten Abschnitten wird gezeigt, daß mit Hilfe einer solchen Zustandsrückführung sowohl bei Einfach- als auch bei Mehrfachsystemen die Eigenwerte beliebig verschoben werden können, wenn das System steuerbar ist.

4.3.2 Zustandsrückführung bei Einfachsystemen

Bei Einfachsystemen steht nur eine Eingangsgröße zur Verfügung, also wird der Zustand $\boldsymbol{x}$ nicht über eine Matrix $\boldsymbol{R}$ wie in (4.106), sondern über einen Vektor $\boldsymbol{r}^{T}$ rückgekoppelt:

$$u(t) = \boldsymbol{r}^{T}\boldsymbol{x}(t) + v w(t), \tag{4.108}$$

so daß man für das rückgekoppelte System

$$\mathcal{D}\boldsymbol{x}(t) = (\boldsymbol{A} - \boldsymbol{b}\boldsymbol{r}^{T})\boldsymbol{x}(t) + \boldsymbol{b}v w(t) \tag{4.109}$$

erhält. Liegt eine mathematische Beschreibung in Regelungsnormalform $\{\boldsymbol{A}_R, \boldsymbol{b}_R\}$ gemäß (4.40) vor, erhält man

$$\mathcal{D}\boldsymbol{x}_R(t) = (\boldsymbol{A}_R - \boldsymbol{b}_R\boldsymbol{r}_R^{T})\boldsymbol{x}_R(t) + \boldsymbol{b}_R v\, w(t)$$

$$= \boldsymbol{F}\boldsymbol{x}_R(t) + \boldsymbol{b}_R v w(t),$$

oder genauer

$$\mathcal{D}\boldsymbol{x}_R(t) = \begin{pmatrix} -f_{n-1} & -f_{n-2} & \cdots & \cdots & -f_0 \\ 1 & 0 & \cdots & \cdots & 0 \\ 0 & 1 & \ddots & & \vdots \\ \vdots & \ddots & \ddots & \ddots & \vdots \\ 0 & \cdots & 0 & 1 & 0 \end{pmatrix} \boldsymbol{x}_R(t) + \boldsymbol{b}_R v w(t). \qquad (4.110)$$

Die erste Zeile $-\boldsymbol{f}^T$ der neuen Systemmatrix $\boldsymbol{F}$ des rückgekoppelten Systems erhält man wegen der besonderen Form von $\boldsymbol{A}_R$ und $\boldsymbol{b}_R$ zu

$$-\boldsymbol{f}^T = -\boldsymbol{a}^T - \boldsymbol{r}_R^T. \qquad (4.111)$$

In (4.111) enthält der Vektor $\boldsymbol{a}$ Daten des gegebenen Systems, nämlich die Koeffizienten des charakteristischen Polynoms der Systemmatrizen $\boldsymbol{A}_R$ bzw. $\boldsymbol{A}$, und der Vektor $\boldsymbol{f}$ die Koeffizienten des gewünschten charakteristischen Polynoms des rückgekoppelten Systems. Soll beispielsweise das rückgekoppelte System dritter Ordnung die drei Eigenwerte $\lambda_1 = -5$ und $\lambda_{2,3} = -2 \pm 2j$ haben, erhält man für das gewünschte charakteristische Polynom

$$(\lambda + 5)(\lambda + 2 - 2j)(\lambda + 2 + 2j) = \lambda^3 + 9\lambda^2 + 28\lambda + 40,$$

also

$$\boldsymbol{f}^T = [f_0, f_1, f_0] = [9, 28, 40].$$

Bei bekanntem Systemvektor $\boldsymbol{a}$ erhält man dann aus (4.111) sofort den hierfür notwendigen Rückkoppelungsvektor $\boldsymbol{r}_R^T$ aus

$$\boldsymbol{r}_R^T = \boldsymbol{f}^T - \boldsymbol{a}^T. \qquad (4.112)$$

Liegt die mathematische Beschreibung *nicht* in Regelungsnormalform vor, erhält man bei einer Zustandsrückführung (4.108) die Zustandsgleichung (4.109). Hier ist jetzt aber im allgemeinen der Vektor $\boldsymbol{a}$, also das charakteristische Polynom der gegebenen Systemmatrix $\boldsymbol{A}$ nicht bekannt, der Zusammenhang (4.111) kann nicht direkt übernommen werden. Wie man ohne explizite Kenntnis von $\boldsymbol{a}$ trotzdem den Rückkoppelungsvektor $\boldsymbol{r}$ ermitteln kann, soll jetzt gezeigt werden.

Eine Zustandstransformation mit Hilfe der Transformationsmatrix $\boldsymbol{T}_R$ gemäß (4.51) führt zu

$$\mathcal{D}\boldsymbol{x}_R(t) = \boldsymbol{T}_R(\boldsymbol{A} - \boldsymbol{b}\boldsymbol{r}^T)\boldsymbol{T}_R^{-1}\boldsymbol{x}_R(t) + \boldsymbol{b}_R v w(t). \qquad (4.113)$$

Ein Vergleich von (4.113) mit (4.110) liefert

$$\boldsymbol{T}_R(\boldsymbol{A} - \boldsymbol{b}\boldsymbol{r}^T)\boldsymbol{T}_R^{-1} = \boldsymbol{F}, \qquad (4.114)$$

bzw. mit $\boldsymbol{T}_R\boldsymbol{b} = \boldsymbol{b}_R$

$$\boldsymbol{T}_R\boldsymbol{A} - \boldsymbol{b}_R\boldsymbol{r}^T = \boldsymbol{F}\boldsymbol{T}_R. \qquad (4.115)$$

Beachtet man die besondere Form von $b_R = [1, 0 \ldots, 0]^T$, folgt für die ersten Zeilen der Matrizen in (4.115)

$$t_{R1}^T A - r^T = -f^T T_R,$$

also

$$r^T = t_{R1}^T A + f^T T_R. \tag{4.116}$$

Die Gleichung (4.116) lautet ausgeschrieben mit (4.51)

$$\begin{aligned} r^T &= q^T A^n + f_{n-1} q^T A^{n-1} + \cdots + f_1 q^T A + f_0 q^T \\ &= q^T (A^n + f_{n-1} A^{n-1} + \cdots + f_1 A + f_0 I), \end{aligned}$$

oder in kompakter Form

$$\boxed{r^T = q^T P(A),} \tag{4.117}$$

wenn $P(\lambda)$ das gewünschte charakteristische Polynom

$$P(\lambda) = \lambda^n + f_{n-1} \lambda^{n-1} + \cdots + f_1 \lambda + f_0 \tag{4.118}$$

ist. (4.117) wird ACKERMANN-*Formel* genannt [4.4]. Die Zustandsgleichung braucht also zur Synthese nicht auf die Regelungsnormalform transformiert zu werden, sondern es muß nur der Vektor q gemäß (4.50) ermittelt werden.

Wird bei *zeitdiskreten* Systemen insbesondere $f = o$ vorgeschrieben, erhält man sogenanntes „dead-beat"-Verhalten. F ist dann eine *nilpotente* Matrix mit dem Index n, d.h., es ist $F^n = O$; jede Anfangsauslenkung x_0 wird dann zeitoptimal in höchstens n Zeitintervallen in den Nullzustand gebracht. Für den Rückkoppelungsvektor r erhält man dann nach (4.117)

$$r^T = q^T A^n. \tag{4.119}$$

Für eine sprungförmige Führungsgröße $w(t) = \sigma(t)$ bei zeitkontinuierlichen Systemen bzw. $w(k) = 1$ bei zeitdiskreten Systemen soll jetzt noch das Vorfilter v ermittelt werden. Im eingeschwungenen Zustand, gekennzeichnet durch den Index e, soll

$$y_e = c_R^T x_{Re} = w = 1 \tag{4.120}$$

sein. Angenommen, der Systemzustand ändert sich im eingeschwungenen Zustand nicht mehr, dann ist bei einem *zeitdiskreten* System mit $t = k \in \mathbb{Z}$

$$x_{Re}(k+1) = A_R x_{Re}(k) + b_R u_e(k) = x_{Re}, \tag{4.121}$$

d.h.,

$$o = (A_R - I)x_{Re} + b_R u_e(k)$$

und mit

$$u_e(k) = -r_R^T x_{Re} + v w(t) \tag{4.122}$$

wird dann mit (4.112)

$$o = (A_R - b_R r_R^T - I)x_{Re} + b_R v w(k) = (F - I)x_{Re} + b_R v w(k). \tag{4.123}$$

(4.123) nach $\boldsymbol{x}_{Re}$ aufgelöst,

$$\boldsymbol{x}_{Re} = -(\boldsymbol{F} - \boldsymbol{I})^{-1}\boldsymbol{b}_R v\, w(k)$$

und in (4.120) eingesetzt, ergibt

$$y_e = -\boldsymbol{c}_R^T(\boldsymbol{F} - \boldsymbol{I})^{-1}\boldsymbol{b}_R v\, w(k). \tag{4.124}$$

Da im eingeschwungenen Zustand $y_e = w(k)$ sein soll, folgt aus (4.124)

$$v = \frac{-1}{\boldsymbol{c}_R^T(\boldsymbol{F} - \boldsymbol{I})^{-1}\boldsymbol{b}_R}. \tag{4.125}$$

Entwickelt man die Determinante von $\boldsymbol{F} - \boldsymbol{I}$ nach der ersten Zeile, erhält man

$$\det\begin{pmatrix} -f_{n-1}-1 & -f_{n-2} & \cdots & \cdots & -f_0 \\ 1 & -1 & 0 & \cdots & 0 \\ 0 & 1 & -1 & \ddots & \vdots \\ \vdots & \ddots & \ddots & \ddots & 0 \\ 0 & \cdots & 0 & 1 & -1 \end{pmatrix} = (-1)^{n-1}\left(-1 + \sum_{i=0}^{n-1} -f_i\right)$$

oder

$$\det(\boldsymbol{F} - \boldsymbol{I}) = (-1)^n\left(1 + \sum_{i=0}^{n-1} f_i\right). \tag{4.126}$$

Wenn also

$$\sum_{i=0}^{n-1} f_i \neq -1 \tag{4.127}$$

ist, kann $(\boldsymbol{F} - \boldsymbol{I})$ invertiert werden. Aber (4.127) ist gerade dann nicht erfüllt, wenn die charakteristische Gleichung von $\boldsymbol{F}$, nämlich

$$\lambda^n + \sum_{i=0}^{n-1} f_i\lambda^i = 0,$$

für $\lambda = 1$ einen Eigenwert hat. Da aber in der Praxis niemand einen Eigenwert des rückgekoppelten Systems auf die Stabilitätsgrenze $|\lambda| = 1$ von zeitdiskreten Systemen legen wird, kann man davon ausgehen, daß die Inverse $(\boldsymbol{F} - \boldsymbol{I})^{-1}$ stets existiert und man für sie

$$(\boldsymbol{F} - \boldsymbol{I})^{-1} = \frac{1}{1 + \sum_{i=0}^{n-1} f_i}\begin{pmatrix} 1 & * & \cdots & * \\ \vdots & \vdots & & \vdots \\ 1 & * & \cdots & * \end{pmatrix}$$

erhält, wobei die mit $*$ gekennzeichneten Elemente in der adjungierten Matrix wegen der besonderen Form von $\boldsymbol{b}_R$ bei der Berechnung der Vorverstärkung v gemäß (4.125) nicht weiter interessieren. Für die Vorverstärkung v bekommt man schließlich

$$v = \frac{1 + \sum_{i=0}^{n-1} f_i}{\sum_{i=1}^{n} c_{Ri}}. \tag{4.128}$$

Den Vorverstärkungsfaktor v für ein *zeitkontinuierliches* System erhält man entsprechend. Angenommen, im eingeschwungenen Zustand ändert sich der Systemzustand $\boldsymbol{x}_{Re}$ nicht mehr, dann ist

$$\dot{\boldsymbol{x}}_{Re} = \boldsymbol{o} = \boldsymbol{A}_R\boldsymbol{x}_{Re} + \boldsymbol{b}_R u_e(t), \tag{4.129}$$

und mit

$$u_e(t) = -r_R^T x_{Re} + vw(t),$$

schließlich

$$o = (A_R - b_R r_R^T)x_{Re} + b_R vw(t) = F x_{Re} + b_R vw(t). \tag{4.130}$$

(4.129) aufgelöst nach

$$x_{Re} = -F^{-1}b_R vw(t)$$

und in (4.120) eingesetzt, ergibt

$$y_e(t) = -c_R^T F^{-1}b_R vw(t). \tag{4.131}$$

Da im eingeschwungenen Zustand $y_e(t) = w(t)$ sein soll, folgt aus (4.131)

$$v = \frac{-1}{c_R^T F^{-1} b_R}. \tag{4.132}$$

Für die Determinante von F erhält man dann

$$\det \begin{pmatrix} -f_{n-1} & -f_{n-2} & \cdots & \cdots & -f_0 \\ 1 & 0 & \cdots & \cdots & 0 \\ 0 & 1 & \ddots & & \vdots \\ \vdots & \ddots & \ddots & \ddots & \vdots \\ 0 & \cdots & 0 & 1 & 0 \end{pmatrix} = (-1)^{n-1}(-f_0) = (-1)^n f_0, \tag{4.133}$$

d.h., wenn $f_0 \neq 0$ ist, kann F invertiert werden. Ist aber $f_0 = 0$, hat die Matrix F dieses charakteristische Polynom

$$\lambda^n + \lambda^{n-1}f_{n-1} + \cdots + f_1\lambda = 0,$$

und $\lambda = 0$ wäre ein Eigenwert des rückgekoppelten Systems. In der Praxis legt man aber keinen Eigenwert auf die Stabilitätsgrenze, so daß die Inverse F^{-1} bei zeitkontinuierlichen Systemen stets existiert und folgende Form hat

$$F^{-1} = \frac{1}{f_0} \begin{pmatrix} 0 & * & \cdots & * \\ \vdots & \vdots & & \vdots \\ 0 & \vdots & & \vdots \\ 1 & * & \cdots & * \end{pmatrix}.$$

Für die Vorverstärkung v erhält man dann schließlich nach (4.128)

$$v = \frac{f_0}{c_{Rn}}. \tag{4.134}$$

4.3.3 Numerische Ermittlung des Rückkoppelungsvektors für Einfachsysteme

Mit Hilfe der Ackermann-Formel
Transponieren der Ackermann-Formel (4.117) ergibt

$$r = P(A^T)q. \tag{4.135}$$

In dieser Formel ist zunächst der Vektor q zu berechnen. Dies kann mit Hilfe der Gleichung (4.52)

$$S^T q = i_n \tag{4.136}$$

geschehen, in der S die Steuerbarkeitsmatrix und i_n die letzte Spalte der Einheitsmatrix I ist. Die Steuerbarkeitsmatrix S selbst kann nach einem der in Abschnitt 4.2.1 beschriebenen Verfahren berechnet werden.

Es sollen jetzt drei Berechnungsverfahren mit steigender Genauigkeit beschrieben werden.

1. Verfahren

1. *Schritt*: Berechnung der Steuerbarkeitsmatrix mittels

$$s_1 := b;$$
$$\text{for } i := 2 \text{ to } n \text{ do } s_i := A s_{i-1};$$
$$S := [s_1, \ldots, s_n].$$

2. *Schritt*: Lösung des linearen Gleichungssystems $S^T q = i_n$ mit einem üblichen Verfahren.

3. *Schritt*: Berechnung von r nach der ACKERMANN-Formel mittels

$$p_0 := q;$$
$$\text{for } i := 1 \text{ to } n \text{ do } p_i := A^T p_{i-1};$$
$$P := [p_0, \ldots, p_n];$$
$$\underline{f} := [f_0, f_1, \ldots, f_{n-1}, 1]^T;$$
$$r := P * \underline{f}.$$

Beispiel 4.3: (a) Das System vierter Ordnung mit der Systemmatrix

$$A = \begin{pmatrix} 4 & 1 & 1 & 1 \\ 25 & 1 & 1 & 1 \\ -50 & 7 & 5 & -7 \\ 27 & -2 & -2 & 2 \end{pmatrix}$$

und dem Eingabevektor

$$b = \begin{pmatrix} 1 \\ 0 \\ 0 \\ 0 \end{pmatrix}$$

soll durch eine Zustandsrückführung die neuen Eigenwerte $\lambda_1 = -1, \lambda_2 = -2, \lambda_3 = -3$ und $\lambda_4 = -4$, also das charakteristische Polynom

$$(\lambda + 1)(\lambda + 2)(\lambda + 3)(\lambda + 4) = \lambda^4 + 10\,\lambda^3 + 35\,\lambda^2 + 50\,\lambda + 24$$

erhalten. In diesem Fall ist

$$\underline{f}^T = [24, 50, 35, 10, 1].$$

Für die Steuerbarkeitsmatrix erhält man im 1.Schritt

$$S = \begin{pmatrix} 1 & 4 & 18 & -78 \\ 0 & 25 & 102 & 300 \\ 0 & -50 & -464 & -3990 \\ 0 & 27 & 212 & 1634 \end{pmatrix}$$

und im 2.Schritt den Vektor

$$q = \begin{pmatrix} +5.013\,717\,128\,01\,E - 11 \\ +1.662\,929\,112\,48\,E - 02 \\ -2.195\,963\,445\,16\,E - 02 \\ -5.606\,348\,151\,49\,E - 02 \end{pmatrix}.$$

Hierbei wurde das lineare Gleichungssystem $S^T q = i_4$ mit Hilfe des Algorithmus 3.5 gelöst und von dem Lösungsintervallvektor $[q]$ der Mittenvektor genommen. Der 3.Schritt liefert schließlich als Rückkoppelungsvektor

$$r = \begin{pmatrix} +2.199\,999\,999\,17\,E + 01 \\ -4.516\,129\,026\,22\,E + 00 \\ -3.322\,580\,640\,12\,E + 00 \\ +4.806\,451\,610\,66\,E + 00 \end{pmatrix},$$

wobei das optimale Skalarprodukt, wo es möglich war, verwendet wurde. Die hier angegebene Genauigkeit von zwölf Stellen ist natürlich in der Praxis bei der Zustandsrück- koppelung nicht zu verwirklichen; sie wird hier angegeben, um einen Gütevergleich der Algorithmen durchführen zu können.

(b) Das System vierter Ordnung mit einer modifizierten HILBERT–Matrix als System- matrix

$$A = \begin{pmatrix} 420 & 210 & 140 & 105 \\ 210 & 140 & 105 & 84 \\ 140 & 105 & 84 & 70 \\ 105 & 84 & 70 & 60 \end{pmatrix}$$

und dem Eingabevektor

$$b = \begin{pmatrix} 1 \\ 0 \\ 0 \\ 0 \end{pmatrix}$$

soll die gleichen neuen Eigenwerte wie das System in (a) bekommen. Im 1.Schritt erhält man die Steuerbarkeitsmatrix

$$S = \begin{pmatrix} 1 & 420 & 251\,125 & 15\,727\,530 \\ 0 & 210 & 141\,120 & 8\,952\,741 \\ 0 & 140 & 99\,960 & 6\,382\,054 \\ 0 & 105 & 77\,840 & 4\,988\,805 \end{pmatrix}$$

und im 2.Schritt den Vektor

$$q = \begin{pmatrix} +8.531\,156\,144\,49\,E - 10 \\ +5.577\,261\,484\,43\,E - 05 \\ -2.122\,214\,267\,23\,E - 04 \\ +1.714\,132\,601\,45\,E - 04 \end{pmatrix},$$

mit dessen Hilfe schließlich im 3.Schritt der Rückkoppelungsvektor

$$r = \begin{pmatrix} 7.139\,999\,953\,45\,E + 02 \\ 4.201\,057\,923\,01\,E + 02 \\ 3.042\,807\,326\,14\,E + 02 \\ 2.401\,474\,259\,16\,E + 02 \end{pmatrix}$$

berechnet werden kann.   □

    2. <u>Verfahren</u>

1. *Schritt*: Berechnung der Steuerbarkeitsmatrix nach Gleichung (4.137)

$$
\begin{pmatrix}
I & & & & O \\
-A & I & & & \\
 & -A & \ddots & & \\
 & & \ddots & I & \\
O & & & -A & I
\end{pmatrix}
\begin{pmatrix}
s_1 \\ s_2 \\ \vdots \\ s_n
\end{pmatrix}
=
\begin{pmatrix}
b \\ o \\ \vdots \\ o
\end{pmatrix}.
\qquad (4.137)
$$

Hierbei wird der Spaltenvektor mit den Spalten s_i der Steuerbarkeitsmatrix mit Hilfe des Algorithmus 3.5 aus Abschnitt 3.2 berechnet. Das Ergebnis ist eine hochgenaue Intervall-Steuerbarkeitsmatrix $[S]$.

2. *Schritt*: Hochgenaue Lösung des linearen Intervallgleichungssystems

$$
[S^T][q] = [\overset{\cdot}{i}_n],
\qquad (4.138)
$$

wobei $[\overset{\cdot}{i}_n]$ ein Punktintervallvektor der Form

$$
[\overset{\cdot}{i}_n] :=
\begin{pmatrix}
[0,0] \\ [0,0] \\ \vdots \\ [0,0] \\ [1,1]
\end{pmatrix}
$$

ist, wie in Abschnitt 3.2.2 beschrieben.

3. *Schritt*: Ausgeschrieben lautet die ACKERMANN-Formel in der Form (4.135)

$$
r = f_0 q + f_1 A^T q + \cdots + f_{n-1}(A^T)^{n-1}q + (A^T)^n q,
\qquad (4.139)
$$

wobei die f_i die vorgegebenen gewünschten Koeffizienten des charakteristischen Polynoms der Systemmatrix $F = A - b r^T$ des rückgekoppelten Systems sind. Setzt man das lineare Gleichungssystem an

$$
\begin{pmatrix}
I & & & & O \\
-A & I & & & \\
 & -A & \ddots & & \\
 & & \ddots & I & \\
O & & & -A & I
\end{pmatrix}
\begin{pmatrix}
x_1 \\ x_2 \\ \vdots \\ x_{n+1}
\end{pmatrix}
=
\begin{pmatrix}
q \\ f_{n-1}q \\ \vdots \\ f_0 q
\end{pmatrix},
\qquad (4.140)
$$

dann ist

$$
\begin{aligned}
x_1 &= q; \\
-A^T x_1 + x_2 &= f_{n-1}q, \quad \text{d.h. } x_2 = f_{n-1}q + A^T q; \\
-A^T x_2 + x_3 &= f_{n-2}q, \quad \text{d.h. } x_3 = f_{n-2}q + f_{n-1}A^T q + (A^T)^2 q; \\
&\vdots
\end{aligned}
$$

und schließlich

$$x_{n+1} = f_0 q + f_1 A^T q + \cdots + f_{n-1}(A^T)^{n-1} q + (A^T)^n, \qquad (4.141)$$

d.h., es ist gerade

$$r = x_{n+1}. \qquad (4.142)$$

Der Vektor auf der rechten Seite des Gleichungssystems (4.140) ist, da $[q]$ aus dem zweiten Schritt als Intervallvektor vorliegt, ein Intervallvektor, d.h., der Lösungsvektor dieses Gleichungssystems wird ein Intervallvektor sein, der aber eine größere Intervallbreite als der Intervallvektor $[q]$ haben wird. Für die Matrix in (4.140), sie sei mit M bezeichnet, kann sofort die Inverse in geschlossener Form hingeschrieben werden

$$M^{-1} = \begin{pmatrix} I & & & & O \\ A^T & I & & & \\ (A^T)^2 & A^T & I & & \\ \vdots & \ddots & \ddots & \ddots & \\ (A^T)^n & \cdots & (A^T)^2 & A^T & I \end{pmatrix} \qquad (4.143)$$

und damit eine Anfangsnäherung für den Algorithmus nach Abschnitt 3.2.2 berechnen.

In diesem 2. Verfahren erhält man im ersten Schritt die Steuerbarkeitsmatrix S als Intervallmatrix $[S]$, wobei die Intervallbreite maximal zwei Einheiten in der letzten Mantissenstelle beträgt. Im zweiten Schritt wird mit Hilfe dieser transponierten Intervallmatrix $[S^T]$ der Intervallvektor $[q]$ berechnet, dessen Intervallbreite, wenn die Steuerbarkeitsmatrix $[S]$ schlecht konditioniert ist, beträchtlich werden kann. Geht man mit einem solchen Intervallvektor $[q]$ in den dritten Schritt, kann der Intervallvektor $[r]$, obwohl er die exakte Lösung einschließt, solche Intervallbreiten seiner Komponenten haben, daß sie für die Praxis unbrauchbar sind. Aus diesem Grund werden im folgenden dritten Verfahren die drei Schritte des zweiten Verfahrens zu einem Schritt zusammengefaßt.

3. Verfahren

Es werden die Gleichungssysteme (4.137), (4.138) und (4.140) aus dem zweiten Verfahren zu einem Gleichungssystem so zusammengefaßt

$$
\left(
\begin{array}{ccccc|ccc}
I & & & & O & & & \\
-A & I & & & & & & \\
& -A & \ddots & & & & O & \\
& & \ddots & I & & & & \\
O & & & -A & I & & & \\
\hline
& O & & & & S^T & & O \\
\hline
& & & & & -A & I & O \\
& O & & & & & -A & \ddots \\
& & & & & & \ddots & I \\
& & & & & O & & -A \quad I
\end{array}
\right)
\left(
\begin{array}{c}
s_1 \\ s_2 \\ \vdots \\ s_n \\ \hline q \\ \hline x_2 \\ \vdots \\ x_n \\ r
\end{array}
\right)
=
\left(
\begin{array}{c}
b \\ o \\ \vdots \\ o \\ \hline i_n \\ \hline f_{n-1}q \\ f_{n-2}q \\ \vdots \\ f_0 q
\end{array}
\right) .
\tag{4.144}
$$

Das ist aber *kein lineares* Gleichungssystem, da sowohl in der Matrix, nämlich in S^T, als auch in dem Vektor auf der rechten Gleichungsseite, d.h. in q, erst noch zu bestimmende Unbekannte auftreten. Bringt man in (4.144) den Vektor von der rechten auf die linke Seite, erhält man das *nichtlineare* Gleichungssystem

$$
\left(
\begin{array}{c}
s_1 - b \\
s_2 - A s_1 \\
\vdots \\
s_n - A s_{n-1} \\
\hline
s_1^T q \\
s_2^T q \\
\vdots \\
s_n^T q - 1 \\
\hline
x_2 - A^T q - f_{n-1} q \\
x_3 - A^T x_2 - f_{n-2} q \\
\vdots \\
r - A^T x_n - f_0 q
\end{array}
\right) = o .
\tag{4.145}
$$

Die Lösung dieses nichtlinearen Gleichungssystems kann mit Hilfe des Algorithmus 3.9 aus Abschnitt 3.2.4 erfolgen. Die benötigte JACOBI-Matrix nach (3.66) und (3.67) hat hier die Form

$$J = \left(\begin{array}{ccccc|ccc|cccc}
I & & & & O & & & & & & & \\
-A & I & & & & & & & & & O & \\
& -A & \ddots & & & & & & & & & \\
& & \ddots & & I & & & & & & & \\
O & & & -A & I & & & & & & & \\
\hline
& & \mathrm{diag}(q)^T & & & & S^T & & & & O & \\
\hline
& & & & & A^T - f_{n-1}I & & I & & & & O \\
& & O & & & -f_{n-2}I & & -A^T & \ddots & & & \\
& & & & & \vdots & & & \ddots & & I & \\
& & & & & -f_0 I & & O & & -A^T & & I
\end{array}\right),$$

$$(4.146)$$

wobei

$$\mathrm{diag}(q^T) \stackrel{\mathrm{def}}{=} \begin{pmatrix} q^T & & & 0 \\ & q^T & & \\ & & \ddots & \\ 0 & & & q^T \end{pmatrix} \tag{4.147}$$

eine $n \times n^2$–Matrix ist. Die Matrix (4.146) ist eine untere Blockdreiecksmatrix, deren Inverse direkt angegeben werden kann. Dazu wird die JACOBI-Matrix J so in Untermatrizen zerlegt

$$J = \begin{pmatrix} J_1 & O \\ J_{21} & J_{22} \end{pmatrix} \in \mathrm{R}^{(2n^2+n) \times (2n^2+n)} \tag{4.148}$$

mit

$$J_1 = \begin{pmatrix} J_{11} & O \\ \mathrm{diag}(q^T) & S^T \end{pmatrix} \in \mathrm{R}^{(n^2+n) \times (n^2+n)}, \tag{4.149}$$

$$J_{11} = \begin{pmatrix} I & & & & O \\ -A & I & & & \\ & -A & \ddots & & \\ & & \ddots & I & \\ O & & & -A & I \end{pmatrix} \in \mathrm{R}^{n^2 \times n^2}, \tag{4.150}$$

$$J_{21} = \begin{pmatrix} & & & | & A^T - f_{n-1}I \\ & O & & | & -f_{n-2}I \\ & & & | & \vdots \\ & & & | & -f_0 I \end{pmatrix} \in \mathrm{R}^{n^2 \times (n^2+n)} \tag{4.151}$$

und

$$J_{22} = \begin{pmatrix} I & & & O \\ -A^T & I & & \\ & \ddots & \ddots & \\ O & & -A^T & I \end{pmatrix} \in \mathrm{R}^{n^2 \times n^2}. \tag{4.152}$$

Für die invertierte JACOBI-Matrix erhält man dann

$$J^{-1} = \begin{pmatrix} J_1^{-1} & O \\ -J_{22}^{-1} J_{21} J_1^{-1} & J_{22}^{-1} \end{pmatrix}. \tag{4.153}$$

Darin sind

$$J_1^{-1} = \begin{pmatrix} J_{11}^{-1} & O \\ -(S^T)^{-1}(\mathrm{diag}(q^T))J_{11}^{-1} & (S^T)^{-1} \end{pmatrix}, \tag{4.154}$$

$$J_{11}^{-1} = \begin{pmatrix} I & & & & O \\ A & I & & & \\ A^2 & A & I & & \\ \vdots & \ddots & \ddots & \ddots & \\ A^n & \cdots & A^2 & A & I \end{pmatrix} \tag{4.155}$$

und

$$J_{22}^{-1} = \begin{pmatrix} I & & & & O \\ A^T & I & & & \\ (A^T)^2 & A^T & I & & \\ \vdots & \ddots & \ddots & \ddots & \\ (A^T)^n & \cdots & (A^T)^2 & A^T & I \end{pmatrix}. \tag{4.156}$$

Für den Algorithmus 3.9 zur Nullstellenermittlung des nichtlinearen Gleichungssystems (4.145) wird nur eine Näherungsinverse R der JACOBI-Matrix J benötigt. Diese Näherung muß allerdings so gut sein, daß die Eigenwerte der Matrix $(I - RJ)$ dem Betrag nach kleiner als Eins sind. Ist $(S^T)^{-1}$ hinreichend genau berechnet, wird die Eigenwertbedingung schon für die Näherungsinverse

$$R = \left(\begin{array}{cccccc|c|cccc} I & & & & O & & & & & & \\ A & I & & & & & & & & O & \\ A^2 & A & \ddots & & & & & & & & \\ \vdots & \ddots & \ddots & I & & & & & & & \\ A^{n-1} & \cdots & A^2 & A & I & & & & & & \\ \hline & & O & & & & (S^T)^{-1} & & & O & \\ \hline & & & & & & & I & & & O \\ & & O & & & & O & A^T & \ddots & & \\ & & & & & & & \vdots & \ddots & I & \\ & & & & & & & (A^T)^{n-1} & \cdots & A^T & I \end{array} \right) \tag{4.157}$$

erfüllt sein. Wenn $(S^T)^{-1}$ exakt bekannt wäre, würde nämlich $(I - RJ)$ nilpotent sein und hätte nur Eigenwerte bei Null.

Mit der Näherungsinversen R gemäß (4.157) erhält man dann für

$$I - RJ = \begin{pmatrix} O & \vline & O & \vline & O \\ \hline -(S^T)^{-1}\mathrm{diag}(q^T) & \vline & I - (S^T)^{-1}S^T & \vline & O \\ \hline O & \vline & \begin{array}{c} -(A^T - f_{n-1}I) \\ -((A^T)^2 - f_{n-1}A^T - f_{n-2}I) \\ \vdots \\ -((A^T)^n - f_{n-1}(A^T)^{n-1} - \cdots - f_0 I) \end{array} & \vline & O \end{pmatrix} . \tag{4.158}$$

Natürlich ist die nach (4.153) berechnete Inverse auch nicht die exakte Inverse von J, kommt dieser aber weitaus näher als R nach (4.157). Mit der Inversen nach (4.153) hat man eine stärker besetzte Matrix und deshalb mehr Rechnung pro Iterationsschritt beim Algorithmus 3.9 durchzuführen. Umgekehrt ist bei Verwendung der Inversen nach (4.157) pro Iterationsschritt weniger Rechnung, aber es sind mehr Iterationsschritte durchzuführen.

Beispiel 4.4: Für das Problem (a) aus Beispiel 4.3 erhält man mit dem 3. Verfahren für den Rückkoppelungsvektor die hochgenaue Einschließung

$$r \in \begin{pmatrix} [+2.{}^{200\,000\,000\,01}_{199\,999\,999\,99}E + 01] \\ [-4.516\,129\,032\,2{}^{6}_{5}E + 00] \\ [-3.322\,580\,645\,1{}^{7}_{6}E + 00] \\ [+4.806\,451\,612\,9{}^{1}_{0}E + 00] \end{pmatrix}$$

und für das Problem (b) diese Einschließung für den Rückkoppelungsvektor

$$r \in \begin{pmatrix} [7.1{}^{40\,000\,000\,01}_{39\,999\,999\,99}E + 00] \\ [4.201\,057\,959\,1{}^{9}_{8}E + 02] \\ [3.042\,807\,346\,9{}^{4}_{3}E + 02] \\ [2.401\,474\,285\,7{}^{2}_{1}E + 02] \end{pmatrix} .$$

Die beiden Ergebnisse lagen bereits nach einem Iterationsschritt vor! Ein Vergleich mit den im Beispiel 4.3 berechneten Rückkoppelungsvektoren zeigt, daß die dort erzielten Ergebnisse bereits mindestens auf acht Stellen genau sind. $\square$

Mit Hilfe der System-HESSENBERG-Form
Nach Lemma 4.10 kann die mathematische Beschreibung jedes steuerbaren Einfachsystems auf System-HESSENBERG-Form transformiert werden, wobei dann die Systemmatrix A_H eine obere HESSENBERG-Matrix und der Eingabevektor $b_H = bi_1$ ist. Für ein System dritter Ordnung erhält man also z.B. diese mathematische Beschreibung

$$\dot{x}_H = \begin{pmatrix} * & * & * \\ * & * & * \\ 0 & * & * \end{pmatrix} x_H + \begin{pmatrix} * \\ 0 \\ 0 \end{pmatrix} u, \quad y = c_H^T x_H. \tag{4.159}$$

Da die für die Transformation auf System-HESSENBERG-Form verwendeten HOUSEHOL-
DER-Matrizen orthogonal sind, wird an der Kondition der neuen Systemmatrix $A_H =
TAT^{-1}$ nichts geändert. Allerdings treten numerische Fehler bei den durchzuführen-
den Rechnungen auf. Dadurch können nicht so genaue Ergebnisse erwartet werden
wie beim Ausgehen von der ursprünglich gegebenen Systembeschreibung $\{A, b\}$, wie
das beispielsweise im vorhergehenden Abschnitt der Fall war. Da aber die hochgenauen Lösungen sehr rechenzeitaufwendig sind, soll hier jetzt auch auf die Möglichkeit
der Eigenwertzuweisung für Einfachsysteme mit Hilfe der System-HESSENBERG-Form
eingegangen werden.

Wird die Zustandsrückführung

$$u = -r_H^T x_H + w \tag{4.160}$$

als neue Eingangsgröße in (4.159) eingesetzt, erhält man für das rückgekoppelte System
die Systemmatrix

$$F = A_H - b_H r_H^T = A_H - b i_1 r_H^T. \tag{4.161}$$

Für die erste Zeile dieser Matrizengleichung gilt

$$-f_1^T = -a_{H,1}^T - b r_H^T \tag{4.162}$$

oder

$$r_H^T = \frac{1}{b}(f_1^T - a_{H,1}^T). \tag{4.163}$$

Die durch die Zustandsrückführung entstandene neue Systemmatrix F soll jetzt die
neuen Eigenwerte $\lambda_1, \ldots, \lambda_n$ haben.

Der im folgenden hergeleitete Algorithmus[4.5] baut auf den in Abschnitt 2.3.6
ausführlich behandelten QR-Verfahren zur Ermittlung der Eigenwerte auf. Zum Unterschied dazu sind nun aber die gewünschten Eigenwerte bekannt und die notwendigen
Verschiebungen (shifts) beim QR-Verfahren können gleich diesen Eigenwerten gewählt
werden, so daß aus dem QR-Verfahren eine direkte statt einer indirekten Methode wird.

Zunächst ist die Zustandsrückführung r_H^T, die diese neuen Eigenwerte für F erzeugt,
nicht bekannt. Damit ist aber auch die erste Zeile f_1^T von F unbekannt. Dagegen sind
die zweite bis letzte Zeile der Matrix F bereits bekannt, denn durch die Zustandsrückführung werden bei einer System-HESSENBERG-Matrix gemäß (4.161) nur die erste
Zeile von A_H, nicht aber die nächsten Zeilen verändert. Es gilt also

$$f_i^T = a_{H,i}^T \quad \text{für} \quad i = 2, 3, \ldots, n. \tag{4.164}$$

Wird formal $\lambda_1 I$ von F subtrahiert, muß die entstandene Differenzmatrix $F - \lambda_1 I$
einen Eigenwert bei Null haben. Denn es existiert theoretisch stets eine Transformationsmatrix T so, daß $T F T^{-1}$ JORDAN-Form F_J hat, daß also mit $* = 1$ oder 0 gilt

$$T(F - \lambda_1 I)T^{-1} = T F T^{-1} - \lambda_1 I$$

$$= F_J - \lambda_1 I$$

$$
= \begin{pmatrix} \lambda_1 & * & & & 0 \\ & \lambda_2 & * & & \\ & & \ddots & \ddots & \\ & & & \ddots & * \\ 0 & & & & \lambda_n \end{pmatrix} - \begin{pmatrix} \lambda_1 & & & 0 \\ & \lambda_1 & & \\ & & \ddots & \\ 0 & & & \lambda_1 \end{pmatrix}
$$

$$
= \begin{pmatrix} 0 & * & & & 0 \\ & (\lambda_2 - \lambda_1) & * & & \\ & & \ddots & \ddots & \\ & & & \ddots & * \\ 0 & & & & (\lambda_n - \lambda_1) \end{pmatrix} .
$$

$$(4.165)$$

Da die letzte Matrix Dreiecksform hat, sind die Elemente in der Hauptdiagonalen gerade die Eigenwerte von $F - \lambda_1 I$, und davon ist einer gleich Null. Die neue Matrix

$$A_1 \stackrel{\text{def}}{=} F - \lambda_1 I \qquad (4.166)$$

hat also einen Eigenwert bei Null und ist demzufolge singulär. Werden die Elemente dieser Matrix A_1 mit $\overline{a}_{ij}$ bezeichnet, liegt folgende Struktur vor

$$
A_1 = F - \lambda_1 I = \begin{pmatrix} \overline{a}_{11} & \cdots & & \cdots & \overline{a}_{1n} \\ \overline{a}_{21} & \overline{a}_{22} & & & \vdots \\ & \ddots & \ddots & & \vdots \\ 0 & & \overline{a}_{n,n-1} & \overline{a}_{nn} \end{pmatrix} , \qquad (4.167)
$$

wobei natürlich $\overline{a}_{ij} = a_{Hij}$ für $i > 1$ und $i \neq j$, $\overline{a}_{ii} = a_{Hii} - \lambda_1$ für $i > 1$ ist, und da das System steuerbar sein soll, muß für die Subdiagonalelemente $\overline{a}_{i,i-1} = a_{H,i,i-1} \neq 0$ sein.

Zunächst soll die HESSENBERG-Matrix A_1 auf obere Dreiecksform mittels GIVENS-Matrizen G_i, wie in Abschnitt 2.3.5 gezeigt wurde, transformiert werden. Danach liegt dann diese Form vor

$$
(F - \lambda_1 I) G_1 \cdots G_{n-1} = \begin{pmatrix} r_{11} & * & \cdots & \cdots & * \\ 0 & r_{22} & \ddots & & \vdots \\ \vdots & \ddots & \ddots & \ddots & * \\ 0 & \cdots & \cdots & 0 & r_{nn} \end{pmatrix} \stackrel{\text{def}}{=} R_1 . \qquad (4.168)
$$

Hierbei wurde die erste GIVENS-Matrix G_1 hier, im Gegensatz zum Verfahren in Abschnitt 2.3.5, so gewählt, daß aus der letzten Zeile von $F - \lambda_1 I$ die letzte Zeile von R_1 wurde, also

$$[0, \ldots, 0, \overline{a}_{n,n-1}, \overline{a}_{nn}] G_1 \stackrel{!}{=} [0, \ldots, 0, r_{nn}], \qquad (4.169)$$

u.s.w. Mit Hilfe der letzten GIVENS-Matrix G_{n-1} wurde das zweite Element in der ersten Spalte der Matrix R_1 zur Null. Da aber die erste Zeile von F noch unbekannt ist, gilt das gleiche jetzt auch für die erste Zeile der Matrix R_1. Da $F - \lambda_1 I$ singulär sein muß, muß das wegen (4.168) auch für die Matrix R_1 der Fall sein. Nun hat aber die obere Dreiecksmatrix R_1 die Eigenwerte r_{11}, r_{22} bis r_{nn} und r_{22} bis r_{nn} sind nach den Überlegungen in Abschnitt 2.3.5 bezüglich einer unreduzierbaren HESSENBERG-Matrix ungleich Null, also muß $r_{11} = 0$ sein! Deshalb hat die Matrix R_1 die Form

$$R_1 = \begin{pmatrix} 0 & r_1^T \\ o & R_1' \end{pmatrix}, \tag{4.170}$$

wobei allerdings der Zeilenvektor r_1^T unbekannt ist.

Wird jetzt die Matrizengleichung (4.168) von links mit der Matrix

$$Q_1^T \overset{\text{def}}{=} (G_1 \cdots G_{n-1})^T \tag{4.171}$$

multipliziert, erhält man

$$Q_1^T (F - \lambda_1 I) Q_1 = Q_1^T R_1 \tag{4.172}$$

und da $Q_1^T Q_1 = I$ ist, schließlich

$$Q_1^T F Q_1 - \lambda_1 I = Q_1^T R_1. \tag{4.173}$$

Betrachtet man in (4.173) zunächst nur die Multiplikation von R_1 von links mit den ersten $n - 2$ GIVENS-Matrizen G_1^T bis G_{n-2}^T, erhält man wegen der besonderen Form dieser GIVENS-Matrizen

$$\underbrace{G_{n-2}^T \cdots G_1^T}_{\underline{Q}_1^T} R_1^T = \begin{pmatrix} 0 & r_1^T \\ 0 & h_1^T \\ o & S_1 \end{pmatrix}, \tag{4.174}$$

worin h_1 und S_1 bekannt sind. Der Zeilenvektor r_1^T ist unbekannt. Somit erhält man jetzt aus (4.173)

$$\underline{Q}_1^T F \underline{Q}_1 = \underline{Q}_1^T R_1 + \lambda_1 I = \begin{pmatrix} \lambda_1 & r_1^T \\ o & A_2' \end{pmatrix}, \tag{4.175}$$

wobei wiederum die erste Zeile der Matrix

$$A_2' \overset{\text{def}}{=} \begin{pmatrix} h_1^T \\ S_1 \end{pmatrix} + \lambda_1 I \tag{4.176}$$

unbekannt ist. Man kann sich leicht anhand der Formen der GIVENS-Matrizen G_i^T und der Matrix R_1 klar machen, daß A_2' wieder eine obere HESSENBERG-Matrix ist, in der die Elemente unterhalb der Hauptdiagonalen sämtlich ungleich Null sind.

Subtrahiert man von A_2' die Matrix $\lambda_2 I$, wobei λ_2 der zweite gewünschte Eigenwert der rückgekoppelten Systemmatrix F ist, liegt für die $(n - 1) \times (n - 1)$-Matrix

$$A_2 \overset{\text{def}}{=} A_2' - \lambda_2 I \tag{4.177}$$

wieder das gleiche Problem vor wie am Anfang dieses Abschnitts für die Matrix A_1 in Gleichung (4.166). Mit Hilfe von GIVENS-Matrizen erhält man jetzt

$$R_2 = \begin{pmatrix} 0 & r_2^T \\ o & R_2' \end{pmatrix}, \tag{4.178}$$

eine $(n-1) \times (n-1)$-Matrix, dann die Matrix

$$\underbrace{(G_{n-3}^{(2)})^T \cdots (G_1^{(2)})^T}_{\underline{Q}_2^T} R_2 = \begin{pmatrix} 0 & r_2^T \\ 0 & h_2^T \\ o & S_2 \end{pmatrix}, \tag{4.179}$$

worin der Zeilenvektor h_2^T und die Matrix S_2 bekannt sind, und schließlich die Matrix

$$\underline{Q}_2^T A_2' \underline{Q}_2 = \underline{Q}_2^T R_2 + \lambda_2 I = \begin{pmatrix} \lambda_2 & r_2^T \\ o & A_3' \end{pmatrix}, \tag{4.180}$$

in der jetzt die erste Zeile der $(n-2) \times (n-2)$-Untermatrix A_3' unbekannt ist.

Dieses Vorgehen wird so lange fortgesetzt, bis im vorletzten Schritt

$$\underline{Q}_{n-1}^T A_{n-1}' \underline{Q}_{n-1} = \underline{Q}_{n-1}^T R_{n-1} + \lambda_{n-1} I = \begin{pmatrix} \lambda_{n-1} & r_{n-1} \\ 0 & A_n' \end{pmatrix} \tag{4.181}$$

und im letzten Schritt

$$A_n' = \lambda_n \tag{4.182}$$

wird. Insgesamt erhält man also nach diesen $n-1$ Ähnlichkeitstransformationen theoretisch

$$\underline{Q}_{n-1}^T \underline{Q}_{n-2}^T \cdots \underline{Q}_1^T F \underline{Q}_1 \cdots \underline{Q}_{n-1} = \begin{pmatrix} \lambda_1 & * & \cdots & * \\ & \lambda_2 & \ddots & \vdots \\ & & \ddots & * \\ 0 & & & \lambda_n \end{pmatrix}, \tag{4.183}$$

also eine obere Dreiecksmatrix, in deren Hauptdiagonalen die gewünschten Eigenwerte stehen und in der die mit * gekennzeichneten Elemente unbekannt sind.

Faßt man die bisherige Herleitung zusammen, erhält man *theoretisch* diese $n-1$ Schritte:

1. *Schritt:*   a)

$$A_1 \stackrel{\text{def}}{=} F - \lambda_1 I_n, \tag{4.184}$$

b)

$$A_1 \underbrace{G_1^{(1)} \cdots G_{n-2}^{(1)}}_{\underline{Q}_1} \stackrel{\text{def}}{=} R_1 = \begin{pmatrix} 0 & r_1^T \\ o_{n-1} & R_1' \end{pmatrix}, \tag{4.185}$$

c)

$$\underline{Q}_1^T R_1 + \lambda_1 I \stackrel{\text{def}}{=} \begin{pmatrix} \lambda_1 & r_1^T \\ o_{n-1} & A_2' \end{pmatrix}. \tag{4.186}$$

2. *Schritt:*   a)

$$A_2 \overset{\mathrm{def}}{=} A_2' - \lambda_2 I_{n-1}, \tag{4.187}$$

          b)

$$A_2 \underbrace{G_1^{(2)} \cdots G_{n-3}^{(2)}}_{Q_2} \overset{\mathrm{def}}{=} R_2 = \begin{pmatrix} 0 & r_2^T \\ o_{n-2} & R_2' \end{pmatrix}, \tag{4.188}$$

          c)

$$Q_2^T R_2 + \lambda_2 I_{n-1} \overset{\mathrm{def}}{=} \begin{pmatrix} \lambda_2 & r_2^T \\ o_{n-2} & A_3' \end{pmatrix}. \tag{4.189}$$

$\vdots$

(n-2)-ter *Schritt:*   a)

$$A_{n-2} \overset{\mathrm{def}}{=} A_{n-2}' - \lambda_{n-2} I_3, \tag{4.190}$$

          b)

$$A_{n-2} \underbrace{G_1^{(n-2)}}_{Q_{n-2}} \overset{\mathrm{def}}{=} R_{n-2} = \begin{pmatrix} 0 & r_{n-2}^T \\ o_2 & R_{n-2}' \end{pmatrix}, \tag{4.191}$$

          c)

$$Q_{n-2}^T R_{n-2} + \lambda_{n-2} I_3 \overset{\mathrm{def}}{=} \begin{pmatrix} \lambda_{n-2} & r_{n-2}^T \\ o_2 & A_{n-1}' \end{pmatrix}. \tag{4.192}$$

(n-1)-ter *Schritt:*   a)

$$A_{n-1} \overset{\mathrm{def}}{=} A_{n-1}' - \lambda_{n-1} I_2, \tag{4.193}$$

          b)

$$A_{n-1} \overset{\mathrm{def}}{=} R_{n-1} = \begin{pmatrix} 0 & r_{n-1} \\ 0 & R_{n-2}' \end{pmatrix}, \tag{4.194}$$

          c)

$$R_{n-1} + \lambda_{n-1} I_2 \overset{\mathrm{def}}{=} \begin{pmatrix} \lambda_{n-1} & r_{n-1} \\ 0 & \lambda_n \end{pmatrix}. \tag{4.195}$$

Jetzt kann man, ausgehend von der letzten, aber bekannten „Untermatrix" $A_n' = \lambda_n$, schrittweise rückwärtsrechnen, bis man die bisher unbekannte gesuchte erste Zeile der Matrix F ermittelt hat.

Im ersten Schritt geht man von der Gleichung (4.181) aus, die ausgeschrieben so aussieht

$$\begin{pmatrix} c_1^{(n-1)} & -s_1^{(n-1)} \\ s_1^{(n-1)} & c_1^{(n-1)} \end{pmatrix} \begin{pmatrix} 0 & r_{n-1} \\ 0 & h_{n-1} \end{pmatrix} + \begin{pmatrix} \lambda_{n-1} & 0 \\ 0 & \lambda_n \end{pmatrix} = \begin{pmatrix} \lambda_{n-1} & r_{n-1} \\ 0 & \lambda_n \end{pmatrix}. \tag{4.196}$$

Aus der letzten Zeile kann das bisher unbekannte Element r_{n-1} berechnet werden:

$$s_1^{(n-1)} r_{n-1} + c_1^{(n-1)} h_{n-1} + \lambda_{n-1} = \lambda_n, \text{ also } r_{n-1} = \frac{\lambda_n - \lambda_{n-1} - c_1^{(n-1)} h_{n-1}}{s_1^{(n-1)}}. \tag{4.197}$$

Damit kann die erste Zeile a_{n-1}^T von A'_{n-1} so ermittelt werden:

$$a_{n-1}^T = [\lambda_{n-1}, r_{n-1}] \underline{Q}_{n-1}^T. \tag{4.198}$$

Im zweiten Schritt ist zuerst der Zeilenvektor r_{n-2}^T aus (4.192) zu berechnen

$$\underline{Q}_{n-1}^T R_{n-2} + \lambda_{n-2} I = \begin{pmatrix} c_2^{(n-2)} & -s_2^{(n-2)} & 0 \\ s_2^{(n-2)} & c_2^{(n-2)} & 0 \\ 0 & 0 & 1 \end{pmatrix} \begin{pmatrix} 0 & r_{n-2}^T \\ 0 & h_{n-2}^T \\ 0 & s_{n-2}^T \end{pmatrix} + \lambda_{n-2} I$$

$$= \begin{pmatrix} \lambda_{n-2} & r_{n-2}^T \\ 0 & a_{n-1}^T \\ 0 & * \end{pmatrix}. \tag{4.199}$$

Es folgt nämlich hieraus für die zweite Zeile dieses Gleichungssystems

$$s_2^{(n-2)} r_{n-1}^T + c_2^{(n-2)} h_{n-2}^T + [\lambda_{n-2}, 0] = a_{n-1}'^T \tag{4.200}$$

und daraus

$$r_{n-2}^T = \frac{a_{n-1}^T - [\lambda_{n-2}, 0] - c_2^{(n-2)} h_{n-2}^T}{s_2^{(n-2)}}. \tag{4.201}$$

Aus (4.191) folgt zunächst

$$A_{n-2} = R_{n-2} \underline{Q}_{n-2}^T \tag{4.202}$$

und darin für die erste Zeile

$$a_{n-2}^T = [0, r_{n-2}^T] \underline{Q}_{n-2}^T. \tag{4.203}$$

Schließlich liefert (4.190)

$$A'_{n-2} = A_{n-2} + \lambda_{n-2} I_3 \tag{4.204}$$

und davon die erste Zeile

$$a_{n-2}'^T = a_{n-2}^T + [\lambda_{n-2}, o_2^T]. \tag{4.205}$$

So fortfahrend, erhält man im $(n-1)$−ten Schritt schließlich

$$a_1'^T = a_1^T + [\lambda_1, o_{n-1}^T]. \tag{4.206}$$

Diese letzten $n-1$ Rückwärtsschritte seien nochmals übersichtlich zusammengefaßt:

1. *Schritt:* a)

$$r_{n-1} := (\lambda_n - \lambda_{n-1} - c_1^{(n-1)} h_{n-1})/s_1^{(n-1)}, \tag{4.207}$$

b)

$$a_{n-1}'^T := [\lambda_{n-1}, r_{n-1}] \underline{Q}_{n-1}^T. \tag{4.208}$$

2. *Schritt:* a)
$$r_{n-2}^T := (a_{n-1}'^T - [\lambda_{n-1}, 0] - c_2^{(n-2)} h_{n-2}^T)/s_2^{(n-2)}, \qquad (4.209)$$

b)
$$a_{n-2}^T := [0, r_{n-2}^T]\underline{Q}_{n-2}^T, \qquad (4.210)$$

c)
$$a_{n-2}'^T := a_{n-2}^T + [\lambda_{n-2}, o_2^T]. \qquad (4.211)$$

$\vdots$

$(n-1)-$ter *Schritt:* a)
$$r_1^T := (a_2'^T - [\lambda_1, o_{n-1}^T] - c_{n-1}^{(1)} h_1^T)/s_{n-1}^{(1)}, \qquad (4.212)$$

b)
$$a_1^T := [0, r_1^T]\underline{Q}_1^T, \qquad (4.213)$$

c)
$$a_1'^T := a_1^T + [\lambda_1, o_{n-1}^T]. \qquad (4.214)$$

Die letzte Zeile (4.214) ist aber die gesuchte erste Zeile f_1^T der rückgekoppelten Systemmatrix F! Damit kann jetzt gemäß (4.163) der gesuchte Rückkoppelungsvektor r_H^T berechnet werden.

Zusammenfassend erhält man für das Verfahren von MIMINIS und PAIGE diesen

Algorithmus 4.13: {Berechnung des Rückkoppelungsvektors nach MIMINIS und PAIGE}

    input $A_H, b, \lambda_1, \ldots, \lambda_n$;

    $i := n$;   {Beginn der Berechnung von Q_j und h_j gemäß (4.184) bis (4.195)}

    $A(0) := A_H$;

    repeat

        $j := n - i + 1$;

        $A(j) := A(j - 1) - \lambda_j * I$;

        Berechnung der GIVENS-Matrizen $G(j, k)$;

        $Q(j) := G(j, 1) * G(j, 2) * \cdots * G(j, n - j)$;

        $\underline{Q}^T(j) := G^T(j, n - j - 1) * G^T(j, n - j - 2) * \cdots * G^T(j, 1)$;

        $\overline{A}'(j) := \underline{Q}^T(j) * A(j) * Q(j)$;

        Abspeichern von $Q(j)$ und $h^T(j)$ = zweite Zeile von $A'(j)$;

        $A(j) := A'(j) + \lambda_i * I$;

        $i := i + 1$;

    until $i = 1$;   {Ende der Berechnung von Q_j und h_j}

    $a := o$;   {Beginn der a_i'-Berechnung gemäß (4.207) bis (4.214)}

    $r := o$;   {Dimensionen von a und r müssen angepaßt werden}

    $a(n) := \lambda_n$;

    $i := 1$;

    repeat

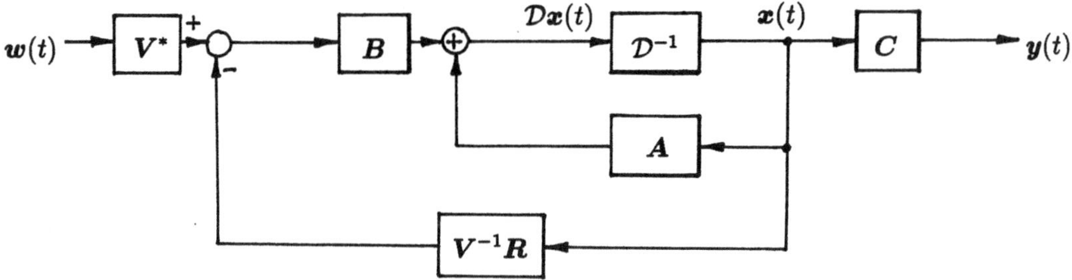

Abb. 4.2: Zustandsrückführung bei Mehrfachsystemen

$$r := a(n - i + 1) - c(n - i, i) * h(n - i);$$
$$r(n - i + 1) := r(n - i + 1) - \lambda_{n-i}; \qquad \{r(n-i+1) \text{ ist die } (n-i+1)\text{-}$$
$$\text{te Komponente von } r\}$$

$$r := r/s(n - i, i);$$
$$a(n - i) := Q(n - i) * r;$$
$$a(n - i, n - i) := a(n - i, n - i) + \lambda_{n-i}; \qquad \{ a(n-i, n-i) \text{ ist die } (n-i)\text{-}$$
$$\text{te Komponente des Vektors}$$
$$a(n - i)\}$$

$$i := i + 1;$$
$$\textbf{until } i = n; \qquad \{\text{Ende der } a_i'\text{-Berechnung}\}$$
$$r_H := (a_{H1} - a(1))/b;$$
$$\textbf{output } r_H.$$

Beispiel 4.5: Mit Hilfe des Algorithmus 4.13 erhält man für die beiden Probleme (a) und (b) in den Beispielen 4.3 und 4.4 Rückkoppelungsvektoren, deren Genauigkeit ungefähr so groß ist wie die der im Beispiel 4.3 berechneten Rückkoppelungsvektoren.

□

4.3.4 Zustandsrückführung bei Mehrfachsystemen

Wird gemäß Abb. 4.2 der Zustandsvektor x zurückgekoppelt, erhält man mit

$$u(t) = -V^{-1}Rx(t) + V^*w(t) \tag{4.215}$$

die Zustandsgleichung des rückgekoppelten Systems

$$\begin{aligned} Dx(t) &= Ax(t) + B(-V^{-1}Rx(t) + V^*w(t)) \\ &= (A - BV^{-1}R)x(t) + BV^*w(t), \end{aligned}$$

$$\tag{4.216}$$

oder, wenn man von einer mathematischen Beschreibung in Regelungsnormalform ausgeht,

$$Dx_R(t) = (A_R - B_R V^{-1} R_R)x_R(t) + B_R V^* w(t), \tag{4.217}$$

bzw. mit (4.95)

$$\begin{aligned}
\mathcal{D}\boldsymbol{x}_R &= (\boldsymbol{A}_R - \overline{\boldsymbol{B}}\boldsymbol{R}_R)\boldsymbol{x}_R(t) + \boldsymbol{B}_R\boldsymbol{V}^*\boldsymbol{w}(t) \\
&= \boldsymbol{F}\boldsymbol{x}_R(t) + \boldsymbol{B}_R\boldsymbol{V}^*\boldsymbol{w}(t).
\end{aligned}$$

$$(4.218)$$

Werden die Elemente der $p \times n$-Matrix $\boldsymbol{R}_R$ wie folgt bezeichnet

$$\boldsymbol{R}_R = \left(\begin{array}{ccc|c|ccc}
r_{R11,1} & \cdots & r_{R11,\mu_1} & \cdots & r_{R1p,1} & \cdots & r_{R1p,\mu_p} \\
\hline
& \vdots & & \vdots & & \vdots & \\
\hline
r_{Rp1,1} & \cdots & r_{Rp1,\mu_1} & \cdots & r_{Rpp,1} & \cdots & r_{Rpp,\mu_p}
\end{array}\right),$$

$$(4.219)$$

gilt für die Elemente in der $(1 + \mu_1 + \cdots + \mu_{i-1})$-ten Zeile der rückgekoppelten Matrix $\boldsymbol{F}$

$$f_{ij,k} = a_{Rij,k} - r_{Rij,k}, \quad \text{für} \quad k = 1,2,\ldots,\mu_j \quad \text{und} \quad j = 1,2,\ldots,p. \qquad (4.220)$$

Die $a_{Rij,k}$ sind Daten des gegebenen Mehrfachsystems, die $f_{ij,k}$ sind gewünschte Daten des rückgekoppelten Systems und die $r_{Rij,k}$ sind die dafür notwendigen Daten der Zustandsrückführung.

Für $p = 3$ Eingangsgrößen erhält man beispielsweise die Struktur

$$\boldsymbol{A}_R = \begin{pmatrix} \boldsymbol{A}_{R11} & \boldsymbol{A}_{R12} & \boldsymbol{A}_{R13} \\ \boldsymbol{A}_{R21} & \boldsymbol{A}_{R22} & \boldsymbol{A}_{R23} \\ \boldsymbol{A}_{R31} & \boldsymbol{A}_{R32} & \boldsymbol{A}_{R33} \end{pmatrix}, \qquad (4.221)$$

wobei die $(\mu_i \times \mu_i)$-Matrix $\boldsymbol{A}_{Rii}$ gemäß (4.92) die Form

$$\boldsymbol{A}_{Rii} = \left(\begin{array}{c|c} & \boldsymbol{a}_{ii}^T \\ \hline \boldsymbol{I} & \boldsymbol{o} \end{array}\right) \qquad (4.222)$$

und die $(\mu_i \times \mu_j)$-Matrix $\boldsymbol{A}_{Rij}$ für $i \neq j$ die Form

$$\boldsymbol{A}_{Rij} = \begin{pmatrix} \boldsymbol{a}_{ij}^T \\ \boldsymbol{O} \end{pmatrix} \qquad (4.223)$$

haben. Da die Matrix $\overline{B}$ diesen Aufbau besitzt

$$\overline{B} = \begin{pmatrix} 1 \\ 0 & o & o \\ \vdots \\ 0 \\ \hline & 1 \\ o & 0 & o \\ & \vdots \\ & 0 \\ \hline & & 1 \\ o & o & 0 \\ & & \vdots \\ & & 0 \end{pmatrix}, \tag{4.224}$$

erhält man mit der Rückkoppelungsmatrix

$$R_R = \begin{pmatrix} r_{R11}^T & r_{R12}^T & r_{R13}^T \\ r_{R21}^T & r_{R22}^T & r_{R23}^T \\ r_{R31}^T & r_{R32}^T & r_{R33}^T \end{pmatrix} \tag{4.225}$$

für das rückgekoppelte System

$$F = A_R - \overline{B}R_R = \begin{pmatrix} a_{11}^T - r_{R11}^T & \Big| & a_{12}^T - r_{R12}^T & \Big| & a_{13}^T - r_{R13}^T \\ I \quad \big| o & \Big| & O & \Big| & O \\ a_{21}^T - r_{R21}^T & \Big| & a_{22}^T - r_{R22}^T & \Big| & a_{23}^T - r_{R23}^T \\ O & \Big| & I \quad \big| o & \Big| & O \\ a_{31}^T - r_{R31}^T & \Big| & a_{32}^T - r_{R32}^T & \Big| & a_{33}^T - r_{R33}^T \\ O & \Big| & O & \Big| & I \quad \big| o \end{pmatrix}. \tag{4.226}$$

Jetzt könnte man die Eigenwerte des gesamten Systems z.B. dadurch festlegen, daß man zunächst entweder nur die oberen oder nur die unteren Blöcke neben den Blöcken in der Hauptdiagonalen zu Nullblöcken macht, also beispielsweise

$$a_{ij}^T - r_{Rij}^T = o^T \quad \text{für} \quad j > i \tag{4.227}$$

oder

$$a_{ij}^T - r_{Rij}^T = o^T \quad \text{für} \quad j < i \tag{4.228}$$

fordert. Denn für eine Blockdreiecksmatrix mit quadratischen Diagonalblöcken gilt nach dem Entwicklungssatz für Determinanten [Zurmühl]

$$\det(\lambda I - F) \;=\; \det \begin{pmatrix} \lambda I - F_{11} & O & O \\ * & \lambda I - F_{22} & O \\ * & * & \lambda I - F_{33} \end{pmatrix}.$$

$$= \det(\lambda I - F_{11}) \cdot \det(\lambda I - F_{22}) \cdot \det(\lambda I - F_{33}).$$

$$(4.229)$$

Wählt man r_{Rij}^T für $i \neq j$ nach (4.227) oder (4.228) und

$$r_{Rii}^T = a_{ii}^T - f_{ii}^T \quad \text{für} \quad i = 1, 2, \ldots, p, \tag{4.230}$$

hat das Gesamtsystem das charakteristische Polynom

$$\begin{aligned}
\det(\lambda I - F) = \;& (\lambda^{\mu_1} + f_{11,(\mu_1-1)}\lambda^{\mu_1-1} + \cdots + f_{11,1}\lambda + f_{11,0}) \cdot \\
& (\lambda^{\mu_2} + f_{22,(\mu_2-1)}\lambda^{\mu_2-1} + \cdots + f_{22,1}\lambda + f_{22,0}) \cdot \ldots \cdot \\
& (\lambda^{\mu_p} + f_{pp,(\mu_p-1)}\lambda^{\mu_p-1} + \cdots + f_{pp,1}\lambda + f_{pp,0}),
\end{aligned}$$

$$(4.231)$$

wenn das System p Eingangsgrößen und die KRONECKER-Indices $\mu_1, \mu_2, \ldots, \mu_p$ hat.

Sollen sozusagen sämtliche Untersysteme voneinander entkoppelt sein, wählt man r_{Rij}^T sowohl nach (4.227) als auch nach (4.228), so daß man z.B. für $p = 3$ folgende Systemmatrix F für das rückgekoppelte System erhält

$$F = \begin{pmatrix} F_{11} & O & O \\ O & F_{22} & O \\ O & O & F_{33} \end{pmatrix}. \tag{4.232}$$

Wird für *zeitdiskrete* Systeme auch noch (4.227) für $i = j$ vorgeschrieben, erhält man sogenanntes „dead–beat"-Verhalten. Die Systemmatrix F und alle Untermatrizen F_{ii} sind *nilpotente* Matrizen mit dem Index

$$\mu \overset{\text{def}}{=} \max_i \mu_i \tag{4.233}$$

für F und den Indices μ_i für die Untermatrizen F_{ii}. Es ist dann

$$F_{ii}^{\mu_i} = O \tag{4.234}$$

und

$$F^\mu = O, \tag{4.235}$$

so daß jede Anfangsauslenkung *zeitoptimal* nach höchstens μ Abtastintervallen in den Nullzustand gebracht wird.

Wird insbesondere $V^* = V^{-1}$ gewählt, wird aus $B_R V^*$ in (4.218)

$$B_R V^* = \overline{B} V V^{-1} = \overline{B}, \tag{4.236}$$

d.h., jede Führungsgröße w_i wirkt ausschließlich auf das Untersystem F_{ii}.

Geht man *nicht* von dem Vorliegen der mathematischen Beschreibung in Regelungsnormalform aus, erhält man bei einer Zustandsrückführung die Zustandsgleichung (4.216) des rückgekoppelten Systems. Eine Zustandstransformation mit Hilfe der Transformationsmatrix T_R nach (4.100) gemäß (4.91) führt zu

$$\mathcal{D}x_R(t) = T_R(A - BV^{-1}R)T_R^{-1}x_R(t) + B_R V^* w(t). \tag{4.237}$$

Ein Vergleich von (4.237) mit (4.218) liefert mit $T_R B = B_R = \overline{B} V$

$$T_R A - \overline{B} R = F T_R. \qquad (4.238)$$

Beachtet man jetzt die besondere Form der Matrix $\overline{B}$ gemäß (4.95), folgt für die $(\mu_1 + \cdots + \mu_{i-1} + 1) = \nu_i$-ten Zeilen der Matrizen in (4.238)

$$t_{i1}^T A - r_i^T = f_{i1}^T T_R, \qquad (4.239)$$

also

$$r_i^T = t_{i1}^T A - f_{i1}^T T_R, \qquad (4.240)$$

wobei r_i^T die i-te Zeile der Rückkoppelungsmatrix R ist. Die Gleichung (4.240) lautet ausgeschrieben mit (4.100) und (4.101)

$$\begin{aligned} r_i^T &= q_i^T A^{\mu_i} - \left(f_{i1,1} q_i^T + f_{i1,2} q_1^T A + \cdots + f_{i1,\mu_1} q_1^T A^{\mu_1 - 1} \right) \\ &\quad \cdots - \left(f_{ip,1} q_p^T + f_{ip,2} q_p^T A + \cdots + f_{ip,\mu_p} q_p^T A^{\mu_p - 1} \right), \end{aligned}$$

$$(4.241)$$

bzw., wenn die Untersysteme so wie in (4.232) entkoppelt sein sollen ($f_{ijl} = 0$ für $i \neq j$),

$$r_i^T = q_i^T A^{\mu_i} - \left(f_{ii,1} q_i^T + f_{ii,2} q_i^T A + \cdots + f_{ii,\mu_i} q_i^T A^{\mu_i - 1} \right). \qquad (4.242)$$

Die $f_{ii,k}$ sind gerade die negativen Koeffizienten des charakteristischen Polynoms der Untermatrix F_{ii}:

$$\det(\lambda I - F_{ii}) = P_i(\lambda) \stackrel{\text{def}}{=} \varphi_{i0} + \varphi_{i1}\lambda + \cdots + \varphi_{i,\mu_i-1}\lambda^{\mu_i-1} + \lambda^{\mu_i}. \qquad (4.243)$$

Es gilt also für F, die Systemmatrix des rückgekoppelten Systems in Regelungsnormalform,

$$f_{ii,k} = -\varphi_{i,k-1} \quad \text{für} \quad k = 1, 2, \ldots, \mu_i. \qquad (4.244)$$

Damit erhält man für die Zeilen der Rückkoppelungsmatrix R

$$\boxed{r_i^T = q_i^T \left(\varphi_{io} I + \varphi_{i1} A + \cdots + \varphi_{i,\mu_i-1} A^{\mu_i-1} + A^{\mu_i} \right) = q_i^T P_i(A).}$$

$$(4.245)$$

Bemerkenswert an den Syntheseformeln (4.241) und (4.245) ist, daß in sie nur die KRONECKER-Indices, die ursprüngliche Systemmatrix A in keiner besonderen Normalform, die q_i-Vektoren und die gewünschten Systemdaten für das rückgekoppelte System, d.h., seine gewünschte Dynamik, eingehen. Die oft numerisch besonders schwierig zu berechnenden Matrixelemente der Regelungsnormalform (4.91) bis (4.93) werden für die Synthese des Reglers überhaupt nicht benötigt! Die Zustandsgleichung braucht also zur Synthese nicht auf die Regelungsnormalform transformiert zu werden.

Die zusätzlich noch benötigte Matrix V erhält man nach (4.94) und (4.95) mit (4.100) und (4.101) aus

$$V = \begin{pmatrix} q_1^T A^{\mu_1-1} B \\ \vdots \\ q_p^T A^{\mu_p-1} B \end{pmatrix} = \begin{pmatrix} 1 & v_{12} & \cdots & v_{1p} \\ 0 & 1 & \ddots & \vdots \\ \vdots & \ddots & \ddots & v_{p-1,p} \\ 0 & \cdots & 0 & 1 \end{pmatrix} \qquad (4.246)$$

und daraus die Inverse V^{-1}.

Zusammenfassend erhält man für die Berechnung der Rückkoppelungsmatrix R für die Eigenwertverschiebung bei Mehrfachsystemen diese Schritte:

1. Schritt: Aus $\{A, B\}$ wird die Steuerbarkeitsmatrix (4.88)

$$S = [b_1, \ldots, b_p | A b_1, \ldots, A b_p | \cdots] \qquad (4.247)$$

gebildet und daraus werden die n ersten linear unabhängigen Spalten und die KRONECKER-Indices ermittelt, wie bei der Berechnung der Form (4.73) in Abschnitt 4.2.2.

2. Schritt: Aus den n linear unabhängigen Spalten von (4.247) wird gemäß (4.90) die Matrix

$$S_n = [b_1, A b_1, \ldots, A^{\mu_1-1} b_1 | \cdots | b_p, A b_p, \ldots, A^{\mu_p-1} b_p] \qquad (4.248)$$

gebildet.

3. Schritt: Nach dem Beweis des Satzes 4.12 werden die Vektoren q_i^T als $(\mu_1 + \cdots + \mu_i)$-te Zeile der Kehrmatrix S_n^{-1} gewählt.

4. Schritt: Berechnung der Zeilen r_i^T der Rückkoppelungsmatrix R gemäß (4.245) und den p vorgegebenen charakteristischen Polynomen $P_i(\lambda)$

$$r_i^T = q_i^T P_i(A). \qquad (4.249)$$

5. Schritt: Berechnung der Matrix V gemäß (4.246) und deren Kehrmatrix.

6. Schritt: Die endgültige Rückkoppelungsmatrix $R^* \overset{\text{def}}{=} V^{-1} R$ berechnen.

4.3.5 Numerische Berechnung der Rückkoppelungsmatrix für Mehrfachsysteme

Erstes Verfahren

Hier, wie auch bei den folgenden Verfahren wird angenommen, daß die KRONECKER-Indices bereits, wie in Abschnitt 4.2.2 beschrieben, in einem 1. Schritt ermittelt worden sind. Dieses nichttriviale Problem kann mit Hilfe der im 6.Kapitel angegebenen Verfahren der Singulärwertzerlegung gelöst werden. Daran schließen sich dann die weiteren Schritte an.

1. Schritt: Ermittlung der KRONECKER-Indices.

2. Schritt: Berechnung der modifizierten Steuerbarkeitsmatrix S_n mittels dieses Unterprogramms, wenn p KRONECKER-Indices existieren:

$$\textbf{for } j := 1 \textbf{ to } p \textbf{ do}$$
$$\textbf{begin}$$
$$s_{j1} := b_j;$$
$$\textbf{for } i := 2 \textbf{ to } \mu_j \textbf{ do } s_{ji} := A * s_{j,i-1};$$
$$\textbf{end};$$
$$S_n := [s_{11}, \ldots, s_{1\mu_1} | \cdots | s_{p1}, \ldots, s_{p\mu_p}].$$

3. Schritt: Aus $q_i^T = i_{\nu_i}^T S_n^{-1}$, wobei $\nu_i := \mu_1 + \cdots + \mu_i$ ist, erhält man durch Multiplikation von links mit der Matrix S_n und Transponieren beider Gleichungsseiten folgende linearen Gleichungssysteme

$$S_n^T q_i = i_{\nu_i}, \quad i = 1, 2, \ldots, p, \tag{4.250}$$

die mit einem der üblichen Verfahren gelöst werden können.

4. Schritt: Berechnung der Vektoren r_i der Rückkoppelungsmatrix R gemäß (4.245) mittels des Unterprogramms:

$$\textbf{for } i := 1 \textbf{ to } p \textbf{ do}$$
$$\textbf{begin}$$
$$p_{i0} := q_i;$$
$$\textbf{for } j := 1 \textbf{ to } \mu_i \textbf{ do } p_{ij} := A^T * p_{i,j-1};$$
$$P_i := [p_{i0}, \ldots, p_{i\mu_i}];$$
$$f_i := [\varphi_{i0}, \varphi_{i1}, \ldots, \varphi_{i,\mu_i-1}, 1]^T;$$
$$r_i := P_i * f_i;$$
$$\textbf{end}.$$

5. Schritt: Mit den Vektoren

$$p_{i,\mu_i-1} = (A^T)^{\mu_i-1} q_i$$

aus dem vorangegangenen 4. Schritt erhält man als Algorithmus für die oberhalb der Hauptdiagonalen zu berechnenden Elemente v_{ij} der Matrix V

$$\textbf{for } i := 1 \textbf{ to } p - 1 \textbf{ do}$$
$$\textbf{for } j := i + 1 \textbf{ to } p \textbf{ do } v_{ij} := -p_{i,\mu_i-1} * b_j.$$

6. Schritt: Berechnen der Spalten r_i^* der endgültigen Rückkoppelungsmatrix $R^* = V^{-1} R$ als Lösung der Gleichungssysteme

$$V r_i^* = r_i, \quad i = 1, 2, \ldots, n.$$

Genaues Verfahren

Wie beim 2. Verfahren für Einfachsysteme in Abschnitt 4.3.3 werden einige der Schritte als lineares Gleichungssystem so formuliert, daß sie mit Hilfe der in Abschnitt 3.2 hergeleiteten Verfahren der hochgenauen Lösung solcher Gleichungssysteme ermittelt werden können.

1. Schritt: Ermittlung der KRONECKER-Indices wie im 1. Schritt des ersten Verfahrens beschrieben. *2. Schritt:* Berechnung der einzelnen Blöcke S_i der modifizierten Steuerbarkeitsmatrix $S_n = [S_1, \ldots, S_p]$ nach Gleichung (4.26)

$$\begin{pmatrix} I & & & O \\ -A & I & & \\ & \ddots & \ddots & \\ O & & -A & I \end{pmatrix} \begin{pmatrix} s_{i1} \\ s_{i2} \\ \vdots \\ s_{i\mu_i} \end{pmatrix} = \begin{pmatrix} b_i \\ o \\ \vdots \\ o \end{pmatrix}, \tag{4.251}$$

so daß

$$S_i := [s_{i1}, s_{i2}, \ldots, s_{i\mu_i}] \tag{4.252}$$

und

$$S_n := [S_1, \ldots, S_p]. \tag{4.253}$$

Hierbei wird der Spaltenvektor in (4.251) mit den Spalten s_{ij} des Blocks S_i mit Hilfe des Algorithmus 3.5 berechnet. Das Ergebnis ist eine hochgenaue modifizierte Intervall-Steuerbarkeitsmatrix $[S_n]$.

3. Schritt: Wie in Abschnitt 3.3 beschrieben, hochgenaue Lösung der linearen Intervallgleichungssysteme

$$[S_n^T][q_i] = [i_{\nu_i}], \tag{4.254}$$

wobei $[i_{\nu_i}]$ ein Intervallvektor mit Intervallen der Breite Null als Elemente der Form

$$[i_{\nu_i}] = \begin{pmatrix} [0,0] \\ \vdots \\ [0,0] \\ [1,1] \\ [0,0] \\ \vdots \\ [0,0] \end{pmatrix} \tag{4.255}$$

und das Intervall $[1,1]$ das ν_i-te Vektorelement ist ($\nu_i := \mu_1 + \mu_2 + \cdots + \mu_i$).

4. Schritt: Ausgeschrieben lautet die transponierte Gleichung (4.245) für die Zeile der Rückkoppelungsmatrix R

$$r_i = \varphi_{i0} q_i + \varphi_{i1} A^T q_i + \cdots + \varphi_{i,\mu_i-1} (A^T)^{\mu_i-1} q_i + (A^T)^{\mu_i} q_i, \tag{4.256}$$

wobei die φ_{ij} die vorgegebenen gewünschten Koeffizienten des charakteristischen Teilpolynoms $P_i(\lambda)$ des rückgekoppelten Systems sind. Entsprechend (4.140) erhält man dann das lineare Gleichungssystem für die Bestimmung des Vektors r_i

$$\begin{pmatrix} I & & & O \\ -A^T & I & & \\ & \ddots & \ddots & \\ O & & -A^T & I \end{pmatrix} \begin{pmatrix} x_{i1} \\ x_{i2} \\ \vdots \\ x_{i\mu_i} \\ r_i \end{pmatrix} = \begin{pmatrix} q_i \\ \varphi_{i,\mu_i-1} q_i \\ \vdots \\ \varphi_{i0} q_i \end{pmatrix}. \tag{4.257}$$

Der Vektor auf der rechten Seite dieses linearen Gleichungssystems ist, da die Vektoren q_i aus dem dritten Schritt als Intervallvektoren vorliegen, ein Intervallvektor, also wird r_i auch ein Intervallvektor sein, der aber eine noch größere Weite als der Intervallvektor $[q_i]$ haben wird.

5. Schritt: Die i-te Zeile v_i^T der Matrix V wird nach (4.246) so gebildet

$$v_i^T = q_i^T A^{\mu_i - 1} B. \tag{4.258}$$

Den transponierten Vektor

$$v_i = B^T (A^T)^{\mu_i - 1} q_i \tag{4.259}$$

kann man dann aus diesem linearen Gleichungssystem bestimmen (hier z.B. für $\mu_i = 3$)

$$\begin{pmatrix} I_n & & & O \\ -A^T & I_n & & \\ & -A^T & I_n & \\ O & & -B^T & I_p \end{pmatrix} \begin{pmatrix} y_{i1} \\ y_{i2} \\ y_{i3} \\ v_i \end{pmatrix} = \begin{pmatrix} q_i \\ o_n \\ o_n \\ o_p \end{pmatrix}; \tag{4.260}$$

denn dann ist

$$y_{i1} = q_i,$$

$$y_{i2} = A^T q_i,$$

$$y_{i3} = (A^T)^2 q_i = (A^T)^{\mu_i - 1} q_i,$$

$$v_i = B^T (A^T)^{\mu_i - 1} q_i. \tag{4.261}$$

Die Matrix in (4.261) ist eine $(\mu_i \cdot n + p) \times (\mu_i \cdot n + p)$-Matrix. Die Genauigkeit der Rechnung kann wegen der besonderen Form der Zeilenvektoren v_i^T in (4.246) überprüft werden; denn es muß $v_{ij} = 0$ für $j < i$ und $v_{ii} = 1$ sein.

6. Schritt: Die endgültige Rückkoppelungsmatrix R^* erhält man dann wieder wie im 6. Schritt des ersten Verfahrens.

In diesem zweiten Verfahren erhält man im zweiten Schritt die modifizierte Steuerbarkeitsmatrix als Intervallmatrix $[S_n]$, wobei die Intervallweite der einzelnen Matrixelemente maximal zwei Einheiten in der letzten Mantissenstelle beträgt. Im dritten Schritt werden mit Hilfe der transponierten Intervallmatrix $[S_n^T]$ die Intervallvektoren $[q_i]$ berechnet, deren Intervallweite, vor allem wenn die Intervallmatrix $[S_n^T]$ schlecht konditioniert ist, beträchtlich größer werden kann. Geht man dann mit diesen Intervallvektoren $[q_i]$ in die nächsten beiden Schritte, können die Intervallvektoren $[r_i]$ und $[v_i]$, obwohl sie die exakten Lösungen einschließen, solche Intervallweiten ihrer Komponenten aufweisen, daß sie für die Praxis nicht geeignet sind, vor allem, da im letzten Schritt noch R^* aus einem Gleichungssystem berechnet wird, wodurch die Elemente dieser Matrix noch stärker aufgebläht werden. Aus diesem Grund werden im folgenden hochgenauen Verfahren die wesentlichen Schritte des zweiten Verfahrens zu einem Schritt zusammengefaßt, wie es ähnlich schon für Einfachsysteme im 3.Verfahren in Abschnitt 4.3.3 durchgeführt wurde.

Hochgenaues Verfahren

Es werden die Gleichungssysteme (4.251),(4.254),(4.257) und (4.260) der Schritte zwei bis fünf aus dem vorhergehenden genauen Verfahren zu einem nichtlinearen Gleichungssystem zusammengefaßt, so daß man beispielsweise für ein System mit $n = 5$ Zustandsgrößen, $p = 2$ Eingangsgrößen und den KRONECKER-Indices $\mu_1 = 3$ und $\mu_2 = 2$ erhält:

$$\underline{M}\,\underline{x} = \underline{q} \tag{4.262}$$

mit

$$\underline{M} =$$

$$\left(\begin{array}{ccccccccccccc}
I_5 & O & O \\
-A & I_5 & O \\
O & -A & I_5 \\
& & & I_5 & O \\
& & & -A & I_5 \\
& & & & & S_n^T \\
& & & & & & S_n^T \\
& & & & -A^T & & I_5 & O & O \\
& & & & & & -A^T & I_5 & O \\
& & & & & & O & -A^T & I_5 \\
& & & & & -A^T & & & & I_5 & O \\
& & & & & & & & & -A^T & I_5 \\
& & & & -A^T & & & & & & & I_5 & O & O \\
& & & & & & & & & & & -A^T & I_5 & O \\
& & & & & & & & & & & O & -B^T & I_2 \\
& & & & -A^T & & & & & & & & & & I_5 & O \\
& & & & & & & & & & & & & & -B^T & I_2
\end{array}\right),$$

$$\underline{x}^T = [s_{11}^T, s_{12}^T, s_{13}^T | s_{21}^T, s_{22}^T | q_1^T | q_2^T | x_{11}^T, x_{12}^T, r_1^T | x_{21}^T, r_2^T | y_{11}^T, y_{12}^T, v_1^T | y_{21}^T, v_2^T]$$

und

$$\underline{q}^T = [b_1^T, o^T, o^T | b_2^T, o^T | i_3^{\cdot T} | i_5^{\cdot T} | \varphi_{12} q_1^T, \varphi_{11} q_1^T, \varphi_{10} q_1^T | \varphi_{21} q_1^T, \varphi_{20} q_1^T | q_1^T, o^T, o^T | q_2^T, o^T].$$

Dies ist aber *kein lineares* Gleichungssystem, aus dem der Vektor $\underline{x}$ ermittelt werden kann, da sowohl in der Matrix $\underline{M}$, nämlich in der Untermatrix S_n^T, und in dem Vektor $\underline{q}$ auf der rechten Gleichungsseite, nämlich in q_1 und q_2, erst noch zu bestimmende unbekannte Größen stehen. Bringt man in (4.262) den Vektor $\underline{q}$ auf die linke Gleichungsseite, erhält man das *nichtlineare* Gleichungssystem

$$\begin{pmatrix} f_1 \\ f_2 \\ f_3 \\ f_4 \end{pmatrix} \overset{\text{def}}{=} \underline{f}(\underline{x}) = o, \tag{4.263}$$

wobei

$$
f_1 \stackrel{\text{def}}{=}
\left(
\begin{array}{c}
s_{11} - b_1 \\
-As_{11} + s_{12} \\
-As_{12} + s_{13} \\
\hline
s_{21} - b_2 \\
-As_{21} + s_{22}
\end{array}
\right),
$$

$$
f_2 \stackrel{\text{def}}{=}
\left(
\begin{array}{c}
s_{11}^T q_1 \\
s_{12}^T q_1 \\
s_{13}^T q_1 - 1 \\
s_{21}^T q_1 \\
s_{22}^T q_1 \\
\hline
s_{11}^T q_2 \\
s_{12}^T q_2 \\
s_{13}^T q_2 \\
s_{21}^T q_2 \\
s_{22}^T q_2 - 1
\end{array}
\right),
$$

$$
f_3 \stackrel{\text{def}}{=}
\left(
\begin{array}{c}
-A^T q_1 + x_{11} - \varphi_{12} q_1 \\
-A^T x_{11} + x_{12} - \varphi_{11} q_1 \\
-A^T x_{12} + r_1 - \varphi_{10} q_1 \\
\hline
-A^T q_2 + x_{21} - \varphi_{21} q_2 \\
-A^T x_{21} + r_2 - \varphi_{20} q_2
\end{array}
\right)
$$

und

$$
f_4 \stackrel{\text{def}}{=}
\left(
\begin{array}{c}
-A^T q_1 + y_{11} - q_1 \\
-A^T y_{11} + y_{12} \\
-B^T y_{12} + v_1 \\
\hline
-A^T q_2 + y_{21} - q_2 \\
-B^T y_{21} + v_2
\end{array}
\right).
$$

Der Lösungsvektor $\underline{x}$ dieses nichtlinearen Gleichungssystems kann mit Hilfe des Algorithmus 3.9 aus Abschnitt 3.2.4 erfolgen. Die hierfür benötigte JACOBI-Matrix $J = \dfrac{\partial f}{\partial \underline{x}}$ nach (3.66) und (3.67) kann hier direkt angegeben werden und hat in diesem Fall die Form

$$
J =
\left(
\begin{array}{cccc}
J_{11} & & & O \\
Q & \underline{S}_n & & \\
O & J_{32} & J_{33} & \\
O & J_{42} & O & J_{44}
\end{array}
\right),
\tag{4.264}
$$

wobei sich die Untermatrizen wie folgt zusammensetzen

$$
J_{11} \stackrel{\text{def}}{=}
\left(
\begin{array}{ccccc}
I & O & O & & \\
-A & I & O & & \\
O & -A & I & & \\
& & & I & O \\
& & & -A & I
\end{array}
\right),
$$

$$Q \stackrel{\text{def}}{=} \begin{pmatrix} \operatorname{diag}(\boldsymbol{q}_1^T) \\ \operatorname{diag}(\boldsymbol{q}_2^T) \end{pmatrix},$$

$$\underline{S}_n \stackrel{\text{def}}{=} \begin{pmatrix} S_n^T & O \\ O & S_n^T \end{pmatrix},$$

$$J_{32} \stackrel{\text{def}}{=} \begin{pmatrix} -A^T - \varphi_{12}I & O \\ -\varphi_{11}I & O \\ -\varphi_{10}I & O \\ O & -A^T - \varphi_{21}I \\ O & -\varphi_{20}I \end{pmatrix},$$

$$J_{33} \stackrel{\text{def}}{=} \begin{pmatrix} I & O & O \\ -A^T & I & O \\ O & -A^T & I \\ & & & I & O \\ & & & -A^T & I \end{pmatrix},$$

$$J_{42} \stackrel{\text{def}}{=} \begin{pmatrix} -A^T - I & O \\ O & O \\ O & O \\ O & -A^T - I \\ O & O \end{pmatrix}$$

und

$$J_{44} \stackrel{\text{def}}{=} \begin{pmatrix} I_5 & O & O \\ -A^T & I_5 & O \\ O & -B^T & I_2 \\ & & & I_5 & O \\ & & & -B^T & I_2 \end{pmatrix}.$$

Diese JACOBI-Matrix (4.264) ist eine untere Blockdreiecksmatrix, deren Inverse direkt wieder als untere Blockdreiecksmatrix angegeben werden kann

$$J^{-1} = \begin{pmatrix} J_{11} \\ -\underline{S}_n^{-1} Q J_{11}^{-1} & \underline{S}_n^{-1} \\ J_{33}^{-1} J_{32} \underline{S}_n^{-1} Q J_{11}^{-1} & -J_{33}^{-1} J_{32} \underline{S}_n^{-1} & J_{33}^{-1} \\ J_{44}^{-1} J_{42} \underline{S}_n^{-1} Q J_{11}^{-1} & -J_{44}^{-1} J_{42} \underline{S}_n^{-1} & O & J_{44}^{-1} \end{pmatrix}. \tag{4.265}$$

Hierin sind im einzelnen

$$J_{11}^{-1} = \begin{pmatrix} I & O & O \\ A & I & O \\ A^2 & A & I \\ & & & I & O \\ & & & A & I \end{pmatrix}, \tag{4.266}$$

$$\underline{S}_n^{-1} = \begin{pmatrix} (S_n^T)^{-1} & O \\ O & (S_n^T)^{-1} \end{pmatrix}, \tag{4.267}$$

$$J_{33}^{-1} = \begin{pmatrix} I & O & O \\ A^T & I & O \\ (A^T)^2 & A^T & I \\ & & & I & O \\ & & & A^T & I \end{pmatrix} \tag{4.268}$$

und

$$J_{44}^{-1} = \begin{pmatrix} I & O & O & & \\ A^T & I & O & & \\ B^T A^T & B^T & I & & \\ & & & I & O \\ & & & B^T & I \end{pmatrix}.$$ (4.269)

Berechnung über die System-HESSENBERG-Form

Nach Abschnitt 4.2.2 kann jedes steuerbare Mehrfachsystem auf die System-HESSENBERG-Form (4.85 und 4.86) transformiert werden, die beispielsweise für ein System vierter Ordnung mit zwei Eingangsgrößen und den beiden KRONECKER-Indices $\mu_1 = \mu_2 = 2$ diese Form hat

$$\tilde{B} = \begin{pmatrix} \tilde{b}_{11} & | & \tilde{b}_{12} \\ 0 & | & \tilde{b}_{22} \\ --- & + & --- \\ 0 & | & \tilde{b}_{31} \\ 0 & | & 0 \end{pmatrix}, \quad \tilde{b}_{11} \neq 0, \ \tilde{b}_{31} \neq 0;$$ (4.270)

$$\tilde{A} = \begin{pmatrix} \tilde{a}_{11} & \tilde{a}_{12} & | & \tilde{a}_{13} & \tilde{a}_{14} \\ \tilde{a}_{21} & \tilde{a}_{22} & | & \tilde{a}_{23} & \tilde{a}_{24} \\ ------ & + & ------ \\ 0 & 0 & | & \tilde{a}_{33} & \tilde{a}_{34} \\ 0 & 0 & | & \tilde{a}_{43} & \tilde{a}_{44} \end{pmatrix}, \quad \tilde{a}_{21} \neq 0, \ \tilde{a}_{43} \neq 0.$$ (4.271)

Wählt man für eine Zustandsrückführung $\tilde{A} - \tilde{B}\tilde{R}$ eine so strukturierte Rückkoppelungsmatrix

$$\tilde{R} = \begin{pmatrix} \tilde{r}_{11} & \tilde{r}_{12} & 0 & 0 \\ 0 & 0 & \tilde{r}_{23} & \tilde{r}_{24} \end{pmatrix},$$ (4.272)

erhält man die Systemmatrix des rückgekoppelten Systems

$$\tilde{F} = \tilde{A} - \tilde{B}\tilde{R} = \begin{pmatrix} (\tilde{a}_{11} - \tilde{b}_{11}\tilde{r}_{11}) & (\tilde{a}_{12} - \tilde{b}_{12}\tilde{r}_{12}) & * & * \\ \tilde{a}_{21} & \tilde{a}_{22} & * & * \\ 0 & 0 & (\tilde{a}_{33} - \tilde{b}_{31}\tilde{r}_{23}) & (\tilde{a}_{34} - \tilde{b}_{31}\tilde{r}_{24}) \\ 0 & 0 & \tilde{a}_{43} & \tilde{a}_{44} \end{pmatrix}.$$ (4.273)

Unterteilt man die verwendeten Matrizen so

$$\tilde{B} = \begin{pmatrix} \tilde{b}_1 & * \\ o & \tilde{b}_2 \end{pmatrix}, \tilde{A} = \begin{pmatrix} \tilde{A}_{11} & \tilde{A}_{12} \\ \tilde{O} & \tilde{A}_{22} \end{pmatrix}, \tilde{R} = \begin{pmatrix} \tilde{r}_1^T & \tilde{o}^T \\ \tilde{o}^T & \tilde{r}_2^T \end{pmatrix},$$ (4.274)

dann gilt für die Untermatrizen

$$\tilde{F}_{11} = \tilde{A}_{11} - \tilde{b}_1\tilde{r}_1^T \quad \text{und} \quad \tilde{F}_{22} = \tilde{A}_{22} - \tilde{b}_2\tilde{r}_2^T,$$ (4.275)

die bei einer solchen Blockdreiecksmatrix die Dynamik des Gesamtsystems beinhalten. Damit ist aber die Berechnung der Rückkoppelungsmatrix $\tilde{R}$ für ein Mehrfachsystem auf die Berechnung des Rückführungsvektors r^T für Einfachsysteme in System-HESSENBERG–Form, wie sie in Abschnitt 4.3.3 beschrieben wurde, zurückgeführt! Damit hat man auch für Mehrfachsysteme ein zwar nicht hochgenaues, aber Rechenzeit sparendes numerisches Verfahren zur Berechnung der Rückkoppelungsmatrix R zur Verfügung.

5 Beobachtbarkeit und Zustandsrekonstruktion

5.1 Beobachtbarkeit eines dynamischen Systems

5.1.1 Beobachtbarkeit zeitdiskreter Systeme

Im vierten Kapitel wurde gezeigt, daß für eine beliebige Eigenwertverschiebung nicht allein die Ausgangsgrößen, sondern im allgemeinen sämtliche Zustandsgrößen des zu verändernden Systems bekannt sein müssen. Da aber nur in Ausnahmefällen sämtliche Zustandsgrößen gemessen werden können, muß gefordert werden, daß aus den meßbaren Ausgangsgrößen die Zustandsgrößen rekonstruiert, d.h., *beobachtet* werden können.

Die Frage der *Beobachtbarkeit* des Zustands eines Systems kann so gestellt werden: Kann aus der Kenntnis der Werte der Ausgangsfolge $\{y_k\}$ und der Werte der Eingangsfolge $\{u_k\}$ der Systemzustand x_0 eindeutig bestimmt werden?

Definition 5.1 *Das zeitdiskrete System n-ter Ordnung mit p Eingangs- und q Ausgangsgrößen* $(A \in \mathsf{R}^{n \times n}, B \in \mathsf{R}^{n \times p}, C \in \mathsf{R}^{q \times n})$,

$$x_{k+1} = Ax_k + Bu_k, \tag{5.1}$$

$$y_k = Cx_k, \tag{5.2}$$

heißt **beobachtbar**, *wenn eine endliche ganze Zahl $N > 0$ so existiert, daß jeder Zustand $x_0 = x(k_0) \in \mathsf{R}^n$ eindeutig aus der Eingangsfolge $u_0, u_1, \ldots, u_{N-2}$ und der Ausgangsfolge $y_0, y_1, \ldots, y_{N-1}$ ermittelt werden kann.*

Für die Zustandsgleichung (5.1) erhält man die Lösung

$$x_k = A^k x_0 + \sum_{i=0}^{k-1} A^{k-1-i} Bu_i \tag{5.3}$$

und damit für die Ausgangsgröße

$$y_k = CA^k x_0 + \sum_{i=0}^{k-1} CA^{k-1-i} Bu_i. \tag{5.4}$$

In (5.4) sind die y_k- und u_k-Folgen bekannt. Faßt man diese bekannten Größen zu der neuen Größe

$$y_k^* \stackrel{\text{def}}{=} y_k - \sum_{i=0}^{k-1} C A^{k-1-i} B u_i \qquad (5.5)$$

zusammen, erhält man statt (5.4)

$$y_k^* = C A^k x_0. \qquad (5.6)$$

Die ersten N dieser Gleichungen untereinander geschrieben, ergibt

$$
\begin{aligned}
y_0^* &= A x_0, \\
y_1^* &= C A x_0, \\
y_2^* &= C A^2 x_0, \\
&\;\;\vdots \\
y_{N-1}^* &= C A^{N-1} x_0.
\end{aligned}
$$

Faßt man diese N Gleichungen zu einer Gleichung so zusammen

$$
\begin{pmatrix} y_0^* \\ y_1^* \\ \vdots \\ y_{N-1}^* \end{pmatrix} = \begin{pmatrix} C \\ C A \\ \vdots \\ C A^{N-1} \end{pmatrix} x_0, \qquad (5.7)
$$

steht auf der linken Gleichungsseite ein Vektor, der aus den bekannten Eingangs- und Ausgangsfolgen berechnet werden kann. Auf der rechten Gleichungsseite steht die Matrix

$$
M_N \stackrel{\text{def}}{=} \begin{pmatrix} C \\ C A \\ \vdots \\ C A^{N-1} \end{pmatrix}, \qquad (5.8)
$$

deren Rang gleich n sein muß, damit x_0 aus (5.7) eindeutig bestimmt werden kann. Wenn man den links stehenden Vektor in (5.7) mit $\underline{y}^*$ bezeichnet, die gesamte Gleichung von links mit der transponierten Matrix M_N^T multipliziert und nach x_0 auflöst, erhält man

$$x_0 = (M_N^T M_N)^{-1} M_N^T \underline{y}^*. \qquad (5.9)$$

Umgekehrt hat nach Lemma 4.3 die Matrix

$$M_i^T = \left[C^T, A^T C^T, \dots, (A^T)^{i-1} C^T \right] \qquad (5.10)$$

für $i \geq n$ den gleichen Rang wie die Matrix M_n^T. Zusammenfassend gilt also der

Satz 5.2

> *Das zeitdiskrete System* $(A \in \mathrm{R}^{n \times n}, B \in \mathrm{R}^{n \times p}, C \in \mathrm{R}^{q \times n})$
>
> $$x_{k+1} = Ax_k + Bu_k, \quad y_k = Cx_k \tag{5.11}$$
>
> *ist dann und nur dann beobachtbar, wenn die* **Beobachtbarkeitsmatrix**
>
> $$M \stackrel{\mathrm{def}}{=} \begin{pmatrix} C \\ CA \\ \vdots \\ CA^{n-1} \end{pmatrix} \tag{5.12}$$
>
> *den Rang* n *hat.*

Die Untersuchung der Beobachtbarkeit eines dynamischen Systems läuft also auf die Rangbestimmung der Beobachtbarkeitsmatrix M hinaus.

Für *Einfachsysteme* mit nur einer Ausgangsgröße y $(q = 1)$ ist die Beobachtbarkeitsmatrix

$$M = \begin{pmatrix} c^T \\ c^T A \\ \vdots \\ c^T A^{n-1} \end{pmatrix} \tag{5.13}$$

eine quadratische $n \times n$-Matrix.

5.1.2   Beobachtbarkeit zeitkontinuierlicher Systeme

Die Beobachtbarkeit von *zeitkontinuierlichen* Systemen wird ähnlich wie bei zeitdiskreten Systemen so definiert

Definition 5.3 *Das zeitkontinuierliche System der Ordnung n mit p Ein- und q Ausgangsgrößen* $(A \in \mathrm{R}^{n \times n}, B \in \mathrm{R}^{n \times p}, C \in \mathrm{R}^{q \times n})$

$$\dot{x}(t) = Ax(t) + Bu(t), \tag{5.14}$$

$$y(t) = Cx(t), \tag{5.15}$$

heißt **beobachtbar,** *wenn für jeden Anfangszustand x_0 eine endliche Zeit t_1 so existiert, daß der Zustandsvektor x_0 eindeutig aus dem Eingangsfunktionsstück $u_{[0,t_1]}$ und dem Ausgangsfunktionsstück $y_{[0,t_1]}$ ermittelt werden kann.*

Für die Zustandsgleichung (5.14) erhält man die Lösung

$$x(t) = \Phi(t)\,x_0 + \int_0^t \Phi(t - \tau)Bu(\tau)\mathrm{d}\tau \tag{5.16}$$

und damit für die Ausgangsgröße

$$y(t) = C\boldsymbol{\Phi}(t)\,\boldsymbol{x}_0 + C \int_0^t \boldsymbol{\Phi}(t-\tau)\boldsymbol{B}\boldsymbol{u}(\tau)\mathrm{d}\tau. \qquad (5.17)$$

In (5.17) sind die Funktionen $\boldsymbol{y}$ und $\boldsymbol{u}$ bekannt, also können diese bekannten Größen zu der neuen Größe

$$\boldsymbol{y}^*(t) = \boldsymbol{y}(t) - C \int_0^t \boldsymbol{\Phi}(t-\tau)\boldsymbol{B}\boldsymbol{u}(\tau)\mathrm{d}\tau \qquad (5.18)$$

zusammengefaßt werden und man erhält statt (5.17)

$$\boldsymbol{y}^*(t) = C\boldsymbol{\Phi}(t)\,\boldsymbol{x}_0. \qquad (5.19)$$

Differenziert man diese Gleichung n mal nach der Zeit t und beachtet

$$\dot{\boldsymbol{\Phi}}(t) = \boldsymbol{A}\boldsymbol{\Phi}(t),$$

siehe Lemma 7.1 in Abschnitt 7.2.1, erhält man zunächst

$$\begin{aligned}
\dot{\boldsymbol{y}}^*(t) &= \boldsymbol{C}\boldsymbol{A}\boldsymbol{\Phi}(t)\,\boldsymbol{x}_0, \\
\ddot{\boldsymbol{y}}^*(t) &= \boldsymbol{C}\boldsymbol{A}^2\boldsymbol{\Phi}(t)\,\boldsymbol{x}_0, \\
&\vdots \\
\boldsymbol{y}^{(n-1)*}(t) &= \boldsymbol{C}\boldsymbol{A}^{n-1}\boldsymbol{\Phi}(t)\,\boldsymbol{x}_0
\end{aligned}$$

und für $t = 0$ mit $\boldsymbol{\Phi}(0) = \boldsymbol{I}$

$$\begin{aligned}
\boldsymbol{y}^*(0) &= \boldsymbol{C}\,\boldsymbol{x}_0, \\
\dot{\boldsymbol{y}}^*(0) &= \boldsymbol{C}\boldsymbol{A}\,\boldsymbol{x}_0, \\
&\vdots \\
\boldsymbol{y}^{(n-1)*}(0) &= \boldsymbol{C}\boldsymbol{A}^{n-1}\,\boldsymbol{x}_0.
\end{aligned}$$

Damit ist aber dieses Gleichungssystem wie das Gleichungssystem (5.7) für zeitdiskrete Systeme aufgebaut und man kann die gleichen Schlüsse ziehen, insbesondere den folgenden Satz entsprechend beweisen

Satz 5.4 *Das zeitkontinuierliche System*

$$\dot{\boldsymbol{x}}(t) = \boldsymbol{A}\boldsymbol{x}(t) + \boldsymbol{B}\boldsymbol{u}, \; \boldsymbol{y}(t) = \boldsymbol{C}\boldsymbol{x}(t) \qquad (5.20)$$

($\boldsymbol{A} \in \mathrm{R}^{n \times n}, \boldsymbol{B} \in \mathrm{R}^{n \times p}, \boldsymbol{C} \in \mathrm{R}^{q \times n}$) ist dann und nur dann beobachtbar, wenn die Beobachtbarkeitsmatrix

$$\boldsymbol{M} = \begin{pmatrix} \boldsymbol{C} \\ \boldsymbol{C}\boldsymbol{A} \\ \vdots \\ \boldsymbol{C}\boldsymbol{A}^{n-1} \end{pmatrix} \qquad (5.21)$$

den Rang n hat.

5.2 Numerische Untersuchung der Beobachtbarkeit

Vergleicht man die beiden Sätze 5.2 und 5.4 über die *Beobachtbarkeit* von zeitdiskreten und zeitkontinuierlichen linearen dynamischen Systemen mit den Sätzen 4.2 und 4.6 über die *Steuerbarkeit* von zeitdiskreten und zeitkontinuierlichen linearen dynamischen Systemen, erkennt man sofort, daß die Beobachtbarkeit eines linearen Systems mit den gleichen Algorithmen untersucht werden kann, die für die Steuerbarkeitsuntersuchungen hergeleitet wurden. Denn setzt man in die Steuerbarkeitsmatrix

$$S = \left[B, AB, \ldots, A^{n-1}B \right] \tag{5.22}$$

für B die transponierte Ausgangsmatrix C^T und für A die transponierte Systemmatrix A^T ein, erhält man

$$S' = \left[C^T, A^T C^T, \ldots, (A^T)^{n-1} C^T \right] = M^T, \tag{5.23}$$

also ist der Rang der so definierten „Steuerbarkeitsmatrix" S' gleich dem Rang der Beobachtbarkeitsmatrix M: Das System $\{A, C\}$ ist genau dann beobachtbar, wenn das System $\{A^T, C^T\}$ steuerbar ist!

5.3 Zustandsrekonstruktion

Bei der Behandlung der Zustandsrrückkoppelung in Kapitel 4 wurde vorausgesetzt, daß sämtliche Zustandsgrößen zugänglich sind. Für den Ausnahmefall, daß die Ausgangsmatrix C der mathematischen Beschreibung

$$\mathcal{D}x(t) = Ax(t) + Bu(t), \tag{5.24}$$

$$y(t) = Cx(t), \tag{5.25}$$

mit der Definition des Operators $\mathcal{D}$, wie in Abschnitt 4.2.4, eines linearen zeitinvarianten Systems eine reguläre $n \times n$-Matrix ist, also die Zahl q der Ausgangsgrößen gleich der Zahl n der Zustandsgrößen ist, kann man in jedem Zeitpunkt aus $y(t)$ den Zustandsvektor $x(t)$ aus

$$x(t) = C^{-1}y(t) \tag{5.26}$$

oder besser als Lösung des linearen Gleichungssystems (5.25) bestimmen. Im allgemeinen ist jedoch die Zahl q der gemessenen Ausgangsgrößen kleiner als die Zahl n der Zustandsgrößen. Insbesondere gilt für *Einfachsysteme* $q = 1 \leq n$.

Es ist in einem solchen Fall naheliegend, ein Modellsystem mit der mathematischen Beschreibung (5.24 und 5.25) aufzubauen und auf dieses Modellsystem dieselbe Eingangsvektorfunktion u wie auf das System zu geben. Wird der Zustandsvektor des Modellsystems mit $\hat{x}$ und der Ausgangsvektor mit $\hat{y}$ bezeichnet, erhält man als mathematische Beschreibung für das Modellsystem

$$\mathcal{D}\hat{x}(t) = A\hat{x}(t) + Bu(t), \tag{5.27}$$

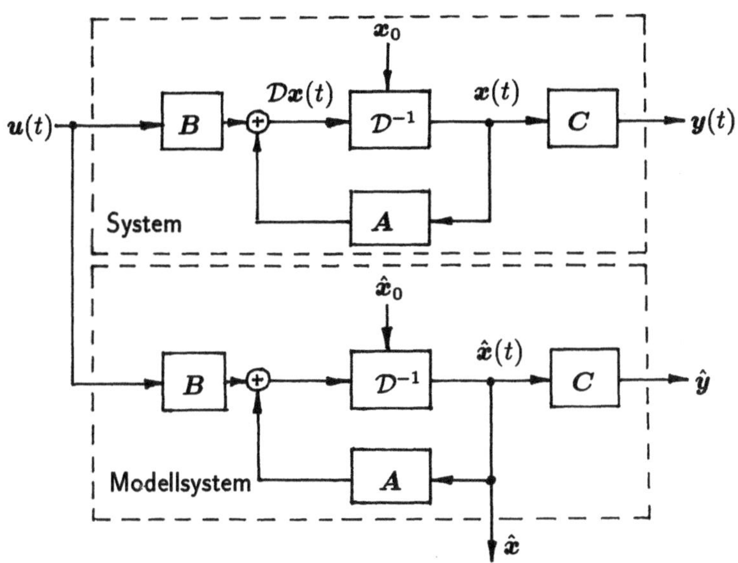

Abb. 5.1: Modellsystem zur Zustandsrekonstruktion

$$\hat{y}(t) = C\hat{x}(t). \tag{5.28}$$

Abb. 5.1 zeigt die Struktur von System und Modellsystem. Da in dem Modellsystem jede Größe direkt zur Verfügung steht, also auch die Zustandsgrößen $\hat{x}_1$ bis $\hat{x}_n$, stellt der Zustandsvektor $\hat{x}$ des Modellsystems eine Rekonstruktion des nicht direkt meßbaren Zustandsvektors x des Systems dar.

Der Zustand $\hat{x}(t)$ des Modellsystems stimmt jedoch nur dann für alle $t \geq 0$ mit dem Systemzustand $x(t)$ überein, wenn auch die Anfangszustände $\hat{x}(t)$ und $x(0)$ übereinstimmen. Da aber der Zustandsvektor x, also auch der Anfangszustand $x(0)$, nicht direkt bekannt ist, kann auch das Modellsystem nicht auf den gleichen Anfangszustand $\hat{x}(0) = x(0)$ gebracht werden. Deshalb ist das einfache Modellsystem in Abb. 5.1 zur Zustandsrekonstruktion nicht geeignet.

Bei dem Modellsystem nach Abb. 5.1 wurde aber auch nicht die gesamte über das System verfügbare Information verarbeitet. Der Ausgangsvektor wurde nicht herangezogen. Ein Vergleich zwischen System und Modellsystem ist aber gerade nur über die beiden Ausgangsvektoren y und $\hat{y}$ möglich. Es ist daher naheliegend, mit der Differenz $y - \hat{y}$ korrigierend in das Modellsystem einzugreifen, z.B. direkt an dem Eingang des $\mathcal{D}^{-1}$-Blocks über eine Rückkoppelungsmatrix H gemäß der Zustandsgleichung

$$\begin{aligned}
\mathcal{D}\hat{x}(t) &= A\hat{x}(t) + H(y(t) - \hat{y}(t)) + Bu(t) \\
&= A\hat{x}(t) + H(y(t) - C\hat{x}(t)) + Bu(t) \\
&= (A - HC)\hat{x}(t) + Hy(t) + Bu(t)
\end{aligned}$$

$$\tag{5.29}$$

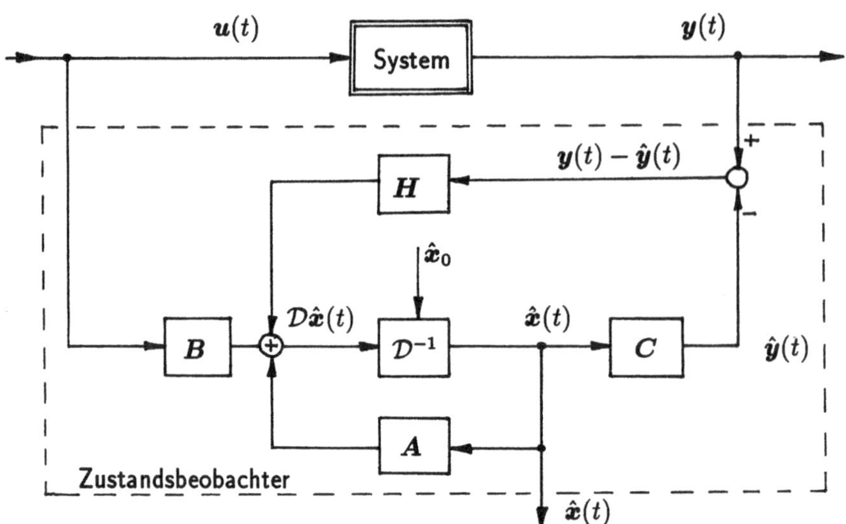

Abb. 5.2: Zustandsbeobachter

für das Modellsystem. Die Struktur eines solchen Modellsystems zeigt Abb. 5.2.

Ein solches Modellsystem ist, wie weiter unten gezeigt wird, tatsächlich in der Lage, den Systemzustand zu rekonstruieren und wird deshalb *Zustandsrekonstruierer* oder auch *Zustandsbeobachter* genannt.

Wie sind die Elemente der Matrix H festzulegen? Das Ziel ist, möglichst schnell den Zustandsvektor $\hat{x}(t)$ des Beobachters mit dem Systemzustand $x(t)$ in Übereinstimmung zu bringen, also den Fehler

$$\tilde{x}(t) \stackrel{\text{def}}{=} x(t) - \hat{x}(t) \tag{5.30}$$

möglichst schnell zum Nullvektor zu machen. Subtrahiert man die Zustandsgleichung (5.29) des Beobachters von der Zustandsgleichung (5.24) des Systems, erhält man

$$\mathcal{D}x(t) - \mathcal{D}\hat{x}(t) = Ax(t) - (A - HC)\hat{x}(t) - Hy(t) \tag{5.31}$$

und daraus mit $y(t) = Cx(t)$

$$\mathcal{D}x(t) - \mathcal{D}\hat{x}(t) = (A - HC)(x(t) - \hat{x}(t)), \tag{5.32}$$

also mit (5.30) für den Fehlervektor $\tilde{x}$ die Fehlergleichung

$$\mathcal{D}\tilde{x}(t) = (A - HC)\tilde{x}(t). \tag{5.33}$$

Wenn das durch die Fehlergleichung (5.33) beschriebene lineare System asymptotisch stabil ist, ist

$$\lim_{t \to \infty} \tilde{x}(t) = o. \tag{5.34}$$

Der Fehlervektor wird zum Nullvektor unabhängig davon, wie groß der Anfangsfehler $\tilde{x}(0)$, d.h., der Unterschied zwischen den Anfangszuständen $x(0)$ und $\hat{x}(0)$ von System und Beobachter war. Es ist die Rückkoppelungsmatrix H des Beobachters so festzulegen, daß sämtliche Eigenwerte der Matrix $(A - HC)$ bei zeitkontinuierlichen Systemen negative Realteile haben bzw. bei zeitdiskreten Systemen betragsmäßig kleiner als Eins sind.

Das erinnert an die Eigenwertfestlegung durch Zustandsrückführung in Abschnitt 4.3. Dort hatte das rückgekoppelte System die Systemmatrix

$$F = A - BR \qquad (5.35)$$

und die Rückkoppelungsmatrix R mußte so bestimmt werden, daß das rückgekoppelte System, also die Matrix F, vorgegebene gewünschte Eigenwerte hatte. Vergleicht man die Systemmatrix

$$F_B \stackrel{\text{def}}{=} A - HC \qquad (5.36)$$

des dynamischen Verhaltens des Beobachtungsfehlers in (5.33) mit der Matrix (5.35) des rückgekoppelten Systems, erkennt man, daß die gesuchten Matrizen R und H an verschiedenen Plätzen innerhalb der Matrizendifferenz stehen. Transponiert man jetzt aber die Gleichung (5.36),

$$F_B^T = A^T - C^T H^T, \qquad (5.37)$$

dann stehen in (5.35) und in (5.37) die gesuchten Matrizen an den gleichen Plätzen!

Damit können aber für die Berechnung der Matrix H^T die gleichen Algorithmen verwendet werden wie für die Berechnung der Zustandsrückkoppelungsmatrix R, wenn man statt A die transponierte Systemmatrix A^T und statt B die transponierte Ausgangsmatrix C^T eingibt. Damit ist also das Problem der Beobachtersynthese auf das Problem der Zustandsreglersynthese zurückgeführt! Alle numerischen Verfahren aus Abschnitt 4.3 können verwendet werden.

6 Singulärwertzerlegung und Anwendungen

6.1 Einleitung

In Kapitel 2 wurde gezeigt, wie die $n \times n$-Systemmatrix A durch eine Ähnlichkeitstransformation mit der Transformationsmatrix T, deren Spalten aus den Eigenvektoren der Matrix A besteht, auf Diagonalform transformiert werden kann,

$$\Lambda = \text{diag}(\lambda_i) = T^{-1}AT, \tag{6.1}$$

wenn die n Eigenvektoren linear unabhängig sind. In diesem Kapitel soll jetzt die Transformation einer allgemeinen rechteckigen $m \times n$-Matrix auf Diagonalform behandelt werden, was durch Links- und Rechtsmultiplikation mit *orthogonalen* Matrizen möglich ist. Die in der Diagonalmatrix auftretenden Elemente σ_i werden *Singulärwerte* der Matrix genannt. Mit Hilfe dieser Singulärwerte können dann Aussagen z.B. über den Rang, die Norm und die Konditionszahl der Matrix A gemacht werden, sowie mittels der orthogonalen Matrizen Basisvektoren für gewisse Unterräume, die durch die Spaltenvektoren der Matrix A aufgespannt werden, angegeben werden, wie in Abschnitt 6.3 gezeigt wird.

Im folgenden wird stets angenommen, daß $m \geq n$ ist. Dies ist keine Einschränkung der Allgemeinheit, denn man kann, wenn diese Bedingung nicht erfüllt ist, statt A die transponierte Matrix A^T betrachten.

Satz 6.1 | Singulärwertzerlegung: *Wenn $A \in \mathrm{R}^{m \times n}$ ist, existieren zwei quadratische orthogonale Matrizen*

$$U \stackrel{\text{def}}{=} [u_1, \ldots, u_m] \in \mathrm{R}^{m \times m} \tag{6.2}$$

und

$$V \stackrel{\text{def}}{=} [v_1, \ldots, v_n] \in \mathrm{R}^{n \times n}, \tag{6.3}$$

so daß

$$U^T A V = \begin{pmatrix} \overline{\Sigma} \\ O \end{pmatrix} = \Sigma \in \mathrm{R}^{m \times n} \tag{6.4}$$

und

$$\overline{\Sigma} \stackrel{\text{def}}{=} \mathrm{diag}(\sigma_1, \ldots, \sigma_n), \tag{6.5}$$

sowie

$$\sigma_1 \geq \sigma_2 \geq \cdots \geq \sigma_n \geq 0. \tag{6.6}$$

Beweis: [6.1] Seien $x \in \mathrm{R}^n$ und $y \in \mathrm{R}^m$ zwei Vektoren mit den Normen $\|x\|_2 = \|y\|_2 = 1$, so daß $Ax = \sigma y$ ist und $\sigma = \|A\|_2$. Die Vektoren x und y werden jetzt durch orthonormale Vektoren so ergänzt, daß die Matrizen

$$V = [x \, V_1] \in \mathrm{R}^{n \times n}$$

und

$$U = [y, U_1] \in \mathrm{R}^{m \times m}$$

orthogonal sind. Dann hat $U^T A V$ die Struktur

$$A_1 = U^T A V = \begin{pmatrix} \sigma & w^T \\ o & B \end{pmatrix} \in \mathrm{R}^{m \times n},$$

wobei $B \in \mathrm{R}^{(m-1) \times (n-1)}$. Für die EUKLIDische Norm des Vektors $A_1 \begin{pmatrix} \sigma \\ w \end{pmatrix}$ erhält man die Abschätzung

$$\left\| A_1 \begin{pmatrix} \sigma \\ w \end{pmatrix} \right\|_2^2 \geq (\sigma^2 + w^T w)^2,$$

und mit

$$\|A_1\|_2^2 \cdot \left\| \begin{pmatrix} \sigma \\ w \end{pmatrix} \right\|_2^2 \geq \left\| A_1 \begin{pmatrix} \sigma \\ w \end{pmatrix} \right\|_2^2$$

sowie

$$\left\| \begin{pmatrix} \sigma \\ w \end{pmatrix} \right\|_2^2 = (\sigma^2 + w^T w)$$

schließlich

$$\|A_1\|_2^2 \geq \sigma^2 + w^T w.$$

Da aber nach Voraussetzung $\sigma^2 = \|A\|_2^2$ und $\|U^T\|_2^2 = \|V\|_2^2 = 1$ ist, gilt insgesamt die Abschätzung

$$\sigma^2 + w^T w \;\leq\; \|A_1\|_2^2 = \|U^T A V\|_2^2$$

$$\leq \ \|U^T\|_2^2 \cdot \|A\|_2^2 \cdot \|V\|_2^2 = \|A\|_2^2 = \sigma^2,$$

d.h., es können nur die Gleichheitszeichen gültig sein und es ist $w = o$. Durch Induktion bezüglich B kann der Beweis vervollständigt werden. $\qquad\Box$

Multipliziert man (6.4) von links mit U und von rechts mit V^T, erhält man unter Berücksichtigung der Eigenschaften $UU^T = I$ und $VV^T = I$ von orthogonalen Matrizen die *Singulärwertzerlegung* genannte Zerlegung der Matrix A in

$$A = U\Sigma V^T. \tag{6.7}$$

Die Vektoren u_i werden *Linkssingulärvektoren* und die v_i *Rechtssingulärvektoren* genannt. Multipliziert man (6.4) von links mit der Matrix U, erhält man

$$AV = U\Sigma \tag{6.8}$$

und daraus für den i-ten Spaltenvektor $(i = 1, 2, \ldots, n)$

$$Av_i = \sigma_i u_i. \tag{6.9}$$

Multipliziert man dagegen (6.4) von rechts mit V^T, ergibt das

$$U^T A = \Sigma V^T, \tag{6.10}$$

also für den i-ten Zeilenvektor $(i = 1, 2, \ldots, n)$

$$u_i^T A = \sigma_i v_i^T, \tag{6.11}$$

oder transponiert

$$A^T u_i = \sigma v_i, \tag{6.12}$$

und für $i > n$

$$A^T u_i = o. \tag{6.13}$$

Man erhält zwei weitere interessante Zusammenhänge wie folgt. Multipliziert man (6.9) von links mit der transponierten Matrix A^T, ist

$$A^T A v_i = \sigma_i A^T u_i$$

und daraus mit (6.12)

$$A^T A v_i = \sigma_i^2 v_i. \tag{6.14}$$

Multipliziert man dagegen (6.12) von links mit der Matrix A und berücksichtigt (6.9), bekommt man

$$AA^T u_i = \sigma_i^2 u_i. \tag{6.15}$$

Die Eigenschaften (6.14) und (6.15) werden in dem folgenden Lemma zusammengefaßt:

Lemma 6.2: *Die Spalten u_i der Matrix U sind orthonormale Eigenvektoren der symmetrischen $m \times m$-Matrix AA^T und die Spalten v_i der Matrix V sind orthonormale Eigenvektoren der symmetrischen $n \times n$-Matrix $A^T A$. Die nicht negativen Eigenwerte λ_i der symmetrischen Matrizen AA^T und $A^T A$ sind gleich und können wegen (6.14) und (6.15) so geschrieben werden*

$$\lambda_i = \sigma_i^2. \tag{6.16}$$

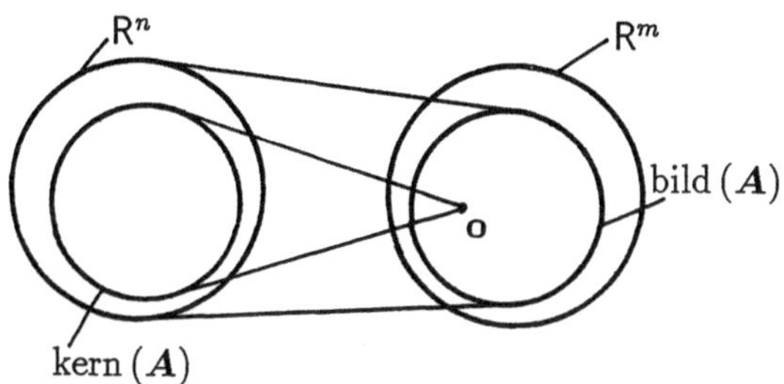

Abb. 6.1: Die Abbildungen bild(A) und kern(A)

Faßt man die Matrix $A \in R^{m \times n}$ als *lineare Abbildung* vom n-dimensionalen Raum R^n in den m-dimensionalen Raum R^m gemäß $y = Ax$ mit $x \in R^n$ und $y \in R^m$ auf, bezeichnet man den durch die Spalten der Matrix A aufgespannten Raum als *Bild* von A,

$$\text{bild}\,(A) \stackrel{\text{def}}{=} \{y | y = Ax, x \in R^n\}, \tag{6.17}$$

und den durch die Vektoren x aufgespannten Raum, für die also $Ax = o$ ist, mit *Kern* oder *Nullraum* von A,

$$\text{kern}\,(A) \stackrel{\text{def}}{=} \{x | Ax = o, x \in R^n\}. \tag{6.18}$$

Aus diesen beiden Definitionen folgen sofort für die linearen Räume bild(A) und kern(A) die beiden Eigenschaften

$$\text{bild}\,(A) \subseteq R^m \tag{6.19}$$

und

$$\text{kern}\,(A) \subseteq R^n, \tag{6.20}$$

die in Abb. 6.1 dargestellt sind.

Die Dimension des Unterraums bild(A) ist gleich der Anzahl der linear unabhängigen Spalten von A, also gleich dem *Rang r* der Matrix A. Die Dimension d des Unterraums kern(A) ist gleich dem *Defekt* (Rangverlust) der Matrix A

$$d \stackrel{\text{def}}{=} \dim(\text{kern}(A)) = n - r. \tag{6.21}$$

Wenn die Singulärwerte so sortiert sind

$$\sigma_1 \geq \sigma_2 \geq \cdots \geq \sigma_r > 0 = \sigma_{r+1} = \cdots = \sigma_n, \tag{6.22}$$

folgt aus (6.9) für $i > r$

$$Av_i = o. \tag{6.23}$$

Da die Vektoren $\boldsymbol{v}_i$ alle linear unabhängig sind, bilden die $d = n - r$ Vektoren $\boldsymbol{v}_{r+1}, \ldots, \boldsymbol{v}_n$ eine Basis für kern($\boldsymbol{A}$). Schreibt man andererseits (6.15) für $i \leq r$ so

$$A \left(\frac{1}{\sigma_i^2} A^T u_i \right) = u_i$$

und beachtet, daß die Vektoren $\boldsymbol{u}_1, \ldots, \boldsymbol{u}_r$ linear unabhängig sind, erkennt man, daß diese Vektoren eine Basis für den r-dimensionalen Unterraum bild($\boldsymbol{A}$) bilden. Die letzten Eigenschaften werden zusammengefaßt in dem

Lemma 6.3: *Wenn die Matrix $\boldsymbol{A} \in \mathrm{R}^{m \times n}$ ($m \geq n$) die Singulärwertzerlegung*

$$A = U \Sigma V^T$$

mit den Singulärwerten

$$\sigma_1 \geq \sigma_2 \geq \cdots \geq \sigma_r > 0 = \sigma_{r+1} = \cdots = \sigma_n,$$

hat, dann
a) ist der Rang von $\boldsymbol{A}$ gleich r,
b) bilden die Vektoren $\boldsymbol{u}_1$ bis $\boldsymbol{u}_r$ eine Basis für bild($\boldsymbol{A}$) und
c) die Vektoren $\boldsymbol{v}_{r+1}$ bis $\boldsymbol{v}_n$ eine Basis für kern($\boldsymbol{A}$).

Ein weiterer sehr interessanter Zusammenhang besteht zwischen den Singulärwerten und der Norm einer Matrix $\boldsymbol{A}$. Bekanntlich ist die EUKLIDische Norm einer Matrix $\boldsymbol{A}$ gleich der Wurzel aus dem größten Eigenwert von $A^T A$:

$$||A||_2 \stackrel{\text{def}}{=} \sqrt{\lambda_{max}(A^T A)}. \tag{6.24}$$

Mit (6.16) und (6.22) ist dann aber

$$||A||_2 = \sigma_1, \tag{6.25}$$

d.h., die EUKLIDische Norm einer Matrix ist gleich ihrem größten Singulärwert. Ist insbesondere $\boldsymbol{A}$ eine *quadratische* nichtsinguläre $n \times n$-Matrix, gilt für die inverse Matrix

$$\begin{aligned} A^{-1} &= (U \Sigma V)^{-1} \\ &= (V^T)^{-1} \Sigma^{-1} U^{-1} \\ &= V \Sigma^{-1} U^T \end{aligned}$$

mit

$$\Sigma^{-1} = \mathrm{diag}\left(\frac{1}{\sigma_1}, \ldots, \frac{1}{\sigma_n} \right),$$

d.h., $\frac{1}{\sigma_n}$ ist der größte Singulärwert von A^{-1} und es ist

$$||A^{-1}||_2 = \sigma_n^{-1}. \tag{6.26}$$

Nun ist aber die Konditionszahl $\kappa(\boldsymbol{A})$ einer quadratischen $n \times n$-Matrix $\boldsymbol{A}$ nach (1.41) so definiert

$$\kappa(A) = ||A||_2 \cdot ||A^{-1}||_2, \tag{6.27}$$

also gilt mit (6.25) und (6.26) für die Konditionszahl

$$\kappa(A) = \frac{\sigma_1}{\sigma_n}. \tag{6.28}$$

Damit kann die Konditionszahl einer Matrix mit Hilfe ihrer Singulärwerte angegeben werden, ohne die Inverse und ihre Norm zu kennen.

6.2 Numerische Berechnung der Singulärwerte

6.2.1 Verfahren von GOLUB und REINSCH

Bereits in Kapitel 2 und 3 wurden Verfahren für die Berechnung der Eigenwerte einer Matrix hergeleitet, so daß es nach Lemma 6.2 naheliegend wäre, die Singulärwerte aus den Eigenwerten der Produktmatrix $A^T A$ zu berechnen. Dieses Vorgehen kann aber mit einem entscheidenden Verlust an Genauigkeit verbunden sein [1.1]. Hat die Matrix A beispielsweise die Form

$$A = \begin{pmatrix} 1 & 1 \\ \epsilon & 0 \\ 0 & \epsilon \end{pmatrix}$$

und ist ϵ^2 kleiner als die relative Maschinengenauigkeit eps$= 5 \cdot 10^{-m}$ aus Abschnitt 1.2, ist

$$A^T A = \begin{pmatrix} 1 + \epsilon^2 & 1 \\ 1 & 1 + \epsilon^2 \end{pmatrix},$$

die die Eigenwerte $\lambda_1 = 2 + \epsilon^2$ und $\lambda_2 = \epsilon^2$ hat. Damit hat die Matrix A die Singulärwerte $\sigma_1 = +\sqrt{2 + \epsilon^2}$ und $\sigma_2 = +\sqrt{\epsilon^2} = |\epsilon|$. Bei Gleitpunktrechnung ist aber nach Kapitel 1

$$\mathrm{rd}(A^T A) = \begin{pmatrix} 1 & 1 \\ 1 & 1 \end{pmatrix}.$$

Diese Matrix hat die Eigenwerte $\lambda_1 = 2$ und $\lambda_2 = 0$, also die Singulärwerte $\sigma_1 = +\sqrt{2}$ und $\sigma_2 = 0$. Ist beispielsweise $m = 12$, d.h., eps$= 5 \cdot 10^{-12}$, und $\epsilon = 10^{-7}$, ist ϵ selbst noch weit von der Maschinengenauigkeit eps entfernt, aber $\epsilon^2 = 10^{-14}$ würde „unter den Tisch fallen" und der Rang von A würde zu $r = 1$ berechnet werden, obwohl er eindeutig gleich zwei ist! Diesen Nachteil hat das im folgenden beschriebene Verfahren von GOLUB und REINSCH nicht [2.4].

Bei diesem Verfahren wird zunächst die Matrix A auf eine kompaktere Form durch Links- bzw. Rechtsmultiplikation mit orthogonalen Matrizen gebracht, wobei die Singulärwerte gemäß dem folgenden Lemma nicht verändert werden.

Lemma 6.4: *Sei $A \in \mathsf{R}^{m \times n}$ und seien $P \in \mathsf{R}^{m \times m}$ und $Q \in \mathsf{R}^{n \times n}$ orthogonale Matrizen, dann haben die A und PAQ die gleichen Singulärwerte.*

Beweis: Die Singulärwerte von A sind gleich den positiven Quadratwurzeln aus den Eigenwerten von $A^T A$ und die Singulärwerte von PAQ sind gleich den positiven

Quadratwurzeln aus den Eigenwerten von $Q^T A^T P^T P A Q = Q^T A^T A Q$. Da aber $A^T A$ zu $Q^T A^T A Q$ ähnlich ist, sind die Eigenwerte nach Lemma 2.1 gleich, also auch die Singulärwerte von A und PAQ. $\qquad\qquad\qquad\qquad\qquad\qquad\qquad\qquad\square$

Die angestrebte kompakte Form hat folgende bidiagonale Gestalt (hier z.B. für $m = 7$ und $n = 4$):

$$
B = \begin{pmatrix}
* & * & 0 & 0 \\
0 & * & * & 0 \\
0 & 0 & * & * \\
0 & 0 & 0 & * \\
0 & 0 & 0 & 0 \\
0 & 0 & 0 & 0 \\
0 & 0 & 0 & 0
\end{pmatrix}. \tag{6.29}
$$

Dies kann dadurch erreicht werden, daß die Matrix A zunächst von links mit einer HOUSEHOLDER-Matrix P_1 so multipliziert wird, daß in der ersten Spalte unterhalb des ersten Elements nur Nullen stehen:

$$
P_1 A = \begin{pmatrix}
* & * & * & * \\
0 & * & * & * \\
0 & * & * & * \\
0 & * & * & * \\
0 & * & * & * \\
0 & * & * & * \\
0 & * & * & *
\end{pmatrix}. \tag{6.30}
$$

Dann wird die entstandene Matrix (6.30) von rechts mit einer HOUSEHOLDER-Matrix Q_1 so multipliziert, daß in der ersten Zeile, bis auf die ersten beiden Elemente, Nullen entstehen, was ohne eine Veränderung der ersten Spalte vorgenommen werden kann:

$$
P_1 A Q_1 = \left(\begin{array}{c|ccc}
* & * & 0 & 0 \\
\hline
0 & * & * & * \\
0 & * & * & * \\
0 & * & * & * \\
0 & * & * & * \\
0 & * & * & * \\
0 & * & * & *
\end{array}\right). \tag{6.31}
$$

Wendet man das gleiche Verfahren auf die in (6.31) gestrichelt eingerahmte $(m-1) \times (n-1)$-Untermatrix an, erhält man

$$
P_2 P_1 A Q_1 Q_2 = \left(\begin{array}{cc|cc}
* & * & 0 & 0 \\
0 & * & * & 0 \\
\hline
0 & 0 & * & * \\
0 & 0 & * & * \\
0 & 0 & * & * \\
0 & 0 & * & * \\
0 & 0 & * & *
\end{array}\right). \tag{6.32}
$$

So fährt man fort, bis im allgemeinen Fall $A \in \mathrm{R}^{m \times n}$, $m \geq n$,

$$B = P_n P_{n-1} \cdots P_1 A Q_1 \cdots Q_{n-2} = \begin{pmatrix} B_1 \\ O \end{pmatrix}, \ B_1 \in \mathrm{R}^{n \times n}, \qquad (6.33)$$

eine bidiagonale Matrix der Form (6.29) ist.

Im nächsten Schritt soll nun diese bidiagonale Matrix B iterativ auf die Form

$$\Sigma = \begin{pmatrix} \overline{\Sigma} \\ O \end{pmatrix}$$

gebracht werden, also B_1 auf die Diagonalform $\overline{\Sigma}$:

$$B_1 \to B_2 \to \cdots \to \overline{\Sigma},$$

wobei

$$B_{i+1} := P_i B_i Q_i \qquad (6.34)$$

ist, mit orthogonalen Matrizen P_i und Q_i. Die Matrizen Q_i werden dabei so gewählt, daß die Folge

$$M_i := B_i^T B_i \qquad (6.35)$$

und damit auch B_i selbst, gegen eine Diagonalmatrix konvergiert, während die Matrizen P_i so gewählt werden, daß alle Matrizen B_i bidiagonal sind.

Da die Matrizen B_i bidiagonal bzw. tridiagonal sind, benötigt man für die entsprechenden Operationen nicht HOUSEHOLDER-Matrizen, sondern nur einfacher aufgebaute GIVENS-Matrizen. Der Übergang $B_i \to B_{i+1}$ wird durch abwechselndes Multiplizieren mit GIVENS-Matrizen P_{ij} von links und Q_{ij} von rechts gemäß (6.230) erzielt. Die Matrizen P_{ij} und Q_{ij} haben folgende Form

$$\begin{pmatrix} 1 & & & & & & & \\ & \ddots & & & & & & \\ & & 1 & & & & & \\ & & & \cos \alpha & -\sin \alpha & & & \\ & & & \sin \alpha & \cos \alpha & & & \\ & & & & & 1 & & \\ & & & & & & \ddots & \\ & & & & & & & 1 \end{pmatrix}, \qquad (6.36)$$

wobei die Sinus- und Cosinusausdrücke in den j-ten und $(j+1)$-ten Zeilen bzw. Spalten stehen.

Es ist $B_{i+1} = P_i B_i Q_i$, mit $P_i := P_{i,n-1} \cdots P_{i,1}$ und $Q_i := Q_{i,1} \cdots Q_{i,n-1}$, und deshalb ist die Matrix

$$M_{i+1} = B_{i+1}^T B_{i+1} = Q_i^T B_i^T B_i Q_i = Q_i^T M_i Q_i \qquad (6.37)$$

wie M_i eine Tridiagonalmatrix. Der erste Winkel α_1 von Q_1 wird so gewählt, daß der Übergang $M_i \to M_{i+1}$ einer QR-Transformation mit einer vorgegebenen Verschiebung

s entspricht. Für $M_i = B_i^T B_i$ erhält man

$$
M_i = \begin{pmatrix}
b_{11} & 0 & \cdots & & \cdots & 0 \\
b_{12} & b_{22} & \ddots & & & \vdots \\
0 & \ddots & \ddots & & & \vdots \\
\vdots & \ddots & b_{n-2,n-1} & b_{n-1,n-1} & 0 \\
0 & \cdots & 0 & b_{n-1,n} & b_{n,n}
\end{pmatrix}
\begin{pmatrix}
b_{11} & b_{12} & 0 & \cdots & & 0 \\
0 & b_{22} & \ddots & \ddots & & \vdots \\
\vdots & \ddots & \ddots & b_{n-2,n-1} & 0 \\
\vdots & & \ddots & b_{n-1,n-1} & b_{n-1,n} \\
0 & \cdots & \cdots & 0 & b_{n,n}
\end{pmatrix}
$$

$$
= \begin{pmatrix}
b_{11}^2 & b_{11}b_{12} & 0 & \cdots & & 0 \\
b_{11}b_{12} & b_{22}^2 & \ddots & & \ddots & \vdots \\
0 & \ddots & \ddots & & \ddots & 0 \\
\vdots & & \ddots & \ddots & (b_{n-2,n-1}^2 + b_{n-1,n-1}^2) & b_{n-1,n-1}b_{n-1,n} \\
0 & & \cdots & 0 & b_{n-1,n}b_{n-1,n-1} & (b_{n-1,n}^2 + b_{nn}^2)
\end{pmatrix}. \tag{6.38}
$$

Bei einer QR–Zerlegung von M_i (FRANCIS-Schritt in Abschnitt 2.3) würde man
die Verschiebung s gleich *dem* Eigenwert des 2×2-Blocks in der rechten unteren Ma-
trizenecke wählen, der näher bei $b_{n-1,n}^2 + b_{n,n}^2$ liegt. Dieser Eigenwert kann, wegen der
Symmetrie und positiven Definitheit der Matrix M_i, nur reell und positiv sein. Q_1
wird jetzt so bestimmt, daß in der ersten Zeile der „verschobenen" Matrix $M_i - sI$ das
Element in der zweiten Spalte der ersten Zeile zu Null wird:

$$
[b_{11}^2 - s | b_{11}b_{12}] \begin{pmatrix} \cos\alpha & -\sin\alpha \\ \sin\alpha & \cos\alpha \end{pmatrix} \overset{!}{=} [* | 0]. \tag{6.39}
$$

Die übliche QR-Zerlegung würde dies ergeben

$$
\begin{aligned}
M_i - sI &= \bar{Q}\bar{R}, \\
\bar{R}\bar{Q} + sI &= \bar{M}_{i+1},
\end{aligned}
$$

wobei $\bar{Q}^T\bar{Q} = I$, $\bar{R}$ eine obere Dreiecksmatrix und $\bar{M}_{i+1} = \bar{Q}^T M_i \bar{Q}$ ähnlich zu M_i
ist; denn multipliziert man $M_i = \bar{Q}\bar{R} + sI$ von links mit $\bar{Q}^T$ und von rechts mit $\bar{Q}$,
erhält man

$$
\bar{Q}^T M_i \bar{Q} = \bar{R}\bar{Q} + sI = \bar{M}_{i+1}.
$$

Behauptung: Sei $Q = [q_1, \ldots, q_n]$ eine weitere orthogonale $n \times n$-Matrix, wobei
die ersten Spalten von Q und $\bar{Q}$ übereinstimmen,

$$
q_1 = \bar{q}_1 = \begin{pmatrix} \rho_1 \\ \rho_2 \\ 0 \\ \vdots \\ 0 \end{pmatrix}, \quad \rho_2 \neq 0,
$$

und sowohl

$$
M_{i+1} = Q^T M_i Q \tag{6.40}
$$

als auch

$$
\bar{M}_{i+1} = \bar{Q}^T M_i \bar{Q} \tag{6.41}
$$

tridiagonal sind. Dann sind auch die übrigen Spalten von q und $\bar{Q}$ bis auf das Vorzeichen gleich:

$$\bar{q}_i = \pm q_i, \quad i = 2, 3, \ldots, n.$$

Beweis: Aus (6.40) folgt

$$M_i[q_1, \ldots, q_n] = [q_1, \ldots, q_n]M_{i+1} \tag{6.42}$$

und aus (6.41)

$$M_i[q_1, \bar{q}_2, \ldots, \bar{q}_n] = (q_1, \bar{q}_2, \bar{q}_2, \ldots, \bar{q}_n]\bar{M}_{i+1}. \tag{6.43}$$

Daraus folgt für die ersten Spalten

$$M_i q_1 = [q_1, \ldots, q_n]\begin{pmatrix} m_{11}^{(i+1)} \\ m_{21}^{(i+1)} \\ 0 \\ \vdots \\ 0 \end{pmatrix} = m_{11}^{(i+1)}q_1 + m_{21}^{(i+1)}q_2 \tag{6.44}$$

und

$$M_i q_1 = [q_1, \bar{q}_2, \ldots, \bar{q}_n]\begin{pmatrix} \bar{m}_{11}^{(i+1)} \\ \bar{m}_{21}^{(i+1)} \\ 0 \\ \vdots \\ 0 \end{pmatrix} = \bar{m}_{11}^{(i+1)}q_1 + \bar{m}_{21}^{(i+1)}\bar{q}_2. \tag{6.45}$$

Andererseits folgt aus (6.40) und (6.41) für die Matrixelemente $m_{11}^{(i+1)}$ und $\bar{m}_{11}^{(i+1)}$:

$$q_1^T M_i q_1 = m_{11}^{(i+1)}$$

und

$$q_1^T M_i q_1 = \bar{m}_{11}^{(i+1)},$$

also

$$m_{11}^{(i+1)} = \bar{m}_{11}^{(i+1)}. \tag{6.46}$$

Subtrahiert man jetzt (6.45) von (6.44) unter Beachtung von (6.46), bekommt man

$$m_{21}^{(i+1)}q_2 - \bar{m}_{21}^{(i+1)}\bar{q}_2 = o,$$

d.h., es ist

$$\bar{q}_2 = \frac{m_{21}^{(i+1)}}{\bar{m}_{21}^{(i+1)}}q_2 \overset{\text{def}}{=} \Delta_2 q_2. \tag{6.47}$$

Da aber sowohl Q als auch $\bar{Q}$ orthonormale Matrizen sind, muß gelten

$$q_2^T q_2 = 1 = \bar{q}_2^T \bar{q}_2 = (\Delta_2)^2 q_2^T q_2, \tag{6.48}$$

also

$$\Delta_2 = \pm 1. \tag{6.49}$$

Für die zweiten Spalten in (6.42) und (6.43) erhält man

$$M_i q_2 = [q_1, \ldots, q_n] \begin{pmatrix} m_{12}^{(i+1)} \\ m_{22}^{(i+1)} \\ m_{32}^{(i+1)} \\ 0 \\ \vdots \\ 0 \end{pmatrix} = m_{12}^{(i+1)} q_1 + m_{22}^{(i+1)} q_2 + m_{32}^{(i+1)} q_3 \tag{6.50}$$

und

$$M_i \bar{q}_1 = \Delta_2 M_i q_2 = [q_1, \bar{q}_2, \ldots, \bar{q}_n] \begin{pmatrix} \bar{m}_{12}^{(i+1)} \\ \bar{m}_{22}^{(i+1)} \\ \bar{m}_{32}^{(i+1)} \\ 0 \\ \vdots \\ 0 \end{pmatrix}, \tag{6.51}$$

d.h.,

$$M_i q_2 = \frac{\bar{m}_{12}^{(i+1)}}{\Delta_2} q_1 + \bar{m}_{22}^{(i+1)} q_2 + \frac{\bar{m}_{32}^{(i+1)}}{\Delta_2} \bar{q}_3. \tag{6.52}$$

Für die Matrixelemente $m_{12}^{(i+1)}$ und $\bar{m}_{12}^{(i+1)}$ folgt aber aus (6.40) und (6.41)

$$q_1^T M_i q_2 = m_{12}^{(i+1)}$$

und

$$q_1^T M_i \bar{q}_2 = \bar{m}_{12}^{(i+1)} = q_1^T M_i q_2 \Delta_2,$$

also

$$\bar{m}_{12}^{(i+1)} = \Delta_2 m_{12}^{(i+1)}, \tag{6.53}$$

und für die Elemente $m_{22}^{(i+1)}$ und $\bar{m}_{22}^{(i+1)}$ folgt entsprechend wie oben in (6.46)

$$m_{22}^{(i+1)} = \bar{m}_{22}^{(i+1)}. \tag{6.54}$$

Subtrahiert man jetzt (6.52) von (6.50) und berücksichtigt (6.53) und (6.54), erhält man

$$\bar{q}_3 = \frac{m_{32}^{(i+1)} \Delta_2}{\bar{m}_{32}^{(i+1)}} q_3 \overset{\text{def}}{=} \Delta_3 q_3, \tag{6.55}$$

wobei wieder

$$\Delta_3 = \pm 1, \tag{6.56}$$

wegen der Orthonormalität von Q und $\bar{Q}$ sein muß. Entsprechend erhält man allgemein für $i = 2, 3, \ldots, n$

$$\bar{q}_i = \Delta_i q_i, \quad \Delta_i = \pm 1, \tag{6.57}$$

also zusammengefaßt die Beziehung

$$\bar{Q} = Q \Delta \tag{6.58}$$

mit der Diagonalmatrix

$$\boldsymbol{\Delta} \stackrel{\text{def}}{=} \begin{pmatrix} 1 & & & & \\ & \Delta_2 & & & \\ & & \Delta_3 & & \\ & & & \ddots & \\ & & & & \Delta_n \end{pmatrix}. \tag{6.59}$$

$\square$

Setzt man (6.58) in (6.41) ein, wird

$$\bar{M}_{i+1} = \bar{Q}^T M_i \bar{Q} = \boldsymbol{\Delta}^T Q^T M_i Q \boldsymbol{\Delta} = \boldsymbol{\Delta}^T M_{i+1} \boldsymbol{\Delta}.$$

Da $\boldsymbol{\Delta}^T \boldsymbol{\Delta} = \boldsymbol{I}$ ist, ist $\boldsymbol{\Delta}^T = \boldsymbol{\Delta}^{-1}$, d.h., $\bar{M}_{i+1}$ ist ähnlich zu M_{i+1}. Beide Matrizen haben somit die gleichen Eigenwerte. Wählt man die GIVENS-Matrix Q_1 so wie beim QR-Verfahren, stimmen in

$$Q \stackrel{\text{def}}{=} Q_1 \cdots Q_{n-1} \quad \text{und} \quad \bar{Q} \stackrel{\text{def}}{=} \bar{Q}_1 \cdots \bar{Q}_{n-1}$$

die ersten Spalten überein, da für $i \geq 2$ die Matrizen Q_i und $\bar{Q}_i$ die Form (6.36) haben und damit sowohl die erste Spalte von Q als auch die erste Spalte von $\bar{Q}$ gleich der ersten Spalte von Q_1 sind.

Die Folge der Matrizen M_{i+1} konvergiert also bei dem angegebenen Singulärwertzerlegungs-Algorithmus genauso wie die Folge der Matrizen $\bar{M}_{i+1}$ beim QR-Algorithmus und dadurch ist eine Beschränkung auf die Berechnung der Folge der B_i-Matrizen möglich.

Wendet man die GIVENS-Matrix Q_1 jetzt direkt auf die bidiagonale Matrix B_1 an, erhält man z.B. für $n = 4$

$$B_1 Q_1 = \begin{pmatrix} * & * & 0 & 0 \\ \otimes & * & * & 0 \\ 0 & 0 & * & * \\ 0 & 0 & 0 & * \end{pmatrix}, \tag{6.60}$$

mit

$$Q_1 = \begin{pmatrix} c & s & 0 & 0 \\ -s & c & 0 & 0 \\ 0 & 0 & 1 & 0 \\ 0 & 0 & 0 & 1 \end{pmatrix}.$$

Dann können weitere GIVENS-Matrizen $P_1, Q_2, P_3, \ldots, Q_{n-1}, P_{n-1}$ so bestimmt werden, daß das nicht gewünschte Element $\otimes$ nach unten wandert:

$$P_1(B_1 Q_1) = \begin{pmatrix} * & * & \otimes & 0 \\ 0 & * & * & 0 \\ 0 & 0 & * & * \\ 0 & 0 & 0 & * \end{pmatrix},$$

$$(P_1 B_1 Q_1) Q_2 = \begin{pmatrix} * & * & 0 & 0 \\ 0 & * & * & 0 \\ 0 & \otimes & * & * \\ 0 & 0 & 0 & * \end{pmatrix},$$

$$P_2(P_1B_1Q_1Q_2) = \begin{pmatrix} * & * & 0 & 0 \\ 0 & * & * & \otimes \\ 0 & 0 & * & * \\ 0 & 0 & 0 & * \end{pmatrix},$$

$$(P_2P_1B_1Q_1Q_2)Q_3 = \begin{pmatrix} * & * & 0 & 0 \\ 0 & * & * & 0 \\ 0 & 0 & * & * \\ 0 & 0 & \otimes & * \end{pmatrix},$$

$$P_3(P_2P_1B_1Q_1Q_2Q_3) = \begin{pmatrix} * & * & 0 & 0 \\ 0 & * & * & 0 \\ 0 & 0 & * & * \\ 0 & 0 & 0 & * \end{pmatrix}. \tag{6.61}$$

Zusammenfassend erhält man für einen Iterationsschritt diesen

Algorithmus 6.5:

$a := b_{n-1,n-1}^2 + b_{n-2,n-1}^2;$

$b := b_{n,n}^2 + b_{n-1,n}^2;$

$c := b_{n-1,n-1} \cdot b_{n-1,n};$

Berechnung von λ_1 und λ_2 als Nullstelle von $\lambda^2 - (a+b)\lambda + (ab-c) = 0$
        gemäß (1.45);

if $|\lambda_1 - b| > |\lambda_2 - b|$ **then** $s := \lambda_2$ **else** $s := \lambda_1;$

$y := b_{11}^2 - s;$

$z := b_{11}b_{12};$

for $k := 1$ **to** $n-1$ **do**

   begin

      Bestimme GIVENS-Matrix Q so, daß (6.39) erreicht wird;

      $B := B_1Q;$

      $y := b_{kk};$

      $z := b_{k+1,k};$

      Bestimme GIVENS-Matrix P so, daß $\begin{pmatrix} c & -s \\ s & c \end{pmatrix}\begin{pmatrix} y \\ z \end{pmatrix} = \begin{pmatrix} * \\ 0 \end{pmatrix}$ ist;

      $B := PB;$

      if $k < n-1$ **then**

         begin

            $y := b_{k,k+1};$

            $z := b_{k,k+1};$

         end;

   end.

Nach einigen Iterationsschritten wird in der vorletzten Zeile das letzte Element $b_{n-1,n}$ vernachlässigbar klein. Als Abbruchkriterium kann beispielsweise

$$|b_{n-1,n}| \leq \epsilon(|b_{n-1,n-1}| + |b_{n,n}|)$$

verwendet werden.

Andererseits muß für den gesamten Algorithmus gewährleistet sein, daß die Matrix B immer eine echte bidiagonale Matrix ist, also keines der Elemente in den beiden Diagonalen gleich Null wird. Denn wäre z.B. das Element der Nebendiagonalen $b_{i,i+1} = 0$, würde B in zwei echte bidiagonale Untermatrizen B' und B'' zerfallen

$$B = \begin{pmatrix} B' & O \\ O & B'' \end{pmatrix}, \tag{6.62}$$

wobei dann B' eine $i \times i$-Matrix und B'' eine $(n-i) \times (n-i)$-Matrix wäre. Damit zerfällt aber das ursprüngliche Problem der Singulärwertzerlegung in zwei Teilprobleme, nämlich die Singulärwertzerlegung von B' und B''.

Wäre dagegen ein Element der Hauptdiagonalen, also beispielsweise $b_{ii} = 0$, hätte B dieses Aussehen ($i = 3$)

$$B = \begin{pmatrix}
* & * & 0 & 0 & 0 & 0 \\
0 & * & * & 0 & 0 & 0 \\
0 & 0 & 0 & * & 0 & 0 \\
0 & 0 & 0 & * & * & 0 \\
0 & 0 & 0 & 0 & * & * \\
0 & 0 & 0 & 0 & 0 & *
\end{pmatrix}. \tag{6.63}$$

Durch die Linksmultiplikation mit geeignet gewählten GIVENS-Matrizen kann nun aber in diesem Fall erreicht werden, daß auch das Element $b_{i,i+1}$ zu Null wird:

1.) c_1 und s_1 der GIVENS-Matrix so bestimmen, daß das Matrixelement $\otimes$ gleich Null wird:

$$\begin{pmatrix}
1 & & & & & \\
& 1 & & & & \\
& & c_1 & s_1 & & \\
& & -s_1 & c_1 & & \\
& & & & 1 & \\
& & & & & 1
\end{pmatrix}
\begin{pmatrix}
* & * & & & \\
& * & * & & \\
& & 0 & \otimes & \\
& & & * & * \\
& & & & * & * \\
& & & & & *
\end{pmatrix}
=
\begin{pmatrix}
* & * & & & \\
& * & * & & \\
& & 0 & 0 & \otimes \\
& & & * & * \\
& & & & * & * \\
& & & & & *
\end{pmatrix},$$

2.) c_2 und s_2 der GIVENS-Matrix so bestimmen, daß wieder das Matrixelement $\otimes = 0$ wird:

$$\begin{pmatrix}
1 & & & & & \\
& 1 & & & & \\
& & c_2 & 0 & s_2 & \\
& & 0 & 1 & 0 & \\
& & -s_2 & 0 & c_2 & \\
& & & & & 1
\end{pmatrix}
\begin{pmatrix}
* & * & & & \\
& * & * & & \\
& & 0 & 0 & \otimes \\
& & & * & * \\
& & & & * & * \\
& & & & & *
\end{pmatrix}
=
\begin{pmatrix}
* & * & & & \\
& * & * & & \\
& & 0 & 0 & 0 & \otimes \\
& & & * & * \\
& & & & * & * \\
& & & & & *
\end{pmatrix},$$

3.) schließlich c_3 und s_3 der GIVENS-Matrix so bestimmen, daß $\otimes$ ganz verschwindet:

$$\begin{pmatrix}
1 & & & & \\
& 1 & & & \\
& & c_3 & 0 & 0 & s_3 \\
& & 0 & 1 & 0 & 0 \\
& & 0 & 0 & 1 & 0 \\
& & -s_3 & 0 & 0 & c_3
\end{pmatrix}
\begin{pmatrix}
* & * & & & \\
& * & * & & \\
& & 0 & 0 & 0 & \otimes \\
& & & * & * \\
& & & & * & * \\
& & & & & *
\end{pmatrix}
=
\begin{pmatrix}
* & * & 0 & & & \\
0 & * & * & & O & \\
0 & 0 & 0 & & & \\
& & & * & * & 0 \\
& O & & 0 & * & * \\
& & & 0 & 0 & *
\end{pmatrix}.$$

Diese Zerlegung verbunden mit dem oben angegebenen Algorithmus 6.5 ergibt den Algorithmus 6.6 [6.1]

Algorithmus 6.6:   {Singulärwertzerlegung}
Transformiere A auf bidiagonale Form gemäß (6.230):

$$B := P_n P_{n-1} \cdots P_1 A Q_1 \cdots Q_{n-2} =: \begin{pmatrix} B_1 \\ O \end{pmatrix};$$

repeat
    for $i := 1$ **to** $n-1$ **do**
        if $|b_{i,i+1}| \leq \epsilon(|b_{ii}| + |b_{i+1,i+1}|)$ **then** $b_{i,i+1} := 0;$
        Suche größtes q und kleinstes p, so daß in

$$B_1 = \begin{pmatrix} B_{11} & O & O \\ O & B_{22} & O \\ O & O & B_{33} \end{pmatrix}$$

        $B_{33} \in \mathsf{R}^{q \times q}$ Diagonalform
        und $B_{22} \in \mathsf{R}^{(n-p-q) \times (n-p-q)}$ kein Nullelement
        in der Nebendiagonalen hat;
        if $q = n$ **then** STOP
        if irgendein Diagonalelement in B_{22} Null ist,
            then Transformiere das Nebendiagonalelement in
            der gleichen Zeile zur Null;
            else Wende Algorithmus 6.4 auf B_{22} an
            $B_{22} := P B_{22} Q$
  until $q = n$.

Beispiel 6.1:   Für die drei Matrizen A_1, A_2 und A_3 aus den Beispielen 2.4 bis 2.8, 3.1 und 3.2 erhält man mit dem Algorithmus 6.6
(a) für die Matrix

$$A_1 = \begin{pmatrix} 23 & 35 & 7 & 8 \\ 9 & 8 & -6 & 8 \\ 6 & -76 & 8 & 9 \\ 0 & 9 & -7 & 4 \end{pmatrix}$$

die Singulärwerte

$$\begin{aligned} \sigma_1 &= 8.494\,456\,508\,46E + 01, \\ \sigma_2 &= 2.912\,616\,238\,37E + 01, \\ \sigma_3 &= 1.225\,184\,235\,69E + 01, \\ \sigma_4 &= 9.898\,920\,614\,94E - 01; \end{aligned}$$

(b) für die Matrix

$$A_2 = \begin{pmatrix} 4 & 1 & 1 & 1 \\ 25 & 1 & 1 & 1 \\ -50 & 7 & 5 & -7 \\ 27 & -2 & -2 & 2 \end{pmatrix}$$

die Singulärwerte

$$\sigma_1 = 6.304\,854\,213\,53E + 01,$$

$$\sigma_2 = 5.781\,096\,227\,36E+00,$$
$$\sigma_3 = 1.539\,690\,192\,96E+00,$$
$$\sigma_4 = 2.993\,578\,774\,95E-01;$$

(c) für die modifizierte HILBERT-Matrix

$$A_3 = \begin{pmatrix} 420 & 210 & 140 & 110 \\ 210 & 140 & 110 & 84 \\ 140 & 110 & 84 & 70 \\ 110 & 84 & 70 & 60 \end{pmatrix}$$

die Singulärwerte

$$\sigma_1 = 6.300\,899\,762\,29E+02,$$
$$\sigma_2 = 7.103\,931\,249\,67E+01,$$
$$\sigma_3 = 2.830\,074\,914\,36E+00,$$
$$\sigma_4 = 4.061\,496\,774\,95E-02.$$

□

6.2.2 Hochgenaue Berechnung der Singulärwerte und Singulärvektoren

Wenn beispielsweise der Rang einer Matrix mit Hilfe der Singulärwerte ermittelt werden soll, muß man wissen, wie viele der Singulärwerte größer als Null sind. Diese Entscheidung ist aber bei schlecht konditionierten Matrizen und normalen Singulärwertbestimmungs-Algorithmen nicht einfach zu fällen. Das Verfahren von GOLUB und REINSCH verwendet zwar nur sehr gut konditionierte Transformationsmatrizen, nämlich HOUSEHOLDER- und GIVENS-Matrizen, um iterativ die Singulärwertzerlegung zu erhalten, aber durch die große Zahl der auszuführenden Transformationen werden Rundungsfehler aufsummiert und auch nicht wieder durch Heranziehen der Ausgangsmatrix A korrigiert. Die Anfangsinformationen, die in der Matrix A steckten, gehen schon nach der ersten Matrizenmultiplikation verloren! Vor allem die kleinsten Singulärwerte werden in den Anwendungen möglichst genau benötigt. Noch besser wäre es, wenn eine garantierte Intervalleinschließung dieser Singulärwerte vorläge; denn wenn solche Intervalleinschließungen nicht die Null enthalten, kann man garantieren, daß der zugehörige Singulärwert größer als Null ist.

In diesem Abschnitt soll deshalb die hochgenaue Berechnung der Singulärwerte σ_i und der zugehörigen Singulärvektoren u_i und v_i auf die in Abschnitt 3.3.1 behandelte hochgenaue Eigenwert- und Eigenvektorermittlung zurückgeführt werden. Hierbei hilft der

Satz 6.7

> *Sei $\mathbf{A} \in \mathsf{R}^{m \times n}$ und*
>
> $$\underline{\mathbf{A}} \stackrel{\text{def}}{=} \begin{pmatrix} \mathbf{O} & \mathbf{A}^T \\ \mathbf{A} & \mathbf{O} \end{pmatrix} \in \mathsf{R}^{(m+n) \times (m+n)}. \qquad (6.64)$$
>
> *Dann gilt:*
> *1. Die von Null verschiedenen Eigenwerte von $\underline{\mathbf{A}}$ sind gleich den Singulärwerten σ_i der Matrix $\mathbf{A}$ und den negativ genommenen Singulärwerten $-\sigma_i$.*
> *2. Unterteilt man den zum Eigenwert $\lambda_i \neq 0$ gehörenden Eigenvektor so*
>
> $$\mathbf{x}_i = \begin{pmatrix} \mathbf{u}_i \\ \mathbf{v}_i \end{pmatrix}, \ \mathbf{x}_i \in \mathsf{R}^{m+n}, \ \mathbf{u}_i \in \mathsf{R}^n, \ \mathbf{v}_i \in \mathsf{R}^m, \qquad (6.65)$$
>
> *dann ist*
>
> $$\mathbf{u}_i^T \mathbf{u}_i = \mathbf{v}_i^T \mathbf{v}_i. \qquad (6.66)$$

Beweis: (1) Multipliziert man die Matrix $(\underline{\mathbf{A}} - \lambda \mathbf{I})$ von links mit der Matrix

$$\begin{pmatrix} \mathbf{I} & \mathbf{O} \\ -\lambda^{-1}\mathbf{A} & \mathbf{I} \end{pmatrix},$$

erhält man

$$\begin{pmatrix} \mathbf{I} & \mathbf{O} \\ -\lambda^{-1}\mathbf{A} & \mathbf{I} \end{pmatrix} \begin{pmatrix} -\lambda\mathbf{I} & \mathbf{A}^T \\ \mathbf{A} & -\lambda\mathbf{I} \end{pmatrix} = \begin{pmatrix} -\lambda\mathbf{I} & \mathbf{A}^T \\ \mathbf{O} & (\lambda^{-1}\mathbf{A}\mathbf{A}^T - \lambda\mathbf{I}) \end{pmatrix}$$

und für die Determinante hiervon, unter Berücksichtigung der beiden Tatsachen

$$\det(\mathbf{M}_1 \cdot \mathbf{M}_2) = \det(\mathbf{M}_1) \cdot \det(\mathbf{M}_2), \quad \mathbf{M}_1, \mathbf{M}_2 \in \mathsf{R}^{n \times n}$$

und

$$\det \begin{pmatrix} \mathbf{M}_{11} & \mathbf{M}_{12} \\ \mathbf{O} & \mathbf{M}_{22} \end{pmatrix} = \det(\mathbf{M}_{11}) \cdot \det(\mathbf{M}_{22}), \quad \mathbf{M}_{11}, \mathbf{M}_{22} \text{ quadratisch,}$$

schließlich

$$\begin{aligned} \det(\underline{\mathbf{A}} - \lambda \mathbf{I}) &= \det(-\lambda\mathbf{I}) \cdot \det(\lambda^{-1}\mathbf{A}\mathbf{A}^T - \lambda\mathbf{I}) \\[2mm] &= (-\lambda)^n \det(\lambda^{-1}\mathbf{A}\mathbf{A}^T - \lambda\mathbf{I}) \\[2mm] &= (-\lambda)^n \left(-\frac{1}{\lambda}\right)^n \det(\lambda^2\mathbf{I} - \mathbf{A}\mathbf{A}^T) \\[2mm] &= \det(\lambda^2\mathbf{I} - \mathbf{A}\mathbf{A}^T), \qquad (6.67) \end{aligned}$$

also sind die von Null verschiedenen Eigenwerte von $\underline{\mathbf{A}}$ gleich den positiven und negativen Wurzeln aus den Eigenwerten von $\mathbf{A}\mathbf{A}^T$, d.h., nach Lemma 6.2 gleich den Singulärwerten von $\mathbf{A}$ und deren negativer Werte.

(2) Für den Eigenvektor $\mathbf{x}_i$ zum Eigenwert λ_i von $\underline{\mathbf{A}}$ gilt

$$\underline{\mathbf{A}}\mathbf{x}_i = \lambda_i \mathbf{x}_i,$$

d.h.,

$$A^T v_i = \lambda_i u_i \tag{6.68}$$

und

$$A u_i = \lambda_i v_i. \tag{6.69}$$

Multipliziert man (6.68) von links mit u_i^T, erhält man unter Verwendung von (6.69)

$$u_i^T A^T v_i = \lambda_i v_i^T v_i = \lambda_i u_i^T u_i,$$

also für $\lambda_i \neq 0$

$$v_i^T v_i = u_i^T u_i. \tag{6.70}$$

$\square$

In Abschnitt 3.1 und 3.3 wurde bereits die hochgenaue Ermittlung des Eigenwerts λ_i einer Matrix A und des zugehörigen Eigenvektors x_i auf die Lösung eines nichtlinearen Gleichungssystems zurückgeführt. Hierzu wurde die „Nullstelle λ_i, x_i" des nichtlinearen Gleichungssystems

$$f(\lambda_i, x_i) = \begin{pmatrix} (\lambda_i I - A) x_i \\ x_i^T i_j - 1 \end{pmatrix} = o_{n+1}, \quad i_j \stackrel{\text{def}}{=} \begin{pmatrix} o_{j-1} \\ 1 \\ o_{n-j} \end{pmatrix}, \tag{6.71}$$

wobei in f die letzte Zeile so gewählt wurde, daß die j-te Komponente des Eigenvektors x_i auf Eins normiert wurde.

Wählt man jetzt das nichtlineare Gleichungssystem

$$f(\sigma_i, e_i) = \begin{pmatrix} (\sigma_i I - \underline{A}) x_i \\ x_i^T x_i - 2 \end{pmatrix} = o_{n+m+1}, \tag{6.72}$$

wobei die letzte Zeile so gewählt wurde, daß

$$x_i^T x_i = 2 \tag{6.73}$$

wird. Dann ist

$$x_i^T x_i = u_i^T u_i + v_i^T v_i = 2$$

und damit nach (6.66) aus Satz 6.7

$$u_i^T u_i = v_i^T v_i = 1, \tag{6.74}$$

eine Bedingung, die für die orthonormalen Links- und Rechtssingulärvektoren erfüllt sein muß. Setzt man $\underline{A}$ gemäß (6.64) und x_i gemäß (6.65) in (6.72) ein, erhält man

$$f(\sigma_i, u_i, v_i) = \begin{pmatrix} \sigma_i u_i - A^T v_i \\ \sigma_i v_i - A u_i \\ u_i^T u_i + v_i^T v_i - 2 \end{pmatrix} = o. \tag{6.75}$$

Für die Lösung dieses nichtlinearen Gleichungssystems wird die Inverse der JACOBI-Matrix $J(\sigma_i, u_i, v_i)$ gemäß (6.66 und 6.68) benötigt, d.h., die JACOBI-Matrix J muß selbst regulär sein. Aus (6.75) erhält man die JACOBI-Matrix für das vorliegende Problem, wobei die Indices i weggelassen wurden,

$$J = \begin{pmatrix} u & \sigma I & -A^T \\ v & -A & \sigma I \\ 0 & 2u^T & 2v^T \end{pmatrix}. \tag{6.76}$$

Wenn gezeigt werden kann, daß diese Matrix für die exakten Werte von σ, u und v regulär ist, wird diese JACOBI-Matrix auch für hinreichend genaue Näherungswerte regulär sein.

Lemma 6.8: *Wenn σ ein einfacher Singulärwert der Matrix A ist und u und v die zugehörigen Rechts- und Linkssingulärvektoren, dann ist die JACOBI-Matrix (6.76) regulär.*

Beweis: Wenn das Gleichungssystem $Jx = o$ nur die triviale Lösung $x = o$ besitzt, dann ist die Matrix J regulär, also ist mit

$$x \overset{\text{def}}{=} \begin{pmatrix} \alpha \\ y \\ z \end{pmatrix} \tag{6.77}$$

zu zeigen, daß

$$\alpha u + \sigma y - A^T z = o, \tag{6.78}$$

$$\alpha v - A y + \sigma z = o, \tag{6.79}$$

$$2u^T y + 2v^T z = 0 \tag{6.80}$$

nur die trivialen Lösungen $\alpha = 0$, $y = o$ und $z = o$ hat. Für σ, u und v gilt zusätzlich noch

$$Au = \sigma v, \tag{6.81}$$

$$A^T v = \sigma u, \tag{6.82}$$

$$u^T u = v^T v = 1. \tag{6.83}$$

Multipliziert man (6.78) von links mit u^T, erhält man unter Verwendung von (6.81) und (6.83):

$$\alpha u^T u + \sigma u^T y - u^T A^T z = 0 = \alpha + \sigma u^T y - \sigma v^T z. \tag{6.84}$$

Multipliziert man weiterhin (6.79) von links mit v^T, erhält man mit (6.82) und (6.83):

$$\alpha v^T v + \sigma v^T z - v^T A y = 0 = \alpha + \sigma v^T z - \sigma u^T y. \tag{6.85}$$

Addition von (6.84) und (6.85) liefert

$$\alpha = 0.$$

Also wird aus (6.78) und (6.79)

$$\sigma y - A^T z = o \tag{6.86}$$

und

$$\sigma z - Ay = o. \tag{6.87}$$

Multipliziert man (6.87) von links mit der transponierten Matrix A^T, erhält man mit (6.86):

$$\sigma A^T z - A^T A y = o = \sigma^2 y - A^T A y. \tag{6.88}$$

Wenn der Vektor $y \neq o$ ist, kann er *entweder* die gleiche Richtung wie der Vektor u haben, also

$$y = c_1 u, \quad \text{mit} \quad c_1 \neq 0 \tag{6.89}$$

oder nicht, d.h.,

$$y \neq c_1 u \quad \text{für alle} \quad c_1 \in \mathsf{R}. \tag{6.90}$$

Im Falle (6.90) würde die Matrix $A^T A$ zwei linear unabhängige Eigenvektoren y und u zum gleichen Eigenwert σ^2 haben, das ist aber nicht möglich, also wäre $y = o$. Multipliziert man im Fall (6.89) diese Gleichung von links mit u^T, erhält man mit (6.83)

$$u^T y = c_1 u^T u = c_1. \tag{6.91}$$

Jetzt soll zunächst der Vektor z näher untersucht werden. Multipliziert man (6.91) von links mit der Matrix A, wird mit (6.87)

$$\sigma A y - A A^T z = o = \sigma^2 z - A A^T z. \tag{6.92}$$

Wenn der Vektor $z \neq o$ ist, kann er *entweder* die gleiche Richtung wie der Vektor v haben,

$$z = c_2 v, \quad \text{mit} \quad c_2 \neq 0, \tag{6.93}$$

oder nicht, d.h.,

$$z \neq c_2 v \quad \text{für alle} \quad c_2 \in \mathsf{R}. \tag{6.94}$$

Im Falle (6.94) würde analog zu oben $z = o$ folgen. Multipliziert man im Falle (6.93) diese Gleichung von links mit v^T, wird mit (6.83)

$$v^T z = c_2 v^T v = c_2. \tag{6.95}$$

Addition von (6.91) und (6.95) liefert

$$u^T y + v^T z = c_1 + c_2.$$

Da aber nach (6.80)

$$u^T y + v^T z = 0$$

ist, muß

$$c_1 = -c_2 \tag{6.96}$$

sein. (6.89) nach u und (6.93) nach v aufgelöst und in (6.81) eingesetzt, ergibt

$$\frac{1}{c_1} A y = \frac{1}{c_2} \sigma z$$

oder mit (6.96)

$$Ay = -\sigma z. \tag{6.97}$$

Nach (6.87) ist aber

$$Ay = +\sigma z,$$

also $\sigma z = o$, und da $\sigma > 0$

$$z = o.$$

Entsprechend erhält man durch Einsetzen von (6.89) und (6.93) in (6.82) und Vergleich mit (6.86)

$$y = o.$$

$\square$

In Anlehnung an den Algorithmus 3.11 zur Einschließung eines reellen Eigenwerts und des zugehörigen reellen Eigenvektors einer reellen Matrix wird jetzt formuliert der

Algorithmus 6.9: {Einschließung eines Singulärwertes σ und der zugehörigen Links- und Rechtssingulärvektoren u und v}

1. $\hat{\sigma}, \hat{u}$ und $\hat{v}$ seien mit dem Algorithmus 6.6 ermittelte Näherungen für einen Singulärwert und die zugehörigen Singulärvektoren;
2. näherungsweise Berechnung der Inversen R der JACOBI-Matrix

$$R \approx J^{-1}(\hat{\sigma}, \hat{u}, \hat{v}) = \begin{pmatrix} \hat{u} & \hat{\sigma}I & -A^T \\ \hat{v} & -A & \hat{\sigma}I \\ 0 & 2\hat{u}^T & 2\hat{v}^T \end{pmatrix}^{-1} ; \tag{6.98}$$

3. $[y] :=$ Nullintervall-Vektor;
   $k := 0$;
4. mit Hilfe des optimalen Skalarprodukts und Intervallarithmetik berechnen

$$[z] := R * \begin{pmatrix} \hat{\sigma} * \hat{u} - A^T * \hat{v} \\ \hat{\sigma} * \hat{v} - A * \hat{u} \\ \hat{u}^T * \hat{u} + \hat{v}^T\hat{v} - 2 \end{pmatrix} ; \tag{6.99}$$

$[y] := [z]$;

5. **repeat** $\quad k := k + 1$;

$[y] := [y] \circ \epsilon;$ .... {ϵ-Aufweitung gemäß (3.46)}

$[\underline{x}] := [\underline{y}];$ .... {$[\underline{x}] \overset{\text{def}}{=} \begin{pmatrix} [\sigma] \\ [u] \\ [v] \end{pmatrix}$}

hochgenaue Berechnung von

$$[D] := \begin{pmatrix} \hat{u} + [u] & (\hat{\sigma} + [\sigma]) * I & -A^T \\ \hat{v} + [v] & -A^T & (\hat{\sigma} + [\sigma]) * I \\ 0 & 2 * (\hat{u} + [u])^T & 2 * (\hat{v} + [v])^T \end{pmatrix} ; \tag{6.100}$$

hochgenaue Berechnung von

$$[y] := [z] + (I - R * [D]) * [\underline{x}]; \tag{6.101}$$

until $[y] \subset [\underline{x}]$ oder $k > 10$;

6. **if** $[y] \subset [\underline{x}]$ **then** {Es ist $\sigma^* \in \hat{\sigma} + [\sigma], u^* \in \hat{u} + [u], v^* \in \hat{v} + [v]$, wobei die mit einem * versehenen Werte die exakten Werte darstellen.}

Beispiel 6.2: Mit den im Beispiel 6.1 angegebenen Singulärwerten und den dazugehörigen Singulärvektoren als Startwerte erhält man mit Hilfe des Algorithmus 6.9 die folgenden hochgenauen Einschließungen (Lösungsintervalle) für die Singulärwerte:

(a) der Matrix A_1

$$\sigma_1 \in [8.494\,456\,508\,4\,{}^{7}_{6}E + 01],$$
$$\sigma_2 \in [2.912\,616\,238\,2\,{}^{9}_{7}E + 01],$$
$$\sigma_3 \in [1.225\,184\,235\,{}^{70}_{68}E + 01],$$
$$\sigma_4 \in [9.898\,920\,61\,{}^{14}_{04}E - 01];$$

(b) der Matrix A_2

$$\sigma_1 \in [6.304\,854\,213\,5\,{}^{4}_{1}E + 01],$$
$$\sigma_2 \in [5.781\,096\,227\,{}^{50}_{48}E + 00],$$
$$\sigma_3 \in [1.539\,690\,19\,{}^{301}_{294}E + 00],$$
$$\sigma_4 \in [2.993\,578\,77\,{}^{7}_{3}E - 01];$$

(c) der modifizierten 4×4–HILBERT–Matrix A_3

$$\sigma_1 \in [6.300\,899\,976\,2\,{}^{5}_{2}E + 02],$$
$$\sigma_2 \in [7.103\,931\,249\,{}^{31}_{28}E + 01],$$
$$\sigma_3 \in [2.830\,074\,914\,{}^{44}_{39}E + 00],$$
$$\sigma_4 \in [4.061\,496\,{}^{80}_{74}E - 02].$$

$\square$

6.3 Anwendungen der Singulärwertzerlegung

6.3.1 Kanonische Systemzerlegung nach KALMAN

Transformation auf Block-HESSENBERG-Form

Im Kapitel 4 wurde in der Definition 4.1 die Steuerbarkeit eines zeitdiskreten *Systems* und in Definition 4.5 die Steuerbarkeit eines zeitkontinuierlichen *Systems* eingeführt. Dabei wird gefordert, daß *jeder* Anfangszustand in *jeden* Endzustand in endlicher Zeit überführt werden kann. Wenn nach diesen Definitionen ein System *nicht* steuerbar ist, gibt es aber doch gewisse Zustände, die von außen beeinflußbar sind.

Als Kriterium für die Steuerbarkeit eines linearen Systems wurde sowohl im Satz 4.2 für zeitdiskrete Systeme als auch im Satz 4.6 für zeitkontinuierliche Systeme gefordert, daß der Rang der Steuerbarkeitsmatrix

$$S = [B, AB, \ldots, A^{n-1}B] \tag{6.102}$$

gleich n sein muß. Wenn der Rang der Steuerbarkeitsmatrix S kleiner als n ist, dann ist es doch sinnvoll, den durch die Spaltenvektoren von S aufgespannten linearen Unterraum des n–dimensionalen Zustandsraums als *steuerbaren Unterraum* zu bezeichnen.

Definition 6.10: *Der von den Spalten der Steuerbarkeitsmatrix S aufgespannte Teilraum $\mathcal{R}$ des Zustandsraums $\mathcal{X} = \mathsf{R}^n$ heißt* **steuerbarer Unterraum** *des linearen Systems $\{A, B\}$:*

$$\mathcal{R} \overset{\text{def}}{=} \text{bild}\,(S). \tag{6.103}$$

Aus der Beweisführung für die Sätze 4.2 und 4.6 geht unmittelbar hervor, daß jeder Anfangszustand $x(0) \in \mathcal{R}$ in jeden Endzustand $x(t) \in \mathcal{R}$ in endlicher Zeit überführt werden kann.

Im folgenden soll jetzt ein numerisch stabiles Verfahren angegeben werden, das mit Hilfe der Singulärwertzerlegung zum einen eine Basis für den steuerbaren Unterraum und zum anderen eine Zerlegung des Systems in ein steuerbares und ein nicht steuerbares Untersystem liefert.

1. Schritt. Singulärwertzerlegung der Eingangsmatrix $B \in \mathsf{R}^{n \times p}$ in

$$B = U_1 \Sigma_1 V_1^T, \quad U_1 \in \mathsf{R}^{n \times n}, \quad V_1 \in \mathsf{R}^{p \times p}, \tag{6.104}$$

wobei die $n \times p$–Matrix Σ_1 den gleichen Rang r_1 wie die Matrix B und diese Gestalt hat:

$$\Sigma_1 = \begin{pmatrix} \sigma_1^{(1)} & & & & & & \\ & \sigma_2^{(1)} & & & & & \\ & & \ddots & & & & \\ & & & \sigma_{r_1}^{(1)} & & & \\ & & & & 0 & & \\ & & & & & \ddots & \\ 0 & & & & & & 0 \\ \vdots & & & & & & \vdots \\ 0 & & & & & & 0 \end{pmatrix} \in \mathsf{R}^{n \times p}. \tag{6.105}$$

Multipliziert man (6.104) von links mit der transponierten orthogonalen Matrix U_1^T, erhält man

$$\begin{aligned} U_1^T B &= U_1^T U_1 \Sigma_1 V_1^T \\[4pt] &= \Sigma_1 V_1^T \\[4pt] &= \underbrace{\begin{pmatrix} Z_1 \\ O \end{pmatrix}}_{p} \begin{matrix} \}r_1 \\ \}n_1 \end{matrix}, \quad n_1 = n - r_1, \quad Z_1 \in \mathsf{R}^{r_1 \times p}. \end{aligned} \tag{6.106}$$

Daraus kann sofort abgelesen werden, daß gegebenenfalls nicht alle p Eingangsgrößen u_i linear unabhängig auf das System wirken, sondern nur $r_1 < p$ der Eingangsgrößen.

Wie diese verbleibenden r_1 Eingangsgrößen auf das System wirken, soll jetzt weiter untersucht werden, indem zunächst auch die Systemmatrix A einer Ähnlichkeitstransformation mit der Matrix U_1 unterzogen wird, wobei für die Inverse der orthogonalen Matrix U_1 gilt $U_1^{-1} = U_1^T$, also

$$\tilde{A}_1 \stackrel{\text{def}}{=} U_1^T A U_1 = \begin{pmatrix} Y_1 & X_1 \\ B_1 & A_1 \end{pmatrix} \begin{matrix} \}r_1 \\ \}n_1 \end{matrix}. \tag{6.107}$$

Als vorläufige Transformationsmatrix wird

$$T_1 = U_1 \tag{6.108}$$

abgespeichert.

2. Schritt. In diesem Schritt soll die Untermatrix B_1 wieder mit Hilfe einer Singulärwertzerlegung über eine Ähnlichkeitstransformation, so wie B in (6.106), zerlegt werden. Zunächst also Singulärwertzerlegung der $n_1 \times r_1$-Matrix B_1 in

$$B_1 = U_2 \Sigma_2 V_2^T \tag{6.109}$$

mit

$$U_2 \in \mathrm{R}^{n_1 \times n_1} \quad \text{und} \quad V_2 \in \mathrm{R}^{r_1 \times r_1}.$$

Eine Multiplikation der Gleichung (6.109) von links mit U_2^T ergibt

$$\begin{aligned}
U_2^T B_1 &= \Sigma_2 V_2^T \\[1ex]
&= \underbrace{\begin{pmatrix} Z_2 \\ O \end{pmatrix}}_{r_1} \begin{matrix} \}r_2 \\ \}n_2 \end{matrix} \quad (n_2 = n_1 - r_2) \\[2ex]
&= \begin{pmatrix}
\sigma_1^{(2)} & 0 & \cdots & \cdots & \cdots & \cdots & 0 \\
0 & \sigma_2^{(2)} & \ddots & & & & \vdots \\
\vdots & \ddots & \ddots & \ddots & & & \vdots \\
0 & \cdots & 0 & \sigma_{r_2}^{(2)} & 0 & \cdots & 0 \\
\hline
& & & O & & &
\end{pmatrix}.
\end{aligned} \tag{6.110}$$

Damit insgesamt in diesem zweiten Schritt die mathematische Beschreibung einer Ähnlichkeitstransformation unterzogen wird, wird die Transformationsmatrix

$$T_2 \stackrel{\text{def}}{=} \begin{pmatrix} I & O \\ O & U_2 \end{pmatrix} \begin{matrix} \}r_1 \\ \}n_1 \end{matrix} \tag{6.111}$$

eingeführt, mit

$$T_2^{-1} = \begin{pmatrix} I_{r_1} & O \\ O & U_2^T \end{pmatrix}, \tag{6.112}$$

so daß man zunächst diese Ähnlichkeitstransformation für die Eingangsmatrix erhält:

$$T_2^{-1} T_1^{-1} B = T_2^{-1} U_1^T B$$

$$= U_1^T B$$

$$= \begin{pmatrix} Z_1 \\ O \end{pmatrix},$$

d.h., die Eingangsmatrix wird durch die neue Ähnlichkeitstransformation nicht verändert. Die Ähnlichkeitstransformation der Systemmatrix (6.107) liefert dagegen

$$\tilde{A}_2 \overset{\text{def}}{=} T_2^{-1} \tilde{A}_1 T_2$$

$$= \begin{pmatrix} I & O \\ O & U_2^T \end{pmatrix} \begin{pmatrix} Y_1 & X_1 \\ B_1 & A_1 \end{pmatrix} \begin{pmatrix} I & O \\ O & U_2 \end{pmatrix}$$

$$= \begin{pmatrix} Y_1 & X_1 U_2 \\ U_2^T B_1 & U_2^T A_1 U_2 \end{pmatrix}$$

$$= \left(\begin{array}{c|c} Y_1 & X_1 U_2 \\ \hline Z_2 & \\ \hline & U_2^T A_1 U_2 \\ O & \end{array} \right)$$

$$= \begin{pmatrix} Y_1 & X_1^{(1)} & X_1^{(2)} \\ Z_2 & Y_2 & X_2 \\ O & B_2 & A_2 \end{pmatrix} \begin{array}{l} \}r_1 \\ \}r_2 \\ \}n_2 \end{array} \tag{6.113}$$

3 .Schritt. Jetzt soll die $n_2 \times r_2$–Untermatrix B_2 entsprechend umgeformt werden. Zunächst wieder Singulärwertzerlegung

$$B_2 = U_3 \Sigma_3 V_3^T, \quad U_3 \in \mathsf{R}^{n_2 \times n_2}, \quad V_3 \in \mathsf{R}^{r_2 \times r_2} \tag{6.114}$$

und Multiplikation von links mit der Matrix U_3^T:

$$U_3^T B_2 = \Sigma_3 V_3^T$$

$$= \begin{pmatrix} Z_3 \\ O \end{pmatrix} \begin{array}{l} \}r_3 \\ \}n_3 \end{array}$$

$$= \begin{pmatrix} \sigma_1^{(3)} & 0 & \cdots & \cdots & \cdots & 0 \\ 0 & \ddots & \ddots & & & \vdots \\ \vdots & \ddots & \ddots & \ddots & & \\ 0 & \cdots & 0 & \sigma_{r_3}^{(3)} & 0 & \cdots & 0 \\ \hline & & & & & \\ & & & O & & \end{pmatrix}. \tag{6.115}$$

Weiterhin Ähnlichkeitstransformation mit der $n \times n$–Transformationsmatrix

$$T_3 \overset{\text{def}}{=} \begin{pmatrix} I & O \\ O & U_3 \end{pmatrix} \begin{array}{l} \}r_2 \\ \}n_2 \end{array}$$

ergibt

$$T_3^{-1}T_2^{-1}T_1^{-1}B \;=\; T_3^{-1}U_1^T B$$

$$=\; U_1^T B$$

und

$$\tilde{A}_3 \;\overset{\text{def}}{=}\; T_3^{-1}\tilde{A}_2 T_3$$

$$=\; \begin{pmatrix} Y_1 & X_1^{(1)} & X_1^{(2)}U_3 \\ Z_2 & Y_2 & X_2 U_3 \\ O & U_3^T B_2 & U_3^T A_2 U_3 \end{pmatrix}$$

$$=\; \begin{pmatrix} Y_1 & X_1^{(1)} & X_1^{(3)} & X_1^{(4)} \\ Z_2 & Y_2 & X_2^{(1)} & X_2^{(2)} \\ O & Z_3 & Y_3 & X_3 \\ O & O & B_3 & A_3 \end{pmatrix} \begin{matrix} \}r_1 \\ \}r_2 \\ \}r_3 \\ \}n_3 \end{matrix}. \qquad (6.116)$$

4. und weitere Schritte. So wird fortgefahren, bis im ρ–ten Schritt entweder r_ρ so groß ist, daß

$$\sum_{i=1}^{\rho} r_i = n$$

oder $B_\rho = O$ ist. Im ersten Fall erhält man die Systemmatrix

$$\tilde{A} = \begin{pmatrix} * & \cdots & \cdots & \cdots & * \\ Z_2 & * & & & \vdots \\ O & Z_3 & \ddots & & \vdots \\ \vdots & \ddots & \ddots & \ddots & \vdots \\ O & \cdots & O & Z_\rho & * \end{pmatrix} \begin{matrix} \}r_1 \\ \}r_2 \\ \}r_3 \\ \vdots \\ \}r_\rho \end{matrix}, \qquad (6.117)$$

und die Eingangsmatrix

$$\tilde{B} \overset{\text{def}}{=} \begin{pmatrix} Z_1 \\ O \end{pmatrix}. \qquad (6.118)$$

Diese mathematische Beschreibung eines Mehrfachsystems heißt *Block*–HESSENBERG–*Form*.

Für ein System zwölfter Ordnung ($n = 12$) mit fünf Eingangsgrößen ($p = 5$) erhält man beispielsweise $r_1 = 4$, $r_2 = 3$, $r_3 = 3$, $r_4 = 2$ und die Eingangsmatrix

$$\tilde{B} = \begin{pmatrix} \sigma_1^{(1)} & 0 & 0 & 0 & 0 \\ 0 & \sigma_2^{(1)} & 0 & 0 & 0 \\ 0 & 0 & \sigma_3^{(1)} & 0 & 0 \\ 0 & 0 & 0 & \sigma_4^{(1)} & 0 \\ \hline & & O & & \end{pmatrix} \qquad (6.119)$$

sowie die Systemmatrix

$$\tilde{A} = T_4^{-1}T_3^{-1}T_2^{-1}T_1^{-1}AT_1T_2T_3T_4$$

$$= \left(\begin{array}{cccc|ccc|ccc|cc}
* & * & * & * & * & * & * & * & * & * & * & * \\
* & * & * & * & * & * & * & * & * & * & * & * \\
* & * & * & * & * & * & * & * & * & * & * & * \\
* & * & * & * & * & * & * & * & * & * & * & * \\
\hline
\sigma_1^{(2)} & 0 & 0 & 0 & * & * & * & * & * & * & * & * \\
0 & \sigma_1^{(2)} & 0 & 0 & * & * & * & * & * & * & * & * \\
0 & 0 & \sigma_1^{(2)} & 0 & * & * & * & * & * & * & * & * \\
\hline
 & & & & \sigma_1^{(3)} & 0 & 0 & * & * & * & * & * \\
 & O & & & 0 & \sigma_1^{(3)} & 0 & * & * & * & * & * \\
 & & & & 0 & 0 & \sigma_1^{(3)} & * & * & * & * & * \\
\hline
 & & & & & & & \sigma_1^{(4)} & 0 & 0 & * & * \\
 & O & & & & O & & 0 & \sigma_2^{(4)} & 0 & * & * \\
\end{array}\right) \cdot$$

Die zu dieser Systembeschreibung gehörende Steuerbarkeitsmatrix $\tilde{S}$ hat dann die Form

$$\tilde{S} = [\tilde{B}, \tilde{A}\tilde{B}, \tilde{A}^2\tilde{B}, \tilde{A}^3\tilde{B}] =$$

$$= \left(\begin{array}{ccccc|ccccc|ccccc|ccccc}
\sigma_1^{(1)} & 0 & 0 & 0 & 0 & * & * & * & * & 0 & * & * & * & * & 0 & * & * & * & * & 0 \\
0 & \sigma_2^{(1)} & 0 & 0 & 0 & * & * & * & * & 0 & * & * & * & * & 0 & * & * & * & * & 0 \\
0 & 0 & \sigma_3^{(1)} & 0 & 0 & * & * & * & * & 0 & * & * & * & * & 0 & * & * & * & * & 0 \\
0 & 0 & 0 & \sigma_4^{(1)} & 0 & * & * & * & * & 0 & * & * & * & * & 0 & * & * & * & * & 0 \\
\hline
 & & & & & \otimes & 0 & 0 & 0 & 0 & * & * & * & * & 0 & * & * & * & * & 0 \\
 & & O & & & 0 & \otimes & 0 & 0 & 0 & * & * & * & * & 0 & * & * & * & * & 0 \\
 & & & & & 0 & 0 & \otimes & 0 & 0 & * & * & * & * & 0 & * & * & * & * & 0 \\
\hline
 & & & & & & & & & & \otimes & 0 & 0 & 0 & 0 & * & * & * & * & 0 \\
 & & O & & & & & O & & & 0 & \otimes & 0 & 0 & 0 & * & * & * & * & 0 \\
 & & & & & & & & & & 0 & 0 & \otimes & 0 & 0 & * & * & * & * & 0 \\
\hline
 & & & & & & & & & & & & & & & \otimes & 0 & 0 & 0 & 0 \\
 & & O & & & & & O & & & & & O & & & 0 & \otimes & 0 & 0 & 0 \\
\end{array}\right),$$

wobei die mit $\otimes$ gekennzeichneten Elemente aus Produkten von Singulärwerten bestehen, also größer als Null sind. Die mit $*$ gekennzeichneten Elemente können ungleich Null sein. Damit sind aber *die n Spalten* der Steuerbarkeitsmatrix $\tilde{S}$ mit den $\sigma_i^{(1)}$-Elementen bzw. den $\otimes$-Elementen, das sind die Spaltenvektoren $\tilde{b}_1, \tilde{b}_2, \tilde{b}_3, \tilde{b}_4, \tilde{A}\tilde{b}_1, \tilde{A}\tilde{b}_2,$ $\tilde{A}\tilde{b}_3, \tilde{A}^2\tilde{b}_1, \tilde{A}^2\tilde{b}_2, \tilde{A}^2\tilde{b}_3, \tilde{A}^3\tilde{b}_1$ und $\tilde{A}^3\tilde{b}_2$, linear unabhängig und somit ist das System *steuerbar*. Für die KRONECKER-Indices erhält man gemäß Abschnitt 4.2.2 für dieses Beispiel $\mu_1 = 4$, $\mu_2 = 4$, $\mu_3 = 3$, $\mu_4 = 1$.

Für den zweiten Fall, also für $B_\rho = O$, hat die Systemmatrix die Form

$$\tilde{A} = \begin{pmatrix} * & * & \cdots & \cdots & * & * \\ Z_2 & * & & & \vdots & \vdots \\ O & Z_3 & \ddots & & \vdots & \vdots \\ \vdots & \ddots & \ddots & \ddots & \vdots & \vdots \\ \vdots & & \ddots & Z_\rho & * & * \\ O & \cdots & \cdots & O & O & A_\rho \end{pmatrix} \tag{6.120}$$

und die Eingangsmatrix die Form

$$\tilde{B} = \begin{pmatrix} Z_1 \\ O \\ \vdots \\ O \end{pmatrix}. \tag{6.121}$$

Diese beiden Matrizen kann man auch etwas anders unterteilen

$$\tilde{A} = \begin{pmatrix} \tilde{A}_{11} & \tilde{A}_{12} \\ O & \tilde{A}_{22} \end{pmatrix}, \quad \tilde{B} = \begin{pmatrix} \tilde{B} \\ O \end{pmatrix}, \tag{6.122}$$

mit

$$\begin{aligned} \tilde{A}_{11} &\in \mathsf{R}^{r_s \times r_s}, \\ \tilde{A}_{12} &\in \mathsf{R}^{r_s \times (n-r_s)}, \\ \tilde{A}_{22} = A_\rho &\in \mathsf{R}^{(n-r_s) \times (n-r_s)}, \\ \tilde{B}_1 &\in \mathsf{R}^{r_s \times r_1}, \end{aligned}$$

und

$$r_s \stackrel{\text{def}}{=} r_1 + r_2 + \cdots + r_\rho,$$

also ist damit nach Lemma 4.9 dieses System *nicht steuerbar*. Aber das Untersystem mit der Dimension r_s, der Systemmatrix $\tilde{A}_{11}$ und der Eingangsmatrix $\tilde{B}_1$ hat eine dem ersten Fall entsprechende Form und ist somit *steuerbar*.

Systemzerlegung in ein steuerbares und ein unsteuerbares Untersystem

Sei jetzt z.B. bei einem nicht steuerbaren System $\rho = 4$. Dann erhält man die Transformationsmatrix

$$\begin{aligned} T &= T_1 T_2 T_3 T_4 \\[2mm] &= U_1 \begin{pmatrix} I_{r_1} & O \\ O & U_2 \end{pmatrix} \begin{pmatrix} I_{r_1+r_2} & O \\ O & U_3 \end{pmatrix} \begin{pmatrix} I_{r_1+r_2+r_3} & O \\ O & U_4 \end{pmatrix} \\[2mm] &= [\underbrace{U_{11}}_{r_1}|U_{12}] \begin{pmatrix} I_{r_1} & O \\ O & [\underbrace{U_{21}}_{r_2}|U_{22}] \end{pmatrix} \begin{pmatrix} I_{r_1+r_2} & O \\ O & [\underbrace{U_{31}}_{r_3}|U_{32}] \end{pmatrix} \begin{pmatrix} I_{r_1+r_2+r_3} & O \\ O & [\underbrace{U_{41}}_{r_4}|U_{42}] \end{pmatrix} \end{aligned}$$

$$= [\underbrace{U_{11}}_{r_1} | \underbrace{U_{12} \cdot U_{21}}_{r_2} | \underbrace{U_{12} \cdot U_{22} \cdot U_{31}}_{r_3} | \underbrace{U_{12} \cdot U_{22} \cdot U_{32} \cdot U_{41}}_{r_4} | \underbrace{U_{12} \cdot U_{22} \cdot U_{32} \cdot U_{42}}_{n-(r_1+r_2+r_3+r_4)}].$$

Die ersten r_s Spalten der Matrix T, wobei wieder $r_s = r_1 + \cdots + r_\rho$ ist, bilden eine Basis für den steuerbaren Unterraum R; denn es gilt

Lemma 6.11: *Wenn mit Hilfe der Transformationsmatrix T die Systemmatrix A und die Eingangsmatrix B durch eine Ähnlichkeitstransformation auf die Form (6.122) transformiert werden kann,*

$$T^{-1}AT = \begin{pmatrix} \tilde{A}_{11} & \tilde{A}_{12} \\ O & \tilde{A}_{22} \end{pmatrix}, \quad T^{-1}B = \begin{pmatrix} \tilde{B}_1 \\ O \end{pmatrix}, \tag{6.123}$$

mit

$$\tilde{A}_{11} \in \mathrm{R}^{r_s \times r_s} \quad \tilde{B}_1 \in \mathrm{R}^{r_s \times p},$$

dann gilt für den steuerbaren Unterraum

$$\mathcal{R} = \mathrm{bild}\,(T^{(1)}), \tag{6.124}$$

wobei die Matrix $T^{(1)}$ aus den r ersten Spalten der Transformationsmatrix T besteht.

Beweis: Für die Steuerbarkeitsmatrix der transformierten Beschreibung gilt

$$\begin{aligned} \tilde{S} &= [\tilde{B}, \tilde{A}\tilde{B}, \ldots, \tilde{A}^{n-1}\tilde{B}] \\ &= [T^{-1}B, T^{-1}AT \cdot T^{-1}B, \ldots] \\ &= T^{-1}[B, AB, \ldots] \\ &= T^{-1}S, \end{aligned} \tag{6.125}$$

oder $T\tilde{S} = S$, also auch

$$\mathrm{bild}\,(T\tilde{S}) = \mathrm{bild}\,(S). \tag{6.126}$$

Wegen der besonderen Blockstruktur der Matrizen $\tilde{A}$ und $\tilde{B}$ hat aber die Steuerbarkeitsmatrix $\tilde{S}$ die Form

$$\tilde{S} = \begin{pmatrix} \tilde{B}_1 & | & \tilde{A}_{11}\tilde{B}_1 & | & \cdots & | & \tilde{A}_{11}^{n-1}\tilde{B}_1 \\ O & | & O & | & \cdots & | & O \end{pmatrix} \begin{matrix} \}r_s \\ \}n-r_s \end{matrix}, \quad \tilde{S} \in \mathrm{R}^{n \times (n \cdot p)}, \tag{6.127}$$

also ist das Ergebnis einer Multiplikation mit einem Vektor y stets

$$\tilde{S}y = \begin{pmatrix} \xi \\ o \end{pmatrix}, \quad \text{mit} \quad y \in \mathrm{R}^{n \cdot p}, \, \xi \in \mathrm{R}^{r_s}. \tag{6.128}$$

Für den Bildraum

$$\mathrm{bild}\,(T\tilde{S}) = \{z \mid z = T\tilde{S}y, \, y \in \mathrm{R}^{n \cdot p}\}$$

erhält man stets

$$z = T\tilde{S}y = [T^{(1)} | T^{(2)}] \begin{pmatrix} \xi \\ o \end{pmatrix} = T^{(1)}\xi,$$

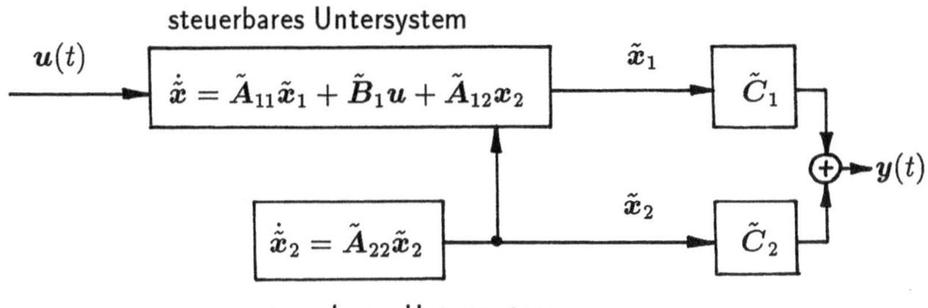

Abb. 6.2: Systemunterteilung hinsichtlich der Steuerbarkeit

also

$$\text{bild}\,(\boldsymbol{T}\tilde{\boldsymbol{S}}) = \text{bild}\,(\boldsymbol{T}^{(1)})$$

und mit (6.126) schließlich (6.124).   □

Mit der Systembeschreibung (6.123) und zusätzlich $\tilde{C} \stackrel{\text{def}}{=} CT$ erhält man die anschauliche Systemzerlegung in Abb. 6.2, wobei die Ausgangsmatrix $\tilde{C}$ so unterteilt wurde

$$\tilde{C} = [\tilde{C}_1 | \tilde{C}_2], \quad \text{mit} \quad \tilde{C}_1 \in \mathsf{R}^{q \times r_s}, \ \tilde{C}_2 \in \mathsf{R}^{q \times (n-r_s)}. \tag{6.129}$$

Für die Zustandsvektoren gilt

$$\begin{aligned}
\boldsymbol{x} &= \boldsymbol{T}\tilde{\boldsymbol{x}} \\
&= \boldsymbol{T}\begin{pmatrix} \tilde{\boldsymbol{x}}_1 \\ \tilde{\boldsymbol{x}}_2 \end{pmatrix} \\
&= \boldsymbol{T}^{(1)}\tilde{\boldsymbol{x}}_1 + \boldsymbol{T}^{(2)}\tilde{\boldsymbol{x}}_2 \\
&= \sum_{i=1}^{r} t_i \tilde{x}_i + \sum_{i=r+1}^{n} t_i \tilde{x}_i \\
&\stackrel{\text{def}}{=} \boldsymbol{x}_{st} + \boldsymbol{x}_{\overline{st}}, \quad \text{mit} \quad \boldsymbol{x}_{st} \in \mathcal{R}, \ \boldsymbol{x}_{\overline{st}} \in \mathcal{R}^{\perp},
\end{aligned} \tag{6.130}$$

d.h., der Zustandsvektor wird eindeutig in eine *steuerbare* Komponente $\boldsymbol{x}_{st}$ und eine *nicht steuerbare* Komponente $\boldsymbol{x}_{\overline{st}}$ zerlegt, wobei diese beiden Komponenten aufeinander senkrecht stehen,

$$\boldsymbol{x}_{st} \perp \boldsymbol{x}_{\overline{st}}; \tag{6.131}$$

denn da $\boldsymbol{T}$ eine orthonormale Matrix ist, gilt

$$\text{bild}\,(\boldsymbol{T}^{(1)}) \perp \text{bild}\,(\boldsymbol{T}^{(2)}),$$

also ist

$$\text{bild}\,(\boldsymbol{T}^{(2)}) = \mathcal{R}^{\perp}, \tag{6.132}$$

da

$$\text{bild}\,(T^{(1)}) \oplus \text{bild}\,(T^{(2)}) = \mathcal{R}. \tag{6.133}$$

Der Unterraum $\mathcal{R}^{\perp}$ des Zustandsraums X heißt *nicht steuerbarer Unterraum* des Systems. Seine Elemente sind $x_{\overline{st}}$.

Der transformierte Zustandsvektor $\tilde{x}$ ist dann zerlegbar nach 6.130 gemäß

$$
\begin{aligned}
\tilde{x} &= T^{-1}x \\[1mm]
&= T^{-1}(x_{st} + x_{\overline{st}}) \\[1mm]
&= T^{-1}(T^{(1)}\tilde{x}_1 + T^{(2)}\tilde{x}_2) \\[1mm]
&= \begin{pmatrix} I_{r_s} \\ O \end{pmatrix}\tilde{x}_1 + \begin{pmatrix} O \\ I_{n-r_s} \end{pmatrix}\tilde{x}_2 \\[1mm]
&= \begin{pmatrix} \tilde{x}_1 \\ o \end{pmatrix} + \begin{pmatrix} o \\ \tilde{x}_2 \end{pmatrix} \\[1mm]
&\overset{\text{def}}{=} \tilde{x}_{st} + \tilde{x}_{\overline{st}}.
\end{aligned}
\tag{6.134}
$$

Systemzerlegung in ein beobachtbares und ein unbeobachtbares Untersystem

Das Ziel in diesem Abschnitt ist, für ein nicht beobachtbares System eine Systemzerlegung in ein beobachtbares und ein unbeobachtbares Untersystem in Analogie zu der Zerlegung bezüglich der Steuerbarkeit im vorigen Abschnitt herzuleiten.

Wenn ein System nicht beobachtbar ist, ist nach Abschnitt 5.1 der Rang der Beobachtbarkeitsmatrix

$$M = \begin{pmatrix} C \\ CA \\ \vdots \\ CA^{n-1} \end{pmatrix} \tag{6.135}$$

kleiner als die Systemordnung n. Dann gibt es aber auch Zustände $x \neq o$, für die $Mx = o$ ist. Die Menge aller dieser Zustände bildet aber gerade den Kern oder Nullraum der Beobachtbarkeitsmatrix M. Für solche Zustände

$$x \in \text{kern}(M) \tag{6.136}$$

gilt aufgrund der Form (6.135) der Beobachtbarkeitsmatrix, daß

$$Cx = CAx = \cdots = CA^{(n-1)}x = o \tag{6.137}$$

ist. Nach Abschnitt 4.1.2 ist aber die Transitionsmatrix $\Phi(t)$ als Linearkombination der Matrizen $I, A, \ldots, A^{n-1}$ darstellbar, d.h., wenn (6.137) gilt, ist auch

$$y(t) = C\Phi(t)x = o \tag{6.138}$$

für alle t. Wenn also $x = x_0$ der Anfangszustand eines Systems ist und $u(t) \equiv o$, ist dieser Zustand am Ausgang des Systems nicht zu beobachten, er ruft am Ausgang die gleiche Reaktion hervor wie der Anfangszustand $x_0 = o$, nämlich keine. Es wird deshalb eingeführt die

Definition 6.12: *Ein Zustand x heißt* **unbeobachtbar,** *wenn für $u(t) \equiv o$ und $x_0 = x$ die Ausgangsgröße $y(t) \equiv o$ ist.*

Aus der vorhergehenden Betrachtung folgt der

> **Satz 6.13** *Der Zustand x eines linearen Systems $\{A, B, C\}$ ist genau dann unbeobachtbar, wenn*
> $$x \in \mathrm{kern}\,(M) \stackrel{\text{def}}{=} \mathcal{N} \qquad (6.139)$$
> *gilt.*

Jeder Zustand, der außerhalb von kern(M), dem *Unterraum der unbeobachtbaren Zustände* liegt, ruft eine Reaktion am Ausgang hervor. Definiert man den zum unbeobachtbaren Unterraum $\mathcal{N}$ orthogonalen Unterraum $\mathcal{N}^{\perp}$ so, daß

$$\mathcal{N} \oplus \mathcal{N}^{\perp} = \mathcal{X} = \mathrm{R}^n, \qquad (6.140)$$

und bezeichnet man den linearen Unterraum $\mathcal{N}^{\perp}$ als *Unterraum der beobachtbaren Zustände*, kann jeder Zustand $x \in \mathrm{R}^n$ eindeutig so zerlegt werden

$$x = x_{bo} + x_{\overline{bo}}, \qquad (6.141)$$

wobei

$$x_{bo} \in \mathcal{N}^{\perp}, \;\; x_{\overline{bo}} \in \mathcal{N} \quad \text{und} \quad x_{bo} \perp x_{\overline{bo}}.$$

x_{bo} heißt die *beobachtbare Komponente* und $x_{\overline{bo}}$ die *unbeobachtbare Komponente* des Zustandsvektors x.

Da für den orthogonalen Unterraum eines Nullraums gilt [6.2]

$$(\mathrm{kern}\,(M))^{\perp} = \mathrm{bild}\,(M^T), \qquad (6.142)$$

wird der Unterraum der beobachtbaren Zustände durch die Spalten der transponierten Beobachtbarkeitsmatrix

$$M^T = [C^T, A^T C^T, \ldots, (A)^{n-1} C^T] \qquad (6.143)$$

aufgespannt. Damit kann aber zur Bestimmung einer Basis für den beobachtbaren Unterraum und die Zerlegung des Systems in ein beobachtbares und ein unbeobachtbares Untersystem der gleiche Algorithmus wie in Abschnitt 6.3.1 für das entsprechende Steuerbarkeitsproblem verwendet werden, wenn anstelle von A und B überall A^T und C^T eingesetzt wird!

Dieser mit Hilfe der Singulärwertzerlegung durchgeführte Algorithmus kann über die Transformationsmatrizen wieder sowohl eine Basis für den r_b-dimensionalen beobachtbaren Unterraum $\mathcal{N}^{\perp}$ erzeugen als auch zunächst eine solche Struktur für die transponierten Matrizen $\tilde{A}^T$ und $\tilde{C}$:

$$\tilde{A}^T = \begin{pmatrix} \tilde{A}_{11}^T & \tilde{A}_{21}^T \\ O & \tilde{A}_{22}^T \end{pmatrix}, \quad \tilde{C}^T = \begin{pmatrix} \tilde{C}_1^T \\ O \end{pmatrix}, \qquad (6.144)$$

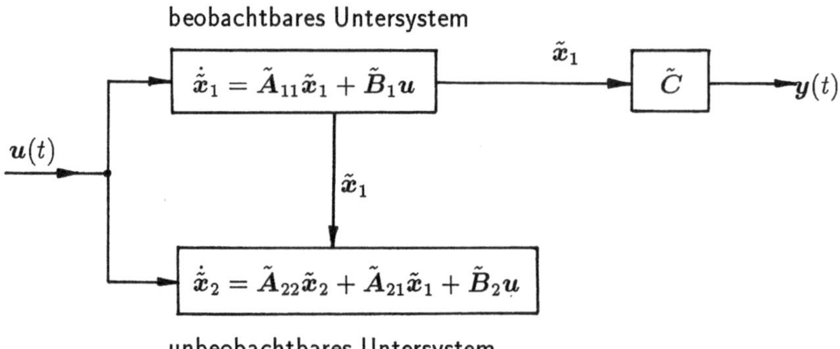

Abb. 6.3: Systemzerlegung bezüglich Beobachtbarkeit

d.h.,

$$\tilde{A} = \begin{pmatrix} \tilde{A}_{11} & O \\ \tilde{A}_{21} & \tilde{A}_{22} \end{pmatrix}, \quad \tilde{C} = [\tilde{C}_1, O], \tag{6.145}$$

mit

$$\begin{aligned}
\tilde{A}_{11} &\in \mathsf{R}^{r_b \times r_b}, \\
\tilde{A}_{22} &\in \mathsf{R}^{(n-r_b) \times (n-r_b)}, \\
\tilde{A}_{21} &\in \mathsf{R}^{(n-r_b) \times r_b}, \\
\tilde{C}_1 &\in \mathsf{R}^{r_{b1} \times r_b}
\end{aligned}$$

und $r_b \overset{\text{def}}{=} r_{b1} + r_{b2} + \cdots + r_{b\rho}$. Hierbei wurden mit der Transformationsmatrix T_b diese Ähnlichkeitstransformationen durchgeführt

$$T_b^{-1} A^T T_b = \tilde{A}^T, \quad T_b^{-1} C^T = \tilde{C}^T,$$

also ist, da die Transformationsmatrix orthonormal ist,

$$\tilde{A} = T_b^T A (T_b^T)^{-1} = T_b^T A T_b$$

und

$$\tilde{C} = C(T_b^T)^{-1} = C T_b.$$

Mit diesen Matrizen und $\tilde{B} \overset{\text{def}}{=} T_b^T B$ erhält man eine neue Systembeschreibung, die eine anschauliche Systemzerlegung wie in Abb. 6.3 gestattet, wobei die Eingangsmatrix $\tilde{B}$ so zerlegt wurde

$$\tilde{B} = \begin{pmatrix} \tilde{B}_1 \\ \tilde{B}_2 \end{pmatrix}, \quad \text{mit} \quad \tilde{B}_1 \in \mathsf{R}^{r_b \times p}, \; \tilde{B}_2 \in \mathsf{R}^{(n-r_b) \times p}. \tag{6.146}$$

Für die Zerlegung des Zustandsvektors x gilt jetzt

$$\begin{aligned}
x &= T_b \tilde{x} \\
&= T_b \begin{pmatrix} \tilde{x}_1 \\ \tilde{x}_2 \end{pmatrix}
\end{aligned}$$

$$
\begin{aligned}
&= \boldsymbol{T}_b^{(1)}\tilde{\boldsymbol{x}}_1 + \boldsymbol{T}_b^{(2)}\tilde{\boldsymbol{x}}_2 \\
&= \boldsymbol{x}_{bo} + \boldsymbol{x}_{\overline{bo}}, \quad \text{mit} \quad \boldsymbol{x}_{bo} \in \mathcal{N}^{\perp},\ \boldsymbol{x}_{\overline{bo}} \in \mathcal{N},
\end{aligned}
\tag{6.147}
$$

d.h., der transformierte Zustandsvektor $\tilde{\boldsymbol{x}}$ wird in der Tat zerlegt in

$$
\begin{aligned}
\tilde{\boldsymbol{x}} &= \boldsymbol{T}_b^{-1}\boldsymbol{x} = \boldsymbol{T}_b^{-1}(\boldsymbol{x}_{bo} + \boldsymbol{x}_{\overline{bo}}) = \boldsymbol{T}_b^{-1}(\boldsymbol{T}_b^{(1)}\tilde{\boldsymbol{x}}_1 + \boldsymbol{T}_b^{(2)}\tilde{\boldsymbol{x}}_2) \\
&= \begin{pmatrix} \boldsymbol{I}_{r_b} \\ \boldsymbol{O} \end{pmatrix}\tilde{\boldsymbol{x}}_1 + \begin{pmatrix} \boldsymbol{O} \\ \boldsymbol{I}_{n-r_b} \end{pmatrix}\tilde{\boldsymbol{x}}_2 = \begin{pmatrix} \tilde{\boldsymbol{x}}_1 \\ \boldsymbol{o} \end{pmatrix} + \begin{pmatrix} \boldsymbol{o} \\ \tilde{\boldsymbol{x}}_2 \end{pmatrix} \stackrel{\text{def}}{=} \tilde{\boldsymbol{x}}_{bo} + \tilde{\boldsymbol{x}}_{\overline{bo}}.
\end{aligned}
\tag{6.148}
$$

Stabilisierbarkeit und Ermittelbarkeit

In Abschnitt 4.3 wurde gezeigt, wie bei einem steuerbaren System die Eigenwerte mit Hilfe einer Zustandsrückführung beliebig verschoben werden können. In der Praxis tritt, insbesondere bei großen Systemen, d.h. bei hoher Systemordnung die Frage auf, ob ein *nicht steuerbares* und *instabiles* System wenigstens mittels einer Zustandsrückführung stabilisiert werden kann. Allgemein kann zunächst definiert werden:

Definition 6.14: *Ein lineares System $\{\boldsymbol{A}, \boldsymbol{B}\}$ heißt* stabilisierbar, *wenn eine Zustandsrückführungsmatrix $\boldsymbol{R}$ so existiert, daß die Eigenwerte der Systemmatrix $(\boldsymbol{A}-\boldsymbol{B}\boldsymbol{R})$ des rückgekoppelten Systems alle stabil sind.*

Hierbei sind „stabile Eigenwerte" bei zeitkontinuierlichen Systemen solche, bei denen der Realteil negativ ist, und bei zeitdiskreten Systemen solche, bei denen der Betrag kleiner als Eins ist.

Wann ein gegebenes, nicht steuerbares System stabilisierbar ist, kann auf Grund der kanonischen Zerlegung in ein steuerbares und ein nicht steuerbares Untersystem, wie sie am Anfang dieses Abschnitts beschrieben wurde, beantwortet werden[1]. Offensichtlich sind nur die Eigenwerte der Systemmatrix $\tilde{\boldsymbol{A}}_{11}$ in (6.123) des steuerbaren Untersystems mittels einer Zustandsrückführung beliebig verschiebbar:

$$
\begin{aligned}
\boldsymbol{u} &= -\tilde{\boldsymbol{R}}_1 \tilde{\boldsymbol{x}}_1 \\[2mm]
&= -[\tilde{\boldsymbol{R}}_1|\boldsymbol{O}]\boldsymbol{T}^T\boldsymbol{x} \\[2mm]
&= -[\tilde{\boldsymbol{R}}_1|\boldsymbol{O}] \begin{pmatrix} \boldsymbol{T}^{(1)T} \\ \boldsymbol{T}^{(2)T} \end{pmatrix} \boldsymbol{x} \\[2mm]
&= -\tilde{\boldsymbol{R}}_1 \boldsymbol{T}^{(1)T} \boldsymbol{x} \\[2mm]
&\stackrel{\text{def}}{=} -\boldsymbol{R}_1 \boldsymbol{x},
\end{aligned}
\tag{6.149}
$$

aber nicht die Eigenwerte der Systemmatrix $\tilde{\boldsymbol{A}}_{22}$ des nicht steuerbaren Untersystems! Deshalb gilt der

---

[1] Natürlich ist ein *steuerbares* System *immer* stabilisierbar.

Satz 6.15 $\boxed{\begin{array}{l}\textit{Ein nicht steuerbares lineares System }\{A,B\}\textit{ ist genau dann stabi-}\\ \textit{lisierbar, wenn sämtliche Eigenwerte der Systemmatrix }\tilde{A}_{22}\textit{ des un-}\\ \textit{steuerbaren Untersystems gemäß der kanonischen Zerlegung in Lemma}\\ \textit{6.11 stabil sind.}\end{array}}$

Mit anderen Worten: Ein System ist stabilisierbar, wenn instabile Eigenwerte nur in dem steuerbaren Untersystem, also bei der Matrix $\tilde{A}_{11}$ vorhanden sind.

Stehen für Rückkoppelungszwecke nur die Ausgangsgrößen y zur Verfügung, soll also der Zustandsvektor mit Hilfe eines Zustandsbeobachters rekonstruiert werden, ist als nächstes die Frage zu beantworten, ob die für die Zustandsrückführung benötigten Zustandsgrößen auch beobachtbar sind. Ist das Gesamtsystem beobachtbar, ergeben sich keine Probleme. Wenn dagegen das System nicht beobachtbar ist, steht nur ein Teil des Zustandsvektors, nämlich die beobachtbaren Zustandsgrößen, für die Zustandsrückführung zur Verfügung.

Deshalb wird eine schwächere Form der Beobachtbarkeit eingeführt:

Definition 6.16: *Ein lineares System $\{A,B,C\}$ heißt* ermittelbar, *wenn jedes Element des unbeobachtbaren Unterraums im sogenannten stabilen Unterraum enthalten ist, wobei der stabile Unterraum aus der Menge aller Zustände $x \in \mathbb{R}^n$ besteht, für die*

$$\lim_{t \to \infty} \Phi(t)x = o$$

gilt.

Aus der kanonischen Zerlegung eines nicht beobachtbaren Systems in ein beobachtbares und ein unbeobachtbares Untersystem gemäß (6.145) und Abb. 6.3 folgt sofort der

Satz 6.17 $\boxed{\begin{array}{l}\textit{Ein nicht beobachtbares System }\{A,B,C\}\textit{ ist genau dann ermittelbar,}\\ \textit{wenn sämtliche Eigenwerte der Systemmatrix }\tilde{A}_{22}\textit{ des unbeobachtbaren}\\ \textit{Untersystems gemäß der kanonischen Zerlegung (6.145) stabil sind}\end{array}}$

Die Untersuchung eines Systems auf Stabilisierbarkeit bzw. Ermittelbarkeit kann also durch eine Untersuchung auf Stabilität des unsteuerbaren bzw. unbeobachtbaren Untersystems durchgeführt werden. Die gegebenenfalls durchzuführende Zustandsrückführung für das steuerbare Untersystem kann dann wie in Abschnitt 4.3 und die Auslegung des Beobachters für das beobachtbare Untersystem wie in Abschnitt 5.3 durchgeführt werden.

6.3.2 Geometrische Theorie der Störgrößenentkopplung

Eine der wichtigsten Aufgaben der Regelungstechnik besteht darin, Auswirkungen von Störgrößen, die auf ein System wirken, auf die Regelgrößen zu verhindern [6.3].

Auf ein zeitkontinuierliches oder zeitdiskretes System wirken Störgrößen, zusammengefaßt in dem *Störgrößenvektor* $v \in \mathbb{R}^s$, so, daß die folgende mathematische Beschreibung gilt

$$\mathcal{D}x = Ax + Bu + Ev, \tag{6.150}$$

$$y = Cx, \tag{6.151}$$

$A \in \mathbb{R}^{n \times n}, B \in \mathbb{R}^{n \times p}, E \in \mathbb{R}^{n \times s}, C \in \mathbb{R}^{q \times n}$. Welcher Unterraum des Zustandsraums $\mathcal{X} = \mathbb{R}^n$ kann überhaupt durch die Störung beeinflußt werden?

Definition 6.18: *Der Zustand x des Systems mit der mathematischen Beschreibung (6.150 und 6.151) heißt* **störbar,** *wenn eine endliche Zeit t_N und eine Störfunktion $v_{[0,t_N]}$ so existiert, daß der Anfangszustand $x(0) = o$ in den Zustand $x(t_N) = x$ überführt wird, während keine Eingangsfunktion u vorliegt.*

Faßt man die Störgröße v als Eingangsgröße auf, die über die Matrix E auf das System wirkt, erhält man in Analogie zur Steuerbarkeitsmatrix die *Störbarkeitsmatrix*

$$W \stackrel{\text{def}}{=} [E, AE, \ldots, A^{n-1}E] \in \mathbb{R}^{n \times (n \cdot s)} \tag{6.152}$$

und die

Definition 6.19: *Der von den Spalten der Störbarkeitsmatrix W aufgespannte Unterraum W des Zustandsraums $\mathcal{X} = \mathbb{R}^n$ heißt* **störbarer Unterraum** *des linearen Systems:*

$$\mathcal{W} \stackrel{\text{def}}{=} \text{bild}\,(W). \tag{6.153}$$

Von Interesse ist die Auswirkung der Störung auf die Ausgangsgröße y. Für den Anfangszustand $x(0) = o$ und $u(t) \equiv o$ erhält man bei zeitkontinuierlichen Systemen für den Ausgangsvektor

$$y(t) = C \int_0^t \Phi(t - \tau)Ev(\tau)d\tau \tag{6.154}$$

oder mit

$$\int_0^t \Phi(t - \tau)Ev(\tau)d\tau = \sum_{i=0}^{n-1} A^i E \int_0^t \alpha_i(t - \tau)v(\tau)d\tau \tag{6.155}$$

nach Abschnitt 7.2.1 und dem Satz von CAYLEY und HAMILTON [6.4],

$$y(t) = \sum_{i=0}^{n-1} C A^i E \int_0^t \alpha_i(t - \tau)v(\tau)d\tau. \tag{6.156}$$

Die Bedingung, daß die Ausgangsgröße $y(t)$ identisch verschwindet, d.h., daß sie von jedem möglichen Störgrößenvektor $v(t)$ unbeeinflußt bleibt, ist gegeben durch

$$C A^i E = O \quad \text{für} \quad i = 0, 1, \ldots, n - 1, \tag{6.157}$$

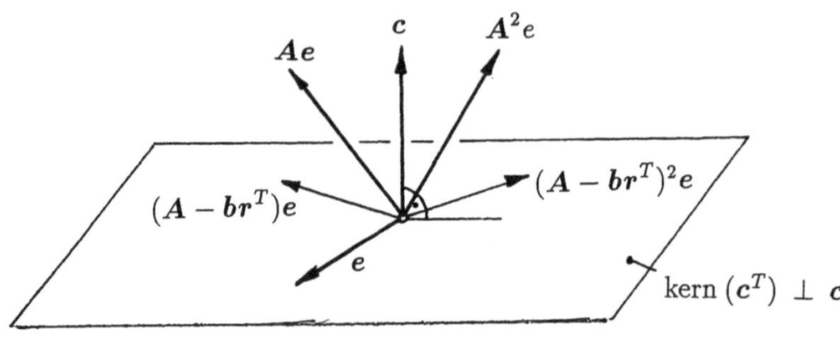

Abb. 6.4: Nullraum kern(c^T)

nämlich dadurch, daß sich für jeden Vektor

$$\boldsymbol{\xi}_i \in \text{bild}\,(\boldsymbol{A}^i\boldsymbol{E}) \tag{6.158}$$

ergibt

$$\boldsymbol{C}\boldsymbol{\xi}_i = \boldsymbol{o}, \quad \text{also} \quad \boldsymbol{\xi}_i \in \text{kern}\,(\boldsymbol{C}). \tag{6.159}$$

Es ist also

$$\boldsymbol{\xi}_i \in \mathcal{W} = \text{bild}\,(\boldsymbol{W}),$$

dem störbaren Unterraum und es gilt das

Lemma 6.20: *Die Störgröße $\boldsymbol{v}$ hat keinen Einfluß auf die Ausgangsgröße $\boldsymbol{y}$ genau dann, wenn*

$$\mathcal{W} = \text{bild}\,(\boldsymbol{W}) \subseteq \text{kern}(\boldsymbol{C}). \tag{6.160}$$

Zur Veranschaulichung dieser Aussage betrachten wir in Anlehnung an [6.5] ein System dritter Ordnung mit der mathematischen Beschreibung

$$\dot{\boldsymbol{x}} = \boldsymbol{A}\boldsymbol{x} + \boldsymbol{b}u + \boldsymbol{e}v, \tag{6.161}$$

$$y = \boldsymbol{c}^T\boldsymbol{x}. \tag{6.162}$$

Der störbare Unterraum ist gegeben durch

$$\text{bild}\,(\boldsymbol{W}) = \text{bild}\,([\boldsymbol{e}, \boldsymbol{A}\boldsymbol{e}, \boldsymbol{A}^2\boldsymbol{e}]). \tag{6.163}$$

Der Nullraum kern($\boldsymbol{c}^T$) ist durch die Ebene senkrecht zum Vektor $\boldsymbol{c}$ in Abb. 6.4 gegeben. Auch wenn der Vektor $\boldsymbol{e}$ in der Ebene kern($\boldsymbol{c}^T$) wie in Abb. 6.4 liegt, müssen im allgemeinen die Vektoren $\boldsymbol{A}\boldsymbol{e}$ und $\boldsymbol{A}^2\boldsymbol{e}$ nicht auch in dieser Ebene liegen, es wird also gelten

$$\boldsymbol{A}\boldsymbol{e} \notin \text{kern}\,(\boldsymbol{c}^T) \quad \text{und} \quad \boldsymbol{A}^2\boldsymbol{e} \notin \text{kern}\,(\boldsymbol{c}^T). \tag{6.164}$$

Sehr wichtig ist jetzt die Beantwortung der Frage: Kann eine Zustandsrückführung

$$u = \boldsymbol{r}^T\boldsymbol{x} \tag{6.165}$$

so gefunden werden, daß bei dem rückgekoppelten System

$$\dot{x} = (A - br^T)x + ev \tag{6.166}$$

$$y = c^T x$$

für den neuen störbaren Unterraum des rückgekoppelten Systems

$$\mathrm{bild}\,(W_{(A-br^T)}) \stackrel{\mathrm{def}}{=} \mathrm{bild}\,([e, (A - br^T)e, (A - br^T)^2 e]) \tag{6.167}$$

gilt

$$\mathrm{bild}\,(W_{(A-br^T)}) \subseteq \mathrm{kern}(c^T), \tag{6.168}$$

wie in Abb. 6.4 dargestellt, also im Gegensatz zu (6.164) jetzt

$$(A - br^T)e \in \mathrm{kern}\,(c^T) \quad \mathrm{und} \quad (A - br^T)^2 e \in \mathrm{kern}\,(c^T)? \tag{6.169}$$

Die allgemeine Frage heißt also: Wenn

$$\mathrm{bild}(W) \not\subseteq \mathrm{kern}\,(C), \tag{6.170}$$

kann dann eine Zustandsrückführung

$$u = -Rx \tag{6.171}$$

so gefunden werden, daß

$$\mathrm{bild}\,(W_{(A-BR)}) \subseteq \mathrm{kern}\,(C), \tag{6.172}$$

wobei

$$W_{(A-BR)} \stackrel{\mathrm{def}}{=} [E, (A - BR)E, \ldots, (A - BR)^{n-1}E]? \tag{6.173}$$

Die nächste Aufgabe ist es, die Bedingung für die Existenz einer solchen Rückkoppelungsmatrix R und ihre Berechnung anzugeben.

Zunächst ist klar, daß man mittels der Zustandsrückführung an der Matrix E in (6.173) nichts ändern kann. Notwendig ist also, damit überhaupt (6.172) gelten kann, daß bereits

$$\mathrm{bild}\,(E) \subset \mathrm{kern}(C) \tag{6.174}$$

ist. Hierzu betrachten wir nochmals das oben angegebene dreidimensionale System, bei dem jetzt aber die Ausgangsgröße y zweidimensional ist und damit statt (6.162) die Ausgangsgleichung gilt

$$y = Cx = \begin{pmatrix} c_1^T \\ c_2^T \end{pmatrix} x. \tag{6.175}$$

Der Nullraum $\mathrm{kern}(C)$ ist jetzt eindimensional und senkrecht sowohl zum Vektor c_1 als auch zum Vektor c_2, siehe Abb. 6.5. Aus diesem Bild geht hervor, daß der Vektor Ae bereits in der Ebene liegt, die durch $\mathrm{bild}(b)$ und $\mathrm{kern}(C)$ aufgespannt wird, damit durch Addition von

$$-br^T e = \gamma b \in \mathrm{bild}\,(b) \tag{6.176}$$

erreicht wird, daß

$$(A - br^T)e = Ae - br^T e \in \mathrm{kern}\,(C). \tag{6.177}$$

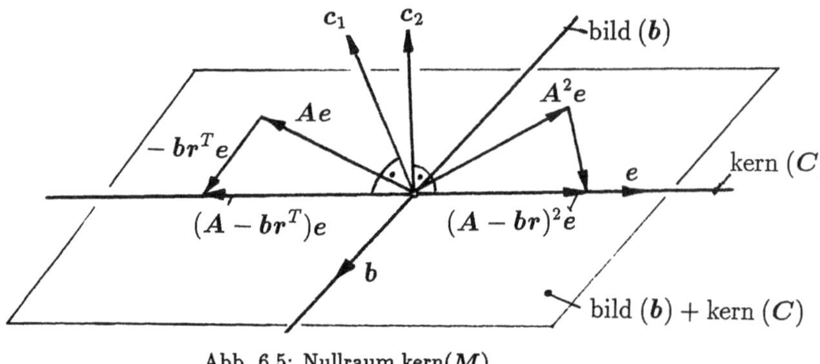

Abb. 6.5: Nullraum kern(M)

Wenn

$$\mathcal{V} \stackrel{\text{def}}{=} \text{kern}\,(C)$$

ist, kann jeder Vektor $x \in \mathcal{V}$ durch Addition eines Vektors $-BRx$, der in der Ebene bzw. Hyperebene $\mathcal{B} + \mathcal{V}$ liegt, wobei

$$\mathcal{B} \stackrel{\text{def}}{=} \text{bild}\,(B)$$

ist, so verändert werden, daß der Vektor $(A-BR)x$ ebenfalls wieder in dem Unterraum $\mathcal{V}$ liegt, vorausgesetzt, der Vektor Ax liegt selbst in der Ebene $\mathcal{B} + \mathcal{V}$, da der Vektor

$$-BRx = B(-Rx) = B\xi \in \mathcal{B} \tag{6.178}$$

ist. Wenn also $Ax \in \mathcal{B} + \mathcal{V}$, kann der Vektor $(Ax + B\xi)$ auch so dargestellt werden

$$Ax + B\xi = \gamma e, \tag{6.179}$$

wobei

$$\gamma e \in \text{kern}\,(C) = \mathcal{V}.$$

Liegt umgekehrt der Vektor Ax nicht in der Ebene $\mathcal{B} + \mathcal{V}$, dann kann $(A+BR)x$ nicht derart gewählt werden, daß es zu $\mathcal{V}$ gehört, wie auch immer die Rückkoppelungsmatrix R gewählt wird.

Es gilt also das

Lemma 6.21: *Sei $\mathcal{V} \subset \mathsf{R}^n$. Es existiert eine Rückkoppelungsmatrix $R \in \mathsf{R}^{n \times p}$ derart, daß*

$$(A - BR)\mathcal{V} \subset \mathcal{V} \tag{6.180}$$

genau dann, wenn

$$A\mathcal{V} \subset \mathcal{B} + \mathcal{V}. \tag{6.181}$$

Hier und im folgenden wird unter der Multiplikation eines Unterraums $\mathcal{Y}$ mit einer Matrix M die Menge bzw. der Unterraum

$$M\mathcal{Y} \stackrel{\text{def}}{=} \{z \mid z = My,\, y \in \mathcal{Y}\} \tag{6.182}$$

verstanden. Ist andererseits

$$M\mathcal{Y} \subset \mathcal{Y}, \tag{6.183}$$

heißt $\mathcal{Y}$ ein M-*invarianter* Unterraum. Bei einem solchen Unterraum bleibt also ein Element aus diesem Unterraum, nach Multiplikation mit der Matrix M, in diesem Unterraum.

Ist der Unterraum derart, daß

$$A\mathcal{V} \subset \mathcal{B} + \mathcal{V},$$

existiert nach Lemma 6.21 eine geeignete Rückkoppelungsmatrix R so, daß

$$(A - BR)\mathcal{V} \subset \mathcal{V}$$

erfüllt, also $\mathcal{V}$ ein $(A - BR)$-invarianter Unterraum ist. Für ein beliebiges Element $v \in \mathcal{V}$ gilt also

$$(A - BR)v \in \mathcal{V}.$$

Ist jetzt

$$v = (A - BR)v',$$

wobei $v' \in \mathcal{V}$, dann ist

$$(A - BR)^2 v' \in \mathcal{V}.$$

So fortfahrend, erhält man die Aussage: Wenn $v \in \mathcal{V}$, ist auch

$$(A - BR)^i v' \in \mathcal{V} \quad \text{für} \quad i = 0, 1, \ldots, n - 1. \tag{6.184}$$

Ist also

$$\mathrm{bild}\,(E) \subset \mathcal{V} \subset \mathrm{kern}\,(C) \tag{6.185}$$

erfüllt, gilt

$$\mathrm{bild}\,(W_{(A-BR)}) \subset \mathrm{kern}\,(C), \tag{6.186}$$

d.h., die Störgröße ist von der Ausgangsgröße entkoppelt.

Diese geometrischen Überlegungen sollen jetzt nochmals anhand der *Struktur* der auftretenden Matrizen nachvollzogen werden. Angenommen, die Matrizen A, C und E haben die Struktur

$$A = \begin{pmatrix} A_{11} & A_{12} \\ O & A_{22} \end{pmatrix}, \quad C = [O, C_2], \quad E \begin{pmatrix} E_1 \\ O \end{pmatrix} \tag{6.187}$$

oder deutlicher

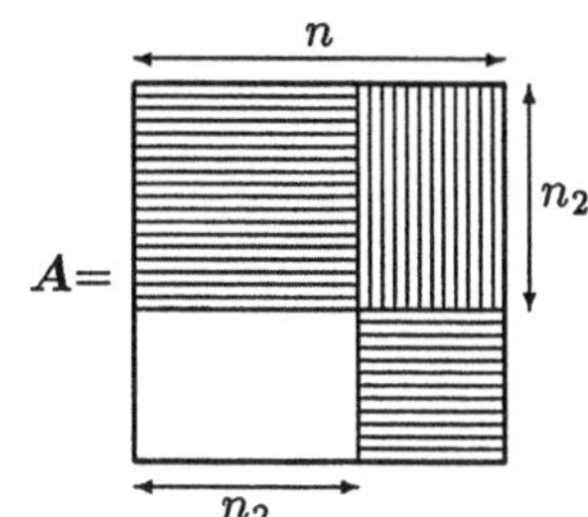

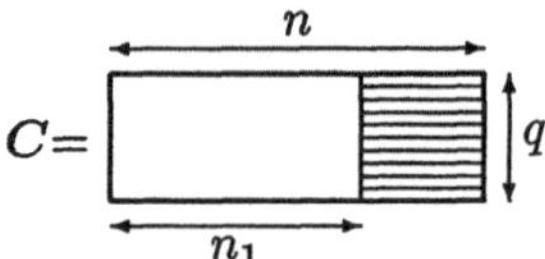

$$\tag{6.188}$$

wobei die nicht schraffierten Untermatrizen aus Nullen bestehen. $\boldsymbol{A}^i$ hat dann wieder die gleiche Struktur; denn es gilt für eine obere Blockdreiecksmatrix

$$\boldsymbol{A}^i = \begin{pmatrix} \boldsymbol{A}^i_{11} & * \\ \boldsymbol{O} & \boldsymbol{A}^i_{22} \end{pmatrix} \tag{6.189}$$

Sei $n_1 \geq n_2 \geq n_3$, dann erhält man für

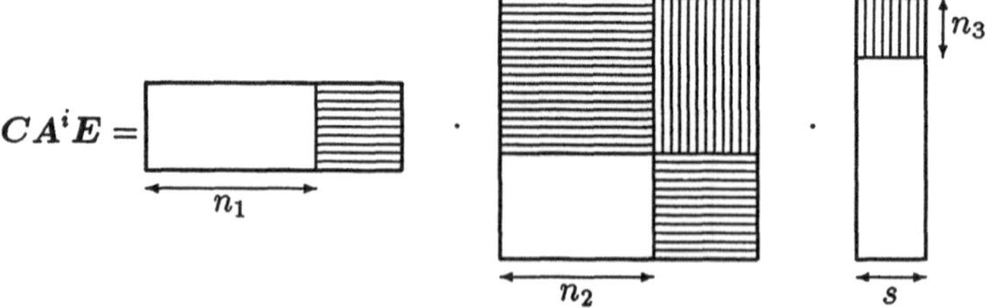

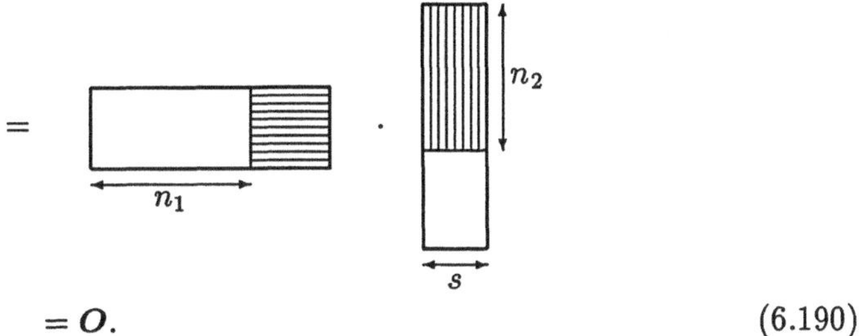

$$= O. \tag{6.190}$$

Liegen also die Matrizen A, C und E mit den Strukturen gemäß (6.187 und 6.188) vor und ist $n_1 \geq n_2 \geq n_3$, dann ist der Ausgang störungsentkoppelt.

Normalerweise liegt zunächst eine mathematische Beschreibung nicht in einer solchen Struktur vor, bzw. kann überhaupt nicht in eine solche Form gebracht werden. Es steht aber noch die Eingangsgröße zur Verfügung, d.h., die Matrix A kann mittels einer Zustandsrückführung in die Form $F = A - BR$ überführt werden, wo dann, wenn das Problem der Störungsentkopplung lösbar ist, die Matrizen des Systems $\{F, B, C, E\}$ die Strukturen gemäß (6.188) haben.

Das Verfahren zur Überprüfung der Problemlösbarkeit und gleichzeitigen Bestimmung der eventuell notwendigen Rückkoppelungsmatrix R wird so durchgeführt, daß die Dimension n_2 für die rückgekoppelte Matrix F möglichst groß wird, aber kleiner als oder höchstens gleich n_1 bleibt:

$$F = A - BR \tag{6.191}$$

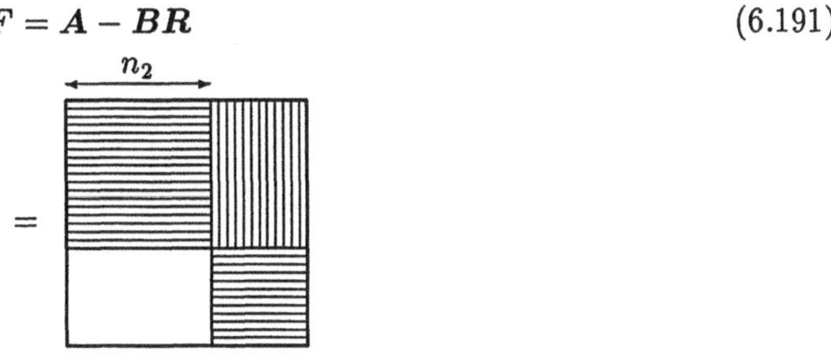

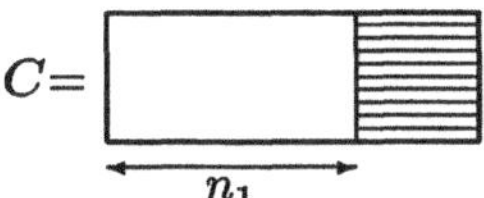

Im einzelnen läuft das Verfahren so ab:

1. Schritt: Verschieben der Spalten der Matrix C nach rechts mit Hilfe der Transformationsmatrix Q_1

$$C^{(1)} \overset{\text{def}}{=} CQ_1 = [O_{q \times t_1}, C_2^{(1)}], \tag{6.192}$$

wobei die Untermatrix $C_2^{(1)}$ vollen Spaltenrang hat, der also gleich Rang(C) ist. Dies kann man über die Singulärwertzerlegung der Matrix C erreichen. Zunächst also

$$C = U_1 \Sigma_1 V_1^T \tag{6.193}$$

mit

$$U_1 \in \mathsf{R}^{q \times q}, \quad V_1 \in \mathsf{R}^{n \times n}, \quad \Sigma_1 = \begin{pmatrix} \sigma_1 & & & 0 & \cdots & 0 \\ & \ddots & & & & \\ & & \sigma_r & & & \\ & & & 0 & & \\ & & & & \ddots & \\ & & & 0 & \cdots & 0 \end{pmatrix} \in \mathsf{R}^{q \times n}.$$

$$\tag{6.194}$$

Unterteilen der Matrizen U_1 und V_1^T so

$$U_1 = [U_1^{(1)}, U_1^{(2)}], \quad V_1^T = \begin{pmatrix} V_1^{(1)T} \\ V_1^{(2)T} \end{pmatrix}, \tag{6.195}$$

mit

$$U_1^{(1)} \in \mathsf{R}^{q \times r}, \quad V_1^{(1)T} \in \mathsf{R}^{r \times n}$$

und neu definieren von

$$\overline{U}_1 \stackrel{\text{def}}{=} [U_1^{(2)}, U_1^{(1)}], \quad \overline{V}_1^T \stackrel{\text{def}}{=} \begin{pmatrix} V_1^{(2)T} \\ V_1^{(1)T} \end{pmatrix}, \quad \overline{\Sigma}_1 \stackrel{\text{def}}{=} \begin{pmatrix} 0 & \cdots & 0 & & & \\ & & & \ddots & & \\ & & & & 0 & \\ & & & & & \sigma_1 \\ & & & & & & \ddots \\ 0 & \cdots & 0 & & & & & \sigma_r \end{pmatrix}$$

$$\tag{6.196}$$

$$T_1 \stackrel{\text{def}}{=} \begin{pmatrix} O & I_r \\ I_{q-r} & O \end{pmatrix}, \quad T_1^{-1} = \begin{pmatrix} O & I_{q-r} \\ I_r & O \end{pmatrix}, \quad T_2 \stackrel{\text{def}}{=} \begin{pmatrix} O & I_{n-r} \\ I_r & O \end{pmatrix}, \quad T_2^{-1} = \begin{pmatrix} O & I_r \\ I_{n-r} & O \end{pmatrix},$$

$$\tag{6.197}$$

dann wird

$$\begin{aligned} C &= U_1 \Sigma V_1^T \\ &= \underbrace{U_1 T_1}_{\overline{U}_1} \underbrace{T_1^{-1} \Sigma_1 T_2^{-1}}_{\overline{\Sigma}_1} \underbrace{T_2 V_1^T}_{\overline{V}_1^T} \\ &= \overline{U}_1 \overline{\Sigma}_1 \overline{V}_1^T. \end{aligned} \tag{6.198}$$

Wählt man jetzt als Transformationsmatrix

$$Q_1 = \overline{V}_1, \tag{6.199}$$

ist

$$C Q_1 = \overline{U}_1 \overline{\Sigma}_1$$

$$\stackrel{\text{def}}{=} C^{(1)}$$
$$= [O, U_1^{(1)}\text{diag}(\sigma_1)] \tag{6.200}$$

mit

$$\text{diag}(\sigma_i) \stackrel{\text{def}}{=} \begin{pmatrix} \sigma_1 & & \\ & \ddots & \\ & & \sigma_r \end{pmatrix} \in \mathsf{R}^{r \times r},$$

d.h., es ist

$$C_2^{(1)} = U_1^{(1)}\text{diag}(\sigma_i) \in \mathsf{R}^{q \times r}. \tag{6.201}$$

$C_2^{(1)}$ hat in der Tat vollen Spaltenrang r, da die Spalten der Untermatrix $U_1^{(1)}$ alle zueinander orthogonal sind.

2. Schritt: Transformieren mit der orthonormalen Transformationsmatrix Q_1 auch die Systemmatrix A und die Eigangsmatrix B

$$A^1 \stackrel{\text{def}}{=} Q_1^T A Q_1, \quad B^1 \stackrel{\text{def}}{=} Q_1^T B \tag{6.202}$$

und Zerlegen der neuen Matrizen A^1 und B^1 in Anlehnung an die Zerlegung von C^1 gemäß (6.192) in Untermatrizen

$$A^1 = \begin{pmatrix} A_{11}^1 & A_{12}^1 \\ A_{21}^1 & A_{22}^1 \end{pmatrix} \begin{matrix} \}t_1 \\ \}n-t_1 \end{matrix}, \tag{6.203}$$

$$B^1 = \underbrace{\begin{pmatrix} B_1^1 \\ B_2^1 \end{pmatrix}}_{p} \begin{matrix} \}t_1 \\ \}n-t_1 \end{matrix}. \tag{6.204}$$

Vier Fälle sind jetzt zu unterscheiden:

<u>Fall 1:</u> Es ist $A_{21}^1 = O$. Dann ist das Problem bereits gelöst, denn es liegt eine Form wie in (6.187 und 6.188) vor.

<u>Fall 2:</u> Es ist $A_{21}^1 \neq O$ und

$$\text{bild}(A_{21}^1) \subset \text{bild}(B_2^1),$$

dann kann man eine Rückkoppelungsmatrix $R_1 \in \mathsf{R}^{p \times t_1}$ so berechnen, daß

$$B_2^1 R_1 = A_{21}^1 \tag{6.205}$$

wird und somit die Systemmatrix F^1 des mit

$$R^1 \stackrel{\text{def}}{=} [R_1, O] \in \mathsf{R}^{p \times n} \tag{6.206}$$

rückgekoppelten Systems

$$F^1 = A^1 - B^1 R^1 \tag{6.207}$$

die Struktur

$$F^1 = \begin{pmatrix} A_{11}^1 - B_1^1 R_1 & A_{12}^1 \\ O & A_{22}^1 \end{pmatrix}, \tag{6.208}$$

also eine Form gemäß (6.188) hat und das Problem ist damit gelöst.

<u>Fall 3:</u> Es ist $A_{21}^1 \neq O$, $\text{bild}(A_{21}^1) \not\subset \text{bild}(B_2^1)$ und

$$\text{Rang}(B_2^1) < n - t_1, \tag{6.209}$$

also der Zeilenrang kleiner als die Anzahl der Zeilen. Dann muß zum 3.Schritt übergegangen werden.

<u>Fall 4:</u> Es ist $A_{21}^1 \neq O$, $\mathrm{bild}(A_{21}^1) \not\subset \mathrm{bild}(B_2^1)$ und

$$\mathrm{Rang}(B_2^1) = n - t_1.$$

In diesem Fall ist eine Störgrößenentkopplung nicht möglich; denn weder durch Um-
sortieren von Zeilen oder Spalten oder Hinzunahme von darüberliegenden Zeilen kann
die Matrix A_{21}^1 mittels Rückkoppelungsmatrix zur Nullmatrix umgeformt werden. Das
Verfahren muß mit diesem negativen Ergebnis abgebrochen werden.

Vor dem Übergang zum 3.Schritt aber noch einige Bemerkungen zu den in den Fällen
2,3 und 4 durchzuführenden Berechnungen. Bezeichnet man in (6.205) die Spalten der
Rückkoppelungsmatrix R_1 mit x_i und die von A_{21}^1 mit y_i, muß in (6.205) das lineare
Gleichungssystem

$$B_2^1 x_i = y_i$$

für den gesuchten Vektor x_i gelöst werden. Ein solcher Vektor x_i existiert aber nur
dann, wenn der Vektor y_i als Linearkombination der Spalten der Matrix $B_2^1 = [b_1^1, \ldots, b_p^1]$
darstellbar ist,

$$x_{1i} b_1^1 + x_{2i} b_2^1 + \cdots + x_{pi} b_p^1 = y_i,$$

also

$$y_i \in \mathrm{bild}\,(B_2^1)$$

ist. Das muß aber für alle Spalten y_i der Matrix A_{21}^1 gelten, d.h., es muß

$$\mathrm{bild}\,(A_{21}^1) \subset \mathrm{bild}\,(B_2^1) \tag{6.210}$$

sein. Wenn aber (6.210) gilt, muß auch

$$\mathrm{bild}\,([A_{21}^1, B_2^1]) = \mathrm{bild}\,(A_{21}^1) \tag{6.211}$$

sein, d.h., es muß

$$\mathrm{Rang}\,([A_{21}^1, B_2^1]) = \mathrm{Rang}\,(A_{21}^1) \tag{6.212}$$

gelten. Das kann beispielsweise durch eine Singulärwertzerlegung der beiden Matrizen
in (6.212) untersucht werden.

Wenn (6.210) gilt, bleibt im Fall 2 noch die Berechnung der Rückkopplungsmatrix
R_1, die (6.205) erfüllt. Das kann mit Hilfe der sogenannten *Pseudoinversen* B_2^{1+} der
Matrix B_2^1 vorgenommen werden:

$$R_1 = B_2^{1+} A_{21}^1. \tag{6.213}$$

Auf das Problem der Berechnung einer Pseudoinversen wird im nächsten Abschnitt
6.3.4 eingegangen.

3. Schritt: Da

$$\mathrm{bild}\,(A_{21}^1) \not\subset \mathrm{bild}\,(B_2^1)$$

ist, muß durch weitere Transformationen versucht werden, die Systemmatrix und die
Eingangsmatrix so umzuformen, bis eine (6.210) entsprechende Bedingung erfüllt ist.

Hierzu wird zunächst eine Transformationsmatrix P_2 so gesucht, daß in der Matrix B_2^1 die Zeilen so nach oben geschoben werden:

$$B_2^{(2)} \stackrel{\text{def}}{=} P_2 B_2^1 = \begin{pmatrix} B_{21}^{(2)} \\ O \end{pmatrix} \tag{6.214}$$

und $B_2^{(2)}$ vollen Zeilenrang hat.

Das kann mit Hilfe der Singulärwertzerlegung der Matrix B_2^1 durchgeführt werden:

$$B_2^1 = U_2 \Sigma_2 V_2^T. \tag{6.215}$$

(6.215) von links mit U_2^T multipliziert, liefert

$$\begin{aligned} U_2^T B_2^1 &= U_2^T U_2 \Sigma_2 V_2^T \\ &= \Sigma_2 V_2^T \\ &= \begin{pmatrix} \text{diag}\,(\sigma_i) & O \\ O & O \end{pmatrix} \begin{pmatrix} V_2^{1T} \\ V_2^{(2)T} \end{pmatrix} \\ &= \begin{pmatrix} \text{diag}\,(\sigma_i) V_2^{1T} \\ O \end{pmatrix} \\ &\stackrel{\text{def}}{=} \begin{pmatrix} B_{21}^{(2)} \\ O \end{pmatrix} \begin{matrix} \}n - t_1 - s_2 \\ \}s_2 \end{matrix} \end{aligned} \tag{6.216}$$

also ist

$$P_2 = U_2^T \in \mathsf{R}^{(n-t_1) \times (n-t_1)} \tag{6.217}$$

zu wählen und es wird dann

$$B_2^{(2)} = \text{diag}\,(\sigma_i) V_2^{1T} \in \mathsf{R}^{(n-t_1-s_2) \times p}. \tag{6.218}$$

Jetzt wird mit der orthonormalen Transformationsmatrix

$$T_{21}^T \stackrel{\text{def}}{=} \begin{pmatrix} I_{t_1} & O \\ O & P_2 \end{pmatrix} \in \mathsf{R}^{n \times n} \tag{6.219}$$

auch die System- und die Ausgangsmatrix transformiert, so daß insgesamt wieder eine Ähnlichkeitstransformation durchgeführt wurde:

$$\begin{aligned} A^{(2)} \stackrel{\text{def}}{=}\ & T_{21}^T A^1 T_{21} \\ =\ & \begin{pmatrix} A_{11}^1 & A_{12}^1 P_2^T \\ P_2 A_{21}^1 & P_2 A_{22}^1 P_2^T \end{pmatrix} \\ =\ & \begin{pmatrix} A_{11}^{(2)} & A_{12}^{(2)} \\ A_{21}^{(2)} & A_{22}^{(2)} \end{pmatrix} \begin{matrix} \}t_1 \\ \end{matrix} , \end{aligned} \tag{6.220}$$

$$\begin{aligned} C^{(2)} \stackrel{\text{def}}{=}\ & C^1 T_{21} \\ =\ & [O, C_2^1 P_2] \end{aligned}$$

$$= [\underbrace{O}_{t_1}, \underbrace{C_2^{(2)}}_{n-t_1}]\}q, \quad C_2^{(2)} \in \mathsf{R}^{q\times(n-t_1)}. \tag{6.221}$$

Anschließend wird die Untermatrix $A_{21}^{(2)}$ nach Maßgabe der Unterteilung von $B_2^{(2)}$ gemäß 6.216 ebenfalls nochmals unterteilt,

$$A_{21}^{(2)} = \underbrace{\begin{pmatrix} A_{211}^{(2)} \\[2mm] A_{212}^{(2)} \end{pmatrix}}_{t_1} \begin{matrix} \}n - t_1 - s_2 \\[4mm] \}s_2 \end{matrix} \quad . \tag{6.222}$$

Die Untermatrix $B_{21}^{(2)}$ in (6.214) und 6.216 besteht aus den linear unabhängigen Zeilenvektoren von B_2^1. Da sowohl die Untermatrix B_2^1 als auch die Untermatrix $A_{21}^{(2)}$ von links mit der Matrix P_2 multipliziert wurden, enthält $A_{211}^{(2)}$ ebenfalls Linearkombinationen der gleichen Zeilenvektoren, die auch in $B_{21}^{(2)}$ vorkommen. Die Untermatrix $A_{212}^{(2)}$ repräsentiert sozusagen den Unterraum, der in bild $(A_{21}^{(2)})$, aber nicht in bild (B_2^1) vorkommt.

Jetzt wird eine Rechtsverschiebung der Spalten der Untermatrix $A_{212}^{(2)}$ mit der Transformationsmatrix Q_2 vorgenommen, ähnlich der Rechtsverschiebung bei der Matrix C im 1.Schritt gemäß (6.192) mit der Matrix Q_1,

$$A_{212}^{(2)}Q_2 = [\underbrace{O}_{t_2}, \underbrace{\tilde{A}_{212}^{(2)}}_{t_1-t_2}]\}s_2, \quad Q_2 \in \mathsf{R}^{s_2\times s_2}. \tag{6.223}$$

Damit die mathematischen Gleichungen nach wie vor dasselbe System beschreiben, müssen wieder diese Transformationen als Ähnlichkeitstransformationen auf sämtliche Matrizen der Systembeschreibung angewendet werden. Mit

$$T_{22} \overset{\text{def}}{=} \begin{pmatrix} Q_2 & O \\ O & I_{n-s_2} \end{pmatrix} \in \mathsf{R}^{n\times n} \tag{6.224}$$

erhält man für die Systemmatrix

$$\begin{aligned} \tilde{A}^{(2)} \overset{\text{def}}{=} & \; T_{22}^T A^{(2)} T_{22} \\[2mm] = & \begin{pmatrix} \tilde{A}_{11}^{(2)} & \tilde{A}_{12}^{(2)} \\ \tilde{A}_{21}^{(2)} & \tilde{A}_{22}^{(2)} \end{pmatrix}, \end{aligned} \tag{6.225}$$

wobei

$$\tilde{A}_{21}^{(2)} = \begin{pmatrix} \tilde{A}_{211}^{(2)} \\ \hline O \mid \tilde{A}_{212}^{(2)} \end{pmatrix}, \tag{6.226}$$

für die Eingangsmatrix

$$\tilde{B}^{(2)} \overset{\text{def}}{=} T_{22}^T B^1 = \begin{pmatrix} \tilde{B}_1^{(2)} \\ B_2^{(2)} \end{pmatrix}, \tag{6.227}$$

(denn die Untermatrix $B_2^{(2)}$ bleibt bei einer Linksmultiplikation mit der Transformationsmatrix T_{22}^T wie in (6.214) angegeben unverändert) und für die Ausgangsmatrix

$$\tilde{C}^{(2)} \overset{\text{def}}{=} C^{(2)} T_{22} = [\underbrace{O}_{t_1}, \underbrace{C_2^{(2)}}_{n-t_1}], \tag{6.228}$$

denn auch $C_2^{(2)}$ bleibt wie in 6.221 unverändert. Insgesamt haben also die Matrizen der mathematischen Beschreibung des Systems diese Formen

$$\tilde{A}^{(2)} = \begin{pmatrix} & \tilde{A}_{11}^{(2)} & & | & \tilde{A}_{12}^{(2)} \\ -- & \tilde{A}_{211}^{(2)} & -- & | & \\ -- & --- & --- & | & \tilde{A}_{22}^{(2)} \\ O & | & \tilde{A}_{212}^{(2)} & | & \end{pmatrix} ; \quad \tilde{B}^{(2)} = \begin{pmatrix} \tilde{B}_1^{(2)} \\ --- \\ B_{21}^{(2)} \\ --- \\ O \end{pmatrix} ; \quad (6.229)$$

$$\tilde{C}^{(2)} = [O|C_2^{(2)}], \quad (6.230)$$

oder als Strukturschema

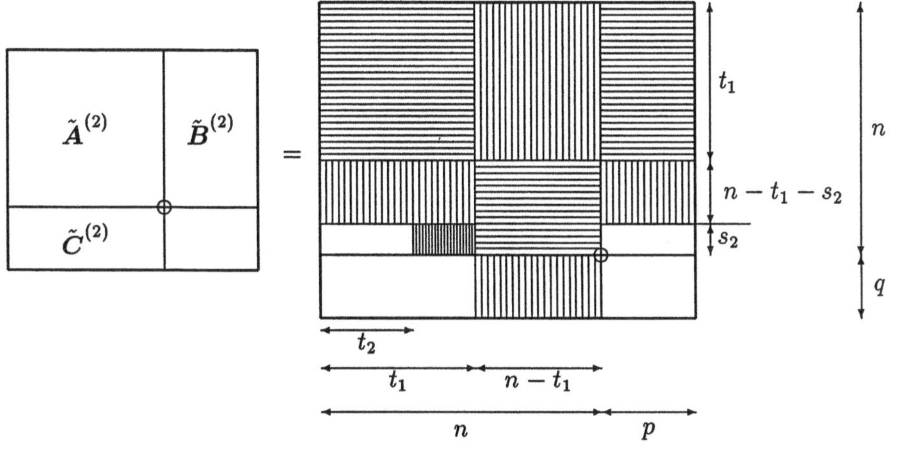

$$(6.231)$$

4. Schritt: Jetzt könnte man bei der Struktur (6.231) nur noch durch eine Zustandsrückführung mittels $R^{(2)}$ erreichen, daß die Systemmatrix diese Struktur erhält

$$F^{(2)} = \qquad\qquad\qquad\qquad\qquad (6.232)$$

Hierbei ist die Systemmatrix dann wie folgt zusammengesetzt

$$F^{(2)} = \tilde{A}^{(2)} - \tilde{B}^{(2)} R^{(2)}$$

Aus diesem Grund werden die Systemmatrix $\tilde{A}^{(2)}$ und die Eingangsmatrix $\tilde{B}^{(2)}$ neu unterteilt gemäß der durch t_2 vorgegebenen Struktur:

$$\tilde{A}^{(2)} = \begin{pmatrix} \hat{A}_{11}^{(2)} & | & \hat{A}_{12}^{(2)} \\ --- & | & --- \\ \hat{A}_{21}^{(2)} & | & \\ --- & | & \hat{A}_{22}^{(2)} \\ O_{s_2 \times t_2} & | & \end{pmatrix} ; \quad \tilde{B}^{(2)} = \begin{pmatrix} \hat{B}_1^{(2)} \\ --- \\ \hat{B}_2^{(2)} \\ --- \\ O_{s_2 \times p} \end{pmatrix} , \qquad (6.233)$$

mit

$$\hat{A}_{11}^{(2)} \in \mathsf{R}^{t_2 \times t_2}; \quad \hat{A}_{12}^{(2)} \in \mathsf{R}^{t_2 \times (n-t_2)}; \quad \hat{A}_{21}^{(2)} \in \mathsf{R}^{(n-t_2-s_2) \times t_2};$$

$$\hat{A}_{22}^{(2)} \in \mathsf{R}^{(n-t_2) \times (n-t_2)}; \quad \hat{B}_1^{(2)} \in \mathsf{R}^{t_2 \times p}; \quad \hat{B}_2^{(2)} \in \mathsf{R}^{(n-t_2-s_2) \times p}.$$

Durch eine Rückkoppelung mit R_1 über die Eingangsuntermatrix $\hat{B}_2^{(2)}$ muß jetzt wieder versucht werden, die Systemuntermatrix $\hat{A}_{21}^{(2)}$ zu annullieren, d.h., R_1 so zu bestimmen, daß

$$\hat{A}_{21}^{(2)} - \hat{B}_2^{(2)} R_1 = O, \qquad (6.234)$$

wird. Es soll also gelten

$$\hat{B}_2^{(2)} R_1 \overset{!}{=} \hat{A}_{21}^{(2)}. \qquad (6.235)$$

Damit liegt aber das gleiche Problem wie im 2. Schritt bei der Gleichung (6.205) vor: $B_2^1 R_1 \overset{!}{=} A_{21}^1$. Tritt wieder keiner der Fälle 1 bis 3 ein, existiert also *keine* solche Rückführungsmatrix R_1, die (6.236) erfüllt, muß nochmals die gleiche Prozedur wie im 3. Schritt angeschlossen werden, d.h., die Zeilen von $\hat{B}_2^{(2)}$ müssen nach oben und entsprechende Spalten einer Untermatrix von $\hat{A}_{21}^{(2)}$ nach rechts verschoben werden. Dadurch erhält man einen neuen Wert t_3, der den Matrizen der Systembeschreibung eine neue Struktur auferlegt.

Das gesamte Verfahren endet dann entweder bei einem $t_i > 0$ und einer Struktur $F^{(i)}$ gemäß (6.232), nur jetzt mit t_i statt t_2, oder bei keiner solchen Struktur (Fall 3 im 2. Schritt oder einem entsprechenden folgenden Schritt), oder es wird $t_i = 0$. Nur im ersten Fall, wenn also $F^{(i)}$ eine Struktur gemäß (6.232) für ein $t_i > 0$ erhält, ist überhaupt eine Störungsentkoppelung möglich! Jetzt ist allerdings noch zu prüfen, ob nach sämtlichen Transformationen die Matrix E, über die die Störgrößen auf das System wirken, eine Struktur gemäß (6.187 und 6.188) hat.

Zunächst ist festzuhalten, daß insgesamt eine Ähnlichkeitstransformation mit einer solchen orthogonalen Transformationsmatrix

$$T \stackrel{\text{def}}{=} T_i \cdots T_1 Q_1 \tag{6.236}$$

durchgeführt wurde, wobei die Blockdiagonalmatrix

$$T_2 \stackrel{\text{def}}{=} T_{22}T_{21} = \begin{pmatrix} Q_2 & \\ & I_{n-s_2} \end{pmatrix}\begin{pmatrix} I_{t_1} & \\ & P_2^T \end{pmatrix} = \begin{pmatrix} Q_2 & & \\ & I_{t_1-s_2} & \\ & & P_2^T \end{pmatrix} \tag{6.237}$$

ist und sich die Blockdiagonalmatrix T_3 beispielsweise so zusammensetzen würde:

$$\begin{aligned}
T_3 \;\stackrel{\text{def}}{=}\; & T_{31}T_2 \\[2mm]
= & \begin{pmatrix} I_{t_2} & & \\ & P_3^T & \\ & & I_{s_2} \end{pmatrix}\begin{pmatrix} Q_3 & \\ & I_{n-s_3} \end{pmatrix} \\[2mm]
= & \begin{pmatrix} Q_3 & & & \\ & I_{t_2-s_3} & & \\ & & P_3^T & \\ & & & I_{s_2} \end{pmatrix},
\end{aligned} \tag{6.238}$$

wobei die aus den Matrizen Q_3 und $I_{t_2-s_3}$ bestehende Untermatrix eine $t_2 \times t_2$–Matrix ist. Die Ausgangsmatrix $\tilde{C}^{(3)}$ hätte dann die Struktur

$$\tilde{C}^{(3)} = \hat{C}^{(3)} = [O_{q \times t_2}|*] \tag{6.239}$$

und schließlich $\tilde{C}^{(i)}$ die Struktur

$$\tilde{C}^{(i)} = \hat{C}^{(i)} = [O_{q \times t_{i-1}}|*]. \tag{6.240}$$

In (6.191) ist also $n_1 = t_{i-1}$ und $n_2 = t_i$, d.h., $n_1 > n_2$, da t_i stets kleiner als t_{i-1} ist.

Unterwirft man jetzt auch noch die Matrix E der Transformation mit der Matrix T^T und erhält

$$T^T E = \begin{pmatrix} * \\ \overline{} \\ O \end{pmatrix}, \tag{6.241}$$

wobei * eine $n_3 \times s$–Matrix ist, und ist

$$n_3 < n_2, \tag{6.242}$$

dann ist Störungsentkoppelung möglich!

Die hierfür benötigte Rückkoppelungsmatrix R hat dann die Form

$$R = [R_1|O], \quad R_1 \in \mathrm{R}^{p \times n_2}. \tag{6.243}$$

Diese Form ist der Systembeschreibung $\{\hat{A}^{(i)}, \hat{B}^{(i)}, \hat{C}^{(i)}\}$ mit dem Zustandsvektor $\hat{x}$ zugeordnet, der mit dem ursprünglichen Zustandsvektor x der mathematischen Beschreibung $\{A, B, C\}$ über die Transformationsmatrix T in (6.236) so zusammenhängt

$$x = T\hat{x}. \tag{6.244}$$

Setzt man $\hat{x} = T^T x$ in die Gleichung

$$u = -R\hat{x} \tag{6.245}$$

für die Eingangsgröße ein, wird daraus

$$u = -RT^T x \tag{6.246}$$

und mit

$$R^* \stackrel{\text{def}}{=} RT^T \tag{6.247}$$

schließlich

$$u = -R^* x, \tag{6.248}$$

womit das so rückgekoppelte System störungsentkoppelt ist:

$$\mathcal{D}x = (A - BR^*)x + Ev, \tag{6.249}$$

$$y = Cx. \tag{6.250}$$

6.3.3 Balancierte Realisierung und Modellreduktion

Einführung

Das mathematische Modell eines Systems soll das Systemverhalten hinreichend genau beschreiben. Andererseits soll das mathematische Modell aber auch möglichst einfach sein, um beispielsweise die Reglersynthese zu vereinfachen. Ein wesentliches Problem der Modellbildung für ein dynamisches System besteht darin, einen Kompromiß zwischen diesen beiden entgegengesetzten Forderungen nach Genauigkeit und Einfachheit des Modells zu finden, also einem genaueren Modell und einem einfacheren, aber ungenaueren Modell. Dies führt zu einer Modellvereinfachung.

Diese ist insbesondere oft notwendig, wenn ein dynamisches System mit örtlich verteilten Parametern vorliegt, was zu einem mathematischen Modell mit partiellen Differentialgleichungen führt. Durch eine Ortsdiskretisierung kommt man dann zu einer Beschreibung des Systems mit gewöhnlichen Differentialgleichungen und damit bereits zu einem einfacheren Modell, dessen Ordnung jedoch umso größer ist, je feiner die Ortsdiskretisierung durchgeführt wird, d.h., je genauer die partiellen durch die gewöhnlichen Differentialgleichungen angenähert werden.

Andererseits führt die Betrachtung immer komplexerer Systeme, sogenannter „large-scale-systems", z.B. in der Elektronik, der Energiewirtschaft, der Raumfahrt, der Industrie oder der Wirtschaft zu mathematischen Modellen hoher Ordnung. Bei Modellen hoher Ordnung, etwa größer als zehn, hat man keinen einfachen Einblick mehr in das Systemverhalten, die Rechnersimulation wird sehr aufwendig.

Es besteht also die Notwendigkeit, Modelle hoher Ordnung durch Modelle niedriger Ordnung anzunähern, d.h., eine *Modellreduktion* durchzuführen, damit die Systemanalyse und die Reglersynthese einfacher werden.

Die Modellreduktion wird im folgenden so durchgeführt, daß zunächst mit Hilfe einer Ähnlichkeitstransformation die mathematische Beschreibung in eine *balancierte Realisierung* umgeformt wird. Dieser balancierten Realisierung kann man dann ansehen, welches Untersystem des Modells vernachlässigt werden kann. Das nicht vernachlässigte Untersystem stellt dann in einer modifizierten Form das reduzierte Modell dar.

Balancierte Realisierung

Eine *balancierte Realisierung* liegt dann vor, wenn die sogenannte *Steuerbarkeits*-GRAM-*Matrix*

$$W_s \stackrel{\text{def}}{=} SS^T = \begin{pmatrix} s_1^T s_1 & s_1^T s_2 & \cdots & s_1^T s_m \\ \vdots & & & \vdots \\ s_m^T s_1 & \cdots & \cdots & s_m^T s_m \end{pmatrix}, \quad \text{wenn} \quad S \in \mathbb{R}^{n \times m} \tag{6.251}$$

und die *Beobachtbarkeits*-GRAM-*Matrix*

$$W_b \stackrel{\text{def}}{=} M^T M \tag{6.252}$$

gleich und diagonal sind. Der Grund hierfür ist, daß man jetzt von *weniger steuerbaren* und *weniger beobachtbaren* Zustandsvariablen sprechen kann. Damit liegt ein vernünftiger Weg zur Konstruktion eines reduzierten Modells vor, wenn nämlich die weniger steuerbaren und damit auch weniger beobachtbaren Zustandsgrößen weggelassen werden.

Die GRAM-Matrizen für die Steuerbarkeit und Beobachtbarkeit zeitkontinuierlicher linearer Systeme wurden ursprünglich so eingeführt

$$\overline{W}_s \stackrel{\text{def}}{=} \int_0^\infty e^{At} BB^T e^{A^T t} dt \tag{6.253}$$

und

$$\overline{W}_b \stackrel{\text{def}}{=} \int_0^\infty e^{A^T t} C^T C^T e^{At} dt. \tag{6.254}$$

Es besteht jedoch ein enger Zusammenhang zwischen W_s und $\overline{W}_s$ bzw. W_b und $\overline{W}_b$. Denn mit

$$e^{At} = \sum_{i=0}^{n-1} \alpha_i(t) A^i \tag{6.255}$$

erhält man beispielsweise für

$$\overline{W}_s = \int_0^\infty \sum_{i=0}^{n-1} \alpha_i(t) A^i BB^T \sum_{i=0}^{n-1} (A^T)^i \alpha_i(t) dt$$

$$
\begin{aligned}
&= \int_0^\infty \left(\sum_{i=0}^{n-1} \alpha_i(t) A^i B \right) \left(B^T \sum_{i=0}^{n-1} (A^T)^i \alpha_i(t) \right) dt \\
&= \int_0^\infty [B, \ldots, A^{n-1}B] \begin{pmatrix} \alpha_0(t)I_p \\ \alpha_1(t)I_p \\ \vdots \\ \alpha_{n-1}(t)I_p \end{pmatrix} [\alpha_0(t)I_p, \ldots, \alpha_{n-1}(t)I_p] \begin{pmatrix} B^T \\ B^T A^T \\ \vdots \\ B^T (A^T)^{n-1} \end{pmatrix} dt \\
&= SQS^T
\end{aligned}
$$

$$\tag{6.256}$$

mit

$$
Q \overset{\text{def}}{=} \int_0^\infty \begin{pmatrix} \alpha_0(t)I_p \\ \alpha_1(t)I_p \\ \vdots \\ \alpha_{n-1}(t)I_p \end{pmatrix} [\alpha_0(t)I_p, \ldots, \alpha_{n-1}(t)I_p] dt. \tag{6.257}
$$

Darüberhinaus haben die beiden Matrizen $\overline{W}_s$ und $\overline{W}_b$ noch die interessante Eigenschaft, daß sie, wenn die Systemmatrix A nur Eigenwerte mit negativem Realteil hat, also wenn das System asymptotisch stabil ist, Lösungen der sogenannten LJAPUNOV-*Gleichungen* sind; denn multipliziert man z.B. $\overline{W}_s$ von links mit A und löst das dann entstehende Integral durch partielle Integration, erhält man unter Berücksichtigung von

$$
\frac{\mathrm{d}}{\mathrm{d}t}\left(\mathrm{e}^{At}\right) = A\mathrm{e}^{At}, \quad \mathrm{e}^{A0} = I
$$

und $\mathrm{e}^{A\infty} = O$

$$
\begin{aligned}
A\overline{W}_s &= \int_0^\infty A\mathrm{e}^{At} BB^T \mathrm{e}^{A^T t} dt \\
&= \left[\mathrm{e}^{At} BB^T \mathrm{e}^{A^T t} \right]_0^\infty - \int_0^\infty \mathrm{e}^{At} BB^T \mathrm{e}^{A^T t} A^T dt \\
&= -BB^T - \overline{W}_s A^T,
\end{aligned}
$$

$$\tag{6.258}$$

bzw. nach Umstellung die LJAPUNOV-Gleichung

$$
A\overline{W}_s + \overline{W}_s A^T = -BB^T. \tag{6.259}
$$

Entsprechend bekommt man für die Matrix $\overline{W}_b$ diese LJAPUNOV-Gleichung

$$
\overline{W}_b A + A^T \overline{W}_b = -C^T C. \tag{6.260}
$$

Um balancierte Realisierungen zu erhalten, kann man entweder von den GRAM–Matrizen $\overline{W}_s$ und $\overline{W}_b$, also den Lösungen der LJAPUNOV–Gleichungen (6.259 und 6.260), ausgehen oder direkt von den Matrizen W_s und W_b. Im zweiten Fall spricht man von einer *modifizierten* balancierten Realisierung. Man erhält sie schrittweise wie folgt:

1. Schritt: Berechnen der Steuerbarkeitsmatrix

$$S = [B, AB, \ldots, A^{n-1}B]$$

und der Beobachtbarkeitsmatrix

$$M = \begin{pmatrix} C \\ AC \\ \vdots \\ A^{n-1}C \end{pmatrix}$$

mittels eines der in Abschnitt 4.2.2 angegebenen Verfahren.

2. Schritt: Singulärwertzerlegung der symmetrischen GRAM–Matix $W_s = SS^T$ in

$$\begin{aligned} W_s &= U_1 \Sigma_1 U_1^T \\ &= [U_{11}, U_{12}] \begin{pmatrix} \overline{\Sigma}_1 & O \\ O & O \end{pmatrix} \begin{pmatrix} U_{11}^T \\ U_{12}^T \end{pmatrix} \\ &= U_{11}\overline{\Sigma}_1 U_{11}^T, \end{aligned} \tag{6.261}$$

mit

$$U_{11} \in \mathrm{R}^{n \times r_s}.$$

Da die GRAM–Matrix W_s symmetrisch ist, d.h., es ist $W_s = W_s^T$, muß natürlich auch die Singulärwertzerlegung symmetrisch sein, also $V_1^T = U_s^T$. Mit

$$\overline{\Sigma}_1^{1/2} \stackrel{\text{def}}{=} \mathrm{diag}\left(\sqrt{\sigma_{11}}, \ldots, \sqrt{\sigma_{1r_s}}\right) \tag{6.262}$$

kann (6.261) noch weiter zerlegt werden in

$$W_s = U_{11}\overline{\Sigma}_1^{1/2}\overline{\Sigma}_1^{1/2}U_{11}^T, \tag{6.263}$$

bzw. mit

$$T_1 \stackrel{\text{def}}{=} U_{11}\overline{\Sigma}_1^{1/2} \in \mathrm{R}^{n \times r_s} \tag{6.264}$$

in

$$W_s = T_1 T_1^T. \tag{6.265}$$

Hierbei bilden die r_s Spalten der Untermatrix U_{11} eine Basis des steuerbaren und die $n - r_s$ Spalten der Untermatrix U_{12} eine Basis des nicht steuerbaren Unterraums.

3. Schritt: Singulärwertzerlegung der mit T_1 transformierten symmetrischen GRAM–Matrix

$$
\begin{aligned}
T_1^T W_b T_1 &= U_2 \Sigma_2 U_2^T \\
&= [U_{21}, U_{22}] \begin{pmatrix} \overline{\Sigma}_2 & O \\ O & O \end{pmatrix} \begin{pmatrix} U_{21}^T \\ U_{22}^T \end{pmatrix} \\
&= U_{21} \overline{\Sigma}_2 U_{21}^T,
\end{aligned}
\tag{6.266}
$$

mit

$$
\overline{\Sigma}_2 = \mathrm{diag}\left(\sqrt{\sigma_{21}}, \ldots, \sqrt{\sigma_{2r_{sb}}}\right) \in \mathsf{R}^{r_{sb} \times r_{sb}}, \quad U_{21} \in \mathsf{R}^{f_s \times r_{sb}}.
\tag{6.267}
$$

Durch die Multiplikation der GRAM-Matrix W_b mit der Transformationsmatrix T_1, deren Spalten, wie die Spalten von U_{11}, nur den steuerbaren Unterraum aufspannen, wird von den Spalten der Matrix U_2 ebenfalls insgesamt nur der steuerbare Unterraum aufgespannt. Die Spalten von U_{21} spannen jetzt den Unterraum auf, der sowohl steuerbar als auch beobachtbar ist, und die Spalten von U_{22} spannen den steuerbaren, aber nicht beobachtbaren Unterraum auf.

4. Schritt: Es werden zwei Fälle unterschieden, nämlich der Fall, daß das System sowohl steuerbar als auch beobachtbar ist, bei dem also $r_s = r_b = n$ ist, und der Fall, bei dem das nicht zutrifft, das System also nicht steuerbar und/oder nicht beobachtbar ist.

<u>Fall 1:</u> Das System ist steuerbar und beobachtbar, $r_s = r_b = n$. Dann ist $U_{11} = U_1 \in \mathsf{R}^{n \times n}$ und $U_{21} = U_2 \in \mathsf{R}^{n \times n}$, sowie $\overline{\Sigma}_1 = \Sigma_1 \in \mathsf{R}^{n \times n}$ und $\overline{\Sigma}_2 = \Sigma_2 \in \mathsf{R}^{n \times n}$. Als Transformationsmatrix wird jetzt gewählt

$$
T \stackrel{\mathrm{def}}{=} U_1 \Sigma_1^{1/2} U_2 \Sigma_2^{-1/4}
\tag{6.268}
$$

mit der Inversen

$$
T^{-1} = \Sigma_2^{1/4} U_2^T \Sigma_1^{-1/2} U_1^T.
\tag{6.269}
$$

Die Ähnlichkeitstransformation mit diesen Matrizen führt zur mathematischen Beschreibung als balancierte Realisierung:

$$
\dot{x}_{bR} = A_{bR} x_{bR} + B_{bR} u, \quad x_{bR} \in \mathsf{R}^n,
\tag{6.270}
$$

$$
y = C_{bR} x_{bR},
\tag{6.271}
$$

wobei

$$
A_{bR} \stackrel{\mathrm{def}}{=} T^{-1} A T \in \mathsf{R}^{n \times n},
\tag{6.272}
$$

$$
B_{bR} \stackrel{\mathrm{def}}{=} T^{-1} B \in \mathsf{R}^{n \times p},
\tag{6.273}
$$

$$
C_{bR} \stackrel{\mathrm{def}}{=} C T \in \mathsf{R}^{q \times n}.
\tag{6.274}
$$

Die Steuerbarkeitsmatrix S_{bR} für die balancierte Realisierung heißt dann

$$
S_{bR} = [B_{bR}, A_{bR} B_{bR}, \ldots, A_{bR}^{n-1} B_{bR}]
$$

$$= [T^{-1}B, T^{-1}ATT^{-1}B, \ldots]$$

$$= T^{-1}[B, AB, \ldots]$$

$$= T^{-1}S \tag{6.275}$$

und es ist mit (6.269) und (6.261)

$$S_{bR}S_{bR}^T = T^{-1}SS^T(T^{-1})^T$$

$$= T^{-1}W_s(T^{-1})^T$$

$$= T^{-1}U_1\Sigma_1 U_1^T(T^{-1})^T$$

$$= \left(\Sigma_2^{1/4}U_2^T\Sigma_1^{-1/2}U_1^T\right)\left(U_1\Sigma_1 U_1^T\right)\left(U_1(\Sigma_1^{-1/2})^T U_2(\Sigma_2^{1/4})^T\right)$$

$$= \Sigma_2^{1/2}. \tag{6.276}$$

Als Beobachtbarkeitsmatrix M_{bR} für die balancierte Realisierung erhält man

$$M_{bR} = \begin{pmatrix} C_{bR} \\ C_{bR}A_{bR} \\ \vdots \\ C_{bR}A_{bR}^{n-1} \end{pmatrix}$$

$$= \begin{pmatrix} TC \\ STT^{-1}AT \\ \vdots \end{pmatrix}$$

$$= MT \tag{6.277}$$

und mit (6.268 und 6.266) für

$$M_{bR}^T M_{bR} = T^T M^T M T$$

$$= \Sigma_2^{-1/4}U_2^T(\Sigma_1^{1/2})^T U_1^T(M^T M)U_1\Sigma_1^{1/2}U_2\Sigma_2^{-1/4}$$

$$= \Sigma_2^{-1/4} U_2^T T_1^T W_b T_1 U_2 \Sigma_2^{-1/4}$$

$$= \Sigma_2^{-1/4} U_2^T U_2 \Sigma_2 U_2^T U_2 \Sigma_2^{-1/4}$$

$$= \Sigma_2^{1/2}. \tag{6.278}$$

Ein Vergleich von (6.276) mit (6.278) führt zu

$$\boldsymbol{W}_{s,bR} = \boldsymbol{W}_{b,bR} = \boldsymbol{\Sigma}_2^{1/2} = \mathrm{diag}\,(\sqrt{\sigma_{21}}, \dots, \sqrt{\sigma_{2n}}). \tag{6.279}$$

Wegen der Gleichheit und der Diagonalform der Steuerbarkeits– und der Beobachtbarkeits–GRAM–Matrizen wird die mathematische Beschreibung (6.270–6.274) *balancierte Realisierung* genannt.

Beispiel 6.3: Das lineare zeitkontinuierliche System

$$\dot{\boldsymbol{x}} = \boldsymbol{A}\boldsymbol{x} + \boldsymbol{b}u \tag{6.280}$$

$$y = \boldsymbol{c}^T \boldsymbol{x} \tag{6.281}$$

mit der Systemmatrix

$$\boldsymbol{A} = \begin{pmatrix} -16 & 12 & -6 & -3 \\ -14 & 0 & -5 & -3 \\ -11 & 10 & -8 & -2 \\ -11 & 10 & -5 & -5 \end{pmatrix},$$

dem Eingabevektor

$$\boldsymbol{b} = \begin{pmatrix} 1 \\ 1 \\ 1 \\ 0 \end{pmatrix}$$

und dem Ausgabevektor

$$\boldsymbol{c}^T = [0, 0, 0, -1]$$

hat die Steuerbarkeitsmatrix

$$\boldsymbol{S} = \begin{pmatrix} 1 & -10 & 4 & 2363 \\ 1 & -19 & 203 & -61 \\ 1 & -9 & 4 & 1964 \\ 0 & -6 & -5 & 1991 \end{pmatrix}$$

und die Beobachtbarkeitsmatrix

$$\boldsymbol{M} = \begin{pmatrix} 0 & 0 & 0 & -1 \\ 11 & -10 & 5 & 5 \\ -146 & 232 & -81 & -38 \\ 397 & -2942 & 554 & 94 \end{pmatrix}.$$

(a) Damit erhält man die Steuerbarkeits-GRAM-Matrix

$$
W_s = SS^T = \begin{pmatrix} 5\,583\,886 & -143\,140 & 4\,641\,039 & 4\,704\,773 \\ -143\,140 & 45\,292 & -118\,820 & -122\,352 \\ 4\,641\,039 & -118\,820 & 3\,857\,394 & 3\,910\,358 \\ 4\,704\,773 & -122\,352 & 3\,910\,358 & 3\,964\,142 \end{pmatrix}
$$

und die davon sehr verschiedene Beobachtbarkeits-GRAM-Matrix

$$
W_b = M^T M = \begin{pmatrix} 179\,046 & -1\,201\,956 & 231\,819 & 42\,921 \\ -1\,201\,956 & 8\,709\,288 & -1\,648\,710 & -285\,414 \\ 231\,819 & -1\,648\,710 & 313\,502 & 55\,179 \\ 42\,921 & -285\,414 & 55\,179 & 10\,306 \end{pmatrix} .
$$

Mit den Schritten 2, 3 und 4 bekommt man als balancierte Realisierung die mathematische Beschreibung

$$
\begin{aligned}
\dot{x}_{bR} &= A_{bR}x_{bR} + b_{bR}u \\
y &= c_{bR}^T x_{bR}
\end{aligned}
$$

mit der Systemmatrix

$$
A_{bR} = \begin{pmatrix} 33.6620 & -46.5817 & -0.7444 & -0.0444 \\ 46.5817 & -57.0833 & -0.9145 & -0.0545 \\ -0.7444 & 0.9145 & -2.6367 & -0.1411 \\ -0.0444 & 0.0545 & -0.1411 & -2.9421 \end{pmatrix} ,
$$

dem Eingabevektor

$$
b_{bR} = \begin{pmatrix} -1.2167 \\ -1.4802 \\ -0.8425 \\ 0.0270 \end{pmatrix}
$$

und dem Ausgabevektor

$$
c_{bR}^T = [-1.2167; 1.4802; -0.8425; 0.0270]
$$

sowie der Steuerbarkeits-GRAM-Matrix

$$
W_{s,bR} = S_{bR}S_{bR}^T =
$$

$$
\begin{pmatrix} +2.535\,358E+06 & +1.411\,656E-08 & +2.624\,001E-10 & -3.809\,356E-10 \\ +1.411\,656E-08 & +9.619\,600E+08 & +2.950\,083E-11 & -2.079\,958E-11 \\ +2.624\,001E-10 & +2.950\,083E-11 & +3.870\,363E+00 & -4.109\,215E-11 \\ -3.809\,356E-10 & -2.079\,958E-11 & -4.109\,215E-11 & +8.929\,719E-04 \end{pmatrix}
$$

und der Beobachtbarkeits-GRAM-Matrix

$$
W_{b,bR} = M_{bR}^T M_{bR} =
$$

$$
\begin{pmatrix} +2.535\,358E+06 & -1.564\,723E-08 & -4.202\,476E-10 & +1.631\,615E-10 \\ -1.564\,723E-08 & +9.619\,600E+04 & -1.888\,397E-11 & +1.438\,207E-10 \\ -4.202\,476E-10 & -1.888\,397E-11 & +3.870\,363E+00 & +4.139\,608E-11 \\ +1.631\,615E-10 & +1.438\,207E-10 & +4.139\,608E-11 & +8.929\,720E-04 \end{pmatrix} ,
$$

die bis auf die Rechenungenauigkeiten Diagonalform haben und gleich sind.
(b) Andererseits kann man im 2.Schritt von der Steuerbarkeits–GRAM–Matrix $\overline{W}_s$ und der Beobachtbarkeits–GRAM–Matrix $\overline{W}_b$ ausgehen, die man als Lösungen der LJAPUNOV-Gleichungen (6.259 und 6.260) erhält (siehe Kapitel 8), nämlich

$$\overline{W}_s =$$

$$\begin{pmatrix} +3.918\,729E-02 & +2.614\,227E-02 & +4.139\,699E-02 & -2.055\,715E-02 \\ +2.614\,227E-02 & +2.270\,461E-02 & +2.623\,519E-02 & +9.440\,766E-04 \\ +4.139\,699E-02 & +2.623\,519E-02 & +4.461\,771E-02 & -2.497\,835E-02 \\ -2.055\,715E-02 & +9.440\,766E-04 & -2.497\,835E-02 & +7.209\,224E-02 \end{pmatrix}$$

und

$$\overline{W}_b =$$

$$\begin{pmatrix} +6.172\,559E-02 & -1.815\,026E-02 & +2.199\,986E-02 & -8.868\,222E-02 \\ -1.815\,026E-02 & +8.907\,454E-03 & -7.097\,152E-03 & +2.887\,746E-02 \\ +2.199\,986E-02 & -7.097\,152E-03 & +7.954\,284E-03 & -3.202\,954E-02 \\ -8.868\,222E-02 & +2.887\,746E-02 & -3.202\,954E-02 & +1.486\,946E-01 \end{pmatrix} \cdot$$

Mit den Schritten 2, 3 und 4 bekommt man jetzt die balancierte Realisierung

$$\dot{\overline{x}}_{bR} = \overline{A}_{bR}\overline{x}_{bR} + \overline{b}_{bR}u \tag{6.282}$$

$$y = \overline{c}_{bR}^T\overline{x}_{bR} \tag{6.283}$$

mit der Systemmatrix

$$\overline{A}_{bR} = \begin{pmatrix} -1.6415 & -3.9751 & -1.0812 & +0.0589 \\ +3.9751 & -14.186 & -10.511 & +0.4832 \\ -1.0812 & +10.511 & +10.101 & +1.0707 \\ +0.0589 & -0.4832 & +1.0707 & -3.0724 \end{pmatrix},$$

dem Eingabevektor

$$\overline{b}_{bR} = \begin{pmatrix} +0.6743 \\ -0.7112 \\ +0.2261 \\ -0.0121 \end{pmatrix}$$

und dem Ausgabevektor

$$\overline{c}_{bR} = [0.6742; 0.7112; 0.2261; -0.0121].$$

Als Steuerbarkeits–GRAM–Matrix $\overline{W}_{s,bR}$ und Beobachtbarkeits–GRAM–Matrix $\overline{W}_{b,bR}$ erhält man jetzt durch Lösen der entsprechenden LJAPUNOV-Gleichungen

$$\overline{W}_{s,bR} = \overline{W}_{b,bR} =$$

$$\begin{pmatrix} 1.384\,639E-01 & 0 & 0 & 0 \\ 0 & 1.782\,980E-02 & 0 & 0 \\ 0 & 0 & 2.530\,539E-03 & 0 \\ 0 & 0 & 0 & 2.382\,348E-05 \end{pmatrix} \cdot \tag{6.284}$$

$$\square$$

$\underline{\text{Fall 2:}}$ Das System ist nicht steuerbar und/oder nicht beobachtbar, also $r_s \leq n$ und $r_b \leq n$. In diesem Fall wird als Transformationsmatrix gewählt

$$T_b \stackrel{\text{def}}{=} U_{11}\overline{\Sigma}_1^{1/2}U_{21}\overline{\Sigma}_2^{-1/4} \in \mathrm{R}^{n \times r_{sb}} \tag{6.285}$$

und

$$T_b^* \stackrel{\text{def}}{=} \overline{\Sigma}_2^{1/4}U_{21}^T\overline{\Sigma}_1^{-1/2}U_{11}^T \in \mathrm{R}^{r_{sb} \times n}, \tag{6.286}$$

die also nicht mehr quadratisch sind. Mit dem neuen r_{sb}–dimensionalen reduzierten Zustandsvektor

$$x_{bR} \stackrel{\text{def}}{=} T_b^* x \tag{6.287}$$

erhält man die mathematische Beschreibung als balancierte Realisierung

$$\dot{x}_{bR} = A_{bR}x_{bR} + B_{bR}u, \quad x_{bR} \in \mathrm{R}^{r_{sb}}, \tag{6.288}$$

$$y = C_{bR}x_{bR}, \tag{6.289}$$

mit

$$A_{bR} \stackrel{\text{def}}{=} T_b^*AT_b \in \mathrm{R}^{r_{sb} \times r_{sb}}, \tag{6.290}$$

$$B_{bR} \stackrel{\text{def}}{=} T_b^*B \in \mathrm{R}^{r_{sb} \times p}, \tag{6.291}$$

$$C_{bR} \stackrel{\text{def}}{=} CT_b \in \mathrm{R}^{q \times r_{sb}}. \tag{6.292}$$

Beispiel 6.4: Das lineare zeitkontinuierliche System

$$\begin{aligned} \dot{x} &= Ax + bu \\ y &= c^T x \end{aligned}$$

mit der Systemmatrix

$$A = \begin{pmatrix} -1 & -1 & -2 & -2 \\ 0 & -1 & +3 & +2 \\ -2 & -2 & -4 & 0 \\ +2 & +2 & +1 & -3 \end{pmatrix},$$

dem Eingabevektor

$$b = \begin{pmatrix} 1 \\ 0 \\ 1 \\ -1 \end{pmatrix}$$

und dem Ausgabevektor

$$c^T = [5; 5; 3; 0]$$

hat die Steuerbarkeitsmatrix

$$S = \begin{pmatrix} 1 & -2 & 4 & -8 \\ 0 & 0 & 0 & 0 \\ 1 & -6 & -28 & -120 \\ -1 & 6 & -28 & 120 \end{pmatrix}$$

und die Beobachtbarkeitsmatrix

$$M = \begin{pmatrix} 5 & 5 & 3 & 0 \\ -16 & -16 & -12 & 0 \\ 56 & 56 & 48 & 0 \\ -208 & -208 & -192 & 0 \end{pmatrix}.$$

(a) Damit erhält man die Steuerbarkeits–GRAM–Matrix

$$W_s = \begin{pmatrix} 85 & 0 & 1085 & -1084 \\ 0 & 0 & 0 & 0 \\ 1085 & 0 & 15221 & -15221 \\ -1085 & 0 & -15221 & 15221 \end{pmatrix},$$

der man sofort entnehmen kann, daß sie den Rang zwei hat, das System also nicht steuerbar ist. Als Beobachtbarkeits–GRAM–Matrix erhält man

$$W_b = \begin{pmatrix} 46681 & 4681 & 42831 & 0 \\ 46681 & 4681 & 42831 & 0 \\ 42831 & 42831 & 39321 & 0 \\ 0 & 0 & 0 & 0 \end{pmatrix},$$

die ebenfalls den Rang zwei hat, das System ist nicht beobachtbar. Es liegt jetzt ein System vor, bei dem im 4.Schritt nach Fall 2 vorgegangen werden muß. Zunächst erhält man in der Singulärwertzerlegung für die Steuerbarkeits–GRAM–Matrix W_s

$$\Sigma_1 = \begin{pmatrix} 3.051\,936E + 04 & 0 & 0 & 0 \\ 0 & 7.638\,430E + 00 & 0 & 0 \\ 0 & 0 & 0 & 0 \\ 0 & 0 & 0 & 0 \end{pmatrix},$$

d.h., es ist

$$\overline{\Sigma}_1 = \begin{pmatrix} 3.051\,936E + 04 & 0 \\ 0 & 7.638\,430E + 00 \end{pmatrix}.$$

Als balancierte Realisierung erhält man bereits ein reduziertes System, nämlich das System 2.Ordnung mit den Daten

$$A_{bR} = \begin{pmatrix} -3.9881 & +0.1538 \\ +0.1538 & -2.0119 \end{pmatrix},$$

$$b_{bR} = \begin{pmatrix} 2.5513 \\ 1.2211 \end{pmatrix}$$

und

$$c_{bR}^T = [2.5513; 1.2211].$$

Für diese reduzierte balancierte Realisierung erhält man die gleichen GRAM–Matrizen für die Steuer- und Beobachtbarkeit

$$W_{s,bR} = W_{b,bR} = \begin{pmatrix} 1.062\,470E + 02 & 2.373\,268E + 01 \\ 2.373\,268E + 01 & 5.753\,011E + 00 \end{pmatrix}.$$

(b) Geht man von den GRAM–Matrizen aus, die durch Lösen der LJAPUNOV–Gleichungen entstehen, erhält man eine reduzierte balancierte Realisierung 2.Ordnung mit diesen Daten

$$A_{bR} = \begin{pmatrix} -3.2116 & +0.9774 \\ +0.9774 & -2.7884 \end{pmatrix},$$

$$b_{bR} = \begin{pmatrix} +2.7944 \\ -0.4372 \end{pmatrix},$$

$$c_{bR}^T = [2.7944; -0.4372]$$

und den GRAM–Matrizen als Lösungen der entsprechenden LJAPUNOV–Gleichungen

$$\overline{W}_{s,bR} = \overline{w}_{b,bR} = \begin{pmatrix} 1.215\,727 & 0 \\ 0 & 0.034\,273 \end{pmatrix}.$$

$\square$

Modellreduktion

Die im zweiten Fall des vierten Schritts der Gewinnung der balancierten Realisierung im vorhergehenden Abschnitt vorgenommene Ordnungsreduktion legt das folgende allgemeine Verfahren der Ordnungsreduktion nahe, auch wenn das gegebene System sowohl steuerbar als auch beobachtbar ist, also der erste Fall vorliegt.

Gegeben sei die balancierte Realisierung

$$\dot{x}_{bR} = A_{bR}x_{bR} + B_{bR}u, \quad x_{bR} \in \mathsf{R}^n, \tag{6.293}$$

$$y = C_{bR}x_{bR}, \tag{6.294}$$

und die zugehörigen GRAM–Matrizen

$$W_{s,bR} = W_{b,bR} = \text{diag}\,(\sigma_1,\dots,\sigma_n), \tag{6.295}$$

wobei

$$\sigma_i \geq \sigma_{i+1} \tag{6.296}$$

ist. Angenommen, die r Werte $\sigma_1,\sigma_2,\dots,\sigma_r$ sind größer als die restlichen $\sigma_{r+1},\dots,\sigma_n$, z.B. $\sigma_{r+1} \leq \sigma_1/10$ und man reduziert das vorliegende Modell auf die ersten r Komponenten

$$x_1 \stackrel{\text{def}}{=} \begin{pmatrix} x_1 \\ \vdots \\ x_r \end{pmatrix} \in \mathsf{R}^r \tag{6.297}$$

des Zustandsvektors

$$x_{bR} = \begin{pmatrix} x_1 \\ x_2 \end{pmatrix} \in \mathsf{R}^n. \tag{6.298}$$

Eine entsprechende Unterteilung des mathematischen Modells ist

$$\dot{x}_{bR} = \begin{pmatrix} \dot{x}_1 \\ \dot{x}_2 \end{pmatrix} = \begin{pmatrix} A_{11} & A_{12} \\ A_{21} & A_{22} \end{pmatrix} \begin{pmatrix} x_1 \\ x_2 \end{pmatrix} + \begin{pmatrix} B_1 \\ B_2 \end{pmatrix} u, \tag{6.299}$$

$$y = [C_1, C_2] \begin{pmatrix} x_1 \\ x_2 \end{pmatrix}. \tag{6.300}$$

Jetzt annulliert man einfach die Wirkung des Vektors x_2 in diesen Gleichungen und erhält das reduzierte Modell

$$\dot{x}_1 = A_{11}x_1 + B_1u, \tag{6.301}$$

$$y = C_1x_1. \tag{6.302}$$

Eine bisher noch nicht erwähnte Forderung an ein reduziertes Modell ist die, daß im sogenannten eingeschwungenen Zustand, also für $t \to \infty$ das reduzierte Modell für eine gegebene Eingangsgröße liefert, also soll sein

$$y(\infty) = C_{bR}x_{bR}(\infty) \overset{!}{=} C_1x_1(\infty). \tag{6.303}$$

Im eingeschwungenen Zustand sind die zeitlichen Ableitungen der Zustände gleich Null, d.h., man erhält $x_{bR}(\infty)$ aus (6.293) zu

$$o = A_{bR}x_{bR}(\infty) + B_{bR}u(\infty), \tag{6.304}$$

also wäre die Systemmatrix A_{bR} regulär, zu

$$x_{bR}(\infty) = -A_{bR}^{-1}B_{bR}u(\infty) \tag{6.305}$$

und damit

$$y(\infty) = -C_{bR}A_{bR}^{-1}B_{bR}u(\infty). \tag{6.306}$$

Betrachtet man zunächst die zweite Zeile von (6.299), erhält man im eingeschwungenen Zustand

$$o = A_{21}x_1(\infty) + A_{22}x_2(\infty) + B_2u(\infty), \tag{6.307}$$

$$x_2(\infty) = -A_{22}^{-1}A_{21}x_1(\infty) - A_{22}^{-1}B_1u(\infty). \tag{6.308}$$

Für die Ausgangsgröße des unreduzierten Modells erhält man mit (6.308)

$$\begin{aligned} y(\infty) &= C_1x_1(\infty) + C_2x_2(\infty) \\ &= (C_1 - C_2A_{22}^{-1}A_{21})x_1(\infty) - C_2A_{22}^{-1}B_2u(\infty), \end{aligned} \tag{6.309}$$

was keineswegs gleich der Ausgangsgröße

$$y(\infty) = -C_1A_{11}^{-1}B_1u(\infty) \tag{6.310}$$

des Modells (6.301 und 6.302) ist.

Setzt man dagegen (6.308) in die erste Zeile von (6.299) für den eingeschwungenen Zustand ein, erhält man

$$\begin{aligned} o &= A_{11}x_1(\infty) + A_{12}x_2(\infty) + B_1u(\infty) \\ &= (A_{11} - A_{12}A_{12}^{-1}A_{21})x_1(\infty) + (B_1 - A_{21}A_{22}^{-1}B_2)u(\infty). \end{aligned} \tag{6.311}$$

Nimmt man diese letzte Gleichung als Gleichgewichtsgleichung für ein neues reduziertes Modell mit $x_r \overset{\text{def}}{=} x_1$, dann gehört dazu die Zustandsgleichung

$$\dot{x}_r = (A_{11} - A_{12}A_{22}^{-1}A_{21})x_r + (B_1 - A_{12}A_{22}^{-1}B_2)u. \tag{6.312}$$

Fügt man gemäß (6.309) die Ausgangsgleichung

$$y = (C_1 - C_2 A_{22}^{-1} A_{21})x_r + (-C_2 A_{22}^{-1} B_2)u \qquad (6.313)$$

hinzu, bekommt man endgültig das reduzierte mathematische Modell

$$\dot{x}_r = A_r x_r + B_r u, \qquad (6.314)$$

$$y = C_r x_r + D_r u, \qquad (6.315)$$

mit

$$A_r \stackrel{\text{def}}{=} A_{11} - A_{12} A_{22}^{-1} A_{21}, \qquad (6.316)$$

$$B_r \stackrel{\text{def}}{=} B_1 - A_{12} A_{22}^{-1} B_2, \qquad (6.317)$$

$$C_r \stackrel{\text{def}}{=} C_1 - C_2 A_{22}^{-1} A_{21}, \qquad (6.318)$$

$$D_r \stackrel{\text{def}}{=} -C_2 A_{22}^{-1} B_2, \qquad (6.319)$$

das in der Tat im eingeschwungenen Zustand die gleiche Ausgangsgröße wie das unreduzierte Modell liefert. In [6.6] sind weitere Verfahren zur Modellreduktion beschrieben.

Beispiel 6.5: Für das zeitkontinuierliche System (6.280 und 6.281) aus Beispiel 6.3 soll, ausgehend von der balancierten Realisierung (6.282 und 6.283), eine Modellreduktion vorgenommen werden. Für die balancierte Realisierung haben die GRAM-Matrizen die Form (6.284), d.h., die Diagonalelemente unterscheiden sich um Größenordnungen, so daß eine Modellreduktion möglich ist.

(a) Reduktion auf ein System 3.Ordnung mit Hilfe der Gleichungen (6.315) bis (6.318) liefert das reduzierte System mit den Systemdaten

$$A_r^{(3)} = \begin{pmatrix} -1.6404 & -3.9844 & -1.0607 \\ +3.9844 & -14.262 & -10.342 \\ -1.0607 & +10.342 & -9.7274 \end{pmatrix},$$

$$b_r^{(3)} = c_r^{(3)} = \begin{pmatrix} +0.6740 \\ -0.7131 \\ +0.2219 \end{pmatrix},$$

und

$$d_r^{(3)} = 4.7627E - 05.$$

Das Originalsystem hat die Eigenwerte

$$\begin{aligned} \lambda_1 &= -2.593\,738, \\ \lambda_2 &= -3.000\,000, \\ \lambda_3 &= -11.703\,131 + j \cdot 10.551\,616, \\ \lambda_4 &= -11.703\,131 - j \cdot 10.551\,616, \end{aligned}$$

und das reduzierte System dritter Ordnung hat die Eigenwerte

$$\begin{aligned} \lambda_1 &= -2.627\,068, \\ \lambda_2 &= -11.501\,137 + j \cdot 10.348\,417, \\ \lambda_2 &= -11.501\,137 - j \cdot 10.348\,417. \end{aligned}$$

(b) Reduziert man die Ordnung noch weiter, so erhält man für ein System 2.Ordnung

$$A_r^{(2)} = \begin{pmatrix} -1.5247 & -5.1121 \\ +5.1121 & -25.258 \end{pmatrix},$$

$$b_r^{(2)} = c_r^{(2)} = \begin{pmatrix} +0.6498 \\ -0.9490 \end{pmatrix},$$

und

$$d_r^{(2)} = 5.1087E - 03.$$

Die Systemmatrix $A_r^{(2}$ hat die beiden Eigenwerte

$$\begin{aligned} \lambda_1 &= -2.682\,355, \\ \lambda_2 &= -2.410\,020. \end{aligned}$$

(c) Schließlich kann man in diesem Fall sogar noch ein brauchbares Modell 1.Ordnung angeben:

$$A_r^{(1)} = -2.5594,$$

$$b_r^{(1)} = c_r^{(1)} = 0.8419$$

und

$$d_r^{(1)} = -3.0551E - 02,$$

mit dem Eigenwert $\lambda_1 = A_r^{(1)}$.   □

6.3.4 Die Methode der kleinsten Quadrate und die Pseudoinverse

Die Methode der kleinsten Quadrate

Gegeben sei ein sehr einfacher dynamischer Prozeß, der durch das zeitdiskrete System erster Ordnung beschrieben werden kann

$$y(k) = a\,y(k) + b\,u(k) + v(k), \tag{6.320}$$

wobei y die gemessene Ausgangsgröße, u die Eingangsgröße und v eine die Messungen verfälschende Störgröße ist. Gesucht sind die das System beschreibenden Parameter a und b.

Durch mehrere Messungen der Ein- und Ausgangssignale u und y sollen die Systemparameter a und b möglichst genau bestimmt werden. Wären die Meßdaten exakt, d.h., wäre die Störgröße v identisch gleich Null, könnte man bereits mit Hilfe von zwei Meßsätzen aus den beiden Gleichungen

$$\begin{aligned} y(1) &= a\,y(0) + b\,u(0) \\ y(2) &= a\,y(1) + b\,u(1) \end{aligned} \tag{6.321}$$

die Parameter a und b durch Lösung des linearen Gleichungssystems

$$\begin{pmatrix} y(0) & u(0) \\ y(1) & u(1) \end{pmatrix} \begin{pmatrix} a \\ b \end{pmatrix} = \begin{pmatrix} y(1) \\ y(2) \end{pmatrix} \tag{6.322}$$

bestimmen, wenn die Matrix regulär wäre, was durch geeignete Wahl der Eingangsfolge $u(i)$ gewährleistet werden müßte.

Ist die gemessene Ausgangsgröße jedoch mit Meßfehlern behaftet ($v \neq 0$), dann wird aus (6.322) nicht der genaue Wert der Parameter bestimmbar sein. Aus diesem Grund nimmt man weitere Messungen hinzu und erhält so mehr Gleichungen, beispielsweise m, als Unbekannte, hier nämlich $n = 2$.

Faßt man die Systemparameter in dem *Parametervektor*

$$\boldsymbol{\theta} \overset{\text{def}}{=} [a, b]^T \tag{6.323}$$

und die Meßdaten im Zeitpunkt k in dem *Meßdatenvektor*

$$\boldsymbol{\psi}(k) \overset{\text{def}}{=} [y(k), u(k)] \tag{6.324}$$

zusammen, kann (6.321) so

$$\begin{aligned}
y(1) &= \boldsymbol{\psi}^T(0)\,\boldsymbol{\theta}, \\
y(2) &= \boldsymbol{\psi}^T(2)\,\boldsymbol{\theta},
\end{aligned}$$

und (6.322) so geschrieben werden

$$\begin{pmatrix} y(1) \\ y(2) \end{pmatrix} = \begin{pmatrix} \boldsymbol{\psi}^T(0) \\ \boldsymbol{\psi}^T(1) \end{pmatrix} \boldsymbol{\theta}. \tag{6.325}$$

Werden weitere Meßdaten hinzugenommen, erhält man

$$\begin{pmatrix} y(1) \\ y(2) \\ \vdots \\ y(m) \end{pmatrix} = \begin{pmatrix} \boldsymbol{\psi}(0) \\ \boldsymbol{\psi}(1) \\ \vdots \\ \boldsymbol{\psi}(m-1) \end{pmatrix} \boldsymbol{\theta} \tag{6.326}$$

oder mit

$$\boldsymbol{y} \overset{\text{def}}{=} [y(1), \ldots, y(m)]^T \tag{6.327}$$

und

$$\boldsymbol{\Psi} \overset{\text{def}}{=} \begin{pmatrix} \boldsymbol{\psi}^T(0) \\ \boldsymbol{\psi}^T(1) \\ \vdots \\ \boldsymbol{\psi}^T(m-1) \end{pmatrix} \tag{6.328}$$

das überbestimmte Gleichungssystem

$$\boldsymbol{y} = \boldsymbol{\Psi}\boldsymbol{\theta} \in \mathsf{R}^m, \quad \boldsymbol{\Psi} \in \mathsf{R}^{m \times 2\nu}, \quad \boldsymbol{\theta} \in \mathsf{R}^{2\nu}. \tag{6.329}$$

Hierbei wurde angenommen, daß beispielsweise ein Prozeß mit einer Ein- und einer Ausgangsgröße vorliegt, der durch die Differenzengleichung ν–ter Ordnung beschrieben werden kann:

$$\begin{aligned}
y(k) = {}&-a_{\nu-1}\,y(k-1) - a_{\nu-2}\,y(k-2) - \cdots - a_0\,y(k-\nu) + \\
&+ b_{\nu-1}\,u(k-1) + b_{\nu-2}\,u(k-2) - \cdots - b_0\,u(k-\nu) + v(k).
\end{aligned}$$

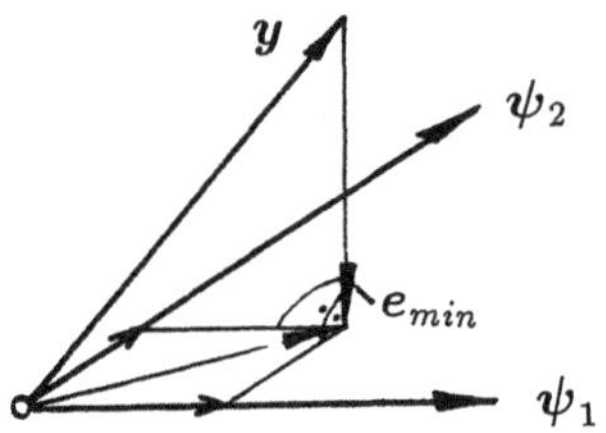

Abb. 6.6: Deutung des Fehlervektors

Unterwirft man diese Differenzengleichung der $\mathcal{Z}$–Transformation, erhält man für $v \equiv 0$

$$y(z) = -a_{\nu-1}\, z^{-1}\, y(z) - a_{\nu-2}\, z^{-2}\, y(z) - \cdots - a_0\, z^{-\nu}\, y(z) +$$
$$+ b_{\nu-1}\, z^{-1}\, u(z) + b_{\nu-2}\, z^{-2}\, u(z) + \cdots + b_0\, z^{-\nu}\, u(z),$$

oder nach Auflösung dieser Gleichung nach $y(z)$ die Übertragungsfunktion des zeitdiskreten Systems

$$y(z) = \frac{b_{\nu-1}\, z^{\nu-1} + b_{\nu-2}\, z^{\nu-2} + \cdots + b_0}{z^{\nu} + a_{\nu-1}\, z^{\nu-1} + a_{\nu-2}\, z^{\nu-2} + \cdots + a_0}\, u(z).$$

Mit dem Meßdatenvektor

$$\psi^T(k) \stackrel{\text{def}}{=} [-y(k-1), -y(k-2), \ldots, -y(k-\nu), u(k-1), \ldots, u(k-\nu)]$$

und dem Parametervektor

$$\theta \stackrel{\text{def}}{=} [a_{\nu-1}, a_{\nu-2}, \ldots, a_0, b_{\nu-1}, b_{\nu-2}, \ldots, b_0]^T$$

kann die Differenzengleichung auch wieder so geschrieben werden

$$y(k) = \psi^T(k-1)\, \theta + v(k),$$

mit

$$\psi, \theta \in \mathsf{R}^{2\nu}.$$

Aufgrund der Meßfehler wird das Gleichungssystem (6.329) nicht durch einen Parametervektor erfüllbar sein. Das wäre nur möglich, wenn zufällig der m–dimensionale Meßvektor y ein Element aus bild(Ψ) wäre. Im allgemeinen wird das nicht der Fall sein. Statt dessen sucht man einen Parametervektor θ so, daß der Fehlervektor

$$e \stackrel{\text{def}}{=} \Psi\, \theta - y \tag{6.330}$$

möglichst klein wird. In Abb. 6.6 ist das für $m = 3$ und $\nu = 2$ dargestellt, wobei e_{min} der kleinstmögliche Fehlervektor ist. Drückt man die Länge des Fehlervektors durch die EUKLIDische Norm aus, dann ist

$$\|e\|_2 = \|\Psi\, \theta - y\|_2 \tag{6.331}$$

oder, da $\|e\|_2^2 = e^T e$ ist,

$$e^T e = \sum_{i=1}^{m} e_i^2 = \|\boldsymbol{\Psi}\,\boldsymbol{\theta} - \boldsymbol{y}\|_2^2. \tag{6.332}$$

Gesucht wird jetzt der Parametervektor $\boldsymbol{\theta}$, der die Summe der Fehlerquadrate zum Minimum macht:

$$\min_{\theta} \|\boldsymbol{\Psi}\,\boldsymbol{\theta} - \boldsymbol{y}\|_2^2. \tag{6.333}$$

Das führt zur „*Methode der kleinsten Quadrate*" von GAUß. Mit $f(\boldsymbol{\theta}) \overset{\text{def}}{=} e^T e$ erhält man als notwendige Bedingung dafür, daß $f(\boldsymbol{\theta})$ ein Minimum annimmt,

$$\frac{\partial f(\boldsymbol{\theta})}{\partial \boldsymbol{\theta}} = \begin{pmatrix} \frac{\partial f}{\partial \theta_1} \\ \vdots \\ \frac{\partial f}{\partial \theta_{2\nu}} \end{pmatrix} = \boldsymbol{o}. \tag{6.334}$$

(6.332) in (6.334) eingesetzt, liefert

$$\begin{aligned}
\frac{\partial}{\partial \boldsymbol{\theta}}(f(\boldsymbol{\theta})) &= \frac{\partial}{\partial \boldsymbol{\theta}}(e^T e) \\
&= \frac{\partial}{\partial \boldsymbol{\theta}}((\boldsymbol{\Psi}\,\boldsymbol{\theta} - \boldsymbol{y})^T(\boldsymbol{\Psi}\,\boldsymbol{\theta} - \boldsymbol{y})) \\
&= \frac{\partial}{\partial \boldsymbol{\theta}}((\boldsymbol{\theta}^T \boldsymbol{\Psi}^T - \boldsymbol{y}^T)(\boldsymbol{\Psi}\,\boldsymbol{\theta} - \boldsymbol{y})) \\
&= \frac{\partial}{\partial \boldsymbol{\theta}}((\boldsymbol{\theta}^T \boldsymbol{\Psi}^T \boldsymbol{\Psi} \boldsymbol{\theta} - 2\boldsymbol{y}\boldsymbol{\Psi}\boldsymbol{\theta} + \boldsymbol{y}^T \boldsymbol{y}) \\
&= 2\boldsymbol{\Psi}^T \boldsymbol{\Psi}\boldsymbol{\theta} - 2\boldsymbol{\Psi}^T \boldsymbol{y} \\
&= \boldsymbol{o}.
\end{aligned} \tag{6.335}$$

Nach Division durch 2 erhält man aus (6.335) als notwendige Bedingung für ein Minimum

$$\boldsymbol{\Psi}^T \boldsymbol{\Psi}\boldsymbol{\theta} - \boldsymbol{\Psi}^T \boldsymbol{y} = \boldsymbol{o}. \tag{6.336}$$

Ist die Produktmatrix $\boldsymbol{\Psi}^T \boldsymbol{\Psi}$ regulär, liefert (6.336) eine eindeutige Lösung für den Parametervektor $\boldsymbol{\theta}$,

$$\boldsymbol{\theta} = (\boldsymbol{\Psi}^T \boldsymbol{\Psi})^{-1} \boldsymbol{\Psi}^T \boldsymbol{y}. \tag{6.337}$$

Zu dem gleichen Ergebnis wäre man gekommen, wenn man die Gleichung (6.329) von links mit der sogenannten *Pseudoinversen*

$$\boldsymbol{\Psi}^+ \overset{\text{def}}{=} (\boldsymbol{\Psi}^T \boldsymbol{\Psi})^{-1} \boldsymbol{\Psi} \tag{6.338}$$

multipliziert hätte. Diese Vorgehensweise ist aber nur möglich, wenn die $2\nu \times 2\nu$–Produktmatrix $\boldsymbol{\Psi}^T \boldsymbol{\Psi}$ regulär ist. Auch wenn die Matrix $\boldsymbol{\Psi}$ den Rang 2ν hat, kann aufgrund von Rundungsfehlern die numerisch berechnete Produktmatrix $\boldsymbol{\Psi}^T \boldsymbol{\Psi}$ singulär sein. Sei z.B.

$$\boldsymbol{\Psi} = \begin{pmatrix} 1 & 1 \\ 10^{-7} & 0 \\ 0 & 10^{-7} \end{pmatrix}, \tag{6.339}$$

ist der Rang dieser Matrix gleich zwei. Man berechnet aber z.B. mit PASCAL-SC und zwölfstelliger Mantisse für die Produktmatrix

$$\mathrm{rd}(\boldsymbol{\Psi}^T\boldsymbol{\Psi}) = \begin{pmatrix} 1 & 1 \\ 1 & 1 \end{pmatrix}, \tag{6.340}$$

die singulär ist. Deshalb sollte man die Pseudoinverse nicht wie in (6.338), sondern so wie im folgenden Abschnitt definieren.

Die Pseudoinverse einer Matrix

Die gemäß (6.338) eingeführte Pseudoinverse existiert nur, wenn die Produktmatrix $\boldsymbol{\Psi}^T\boldsymbol{\Psi}$ regulär ist, d.h., wenn die $m \times n$–Matrix $\boldsymbol{\Psi}$ ($n = 2\nu$) den Rang n hat. Geht man dagegen von der Singulärwertzerlegung der Matrix $\boldsymbol{\Psi}$ aus, kann eine Pseudoinverse auch für den Fall definiert werden, in dem die Matrix $\boldsymbol{\Psi}$ nicht den vollen Rang n hat.

Wenn $\boldsymbol{\Psi}$ den Rang $r \leq n$ und die Singulärwertzerlegung

$$\boldsymbol{\Psi} = \boldsymbol{U}\boldsymbol{\Sigma}\boldsymbol{V}^T = \boldsymbol{U}\begin{pmatrix} \Sigma_1 & O \\ O & O \end{pmatrix}\boldsymbol{V}^T, \quad \Sigma_1 = \mathrm{diag}(\sigma_1,\dots,\sigma_r), \quad \sigma_i > 0 \tag{6.341}$$

hat, erhält man für die notwendige Bedingung (6.336)

$$\begin{aligned} \boldsymbol{\Psi}^T\boldsymbol{\Psi}\boldsymbol{\theta} - \boldsymbol{\Psi}\boldsymbol{y} &= \boldsymbol{V}\boldsymbol{\Sigma}^T\boldsymbol{U}^T\boldsymbol{U}\boldsymbol{\Sigma}\boldsymbol{V}^T\boldsymbol{\theta} - \boldsymbol{V}\boldsymbol{\Sigma}^T\boldsymbol{U}^T\boldsymbol{y} \\ &= \boldsymbol{V}\boldsymbol{\Sigma}^T\boldsymbol{\Sigma}\boldsymbol{V}^T\boldsymbol{\theta} - \boldsymbol{V}\boldsymbol{\Sigma}^T\boldsymbol{U}^T\boldsymbol{y} \\ &= \boldsymbol{o}. \end{aligned} \tag{6.342}$$

Für die in dieser Bedingung auftretenden Matrizenprodukte erhält man ausgeschrieben

$$\begin{aligned} \boldsymbol{U}\boldsymbol{\Sigma}^T\boldsymbol{\Sigma}\boldsymbol{V}^T &= \boldsymbol{V}\begin{pmatrix} \Sigma_1 & O \\ \underbrace{O}_{r} & \underbrace{O}_{m-r} \end{pmatrix}\begin{pmatrix} \Sigma_1 & O \\ \underbrace{O}_{r} & \underbrace{O}_{n-r} \end{pmatrix}\boldsymbol{V}^T \\ &= \boldsymbol{V}\begin{pmatrix} \Sigma_1^2 & O \\ O & O \end{pmatrix}\boldsymbol{V}^T, \end{aligned} \tag{6.343}$$

mit

$$\Sigma_1^2 = \mathrm{diag}(\sigma_1^2,\dots,\sigma_r^2)$$

und

$$\boldsymbol{V}\boldsymbol{\Sigma}^T\boldsymbol{U}^T = \boldsymbol{V}\begin{pmatrix} \Sigma_1 & O \\ \underbrace{O}_{r} & \underbrace{O}_{m-r} \end{pmatrix}\boldsymbol{U}^T. \tag{6.344}$$

Damit wird aus der notwendigen Bedingung (6.342)

$$\boldsymbol{V}\begin{pmatrix} \Sigma_1^2 & O \\ O & O \end{pmatrix}\boldsymbol{V}^T\boldsymbol{\theta} = \boldsymbol{V}\begin{pmatrix} \Sigma_1 & O \\ O & O \end{pmatrix}\boldsymbol{U}^T\boldsymbol{y}. \tag{6.345}$$

Multipliziert man diese Gleichung von links mit der Matrix

$$\boldsymbol{V}\begin{pmatrix} \Sigma_1^{-2} & O \\ O & O \end{pmatrix}\boldsymbol{V}^T,$$

erhält man für die linke Seite

$$\boldsymbol{V}\begin{pmatrix} \Sigma_1^{-2} & O \\ O & O \end{pmatrix}\boldsymbol{V}^T\boldsymbol{V}\begin{pmatrix} \Sigma_1^2 & O \\ O & O \end{pmatrix}\boldsymbol{V}^T\boldsymbol{\theta} = \boldsymbol{V}\begin{pmatrix} I_r & O \\ O & O \end{pmatrix}\boldsymbol{V}^T\boldsymbol{\theta} \tag{6.346}$$

und für die rechte Seite

$$V \begin{pmatrix} \Sigma_1^{-2} & O \\ O & O \end{pmatrix} V^T V \begin{pmatrix} \Sigma_1 & O \\ O & O \end{pmatrix} U^T y = V \begin{pmatrix} \Sigma_1^{-1} & O \\ O & O \end{pmatrix} U^T y, \qquad (6.347)$$

so daß die Bedingung (6.342) jetzt nach Linksmultiplikation mit V^T die Form

$$\begin{pmatrix} I_r & O \\ O & O \end{pmatrix} V^T \theta = \begin{pmatrix} \Sigma_1^{-1} & O \\ O & O \end{pmatrix} U^T y \qquad (6.348)$$

hat. Setzt man als Lösung für θ jetzt

$$\theta = V \begin{pmatrix} \Sigma_1^{-1} & O \\ O & O \end{pmatrix} U^T y \qquad (6.349)$$

an und diesen Lösungsparametervektor in (6.348) ein, bekommt man für die linke Seite

$$\begin{pmatrix} I_r & O \\ O & O \end{pmatrix} V^T \theta = \begin{pmatrix} I_r & O \\ O & O \end{pmatrix} V^T V \begin{pmatrix} \Sigma_1^{-1} & O \\ O & O \end{pmatrix} U^T y = \begin{pmatrix} \Sigma_1^{-1} & O \\ O & O \end{pmatrix} U^T y, \quad (6.350)$$

also ist diese gleich der rechten Seite und damit die Minimumbedingung (6.348) erfüllt.
Unterteilt man die orthonormalen Matrizen $V \in \mathsf{R}^{n \times n}$ und $U^T \in \mathsf{R}^{m \times m}$ wie folgt

$$V = [\underbrace{V_1}_{r}, V_2] \quad \text{und} \quad U^T = \begin{pmatrix} U_1^T \\ U_2^T \end{pmatrix} \}r \qquad (6.351)$$

wird aus (6.349)

$$\begin{aligned}
\theta &= V_1 \Sigma_1^{-1} U_1^T y \\[1em]
&= V_1 \begin{pmatrix} u_1^T y / \sigma_1 \\ \vdots \\ u_r^T y / \sigma_r \end{pmatrix} \\[1em]
&= \sum_{i=1}^{r} \frac{u_i^T y}{\sigma_i} v_i, \qquad (6.352)
\end{aligned}$$

wobei die Vektoren v_i bzw. u_i die i-ten Spalten der Matrizen V bzw U sind.

Setzt man im allgemeinen als Lösungsvektor θ für das überbestimmte Gleichungssystem (6.329) $\Psi \theta = y$ an

$$\theta = V \Sigma^+ U^T y \qquad (6.353)$$

mit

$$\Sigma^+ \stackrel{\text{def}}{=} \begin{pmatrix} \Sigma_1^{-1} & O \\ O & O \end{pmatrix} \in \mathsf{R}^{n \times m} \qquad (6.354)$$

und

$$\Sigma_1^{-1} = \text{diag} \left(\frac{1}{\sigma_1}, \ldots, \frac{1}{\sigma_r} \right) \in \mathsf{R}^r, \qquad (6.355)$$

ist es naheliegend, die $n \times m$–Matrix

$$\boxed{\Psi^+ \stackrel{\text{def}}{=} V \Sigma^+ U^T}$$

$$(6.356)$$

als *verallgemeinerte Inverse* oder *Pseudoinverse* zu bezeichnen, in Anlehnung an die Inverse A^{-1} in der Lösung $x = A^{-1} b$ für $Ax = b$, wenn die Matrix A regulär ist.

7 Simulation Dynamischer Systeme

7.1 Klassische Verfahren der Integration gewöhnlicher Differentialgleichungen

7.1.1 Einleitung

Für die Analyse dynamischer Systeme ist es notwendig, die diese Systeme beschreibenden Gleichungen zu lösen. Dynamische Systeme werden durch Differenzen- oder Differentialgleichungen beschrieben.

Differenzengleichungen

$$x(k+1) = f(x(k), k), \quad x \in \mathsf{R}^n, \tag{7.1}$$

für einen Anfangswert $x(0) = x_0$ zu lösen, bereitet im allgemeinen keine Schwierigkeiten, da sie sukzessive gelöst werden können

$$\begin{aligned} x(1) &= f(x_0, 0), \\ x(2) &= f(x(1), 1), \\ &\vdots \\ x(N) &= f(x(N-1), N-1). \end{aligned}$$

Allerdings kann z.B. bei nichtlinearen zeitdiskreten Systemen, die chaotisches Verhalten aufweisen, die Simulation numerische Schwierigkeiten bereiten [7.1].

Zeitkontinuierliche dynamische Systeme werden durch Differentialgleichungen beschrieben. Es sollen hier nur solche Systeme behandelt werden, die durch gewöhnliche lineare oder nichtlineare Differentialgleichungen beschrieben werden können. Bei der Simulation dynamischer Systeme interessiert die Lösung der Differentialgleichungen in Abhängigkeit von der Zeit, ausgehend von gegebenen Anfangswerten. Deshalb wird in diesem Kapitel ausschließlich die Lösung des *Anfangswertproblems* behandelt: Gegeben ist das System von n gewöhnlichen Differentialgleichungen erster Ordnung

$$\dot{x} = f(x, t), \quad x(t_0) = x_0 \in \mathsf{R}^n, \tag{7.2}$$

gesucht ist die Lösung $x(t)$ für ein Zeitintervall, also für $t \in [t_0, t_e]$.

Da, bis auf Ausnahmen, nichtlineare Differentialgleichungen nicht analytisch lösbar sind, d.h., keine analytische Lösungsfunktion x angegeben werden kann, muß man zur Lösung solcher Anfangswertprobleme auf numerische Verfahren zurückgreifen.

Eine der ersten Methoden zur numerischen Lösung von Differentialgleichungen hat EULER angegeben. Das EULER-Verfahren zur numerischen Lösung des Systems gewöhnlicher Differentialgleichungen

$$\dot{\boldsymbol{x}}(t) = \boldsymbol{f}(\boldsymbol{x}(t)) \tag{7.3}$$

verwendet eine Folge der unabhängigen Variablen t, beginnend mit t_0. Angenommen, die Folge ist $t_0, t_1, t_2, \ldots$, dann werden die Schrittweiten $t_1 - t_0, t_2 - t_1, \ldots$ mit $h_1, h_2, \ldots$ bezeichnet. Zu dem Anfangswert (Anfangszustandsvektor) $\boldsymbol{x}(t_0) = \boldsymbol{x}_0$ wird eine Folge von Näherungswerten $\boldsymbol{x}_1 \approx \boldsymbol{x}(t_1)$, $\boldsymbol{x}_2 \approx \boldsymbol{x}(t_2), \ldots$ so berechnet

$$\text{EULER--Verfahren:} \quad \boldsymbol{x}_{i+1} := \boldsymbol{x}_i + h_i \boldsymbol{f}(\boldsymbol{x}_i, t_i), \; i = 1, 2, \ldots . \tag{7.4}$$

Es wird also die Näherung $\boldsymbol{x}_{i+1}$ von $\boldsymbol{x}(t_{i+1})$ so berechnet, als wäre $\boldsymbol{x}_i$ exakt gleich $\boldsymbol{x}(t_i)$ und die Steigung der Funktionen $\boldsymbol{x}(t)$ über dem Intervall $[t_i, t_{i+1}]$ konstant, nämlich gleich $\boldsymbol{f}(\boldsymbol{x}_i, t_i)$. Die Qualität der Näherungsfolge $\{\boldsymbol{x}_i\}$ hängt von der Schrittweite h_i und davon ab, wie schnell sich die Steigung $\dot{\boldsymbol{x}}(t) = \boldsymbol{f}(\boldsymbol{x}, t)$ ändert. Hierzu zwei Beispiele:

Beispiel 7.1: Mit Hilfe des EULER-Verfahrens sollen die beiden Differentialgleichungen

$$\dot{x} = -x^2 \tag{7.5}$$

und

$$\dot{x} = -2\,t\,x^2 \tag{7.6}$$

für den Anfangswert $x(0) = 1$ und die drei Schrittweiten $h = 0.1$, $h = 0.01$ und $h = 0.001$ für das Zeitintervall $[0, 1]$ numerisch gelöst werden. Für die Differentialgleichung (7.5) erhält man als Algorithmus

$$x_{i+1} := x_i * (1 - h * x_i) \tag{7.7}$$

und für die zweite Differentialgleichung (7.6) mit $t = (i+1) \cdot h$ den Algorithmus

$$x_{i+1} := x_i * (1 - 2 * h^2 * (i+1) * x_i). \tag{7.8}$$

Die exakte Lösung für die Differentialgleichung (7.5) ist $x(t) = 1/(t+1)$ und für die Differentialgleichung (7.6) $x(t) = 1/(t^2 + 1)$. Man erkennt an den numerischen Lösungen in den Tabellen 7.1 und 7.2, daß erstens die Fehler

$$e(t_i) \stackrel{\text{def}}{=} x(t_i) - x_i = x_{exakt} - x_{Euler}$$

mit kleiner werdender Schrittweite h auch kleiner werden und zweitens die Fehler bei der Differentialgleichung (7.6) durchschnittlich größer als bei der Differentialgleichung (7.5) sind. Das ist die Folge der stärkeren Steigungsänderung innerhalb eines Integrationsschrittes. □

t	x_{exakt}	x_{Euler}		
		$h = 0.1$	$h = 0.01$	$h = 0.001$
0	1	1	1	1
0.1	0.909 090	0.900 000	0.908 293	0.909 012
0.2	0.833 333	0.819 000	0.832 053	0.833 207
0.3	0.769 231	0.751 924	0.767 662	0.769 075
0.4	0.714 286	0.695 385	0.712 553	0.714 114
0.5	0.666 667	0.647 029	0.664 850	0.666 486
0.6	0.625 000	0.605 164	0.623 151	0.624 816
0.7	0.588 235	0.568 542	0.586 387	0.588 052
0.8	0.555 556	0.536 218	0.553 730	0.555 374
0.9	0.526 316	0.507 465	0.524 528	0.526 138
1.0	0.500 000	0.481 713	0.498 258	0.499 827

Tabelle 7.1: Lösung der Differentialgleichung $\dot{x} = -x^2$

t	x_{exakt}	x_{Euler}		
		$h = 0.1$	$h = 0.01$	$h = 0.001$
0	1	1	1	1
0.1	0.990 099	1.000 000	0.991 069	0.990 196
0.2	0.961 538	0.980 000	0.963 301	0.961 714
0.3	0.917 431	0.941 584	0.919 686	0.917 655
0.4	0.862 069	0.964 485	0.864 485	0.862 309
0.5	0.800 000	0.825 250	0.802 293	0.800 227
0.6	0.735 294	0.757 147	0.737 271	0.735 490
0.7	0.671 141	0.688 354	0.672 702	0.671 296
0.8	0.609 756	0.622 018	0.610 879	0.609 867
0.9	0.552 486	0.560 113	0.553 198	0.552 557
1.0	0.500 000	0.503 642	0.500 356	0.500 035

Tabelle 7.2: Lösung der Differentialgleichung $\dot{x} = -2\,t\,x^2$

7.1.2 Verfahrensfehler und Taylor–Reihe

Das Euler-Verfahren gehört zu den sogenannten *Einschrittverfahren*, die zur Berechnung des Näherungswertes x_{i+1} an der Stelle $t_{i+1} = t_i + h$ einzig den vorher berechneten Näherungswert x_i an der Stelle t_i verwenden. Diese Verfahren sind allgemein durch eine Funktion $\varphi(x_i, t_i)$ gegeben,

$$x_{i+1} := x_i + h * \varphi(x_i, t_i). \tag{7.9}$$

Daneben gibt es die *Mehrschrittverfahren*, die einen Mittelwert über die Funktionswerte in mehreren Zeitpunkten $t_{i-1}, t_{i-2}, t_{i-3}, \ldots$ bilden. Da aber, insbesondere bei technischen Problemen, die Funktion f unstetig sein kann (z.B. bei einer sprungförmigen Änderung der Eingangsgrößen oder Beschränkungen der Zustandsgrößen), sind Mehrschrittverfahren wegen ihrer Glättungseigenschaften für die Simulation dynamischer Systeme nicht geeignet, weshalb hier auch nicht weiter auf sie eingegangen wird.

Bedeutet $x(t_i)$ die exakte Lösung des Systems von Differentialgleichungen $\dot{x} = f(x, t)$ mit dem Anfangswert $x(t_0) = x_0$ und x_i die berechnete Näherungslösung zum Zeitpunkt t_i, kommt man zu der

Definition 7.1: *Der Fehler im Zeitpunkt t_{i+1} nach einem Integrationsschritt*

$$e_{i+1} \stackrel{\text{def}}{=} x(t_{i+1}) - (x(t_i) + h\varphi(x(t_i), t_i)), \tag{7.10}$$

heißt lokaler **Diskretisierungsfehler.**

Die *exakte* Lösung $x(t_{i+1})$ würde man erhalten, wenn nicht nur die erste Ableitung der Lösung in Form der rechten Seite der Differentialgleichung zur Verfügung stände, sondern sämtliche Ableitungen, denn dann würde die Taylor–Reihe

$$\begin{aligned}
x(t_i + h) &= x(t_i) + \dot{x}(t_i) \cdot \frac{h}{1!} + \ddot{x}(t_i)\frac{h^2}{2!} + \cdots \\
&= \sum_{j=0}^{\infty} \overset{(j)}{x}(t_i)\frac{h^j}{j!}
\end{aligned} \tag{7.11}$$

den exakten Wert für beliebiges h liefern, vorausgesetzt, die Lösung $x(t)$ ist hinreichend oft differenzierbar.

Die Taylor–Reihe (7.11) kann auch in der Form eines Einschrittverfahrens gemäß (7.9) so geschrieben werden

$$\begin{aligned}
x_{i+1} &:= x_i + h\left(\dot{x}(t_i) + \ddot{x}(t_i)\frac{h}{2!} + \cdots\right) \\
&= x_i + h\left(f(x_i, t_i) + \dot{f}(x_i, t_i)\frac{h}{2!} + \cdots\right).
\end{aligned} \tag{7.12}$$

Verwendet man von der Taylor–Reihe nur die ersten N Glieder, kann man die restlichen nicht berücksichtigten Glieder in dem Lagrange-Restglied

$$r_N \stackrel{\text{def}}{=} \frac{h^{N+1}}{(N+1)!}\overset{(N+1)}{x}(\tau), \quad \tau \in [t_i, t_i + h] \tag{7.13}$$

zusammenfassen, so daß man statt (7.11) jetzt

$$x(t_i + h) = \sum_{j=0}^{N} \overset{(j)}{x}(t_i)\frac{h^j}{j!} + r_N \tag{7.14}$$

erhält. Mit Hilfe dieser TAYLOR–Reihen–Lösung kann für das EULER–Verfahren der lokale Diskretisierungsfehler durch das LAGRANGE–Restglied ausgedrückt werden:

$$\begin{aligned}
e_{i+1} &= x(t_i) + h\dot{x}(t_i) + r_2 - (x(t_i) + h\,\dot{x}(t_i)) \\
&= r_2 \\[2mm]
&= \frac{h^2}{2}\ddot{x}(\tau), \quad \tau \in [t_i, t_t + h],
\end{aligned} \tag{7.15}$$

der also proportional zu h^2 ist. Das gilt aber nur für den *lokalen* Fehler, wenn man von einem exakten Funktionswert $x(t_i)$ ausgeht. Dieser liegt aber im Verfahrensablauf nur für den Anfangswert $x(t_0)$ vor. Bei den nachfolgenden Integrationsintervallen muß man immer von einem zuvor berechneten Näherungswert x_i ausgehen, der exakte Vektor $x(t_i)$ steht nicht zur Verfügung. Der so entstehende Fehler ist natürlich größer als der lokale Diskretisierungsfehler und wird so definiert:

Definition 7.2: *Sei x_{i+1} die berechnete Näherungslösung und $x(t_{i+1})$ die exakte Lösung für den Zeitpunkt t_{i+1}, dann heißt*

$$g_{i+1} \overset{\text{def}}{=} \|x(t_{i+1}) - x_{i+1}\| \tag{7.16}$$

globaler Diskretisierungsfehler.

Dieser globale Fehler läßt sich aber durch den lokalen Fehler abschätzen. Denn für den globalen Diskretisierungsfehler im Zeitpunkt t_{i+1} gilt

$$\begin{aligned}
g_{i+1} &= \|x(t_{i+1}) - x_{i+1}\| \\[2mm]
&= \left\| \left(x(t_i) + h\,f(x(t_i), t_i) + h^2\frac{\ddot{x}(\tau)}{2} \right) - (x_i + h\,f(x_i, t_i)) \right\| \\[2mm]
&= \|(x(t_i) - x_i) + h\,(f(x(t_i), t_i) - f(x_i, t_i)) + h^2\frac{\ddot{x}(\tau)}{2}\|.
\end{aligned} \tag{7.17}$$

Wenn die Funktion $f(x, t)$ der Differentialgleichung bezüglich x einer LIPSCHITZ–Bedingung

$$\|f(x_1, t) - f(x_2, t)\| \leq L\,\|x_1 - x_2\| \tag{7.18}$$

genügt und wenn man $\ddot{x}(\tau)/2$ durch

$$\left\|\frac{\ddot{x}(\tau)}{2}\right\| \leq c$$

abschätzen kann, kann für (7.17) die Abschätzung angeben werden

$$g_{i+1} \leq g_i + h\,L\,g_i + h^2\,c$$

$$= (1 + h\,L)g_i + h^2\,c. \tag{7.19}$$

Da für den Anfangszeitpunkt der globale Fehler $g_0 = 0$ ist, folgt sukzessiv aus (7.19)

$$\begin{aligned}
g_1 &\leq h^2\,c \\
g_2 &\leq (1 + h\,L)g_1 + h^2\,c \leq (1 + h\,L)h^2\,c + h^2\,c \\[2mm]
g_3 &\leq (1 + h\,L)g_2 + h^2\,c \leq (1 + h\,L)^2 h^2\,c + (1 + h\,L)h^2\,c + h^2\,c \\
&\ \ \vdots \\
g_k &\leq \sum_{i=0}^{k-1}(1 + h\,L)^{k-1-i}\,h^2\,c = h^2 c\,\frac{(1 + h\,L)^k - 1}{h\,L},
\end{aligned}$$

also

$$g_k \leq h \cdot c\,\frac{(1 + hL)^k - 1}{L}. \tag{7.20}$$

Mit Hilfe der Reihenentwicklung einer Exponentialfunktion kann man $1 + hL$ abschätzen:

$$1 + hL \leq e^{hL}.$$

Außerdem folgt aus $t_k = t_0 + k\,h$

$$k\,h = t_k - t_0,$$

so daß für (7.20) geschrieben werden kann

$$g_k \leq h\,c\,\frac{e^{L(t_k - t_0)} - 1}{L}. \tag{7.21}$$

Der *globale* Diskretisierungsfehler des EULER-Verfahrens ist also proportional h^1, dagegen ist der *lokale* Diskretisierungsfehler proportional zu h^2.

Die Proportionalität des globalen Diskretisierungsfehlers zu h resultiert im wesentlichen aus dem Restglied $h^2\ddot{x}(\tau)/2$ in (7.17). Der folgende Gedanke liegt deshalb nahe: Hätte man beim EULER-Verfahren nicht nur die ersten beiden Glieder der TAYLOR-Reihe, sondern auch noch weitere Glieder mit höheren Ableitungen berücksichtigt, wäre der globale Diskretisierungsfehler proportional einer höheren Potenz von h und damit kleiner, da im allgemeinen h kleiner als Eins ist.

Angenommen, man berücksichtigt die ersten vier Glieder der TAYLOR-Reihe für einen numerischen Algorithmus, hätte man diesen „TAYLOR-Reihen-Algorithmus"

$$\boldsymbol{x}_{i+1} := \boldsymbol{x}_i + h\,\boldsymbol{f}(\boldsymbol{x}_i, t_i) + \frac{h^2}{2}\dot{\boldsymbol{f}}(\boldsymbol{x}_i, t_i) + \frac{h^3}{6}\ddot{\boldsymbol{f}}(\boldsymbol{x}_i, t_i). \tag{7.22}$$

Der lokale Diskretisierungsfehler ist jetzt, wenn $\boldsymbol{x}$ hinreichend oft differenzierbar ist,

$$e_{i+1} = \frac{h^4}{24}\,\overset{\cdots\cdot}{\boldsymbol{x}}(\tau), \quad \tau \in [t_i, t_i + h] \tag{7.23}$$

und für den globalen Diskretisierungsfehler erhält man bei entsprechend wie oben durchgeführter Rechnung diese Abschätzung

$$g_k \leq h^3\,c, \tag{7.24}$$

d.h., der globale Diskretisierungsfehler ist für das mit (7.22) vorgegebene Einschrittverfahren proportional zu h^3. Ist der globale Diskretisierungsfehler proportional zu h^q, spricht man von der *Fehlerordnung q* des Verfahrens.

Beispiel 7.2: Für die bereits in Beispiel 7.1 behandelte Differentialgleichung

$$\dot{x}(t) = -2\, t\, x^2(t) \tag{7.25}$$

ist

$$\begin{aligned}
f_i &\stackrel{\text{def}}{=} f(x_i, t_i) = -2\, t_i\, x_i^2, \\
\dot{f}_i &\stackrel{\text{def}}{=} \dot{f}(x_i, t_i) = -2\, x_i^2 - 4\, t_i\, x_i\, \dot{x}_i \\
&= -2\,(x_i + 2\, t_i\, f_i)\, x_i, \\
\ddot{f}_i &\stackrel{\text{def}}{=} \ddot{f}(x_i, t_i) = -8\, x_i\, \dot{x}_i - 4\, t_i(\dot{x}_i)^2 - 4\, t_i\, x_i\, \ddot{x}_i \\
&= -4\,(2\, x_i\, f_i + t_i\, f_i^2 + t_i\, x_i\, \dot{f}_i).
\end{aligned} \tag{7.26}$$

Die Koeffizienten $f_i, \dot{f}_i$ und $\ddot{f}_i$ lassen sich also aus (7.26) rekursiv berechnen. Insgesamt erhält man damit zur Lösung des Anfangsproblems diesen

Algorithmus 5.3: {TAYLOR–Reihen–Algorithmus}

```
                                                      t := t_0;
    x := x_0;
    while t ≤ t_1 do
        f_1 := -2 * t * sqr(x);
        f_2 := -(x + 2 * t * f_1) * x;
        f_3 := -2 * (2 * x * f_1 + t * sqr(f_1) + 2 * t * x * f_2)/3;
        x := x + h * (f_1 + h * (f_2 + h * f_3));
        t := t + h;
    end.
```

Man erkennt anhand der numerischen Lösung mit dem TAYLOR–Reihen–Algorithmus in Tabelle 7.3, daß der globale Diskretisierungsfehler stets kleiner als h^3 ist. Außerdem zeigt ein Vergleich mit den Ergebnissen des EULER–Verfahrens in Tabelle 7.2, daß in der Tat die Fehler beim EULER–Verfahren erst bei $h = 0.001$ die gleiche Größenordnung haben wie die Fehler beim TAYLOR–Reihen–Verfahren bei $h = 0.1$. Daraus resultiert trotz des höheren Rechenaufwandes beim TAYLOR–Reihen–Verfahren pro Integrationsschritt eine insgesamt kürzere Rechenzeit für das ganze Integrationsintervall. Verfahren höherer Fehlerordnung benötigen im allgemeinen einen geringeren Rechenaufwand, um eine Lösung mit dem gleichen globalen Diskretisierungsfehler zu erhalten.   □

Erhöht man die Zahl der berücksichtigten Glieder der TAYLOR–Reihe, wird die Güte der Näherung immer besser. Nachteilig ist jedoch, daß für jede zu lösende Differentialgleichung zunächst die Rekursionsformeln für die Ableitungen ermittelt werden müssen. Dies kann jedoch, wie weiter unten gezeigt wird, automatisiert und hochgenau vom Computer delbst durchgeführt werden.

Zunächst soll noch ein weitverbreitetes klassisches Verfahren beschrieben werden, das nur die gegebene Differentialgleichung verwendet, das RUNGE-KUTTA–Verfahren.

t	x_{exakt}	x_{Taylor}		
		$h = 0.1$	$h = 0.01$	$h = 0.001$
0	1	1	1	1
0.1	0.990 099 009 901	0.990 000 000 000	0.990 098 915 523	0.990 099 009 808
0.2	0.961 538 461 538	0.961 365 554 432	0.961 538 304 668	0.961 538 461 386
0.3	0.917 431 192 661	0.917 232 140 300	0.917 431 020 991	0.917 431 192 498
0.4	0.862 068 965 517	0.861 891 285 943	0.862 068 820 750	0.862 068 965 379
0.5	0.800 000 000 000	0.799 873 745 930	0.799 999 904 925	0.799 999 999 908
0.6	0.735 294 117 647	0.735 227 714 965	0.735 294 075 610	0.735 294 117 604
0.7	0.671 140 939 597	0.671 126 912 139	0.671 140 941 339	0.671 140 939 595
0.8	0.609 756 097 561	0.609 779 678 950	0.609 756 129 058	0.609 756 097 589
0.9	0.552 486 187 845	0.552 532 030 695	0.552 486 235 692	0.552 486 187 892
1.0	0.500 000 000 000	0.500 055 661 178	0.500 000 053 861	0.500 000 000 046

Tabelle 7.3: Lösung der Differentialgleichung $\dot{x} = -2tx^2$ mit dem TAYLOR–Reihen–Algorithmus

7.1.3 Das RUNGE-KUTTA–Verfahren

Beim RUNGE-KUTTA–Verfahren werden Näherungen für die TAYLOR–Reihe erzeugt, in dem die Steigung $f(x,t)$ auch an Zwischenwerten des Intervalls $[t_{i-1}, t_{i-1}+h]$ verwendet wird. Es werden nämlich in jedem Integrationsschritt vier verschiedene Steigungen und daraus ein Mittelwert als Steigung für einen Integrationsschritt berechnet. Dies wird so durchgeführt, daß das damit entstehende RUNGE–KUTTA–Verfahren die Fehlerordnung $q = 4$ hat.

Ausgehend von x_k und t_k berechnet man rekursiv

$$k_1 := f(x_k, t_k);$$

$$k_2 := f(x_k + \frac{h}{2}k_1, t_k + \frac{h}{2});$$

$$k_3 := f(x_k + \frac{h}{2}k_2, t_k + \frac{h}{2});$$

$$k_4 := f(x_k + hk_3, t_k + h);$$

$$x_{k+1} := x_k + \frac{h}{6}(k_1 + 2k_2 + 2k_3 + k_4) \tag{7.27}$$

und bekommt diesen

Algorithmus 7.4: {RUNGE–KUTTA–Verfahren}

```
t := t_0;
x := x_0;
while t <= t_e do
begin
    k_1 := f(x, t);
    y := x + h * k_1/2;
    k_2 := f(y, t + h/2);
    y := x + h * k_2/2;
```

t	x_{exakt}	$x_{Runge-Kutta}$		
		$h = 0.1$	$h = 0.01$	$h = 0.001$
0	1	1	1	1
0.1	0.990 099 009 901	0.990 098 924 950	0.990 099 009 893	0.990 099 009 900
0.2	0.961 538 461 538	0.961 538 143 658	0.961 538 461 512	0.961 538 461 538
0.3	0.917 431 192 661	0.917 430 597 520	0.917 431 192 614	0.917 431 192 656
0.4	0.862 068 965 517	0.862 068 183 489	0.862 068 965 459	0.862 068 965 511
0.5	0.800 000 000 000	0.799 999 209 019	0.799 999 999 946	0.799 999 999 998
0.6	0.735 294 117 647	0.735 293 500 279	0.735 294 117 611	0.735 294 117 650
0.7	0.671 140 939 597	0.671 140 619 518	0.671 140 939 589	0.671 140 939 603
0.8	0.609 756 097 561	0.609 756 119 189	0.609 756 097 584	0.609 756 097 565
0.9	0.552 486 187 845	0.552 486 529 857	0.552 486 187 894	0.552 486 187 842
1.0	0.500 000 000 000	0.500 000 602 211	0.500 000 000 069	0.499 999 999 990

Tabelle 7.4: Lösung der Differentialgleichung $\dot{x} = -2tx^2$ mit dem RUNGE-KUTTA-Verfahren

$$k_3 := f(y, t + h/2);$$
$$y := x + h * k_3;$$
$$k_4 := f(y, t + h);$$
$$x := x + h * (k_1 + 2 * (k_2 + k_3) + k_4)/6;$$
$$\textbf{end.}$$

Die rechte Seite $f(x, t)$ der Differentialgleichung wird man im Programm in Form einer Funktion oder Prozedur deklarieren, die im Hauptprogramm aufgerufen werden kann.

Beispiel 7.3: Für die Differentialgleichung $\dot{x} = -2tx^2$ aus den vorhergehenden Beispielen erhält man mit dem RUNGE-KUTTA-Algorithmus 7.6 für den Anfangswert $x(0) = 1$, das Zeitintervall $[0, 1]$ und die Schrittweiten $h = 0.1$, $h = 0.01$ und $h = 0.001$ die in Tabelle 7.4 angegebenen Lösungen. Die globalen Diskretisierungsfehler haben bei der Schrittweite $h = 0.1$ die gleiche Größenordnung wie für die Schrittweite $h = 0.01$ beim TAYLOR-Reihen-Verfahren. $\qquad\qquad\square$

7.1.4   Fehlerkorrektur und Schrittweitensteuerung

Bei hinreichend kleiner Schrittweite h erhält man beim RUNGE-KUTTA-Verfahren eine hohe Genauigkeit. Vergrößert man die Schrittweite h, so wird zwar die Genauigkeit herabgesetzt, aber der Rechenaufwand geht entsprechend zurück.

Es soll jetzt kurz auf die *Rundungsfehler* eingegangen werden, die bei der numerischen Rechnung auftreten. Beim EULER-Verfahren treten zwei Quellen für Rundungsfehler auf. Der erste Fehler $\epsilon_i^{(1)}$ tritt bei der Berechnung von $f(x_i, t_i)$ und der zweite Fehler $\epsilon_i^{(2)}$ bei der Ausführung eines EULER-Schritts auf. Die berechnete Näherung x_{i+1} setzt sich nach Gleichung (7.4) so zusammen

$$x_{i+1} = x_i + h \cdot \left(f(x_i, t_i) + \epsilon_i^{(1)}\right) + \epsilon_i^{(2)}, \quad i = 0, 1, 2, \ldots. \qquad (7.28)$$

Der globale Diskretisierungsfehler g_i für das EULER-Verfahren geht mit kleiner werdendem h linear gegen Null. Man kann also den Diskretisierungsfehler durch eine entsprechende Wahl von h hinreichend verkleinern. Je kleiner aber h ist, desto mehr EULER-Schritte müssen ausgeführt werden und desto größer wird der Einfluß der Rundungsfehler auf das berechnete Ergebnis. Es wird also eine Schrittweite h_{opt} geben, bei der der Rundungsfehler der dominante Anteil am Gesamtfehler sein wird. Man sollte deshalb die Schrittweite h nur so klein wählen wie es die benötigte Genauigkeit erfordert: Die Schrittweite soll so klein wie nötig (wegen der Genauigkeit) und so groß wie möglich (wegen des Rechenaufwandes) gewählt werden. So wird man bei sich rasch verändernden Funktionsverläufen, also bei betragsmäßig großen Steigungen, die Schrittweite kleiner wählen müssen als bei sich weniger verändernden Funktionsstücken.

Deshalb wird oft eine automatische Schrittweitensteuerung eingesetzt, auf die hier nur kurz eingegangen werden soll. Eine Möglichkeit ist diese: Zunächst berechnet man mit der Schrittweite h, ausgehend von x_i im Zeitpunkt t_i, beispielsweise mit dem RUNGE–KUTTA-Verfahren, die nächsten beiden Werte $x_{i+1}^{(h)}$ bei $t_i + h$ und $x_{i+2}^{(h)}$ bei $t_i + 2h$. Danach berechnet man mit der Schrittweite $2h$, wieder ausgehend von x_i, in einem Schritt den Wert $x_{i+2}^{(2h)}$ bei $t_i + 2h$. Dann ist bei der Schrittweitenverdopplung der lokale Diskretisierungsfehler bei der Fehlerordnung $q = 4$ des RUNGE–KUTTA-Verfahrens annähernd auf den $2^{q+1} = 2^5 = 32$-fachen Wert angestiegen. Da bei der Rechnung mit der Schrittweite h zwei Schritte benötigt werden, hat sich der Fehler verdoppelt. Man kann also den Fehler bei der Schrittweite $2h$ auf das 16-fache des Fehlers bei der Schrittweite h abschätzen. Die Differenz zwischen $x_{i+2}^{(h)}$ und $x_{i+2}^{(2h)}$ wird angenähert gleich dem 15-fachen des Fehlers e bei der Rechnung mit der Schrittweite h sein:

$$x_{i+2}^{(h)} - x_{i+2}^{(2h)} \approx 15\,e$$

oder

$$e \approx \frac{x_{i+2}^{(h)} - x_{i+2}^{(2h)}}{15}. \tag{7.29}$$

Diesen Wert kann man verwenden, um den mit der Schrittweite h berechneten Wert $x_{i+2}^{(h)}$ noch zu verbessern

$$x_{i+2} := x_{i+2}^{(h)} + e. \tag{7.30}$$

Andererseits kann der Fehler e zur automatischen Schrittweitensteuerung verwendet werden. Mit einer gewählten Anfangsschrittweite h berechnet man in zwei Schritten einen Funktionswert und dann in einem Schritt der Schrittweite $2h$ einen weiteren Funktionswert für den Zeitpunkt $t_0 + 2h$. Danach wird mit (7.29) der *relative Fehler*

$$e_{rel} \overset{\text{def}}{=} \max_j \left| \frac{e_j}{x_{j,i+2}^{(h)}} \right| \tag{7.31}$$

berechnet, wobei e_j bzw. $x_{j,i+2}^{(h)}$ die j-te Komponente des Fehlervektors e bzw. des Lösungsvektors $x_{i+2}^{(h)}$ ist, und mit der vorgegebenen Toleranz ϵ verglichen, mit der die Ergebnisse vorliegen sollen. In [7.2] wird dann folgende Schrittweitensteuerung vorgeschlagen: Wenn $0.15\epsilon < e_{rel} < 10\epsilon$, dann beibehalten von h;

wenn $\quad e_{rel} \geq 10\epsilon$, $\qquad$ dann halbieren von h;

wenn $\quad e_{rel} \leq 0.15\epsilon$, $\qquad$ dann verdoppeln von h.

7.1.5 Algorithmen–Stabilität und steife Differentialgleichungen

Zunächst soll die Lösung der linearen Differentialgleichung zweiter Ordnung

$$\ddot{y} - 19\,\dot{y} - 20\,y = 0 \tag{7.32}$$

für die Anfangswerte $y(0) = 1$ und $\dot{y}(0) = -1$ betrachtet werden. Die allgemeine Lösung für diese Differentialgleichung lautet

$$y(t) = \left(\frac{20}{21}y(0) - \frac{1}{21}\dot{y}(0)\right)\mathrm{e}^{-t} + \frac{1}{21}\left(y(0) + \dot{y}(0)\right)\mathrm{e}^{20t}. \tag{7.33}$$

Für die gegebenen Anfangswerte ist die exakte Lösung

$$y(t) = \mathrm{e}^{-t}. \tag{7.34}$$

Ändert man den Anfangswert $y(0) = 1$ nur geringfügig in $y(0) = 1 + \epsilon$, wobei ϵ betragsmäßig sehr klein gegenüber Eins sein soll, hat man statt (7.34) die exakte Lösung

$$y(t) = \left(1 + \epsilon\frac{20}{21}\right)\mathrm{e}^{-t} + \frac{\epsilon}{21}\mathrm{e}^{20t}, \tag{7.35}$$

die je nach dem Vorzeichen von ϵ sehr schnell gegen $+\infty$ oder $-\infty$ strebt. Das Problem ist für den Anfangszustand $y(0) = 1, \dot{y}(0) = -1$ sehr schlecht konditioniert; denn eine beliebig kleine Änderung in den Anfangsbedingungen erzeugt eine beliebig große Änderung der Lösung. Aus diesem Grund ist es sehr schwierig, die Lösung für diesen Anfangszustand numerisch mit dem Computer zu berechnen, da durch die Rundungs- und Diskretisierungsfehler des verwendeten Algorithmus ähnliche Änderungen auftreten, so daß sich die Näherungswerte wegen des positiven Exponenten im zweiten Term der Lösung (7.35) sehr rasch von der Lösung (7.34) entfernen.

Verwendet man beispielsweise zur Lösung der Differentialgleichung (7.32) den Algorithmus 7.6 für das RUNGE–KUTTA-Verfahren, erhält man für die Schrittweite $h = 0.1$ und das Zeitintervall $[0, 2]$ die in Tabelle 7.5 angegebene Lösung. Für den Algorithmus wurde zuvor die Differentialgleichung zweiter Ordnung in zwei Differentialgleichungen erster Ordnung so umgeformt: Mit den Zustandsgrößen

$$\begin{aligned}
x_1 &\stackrel{\text{def}}{=} y, \\
x_2 &\stackrel{\text{def}}{=} \dot{y},
\end{aligned}$$

erhält man das Differentialgleichungssystem

$$\begin{aligned}
\dot{x}_1 &= x_2, \\
\dot{x}_2 &= 20\,x_1 + 19\,x_2.
\end{aligned}$$

Bis $t = 1.4$ stimmt die berechnete Lösung noch annähernd mit der exakten Lösung überein. Danach nehmen die aufgrund der Diskretisierungs- und Rundungsfehler hervorgerufenen Abweichungen so stark zu, daß die mit dem Computer berechneten Lösungen völlig unbrauchbar werden.

t	y_{exakt}	$y_{Runge-Kutta}$
0	1	1
0.2	8.187 731E-01	8.187 309E-01
0.4	6.703 201E-01	6.703 203E-01
0.6	5.488 116E-01	5.488 119E-01
0.8	4.493 290E-01	4.493 293E-01
1.0	3.678 794E-01	3.678 784E-01
1.2	3.011 942E-01	3.011 249E-01
1.4	2.465 970E-01	2.431 868E-01
1.6	2.018 965E-01	3.478 236E-02
1.8	1.652 989E-01	-8.023 309E+00
2.0	1.353 353E-01	-4.011 065E+02

Tabelle 7.5: Numerische Lösung der Differentialgleichung $\ddot{y} - 19\dot{y} - 20y = 0$ für die Anfangswerte $y(0) = 1$ und $\dot{y}(0) = -1$.

Dieses empfindliche Verhalten beruht auf der Instabilität des Systems, das durch diese Differentialgleichung beschrieben wird. Denn es hat die beiden Eigenwerte $\lambda_1 = -1$ und $\lambda_2 = +20$.

Jetzt sollen Instabilitäten betrachtet werden, die aufgrund des gewählten numerischen *Verfahrens* entstehen. Angenommen, es soll mit dem Computer das lineare System erster Ordnung mit dem mathematischen Modell

$$\dot{x} = -a\,x + b\,u \tag{7.36}$$

und den Parametern $a = 30$ und $b = 1$ für eine Sprungfunktion $\sigma(t)$ als Eingangsgröße u simuliert werden. Die exakte allgemeine Lösung der Zustandsgleichung (7.36) ist für $t \geq 0$

$$x(t) = \left(x_0 - \frac{b}{a} \right) e^{-at} + \frac{b}{a}, \tag{7.37}$$

also für $x(0) = 1$ und die obengenannten Daten

$$x(t) = \frac{29}{30} e^{-30t} + \frac{1}{30}. \tag{7.38}$$

Dieses Problem ist *nicht* schlecht konditioniert; denn eine geringfügige Änderung des Anfangszustands in $x(0) = 1 + \epsilon$ ergibt eine Änderung der Lösung in

$$x(t) = \left(\frac{29}{30} + \epsilon \right) e^{-30t} + \frac{1}{30}, \tag{7.39}$$

wobei die Lösungsänderung ϵe^{-30t} mit $t \to \infty$ auch wieder verschwindet. Das System selbst ist wegen $\lambda = -30$ stabil.

Verwendet man zur numerischen Lösung dieses Problems das EULER-Verfahren, erhält man als Algorithmus für $i = 0, 1, 2, \ldots$:

$$\begin{aligned} x_{i+1} &= x_i + h\,f(x_i) \\ &= x_i + h\,(-30x_i + 1) \end{aligned}$$

t	x_{exakt}	x_{Euler}		
		$h = 0.01$	$h = 0.05$	$h = 0.1$
0	1	1	1	1
0.1	8.145 608E-02	6.063 927E-02	2.750 000E-01	-1.900 000E+00
0.2	3.581 209E-02	3.410 466E-02	9.375 000E-02	3.900 000E+00
0.3	3.345 674E-02	3.335 512E-02	4.843 750E-02	-7.700 000E+00
0.4	3.333 948E-02	3.333 395E-02	3.710 938E-02	1.550 000E+01
0.5	3.333 364E-02	3.333 335E-02	3.427 734E-02	-3.090 000E+01
0.6	3.333 335E-02	3.333 333E-02	3.356 934E-02	6.190 000E+01
0.7	3.333 333E-02	3.333 333E-02	3.339 233E-02	-1.237 000E+02
0.8	3.333 333E-02	3.333 333E-02	3.334 808E-02	2.475 000E+02
0.9	3.333 333E-02	3.333 333E-02	3.333 702E-02	-4.949 000E+02
1.0	3.333 333E-02	3.333 333E-02	3.333 426E-02	9.899 000E+02

Tabelle 7.6: Numerische Lösung von $\dot{x} = -30x + 1$ für den Anfangswert $x_0 = 1$.

$$= (1 - 30h)\, x_i + h. \tag{7.40}$$

Das ist eine Differenzengleichung, die nur dann selbst stabil ist, wenn

$$|1 - 30h| < 1 \tag{7.41}$$

ist. Wählt man z.B. $h = 0.1$, ist $|1 - 30h| = 2$ und somit der Algorithmus instabil. Nur für Schrittweiten $h < 1/15$ ist die Stabilitätsbedingung (7.41) erfüllt. Tabelle 7.6 zeigt das Ergebnis einer Computersimulation mit den Schrittweiten $h = 0.01$, $h = 0.05$ und $h = 0.1$. Für die ersten beiden Schrittweiten arbeitet der Algorithmus stabil, dagegen für die Schrittweite $h = 0.1 > 1/15$ instabil.

Das EULER-Verfahren führt also bei zu groß gewählter Schrittweite h zu einem numerisch instabilen Ergebnis. Es wird bei einer Simulation in einem solchen Fall ein instabiles System vorgetäuscht, obwohl das System stabil ist (Eigenwert $\lambda = -30$)! Je negativer der Realteil eines Eigenwerts ist, desto leichter kann eine solche Instabilität auftreten; denn allgemein muß z.B. für das System erster Ordnung (7.36) für das EULER-Verfahren die Schrittweite h die Bedingung

$$|1 - a \cdot h| < 1 \tag{7.42}$$

erfüllen, d.h., es muß für die positive Schrittweite h gelten

$$h < \frac{2}{a}, \tag{7.43}$$

was natürlich für große a schon bei sehr kleinen Schrittweiten h verletzt sein kann.

Dieses Verhalten wirft vor allem bei *steifen* Differentialgleichungen Probleme auf. Mit *steif* bezeichnet man eine Differentialgleichung, die sowohl schnelle als auch langsam veränderliche Lösungsanteile besitzt. Ein Beispiel hierfür ist die Differentialgleichung

$$\ddot{y} + 202\,\dot{y} + 400y = 0, \tag{7.44}$$

t	y_{exakt}	y_{Euler}		
		$h = 0.005$	$h = 0.010$	$h = 0.0125$
0	1	1	1	1
0.1	8.683 508E-01	8.674 771E-01	8.059 863E-01	-6.871 212E-01
0.2	7.109 455E-01	7.095 155E-01	6.474 630E-01	-3.910 120E+01
0.3	5.820 729E-01	5.803 177E-01	5.179 379E-01	-1.019 672E+03
0.4	4.765 610E-01	4.746 458E-01	4.121 065E-01	-2.614 740E+04
0.5	3.901 752E-01	3.882 161E-01	3.256 345E-01	-6.701 410E+05
0.6	3.194 484E-01	3.175 247E-01	2.549 806E-01	-1.717 410E+07
0.7	2.615 422E-01	2.597 056E-01	1.972 512E-01	-4.401 762E+08
0.8	2.141 327E-01	2.124 150E-01	1.500 821E-01	-1.128 123E+10
0.9	1.753 170E-01	1.737 357E-01	1.115 415E-01	-2.891 257E+11
1.0	1.435 374E-01	1.420 997E-01	8.005 104E-02	-7.409 976E+12

Tabelle 7.7: Numerische Lösung der Differentialgleichung $\ddot{y} + 202\dot{y} + 400y = 0$ für die Anfangswerte $y(0) = 1$ und $\dot{y}(0) = 10$.

die für die Anfangswerte $y(0)$ und $\dot{y}(0)$ die Lösung

$$y(t) = \left(\frac{100}{99}y(0) + \frac{1}{198}\dot{y}(0)\right) e^{-2t} - \left(\frac{1}{99}y(0) + \frac{1}{198}\dot{y}(0)\right) e^{-200t}. \qquad (7.45)$$

hat. Für die Anfangsbedingungen

$$y(0) = 1 \quad \text{und} \quad \dot{y}(0) = 10$$

erhält man die spezielle Lösung

$$y(t) = \frac{35}{33}e^{-2t} - \frac{2}{33}e^{-200t}, \qquad (7.46)$$

d.h., für $t > 0.1$ trägt der zweite Summand kaum noch zur Lösung bei, denn für $t = 0.1$ hat der erste Summand den Wert $0.959\,679\ldots$ und der zweite den Wert $-2.752\ldots 10^{-6}$.

Das Verhalten der Differentialgleichung (7.44) soll jetzt für die oben angegebenen Anfangsbedingungen mit Hilfe des EULER–Verfahrens simuliert werden. Hierzu wird mit $x_1 \stackrel{\text{def}}{=} y$ und $x_2 \stackrel{\text{def}}{=} \dot{y}$ zu dem System von zwei gekoppelten Differentialgleichungen erster Ordnung übergegangen:

$$\dot{\boldsymbol{x}} = \begin{pmatrix} 0 & 1 \\ -400 & -202 \end{pmatrix} \boldsymbol{x}, \quad \boldsymbol{x}(0) = \begin{pmatrix} 1 \\ 10 \end{pmatrix}. \qquad (7.47)$$

Wie Tabelle 7.7 zeigt, liefern die Schrittweiten $h = 0.005$ und $h = 0.010$ brauchbare Näherungen für die Lösung $y(t)$. Da für $t > 0.1$ fast nur noch der Lösungsanteil mit der Exponentialfunktion e^{-2t} für die Gesamtlösung relevant ist, würde doch jetzt scheinbar eine Schrittweite $h \approx 0.1$ ausreichend sein. Aber schon für $h = 0.125$ erhält man eine vollkommen unbrauchbare Lösung, siehe Tabelle 7.7! Obwohl der Lösungsanteil mit e^{-200t} sehr schnell gegen Null strebt, bestimmt er doch nach wie vor die zu wählende Schrittweite. Diese muß nach (7.43) für den Eigenwert $\lambda = -200$ die Bedingung $h < 2/(-\lambda) = 0.01$ erfüllen.

Das Beispiel zeigt das wesentliche Problem bei der Simulation von Systemen mit mathematischen Beschreibungen in Form von steifen Differentialgleichungen: Es existieren Lösungsanteile, die zwar sehr schnell gegen Null konvergieren, aber trotzdem im numerischen Algorithmus berücksichtigt werden müssen, auch wenn sie praktisch nichts mehr zur Lösung beitragen! Bei linearen Differentialgleichungen ist das der Fall, wenn sich die Eigenwerte betragsmäßig wesentlich unterscheiden, obwohl die Realteile der Eigenwerte alle negativ sind. Bei *nichtlinearen* Differentialgleichungen $\dot{x} = f(x)$ kann man anhand der Eigenwerte der zugehörigen JACOBI-Matrix

$$J = \frac{\partial f}{\partial x}$$

entsprechend beurteilen, ob man ein steifes Problem vorzuliegen hat oder nicht.

Als allgemein brauchbare Verfahren für die Lösung steifer Probleme haben sich die sogenannten *impliziten* Verfahren erwiesen. Aus dem EULER-Verfahren wird z.B. ein implizites Verfahren, wenn man in den Algorithmus nicht die Steigung der zu integrierenden Funktion vom Anfang eines Integrationsschritts einsetzt, sondern die vom Ende des Intervalls:

$$x_{i+1} := x_i + h \cdot f(x_{i+1}, t_{i+1}). \tag{7.48}$$

Verwendet man diesen „Rückwärts–EULER-Algorithmus" zur Lösung der Differentialgleichung (7.36) $\dot{x} = -ax + bu$, so wird

$$x_{i+1} := x_i + h \cdot (-ax_{i+1} + bu_{i+1}) \tag{7.49}$$

und nach Auflösung nach x_{i+1}

$$x_{i+1} := \frac{1}{1 + ha} x_i + \frac{hb}{1 + ha} u_{i+1}. \tag{7.50}$$

Dieser Algorithmus ist genau dann stabil, wenn

$$\left| \frac{1}{1 + ha} \right| \leq 1 \tag{7.51}$$

ist. Wenn der Eigenwert $\lambda = -a$ des Systems negativ ist, das zugehörige dynamische System also asymptotisch stabil ist, ist für *jede* Schrittweite $h > 0$ die Stabilitätsbedingung (7.51) für den Algorithmus erfüllt. Das ist der große Vorteil aller impliziten Verfahren.

Die scheinbare Einfachheit der impliziten Methode gemäß (7.49) liegt daran, daß die zu lösende Differentialgleichung *linear* ist. Bei *nichtlinearen* Differentialgleichungen muß im allgemeinen x_{i+1} in jedem Integrationsschritt iterativ bestimmt werden. Dies führt insbesondere bei nichtlinearen Differentialgleichungssystemen zu einem erheblichen Rechenaufwand in jedem Integrationsschritt [7.3].

7.2 Lineare Differentialgleichungen: Zustandsgleichungen

7.2.1 Transitionsmatrix

In der Systemtheorie und der Regelungstechnik spielen zeitkontinuierliche Systeme eine große Rolle. Sie werden durch das mathematische Modell

$$\dot{\boldsymbol{x}}(t) = \boldsymbol{A}\boldsymbol{x}(t) + \boldsymbol{B}\boldsymbol{u}(t), \tag{7.52}$$

$$\boldsymbol{y}(t) = \boldsymbol{C}\boldsymbol{x}(t) + \boldsymbol{D}\boldsymbol{u}(t), \tag{7.53}$$

mit $\boldsymbol{A} \in \mathsf{R}^{n\times n}$, $\boldsymbol{B} \in \mathsf{R}^{n\times p}$, $\boldsymbol{C} \in \mathsf{R}^{q\times n}$ und $\boldsymbol{D} \in \mathsf{R}^{q\times p}$, beschrieben.

Ausgehend vom Anfangszustand $\boldsymbol{x}(t_0) = \boldsymbol{x}_0$ erhält man als Lösung $\boldsymbol{x}(t)$ für das homogene Differentialgleichungssystem

$$\dot{\boldsymbol{x}}(t) = \boldsymbol{A}\boldsymbol{x}(t) \tag{7.54}$$

beispielsweise die TAYLOR–Reihe

$$\boldsymbol{x}(t) = \boldsymbol{x}(t_0) + (t - t_0)\dot{\boldsymbol{x}}(t_0) + \frac{(t - t_0)^2}{2!}\ddot{\boldsymbol{x}}(t_0) + \frac{(t - t_0)^3}{3!}\dddot{\boldsymbol{x}}(t_0) + \cdots . \tag{7.55}$$

Wird die i–te Ableitung von $\boldsymbol{x}(t)$ nach der Zeit mit $\overset{(i)}{\boldsymbol{x}}(t)$ bezeichnet, erhält man aus (7.54)

$$\overset{(i)}{\boldsymbol{x}}(t_0) = \boldsymbol{A}^i\boldsymbol{x}_0. \tag{7.56}$$

Dies in (7.55) eingesetzt, ergibt

$$\begin{aligned} \boldsymbol{x}(t) &= \boldsymbol{x}_0 + (t - t_0)\boldsymbol{A}\boldsymbol{x}_0 + (t - t_0)^2\boldsymbol{A}^2\boldsymbol{x}_0/2 + (t - t_0)^3\boldsymbol{A}^3\boldsymbol{x}_0/3! + \cdots \\ &= \left(\boldsymbol{I} + (t - t_0)\boldsymbol{A} + (t - t_0)^2\boldsymbol{A}^2/2 + (t - t_0)^3\boldsymbol{A}^3/3! + \cdots\right)\boldsymbol{x}_0 \end{aligned} \tag{7.57}$$

oder mit der *Transitionsmatrix (Übergangsmatrix)*

$$\boldsymbol{\Phi}(t - t_0) \overset{\text{def}}{=} \sum_{i=0}^{\infty}(t - t_0)^i\boldsymbol{A}^i/i! \tag{7.58}$$

die Lösung

$$\boldsymbol{x}(t) = \boldsymbol{\Phi}(t - t_0)\boldsymbol{x}_0. \tag{7.59}$$

Für die Transitionsmatrix wird oft auch in Anlehnung an die Exponentialfunktion, die einer ähnlichen Reihe gehorcht,

$$\boldsymbol{\Phi}(t) = \mathrm{e}^{\boldsymbol{A}t}$$

geschrieben.

Mit Hilfe der Transitionsmatrix lautet die Lösung für die inhomogene Zustandsgleichung (7.52)

$$\boldsymbol{x}(t) = \boldsymbol{\Phi}(t - t_0)\boldsymbol{x}_0 + \int_{t_0}^{t} \boldsymbol{\Phi}(t - \tau)\boldsymbol{B}\,\boldsymbol{u}(\tau)\mathrm{d}\tau, \tag{7.60}$$

was leicht durch Einsetzen dieser Lösung in die Zustandsgleichung (7.52) verifiziert werden kann.

Die Transitionsmatrix $\boldsymbol{\Phi}(t)$ hat einige wichtige Eigenschaften.

Lemma 7.5: *Die Transitionsmatrix $\boldsymbol{\Phi}(t)$*
(1) erfüllt ihre homogene Differentialgleichung

$$\dot{\boldsymbol{\Phi}}(t) = \boldsymbol{A}\,\boldsymbol{\Phi}(t), \quad \boldsymbol{\Phi}(0) = \boldsymbol{I}, \tag{7.61}$$

(2) ist stets regulär,
(3) kann stets so unterteilt werden

$$\boldsymbol{\Phi}(t_3 - t_1) = \boldsymbol{\Phi}(t_3 - t_2)\boldsymbol{\Phi}(t_2 - t_1), \tag{7.62}$$

(4) hat die Inverse

$$\boldsymbol{\Phi}^{-1} = \boldsymbol{\Phi}(-t). \tag{7.63}$$

Beweis: (1) Gleichung (7.61) folgt direkt durch Differentiation von (7.58).
(2) Sei $\boldsymbol{\Psi}(t)$ die Transitionsmatrix der homogenen Differentialgleichung

$$\dot{\boldsymbol{x}}(t) = -\boldsymbol{A}^T\boldsymbol{x}(t),$$

d.h., es gelte nach (7.61)

$$\dot{\boldsymbol{\Psi}}(t) = -\boldsymbol{A}^T\boldsymbol{\Psi}(t)$$

mit $\boldsymbol{\Psi}(0) = \boldsymbol{I}$, d.h.,

$$\dot{\boldsymbol{\Psi}}^T(t) = -\boldsymbol{\Psi}^T(t)\boldsymbol{A}.$$

Für die zeitliche Ableitung des Produkts der beiden Transitionsmatrizen $\boldsymbol{\Psi}^T(t)$ und $\boldsymbol{\Phi}(t)$ erhält man dann

$$\begin{aligned}
\frac{\mathrm{d}}{\mathrm{d}t}\left(\boldsymbol{\Psi}^T\boldsymbol{\Phi}\right) &= \dot{\boldsymbol{\Psi}}^T\boldsymbol{\Phi} + \boldsymbol{\Psi}^T\dot{\boldsymbol{\Phi}} \\
&= -\boldsymbol{\Psi}^T\boldsymbol{A}\boldsymbol{\Phi} + \boldsymbol{\Psi}^T\boldsymbol{A}\boldsymbol{\Phi} \\
&= \boldsymbol{O}, \tag{7.64}
\end{aligned}$$

also ist das Matrizenprodukt $\boldsymbol{\Psi}^T(t)\boldsymbol{\Phi}(t)$ gleich einer konstanten Matrix, die aber wegen der Anfangsbedingung in (7.61) die Einheitsmatrix sein muß. Also ist die Transitionsmatrix $\boldsymbol{\Phi}(t)$ regulär und ihre Inverse ist $\boldsymbol{\Psi}^T(t)$.
(3) Für einen beliebigen Anfangszustand $\boldsymbol{x}(t_1) = \boldsymbol{x}_1$ ist $\boldsymbol{x}(t_2) = \boldsymbol{\Phi}(t_2 - t_1)\boldsymbol{x}_1$ und weiterhin gilt $\boldsymbol{x}(t_3) = \boldsymbol{\Phi}(t_3 - t_2)\boldsymbol{x}(t_2)$, also

$$\boldsymbol{x}(t_3) = \boldsymbol{\Phi}(t_3 - t_2)\boldsymbol{\Phi}(t_2 - t_1)\boldsymbol{x}_1. \tag{7.65}$$

Andererseits ist direkt

$$\boldsymbol{x}(t_3) = \boldsymbol{\Phi}(t_3 - t_1)\boldsymbol{x}_1. \tag{7.66}$$

Ein Vergleich von (7.65) mit (7.66) liefert (7.62).
(4) Sei $t_3 = t_1 = t$ und $t_2 = 0$, dann folgt aus (7.62)

$$\boldsymbol{\Phi}(0) = \boldsymbol{I} = \boldsymbol{\Phi}(t)\boldsymbol{\Phi}(-t) \tag{7.67}$$

und daraus direkt, daß $\boldsymbol{\Phi}(-t)$ die Inverse der Transitionsmatrix $\boldsymbol{\Phi}(t)$ sein muß. $\square$

7.2.2   Simulation mit Hilfe der Transitionsmatrix

Bei der Simulation linearer zeitinvarianter dynamischer Systeme mit der mathematischen Beschreibung (7.52 und 7.53) geht man von der allgemeinen Lösung (7.60) der Zustandsgleichung (7.52) aus. Soll das System für das Zeitintervall $[t_0, t_e]$ simuliert werden, wird man zunächst dieses Zeitintervall hinreichend fein unterteilen: $t_0 < t_1 < t_2 < \cdots < t_e$. Sind die Eingangsfunktionen u_j $(j = 1, \ldots, p)$ des Eingangsvektors $\boldsymbol{u}$ konstant oder können sie zwischen zwei Zeitpunkten t_i und t_{i+1} als annähernd konstant $(= \boldsymbol{u}(t_i))$ angesehen werden, erhält man aus (7.60) für den Anfangszeitpunkt t_i die Lösung

$$
\begin{aligned}
\boldsymbol{x}(t) &= \boldsymbol{\Phi}(t - t_i)\boldsymbol{x}(t_i) + \int_{t_i}^{t} \boldsymbol{\Phi}(t - \tau)\boldsymbol{B}\mathrm{d}\tau \cdot \boldsymbol{u}(t_i) \\
&= \boldsymbol{\Phi}(t - t_i)\boldsymbol{x}(t_i) + \int_{0}^{t - t_i} \boldsymbol{\Phi}(\tau)\boldsymbol{B}\mathrm{d}\tau \cdot \boldsymbol{u}(t_i).
\end{aligned}
\tag{7.68}
$$

Wird das Integral zu der Matrix

$$
\boldsymbol{H}(t - t_i) \overset{\text{def}}{=} \int_{0}^{t - t_i} \boldsymbol{\Phi}(\tau)\boldsymbol{B}\mathrm{d}\tau
\tag{7.69}
$$

zusammengefaßt, erhält man anstelle von (7.68) die Differenzengleichung

$$
\boldsymbol{x}(t) = \boldsymbol{\Phi}(t - t_i)\boldsymbol{x}(t_i) + \boldsymbol{H}(t - t_i)\boldsymbol{u}(t_i).
\tag{7.70}
$$

Sind die in dem Eingangsvektor $\boldsymbol{u}$ zusammengefaßten p Eingangsgrößen u_j tatsächlich in dem Intervall $[t, t_i]$ konstant und ist der Zustand $\boldsymbol{x}(t_i)$ exakt bekannt, liefert die Differenzengleichung (7.70) exakt den Zustand $\boldsymbol{x}(t)$. Ist insbesondere $t = t_{i+1}$ und $h_i \overset{\text{def}}{=} t_{i+1} - t_i$ die Integrationsschrittweite, erhält man die rekursive Beziehung für die digitale Simulation der Zustandsgleichung $\dot{\boldsymbol{x}} = \boldsymbol{A}\boldsymbol{x} + \boldsymbol{B}\boldsymbol{u}$:

$$
\boxed{\boldsymbol{x}_{i+1} = \boldsymbol{\Phi}(h_i)\boldsymbol{x}_i + \boldsymbol{H}(h_i)\boldsymbol{u}_i, \quad i = 0, 1, \ldots \, .}
\tag{7.71}
$$

Für eine konstante Integrationsschrittweite h brauchen für die Rekursionsgleichung

$$
\boldsymbol{x}_i = \boldsymbol{\Phi}\boldsymbol{x}_i + \boldsymbol{H}\boldsymbol{u}_i
\tag{7.72}
$$

die konstanten Matrizen $\boldsymbol{\Phi} = \boldsymbol{\Phi}(h)$ und $\boldsymbol{H} = \boldsymbol{H}(h)$ nur einmal berechnet zu werden.

Das scheinbar größte Hindernis für die Anwendung der Rekursionsgleichungen (7.71) und (7.72) ist die geforderte Konstanz der Eingangsfunktionen u_j. Sind die Eingangsfunktionen Sprungfunktionen oder setzen sich aus solchen zu Treppenfunktionen zusammen, dann sind sie außer in den Sprungzeitpunkten in der Tat konstant. Wählt man die Sprungzeitpunkte als Integrationsintervall–End– bzw. –Anfangszeitpunkte, so ist die Forderung nach Konstanz erfüllt und es entstehen keine Fehler durch Näherungen für die Eingangsfunktionen.

Aber auch bei nicht intervallweiser Konstanz der Eingangsfunktionen können Eingangsgrößenmodelle [7.4] weiterhelfen. Hat die Eingangsfunktion z.B. für $t > 0$ den rampenförmigen Verlauf

$$u(t) = \alpha_0 + \alpha_1 t, \tag{7.73}$$

so kann man sich diese Funktion mit

$$\begin{aligned}
v_1 &\stackrel{\text{def}}{=} u = \alpha_0 + \alpha_1 t, \\
v_2 &\stackrel{\text{def}}{=} \dot{v}_1 = \alpha_1 \ \rightarrow \ \dot{v}_2 = 0
\end{aligned} \tag{7.74}$$

erzeugt denken durch das dynamische System

$$\dot{v} = \begin{pmatrix} 0 & 1 \\ 0 & 0 \end{pmatrix} v, \quad u = v_1 \tag{7.75}$$

mit dem Anfangszustand $v(0) = [\alpha_0, \alpha_1]^T$.

Eine sinusförmige Eingangsgröße

$$u(t) = A \sin(\omega t + \varphi) \tag{7.76}$$

kann durch das Modell

$$\dot{v} = \begin{pmatrix} 0 & 1 \\ -\omega^2 & 0 \end{pmatrix} v, \quad u = v_1, \tag{7.77}$$

mit $v(0) = [A \sin \varphi, A\omega \cos \varphi]^T$ erzeugt werden.

Im allgemeinen ist also

$$\dot{v} = V v, \quad u = W v. \tag{7.78}$$

(7.78) in die Zustandsgleichung eingesetzt, ergibt

$$\dot{x} = A x + B W v. \tag{7.79}$$

Wird der Systemzustandsvektor x mit dem Zustandsvektor v des Eingangsgrößenmodells zu dem neuen Zustandsvektor

$$\overline{x} \stackrel{\text{def}}{=} \begin{pmatrix} x \\ v \end{pmatrix}$$

zusammengefaßt, so können die beiden Systeme (7.79 und 7.75) durch das erweiterte System

$$\dot{\overline{x}}(t) = \underbrace{\begin{pmatrix} A & BW \\ O & V \end{pmatrix}}_{\overline{A}} \overline{x}(t), \quad \overline{x}(t_0) = \begin{pmatrix} x_0 \\ v_0 \end{pmatrix} \tag{7.80}$$

dargestellt werden. Mit der Transitionsmatrix

$$\overline{\boldsymbol{\Phi}}(t) = \mathrm{e}^{\overline{A}t}$$

des erweiterten Systems (7.80) kann das System mit der zugehörigen Eingangsfunktion durch

$$\overline{\boldsymbol{x}}_{k+1} = \overline{\boldsymbol{\Phi}}(h)\overline{\boldsymbol{x}}_k \tag{7.81}$$

simuliert werden.

Im Prinzip kann man für jedes Integrationsintervall einen anderen Verlauf der Eingangsgröße vorschreiben. Die Eingangsgröße $u(t)$ kann also modelliert werden, wenn sie stückweise stetig ist und zwischen zwei Unstetigkeitspunkten durch ein dynamisches System (7.78) erzeugt werden kann.

7.2.3 Numerische Berechnung der Transitionsmatrix über die Diagonalform

Wenn die $n \times n$–Systemmatrix A n linear unabhängige Eigenvektoren hat, kann sie mit Hilfe der aus den Eigenvektoren gebildeten Transformationsmatrix T auf Diagonalform Λ transformiert werden:

$$T^{-1}AT = \Lambda. \tag{7.82}$$

Die zu der Diagonalmatrix Λ gehörende Transitionsmatrix $\mathrm{e}^{\Lambda t}$ hat die leicht berechenbare Form

$$\mathrm{e}^{\Lambda t} = \begin{pmatrix} \mathrm{e}^{\lambda_1 t} & & \\ & \ddots & \\ & & \mathrm{e}^{\lambda_n t} \end{pmatrix}. \tag{7.83}$$

$A = T\Lambda T^{-1}$ in (7.58) eingesetzt, ergibt

$$\boldsymbol{\Phi}(t) = \mathrm{e}^{At} = T\mathrm{e}^{\Lambda t}T^{-1}. \tag{7.84}$$

Sind die zu einer Systemmatrix A gehörenden Eigenwerte und Eigenvektoren bekannt und sind die n Eigenvektoren linear unabhängig, ist die Berechnung der zugehörigen Transitionsmatrix e^{At} über (7.84) ein gangbarer Weg, zumal in den Kapiteln 2 und 3 beliebig genaue, aber auch numerisch aufwendige Verfahren zur Ermittlung der Eigenwerte und Eigenvektoren zur Verfügung gestellt wurden.

Eine zusätzliche Schwierigkeit besteht noch bezüglich eventuell auftretender konjugiert komplexer Eigenwerte. Sind solche komplexen Eigenwerte vorhanden, treten in der Diagonalmatrix Λ komplexe Zahlen auf. Solche komplexen Zahlen erschweren natürlich die Simulation. Man kann sich dadurch helfen, daß man eine zusätzliche Transformation durchführt, die dann zwar keine reine Diagonalmatrix ergibt, aber den Vorteil hat, daß nur reelle Zahlen auftreten. Seien z.B. die Eigenwerte so geordnet, daß die ersten beiden Diagonalelemente der Matrix Λ das konjugiert komplexe Paar sind. Dann kann mit der Transformationsmatrix

$$V \stackrel{\mathrm{def}}{=} \begin{pmatrix} 0.5 & -0.5j & & & 0 \\ 0.5 & 0.5j & & & \\ & & 1 & & \\ & & & \ddots & \\ 0 & & & & 1 \end{pmatrix} \tag{7.85}$$

die Diagonalmatrix durch Ähnlichkeitstransformation auf die *Quasidiagonalform*

$$\Lambda^* = \begin{pmatrix} \alpha & \omega & & & 0 \\ -\omega & \alpha & & & \\ & & \lambda_3 & & \\ & & & \ddots & \\ 0 & & & & \lambda_n \end{pmatrix} = V^{-1} \Lambda V \tag{7.86}$$

gebracht werden, wie man leicht durch Ausrechnen zeigen kann. Für die Untermatrix

$$\Omega \stackrel{\text{def}}{=} \begin{pmatrix} \alpha & \omega \\ -\omega & \alpha \end{pmatrix} \tag{7.87}$$

erhält man als Transitionsmatrix

$$\mathrm{e}^{\Omega t} = \mathrm{e}^{\alpha t} \begin{pmatrix} \cos\omega t & \sin\omega t \\ -\sin\omega t & \cos\omega t \end{pmatrix}. \tag{7.88}$$

Direkt besteht zwischen der Quasidiagonalform Λ^* und der Systemmatrix A dieser Zusammenhang

$$\begin{aligned} \Lambda^* &= V^{-1}\Lambda V \\ &= \left(V^{-1}T^{-1}\right) A(TV). \end{aligned} \tag{7.89}$$

Zu dem konjugiert komplexen Eigenwertpaar $\alpha \pm j\omega$ gehört auch ein konjugiert komplexes Eigenvektorpaar

$$\begin{aligned} t_1 &= t_{Re} + j t_{Im}, \\ t_2 &= t_{Re} - j t_{Im}. \end{aligned} \tag{7.90}$$

Das Produkt TV der Transformationsmatrizen,

$$\begin{aligned} TV &= [t_{Re} + j t_{Im}, t_{Re} - j t_{Im}, t_3, \ldots, t_n] \begin{pmatrix} 0.5 & -0.5j & & & 0 \\ 0.5 & 0.5j & & & \\ & & 1 & & \\ & & & \ddots & \\ 0 & & & & 1 \end{pmatrix} \\ &= [t_{Re}, t_{Im}, t_3, \ldots, t_n], \end{aligned} \tag{7.91}$$

ist wieder eine rein reelle Matrix.

Beim Auftreten von konjugiert komplexen Eigenwerten erhält man die Transitionsmatrix e^{At} aus der Transitionsmatrix $\mathrm{e}^{\Lambda^* t}$ der Quasidiagonalform Λ^* so

$$\Phi(t) = \mathrm{e}^{At} = (TV)\mathrm{e}^{\Lambda^* t}(TV)^{-1}. \tag{7.92}$$

Beispiel 7.4:   Gesucht ist die Transitionsmatrix zur Systemmatrix

$$A = \begin{pmatrix} -51 & -56 & -64 & -73 \\ -108 & -147 & -180 & -215 \\ 35 & 41 & 43 & 51 \\ 77 & 101 & 124 & 145 \end{pmatrix}.$$

Die Systemmatrix hat die Eigenwerte

$$\begin{aligned}
\lambda_1 &= -1.3099 + j32.5504, \\
\lambda_2 &= -1.3099 - j32.5504, \\
\lambda_3 &= -5.1710, \\
\lambda_4 &= -2.2092,
\end{aligned}$$

zu denen die Eigenvektoren gehören

$$t_1 = \begin{pmatrix} 0.2486 + j0.2853 \\ 1 \\ -0.1679 - j0.2612 \\ -0.6619 - j0.0760 \end{pmatrix}, \quad t_2 = \begin{pmatrix} 0.2486 - j0.2853 \\ 1 \\ -0.1679 + j0.2612 \\ -0.6619 + j0.0760 \end{pmatrix},$$

$$t_3 = \begin{pmatrix} -0.9411 \\ 1 \\ 0.2689 \\ -0.4121 \end{pmatrix}, \quad t_4 = \begin{pmatrix} -0.1221 \\ -0.2053 \\ 1 \\ -0.6376 \end{pmatrix}.$$

Damit erhält man nach (7.91) die kombinierte Transformationsmatrix

$$TV = [t_{1,Re}, t_{1,Im}, t_3, r_4] = \begin{pmatrix} 0.2486 & 0.2853 & -0.9411 & -0.1221 \\ 1 & 0 & 1 & -0.2053 \\ -0.1679 & -0.2612 & 0.2689 & 1 \\ -0.6619 & -0.0760 & -0.4121 & -0.6376 \end{pmatrix}$$

und die Quasidiagonalform

$$\Lambda^* = \begin{pmatrix} -1.3099 & 32.5504 & 0 & 0 \\ -32.5504 & -1.3099 & 0 & 0 \\ 0 & 0 & -5.1710 & 0 \\ 0 & 0 & 0 & -2.2092 \end{pmatrix}.$$

Hierzu gehört die Transitionsmatrix

$$e^{\Lambda^* t} = \begin{pmatrix} e^{-1.3099t}\cos(32.550t) & e^{-1.3099t}\sin(32.550t) & 0 & 0 \\ e^{-1.3099t}\sin(-32.550t) & e^{-1.3099t}\cos(32.550t) & 0 & 0 \\ 0 & 0 & e^{-5.1710t} & 0 \\ 0 & 0 & 0 & e^{-2.2092t} \end{pmatrix},$$

also z.B. für eine Integrationsschrittweite $h = 0.1$

$$e^{\Lambda^* h} = \begin{pmatrix} -0.8716 & -0.0993 & 0 & 0 \\ 0.0993 & -0.8716 & 0 & 0 \\ 0 & 0 & 0.5962 & 0 \\ 0 & 0 & 0 & 0.8018 \end{pmatrix}$$

und schließlich nach (7.84) die Transitionsmatrix

$$\begin{aligned}
\Phi(h) &= e^{Ah} \\
&= (TV)e^{\Lambda^* h}(TV)^{-1}
\end{aligned}$$

$$= \begin{pmatrix} 1.6105 & 1.4699 & 2.0517 & 2.5896 \\ -2.0381 & -1.4270 & -1.4887 & -1.2268 \\ -1.0864 & -1.5925 & -1.3497 & -2.6535 \\ 0.9754 & 0.9242 & 0.3211 & 0.8210 \end{pmatrix} .$$

$\square$

Bei dem Zustand x^* in der Quasidiagonalform

$$\dot{x}^* = \Lambda^* x^* \tag{7.93}$$

sind die Zustandsgrößen, also die Komponenten des Zustandsvektors x^*, weitgehend entkoppelt, wodurch der Rechenaufwand stark reduziert wird. So erhält man für einen reellen Eigenwert λ_i

$$x_i^* := \varphi_i * x_i^* \quad \text{mit} \quad \varphi_i = e^{\lambda_i h} \tag{7.94}$$

und für ein konjugiert komplexes Eigenwertpaar $\lambda_i = \alpha_i \pm j \cdot \omega_i$

$$\begin{pmatrix} x_i^* \\ x_{i+1}^* \end{pmatrix} := \begin{pmatrix} \varphi_{11} & \varphi_{12} \\ \varphi_{21} & \varphi_{22} \end{pmatrix} * \begin{pmatrix} x_i^* \\ x_{i+1}^* \end{pmatrix} \tag{7.95}$$

mit

$$\varphi_{11} = \varphi_{22} = e^{\alpha_i h} \cos(\omega_i h)$$

und

$$\varphi_{12} = -\varphi_{22} = e^{\alpha_i h} \sin(\omega_i h).$$

Wird nicht der transformierte Zustandsvektor x^*, sondern der ursprüngliche Zustandsvektor x der mathematischen Beschreibung $\dot{x} = Ax$ benötigt, erhält man ihn aus

$$x = (TV)^{-1} x^*. \tag{7.96}$$

Diese Berechnung von x aus x^* ist aber nicht nach jedem Intervall h, sondern nur in den für die z.B. grafische Darstellung benötigten Zeitpunkten durchzuführen.

7.2.4 Numerische Berechnung der Transitionsmatrix über die Reihendarstellung

Eine Berechnung der Transitionsmatrix $\boldsymbol{\Phi}(h)$ direkt aus der Reihendarstellung (7.58) mit $h = t - t_0$,

$$\boldsymbol{\Phi}(h) = \sum_{i=0}^{\infty} A^i \frac{h^i}{i!}, \tag{7.97}$$

führt bei schlechter Reihenkonvergenz, d.h., bei der Mitnahme vieler Reihenglieder, durch Summierung der Rundungsfehler zu schlechten Ergebnissen. Außerdem begeht man stets einen Abbruchfehler, der allerdings beliebig verkleinert werden kann.

Angenommen, man berücksichtigt nur die ersten $m + 1$ Glieder der Reihe (7.97), dann ist

$$\boldsymbol{\Phi}(h) = \sum_{i=0}^{m} A^i \frac{h^i}{i!} + R, \tag{7.98}$$

wobei für die Restmatrix $\boldsymbol{R}$ gilt

$$\boldsymbol{R} = \sum_{i=m+1}^{\infty} \boldsymbol{A}^i \frac{h^i}{i!}. \tag{7.99}$$

Als Abschätzung der Größe der Elemente von $\boldsymbol{R}$ erhält man

$$
\begin{aligned}
\|\boldsymbol{R}\| &= \left\| \sum_{i=m+1}^{\infty} \boldsymbol{A}^i \frac{h^i}{i!} \right\| \\[2ex]
&\le \sum_{i=m+1}^{\infty} \|(\boldsymbol{A}h)^i\|/i! \\[2ex]
&\le \sum_{i=m+1}^{\infty} \|(\boldsymbol{A}h)\|^i/i! \\[2ex]
&= \frac{\|\boldsymbol{A}h\|^{m+1}}{(m+1)!} \left(1 + \frac{\|\boldsymbol{A}h\|}{m+2} + \frac{\|\boldsymbol{A}h\|^2}{(m+2)(m+3)} + \cdots \right) \\[2ex]
&= \frac{\|\boldsymbol{A}h\|^{m+1}}{(m+1)!} \left(1 + \frac{\|\boldsymbol{A}h\|}{m+2} + \frac{\|\boldsymbol{A}h\|^2}{(m+2)^2} + \cdots \right) \\[2ex]
&= \frac{\|\boldsymbol{A}h\|^{m+1}}{(m+1)!} \frac{1}{1 - \|\boldsymbol{A}h\|/(m+2)},
\end{aligned}
\tag{7.100}
$$

wenn $\|\boldsymbol{A}h\| \ll m+2$. Diese Schätzung gilt natürlich auch für jedes Matrixelement, da stets $|r_{ij}| \le \|\boldsymbol{R}\|$ ist,

$$|r_{ij}| = \frac{\|\boldsymbol{A}h\|^{m+1}}{(m+1)!} \frac{1}{1 - \|\boldsymbol{A}h\|/(m+2)}. \tag{7.101}$$

Wird für $|r_{ij}|$ ein maximal zulässiger Wert vorgegeben, kann man aus (7.101) den dazu erforderlichen Wert von m ermitteln, d.h., die Zahl der Reihenglieder, die bei einer gegebenen Matrix $\boldsymbol{A}$ und einer gegebenen Schrittweite h aufsummiert werden müssen. Ist beispielsweise $\|\boldsymbol{A}h\| = 1$ und $m = 12$, dann ist

$$|r_{ij}| \le \frac{1}{13! - 13!/14} = \frac{14}{14! - 13!} = 1.729 \cdot 10^{-10},$$

eine oft ausreichende Genauigkeit.

Häufig ist aber $\|\boldsymbol{A}h\| > 1$. Dann kann man sich nach PLANT [7.5] dadurch helfen, daß man die Matrix $\boldsymbol{A}h$ skaliert. Dazu wird solange durch 2 dividiert, bis

$$\frac{\|\boldsymbol{A}h\|}{2^r} \le 1 \tag{7.102}$$

ist. Wird die skalierte Matrix $\boldsymbol{A}h/2^r$ mit

$$\boldsymbol{N} \stackrel{\text{def}}{=} \frac{\boldsymbol{A}h}{2^r} \tag{7.103}$$

bezeichnet, erhält man die Transitionsmatrix e^{Ah} aus der skalierten Transitionsmatrix e^N so

$$e^{Ah} = \left(e^{Ah/2^r}\right)^{2^r} = \left(e^N\right)^{2^r}, \tag{7.104}$$

also durch wiederholte r–malige Quadrierung.

7.2.5   Berechnung der Transitionsmatrix mittels PADÉ-Approximation

Statt eine Funktion $f(x)$ durch ein Polynom, also z.B. durch die ersten Terme der TAYLOR-Reihe anzunähern, kann man sie auch durch eine rationale Funktion annähern, die im Zähler und im Nenner ein Polynom enthält. Solche rationalen Funktionen *müssen* dort verwendet werden, wo Polynome nicht zum Ziel führen, nämlich bei der Näherung von Funktionen mit Polen.

Eine rationale Funktion

$$\frac{a_0 g_0(x) + a_1 g_1(x) + \cdots + a_m g_m(x)}{b_0 g_0(x) + b_1 g_1(x) + \cdots + b_k g_k(x)} \approx f(x), \tag{7.105}$$

wobei die a_i und b_i Konstanten und die $g_i(x)$ Funktionen von x sind, ist die allgemeinste Funktion einer Variablen x, die direkt mit Hilfe eines Computers berechnet werden kann. A priori weiß man nur, daß das Funktionsargument x in einem Intervall liegt, aber nicht, welche Größe das Argument x hat. Die Funktion muß also über einem ganzen Intervall angenähert werden, wobei der Fehler über dem Intervall verschieden groß sein kann. Im allgemeinen ist man bestrebt, diesen Fehler zu beschränken, und zwar den maximalen relativen oder den absoluten Fehler. Also muß die Unendlichnorm minimiert werden. Dies führt zur TSCHEBYSCHEFF-*Approximation*, einer rationalen Näherungsfunktion, die unter allen rationalen Näherungen mit gleichgradigem Polynom im Zähler und Nenner den kleinsten maximalen Fehler hat. Sie wird deshalb auch *Minimax-Approximation* genannt.

Wenn die Näherung für eine Funktion sehr oft mit einem Computer berechnet werden muß, spielt die Rechenzeit eine wesentliche Rolle. Ein weiterer Grund für die Bevorzugung rationaler Näherungen gegenüber Polynom–Näherungen ist der, daß für einen gegebenen *Rechenaufwand* rationale Näherungen zu kleineren Maximalfehlern als Polynom–Näherungen bei den meisten anzunähernden Funktionen führen.

Neben der TSCHEBYSCHEFF-Approximation wird oft die PADÉ-*Approximation* eingesetzt, vor allem dann, wenn das Argument x in der Nähe von Null liegt. Bei der PADÉ-Approximation

$$R_{mk}(x) = \frac{P_m(x)}{Q_k(x)} \tag{7.106}$$

sind $P_m(x)$ und $Q_k(x)$ Polynome des Grades m bzw. k. $N \overset{\text{def}}{=} m + k$ heißt der *Index* von $R_{mk}(x)$. Im allgemeinen ist die Genauigkeit umso größer, je größer der Index ist. Für gegebene m und k werden die Polynome $P_m(x)$ und $Q_k(x)$ so gewählt, daß die anzunähernde Funktion $f(x)$ und die PADÉ-Approximation $R_{mk}(x)$ bei $x = 0$ gleich sind und so viel wie möglich gleiche Ableitungen haben.

Sei

$$P_m(x) = \sum_{i=0}^{m} a_i x^i \text{und } Q_k(x) = \sum_{i=0}^{k} b_i x^i, \tag{7.107}$$

sowie ohne Einschränkung der Allgemeinheit $b_0 = 1$. Die anzunähernde Funktion $f(x)$ habe die TAYLOR–Reihe

$$f(x) = \sum_{i=0}^{\infty} c_i x^i. \tag{7.108}$$

Man erhält dann für die Differenz

$$f(x) - \frac{P_m(x)}{Q_k(x)} = \left(\left(\sum_{i=0}^{\infty} c_i x^i \right) \sum_{i=0}^{k} b_i x^i - \sum_{i=0}^{m} a_i x^i \right) \Big/ \left(\sum_{i=0}^{k} b_i x^i \right). \tag{7.109}$$

Durch eine geeignete Wahl der $m + 1$ Konstanten $a_0, a_1, \ldots, a_m$ und der k Konstanten $b_1, b_2, \ldots, b_k$, also von insgesamt $N + 1$ Konstanten, sollen jetzt $f(x) - R_{mk}(x)$ und die ersten N Ableitungen davon bei $x = 0$ zu Null gemacht werden. Dies kann erreicht werden, wenn der Zähler auf der rechten Seite von (7.109) $N + 1$ als kleinste Potenz von x hat. Deshalb wird angesetzt

$$\left(\sum_{i=0}^{\infty} c_i x^i \right) \sum_{i=0}^{k} b_i x^i - \sum_{i=0}^{m} a_i x^i \overset{!}{=} \sum_{i=0}^{\infty} d_i x^i. \tag{7.110}$$

Das Verschwinden der ersten $N + 1$ Exponenten von x auf der linken Seite von (7.110) ist dann äquivalent mit den Gleichungen

$$\sum_{i=0}^{k} c_{N-s-i} b_i = 0 \text{ für } s = 0, 1, \ldots, N - m - 1; (c_i = 0 \text{ für } i < 0; b_0 = 1). \tag{7.111}$$

$$\sum_{i=0}^{r} c_{r-i} b_i = a_r \text{ für } r = 0, 1, \ldots, m; (b_i = 0 \text{ für } i > k). \tag{7.112}$$

Wenn diese $N + 1$ linearen Gleichungen für die $N + 1$ Unbekannten eine Lösung haben, erhält man die Koeffizienten a_i und b_i für die Näherung $R_{mk}(x)$.

Beispiel 7.5: Gesucht sind die PADÉ-Approximationen $R_{11}(x)$ und $R_{22}(x)$ für die Exponentialfunktion e^x. Für $R_{11}(x)$ ist $m = k = 1$ und für

$$e^x = 1 + x + \frac{1}{2!}x^2 + \frac{1}{3!}x^3 \cdots = c_0 + c_1 x + c_2 x^2 + c_3 x^3 + \cdots \tag{7.113}$$

liefert (7.111 und 7.112) diese drei Gleichungen für die $N + 1 = 3$ Unbekannten a_0, a_1 und b_1 (b_0 wird gleich Eins gesetzt):

$$\sum_{i=0}^{1} c_{2-i} b_i = c_2 b_0 + c_1 b_1 = \frac{1}{2} \cdot 1 + 1 \cdot b_1 = 0$$

$$\sum_{i=0}^{0} c_{-i} b_i = c_0 b_0 = 1 \cdot 1 = a_0$$

$$\sum_{i=0}^{1} c_{1-i} b_i = c_1 b_0 + c_0 b_1 = 1 \cdot 1 + 1 \cdot b_1 = a_1$$

x	e^x	$R_{11}(x)$	$R_{22}(x)$
0.1	1.105 170 918	$\underline{1.105}\,263\,158$	$\underline{1.105\,170}\,903$
0.2	1.221 402 758	$\underline{1.222}\,222\,222$	$\underline{1.221\,402}\,214$
0.5	1.648 721 271	$\underline{1.6}66\,666\,667$	$\underline{1.6}58\,648\,649$
0.7	2.013 752 707	$\underline{2.0}76\,923\,077$	$\underline{2.013}\,268\,999$
1.0	2.718 281 828	3	$\underline{2.71}4\,285\,714$

Tabelle 7.8: PADÉ-Approximationen der Exponentialfunktion

und daraus $b_1 = -\frac{1}{2}, a_0 = 1$ und $a_1 = \frac{1}{2}$. Also ist

$$R_{11}(x) = \frac{1 + \frac{1}{2}x}{1 - \frac{1}{2}x} = \frac{2+x}{2-x}, \tag{7.114}$$

wobei die letzte rationale Funktion $\frac{2+x}{2-x}$ wegen der geringeren Zahl auszuführender Multiplikationen zu bevorzugen ist.

Für $R_{22}(x)$ ist $m = k = 2$ und man erhält für die $N + 1 = 4 + 1 = 5$ Unbekannten a_0, a_1, a_2, b_1 und b_2 fünf lineare Bestimmungsgleichungen aus (7.111 und 7.112) und schließlich

$$R_{22}(x) = \frac{1 + \frac{1}{2}x + \frac{1}{12}x^2}{1 - \frac{1}{2}x + \frac{1}{12}x^2} = \frac{12 + 6x + x^2}{12 - 6x + x^2}. \tag{7.115}$$

Wie gut schon diese einfachen Approximationen die Exponentialfunktion in der Nähe von $x = 0$ annähern, ist der Tabelle 7.8 zu entnehmen, in der die Stellen der Näherungsfunktionen, die mit den Stellen der exakten Werte der Funktion e^x übereinstimmen, unterstrichen sind.　　　　　　　　　　　　　　　　　　　□

Beachtet man die besondere Form der Koeffizienten c_i in der Exponentialfunktion (7.113), nämlich $c_i = 1/(i-1)!$, kann man aus (7.111 und 7.112) für die Koeffizienten a_i und b_i der PADÉ-Approximation $R_{mk}(x)$ der Exponentialfunktion e^x herleiten

$$a_i = \frac{(N-i)!m!}{N!i!(m-i)!} \tag{7.116}$$

und

$$b_i = \frac{(N-i)!k!}{N!i!(k-i)!}(-1)^i. \tag{7.117}$$

In [6.1] wird gezeigt, daß $g(\boldsymbol{A})$ auch eine gute Näherung für die Transitionsmatrix e^A ist, wenn $g(x)$ eine gute Näherung für die Exponentialfunktion e^x ist. Da die PADÉ-Approximation nur in der Nähe von $x = 0$ eine gute Näherung der Exponentialfunktion e^x ist, gilt das auch für die PADÉ-Approximation der Matrixexponentialfunktion e^A, für die nach [6.1] gilt

$$\mathrm{e}^A = R_{mk}(\boldsymbol{A}) + \frac{(-1)^k}{N!}\boldsymbol{A}^{N+1}(Q_k(\boldsymbol{A}))^{-1} \int_0^1 u^m (1-u)^k \mathrm{e}^{A(1-u)} \mathrm{d}u. \tag{7.118}$$

Das Genauigkeitsproblem kann man aber wie in Abschnitt 7.2.4 durch eine Skalierung der Matrix A, oder, wenn man die Transitionsmatrix e^{Ah} berechnen will, der Matrix Ah umgehen, indem man die ganze positive Zahl r so groß wählt, daß

$$\|Ah\|_\infty \leq \frac{1}{2}, \tag{7.119}$$

also

$$2^r \geq 2\|Ah\|_\infty$$

oder logarithmiert

$$r \geq 1 + \log_2(\|Ah\|_\infty), \tag{7.120}$$

wird. Eine gute Näherung für e^{Ah} ist dann

$$F_{mk} = \left(R_{mk}\left(\frac{Ah}{2^r}\right)\right)^{2^r}, \tag{7.121}$$

für die in [7.6] gezeigt wurde, daß folgende Ungleichung für den relativen Fehler besteht

$$\frac{\|e^{Ah} - F_{mk}\|_\infty}{\|e^{Ah}\|_\infty} \leq \epsilon\|Ah\|_\infty e^{\epsilon\|Ah\|_\infty} \tag{7.122}$$

mit $(N = m + k)$

$$\epsilon \stackrel{\text{def}}{=} 2^{3-N}\frac{m!k!}{N!(N+1)!}. \tag{7.123}$$

Die Wahl $m = k$ ist übrigens für einen gegebenen Rechenaufwand am günstigsten.

Insgesamt erhält man den

Algorithmus 7.6 {PADÉ-Approximation der Transitionsmatrix}

    input A,h;

    $j := \log_2(\|Ah\|_\infty)$;

    if $j \geq 0$ **then** $r := 2 + trunc(j)$ **else** $r := 0$;

    $A := A/2^r; N := h * A$;

    $m := 0$;

    repeat $m := m + 1$

    until $2^{3-2m}\frac{(m!)^2}{(2m)!(2m+1)!} \leq eps$;

    $Q := I; P := I; X := I$;

    for $i := 1$ **to** m **do**

        begin

            $c := \frac{(2m-i)!m!}{(2m)!i!(m-i)!}$;

            $X := (Ah) * X$;

            $P := P + c * X$;

            $Q := Q + (-1)^i * c * X$;

        end;

    Lösen des linearen Gleichungssystems $QF = N$, um F zu erhalten;

    for $i := 1$ **to** r **do** $F := F^2$;

    output PADÉ-Approximation F der Transitionsmatrix.

Nach (7.123) wird m durch die gewünschte Fehlergrenze ϵ festgelegt. Scheinbar ist die Näherung an den wahren Funktionswert umso besser, je größer m ist. Andererseits steigt mit zunehmendem m aber auch in der PADÉ-Approximation die größte benötigte Potenz der Systemmatrix A, was zu numerischen Schwierigkeiten führen kann.

Für ϵ erhält man nach (7.123)

$$\epsilon = \begin{cases} 1.23 \cdot 10^{-9} & \text{für} \quad m = k = 4, \\ 7.77 \cdot 10^{-13} & \text{für} \quad m = k = 5, \\ 3.39 \cdot 10^{-16} & \text{für} \quad m = k = 6, \end{cases}$$

so daß z.B. bei maximal dreizehnstelliger Mantisse ein größerer Wert als $m = k = 6$ nicht sinnvoll erscheint.

Beispiel 7.6: Für die Matrix A aus Beispiel 7.4 ist für $h = 0.1$

$$Ah = \begin{pmatrix} -5.1 & -5.6 & -6.4 & -7.3 \\ -10.8 & -14.7 & -18 & -21.5 \\ 3.5 & 4.1 & 4.3 & 5.1 \\ 7.7 & 10.1 & 12.4 & 14.5 \end{pmatrix}$$

und

$$\|Ah\|_\infty = 65,$$

d.h.,

$$j = \log(\|Ah\|_\infty) = 6.022\,367,$$

also wird $r = 8$ gewählt und man erhält

$$N = \frac{Ah}{2^8} =$$

$$\begin{pmatrix} -3.984\,375\,0E-02 & -4.375\,000\,0E-02 & -5.000\,000\,0E-02 & -5.703\,125\,0E-02 \\ -8.437\,500\,0E-02 & -1.148\,437\,5E-01 & -1.406\,250\,0E-01 & -1.679\,687\,5E-01 \\ +2.734\,375\,0E-02 & +3.203\,125\,0E-02 & +3.359\,375\,0E-02 & +3.984\,375\,0E-02 \\ +6.015\,625\,0E-02 & +7.890\,625\,0E-02 & +9.687\,500\,0E-02 & +1.132\,812\,5E-01 \end{pmatrix} .$$

Wird in dem Algorithmus 7.6 die Intervallarithmetik eingesetzt und die Matrix F aus dem linearen Gleichungssystem $QF = N$ hochgenau gelöst, dann erhält man die folgende Intervallmatrix $[F]$, in der die exakte Transitionsmatrix $\Phi = \mathrm{e}^{Ah}$ enthalten sein muß,

$$[F] = \begin{pmatrix} [+1.610\,54\,{}^{8}_{5}] & [+1.469\,91\,{}^{6}_{3}] & [+2.051\,68\,{}^{6}_{1}] & [+2.589\,5\,{}^{70}_{65}] \\ [-2.038\,1\,{}^{20}_{09}] & [-1.42\,{}^{701}_{699}] & [-1.488\,6\,{}^{8}_{5}] & [-1.226\,8\,{}^{4}_{1}] \\ [-1.086\,37\,{}^{6}_{3}] & [-1.592\,50\,{}^{3}_{0}] & [-1.349\,69\,{}^{4}_{0}] & [-2.653\,45\,{}^{6}_{3}] \\ [+0.975\,44\,{}^{9}_{0}] & [0.924\,2\,{}^{38}_{27}] & [0.321\,{}^{11}_{09}] & [0.821\,0\,{}^{2}_{0}] \end{pmatrix} .$$

$\square$

7.2.6 Berechnung der Matrix H(h)

In Abschnitt 7.2.2 wurde für die Simulation der Zustandsgleichung $\dot{x} = Ax + Bu$ die digitale Simulationsgleichung (7.71)

$$x_{i+1} = \Phi(h_i)x_i + H(h_i)u_i \tag{7.124}$$

hergeleitet, in der die Eingangsmatrix $H(h_i)$ aus der Transitionsmatrix Φ und der Eingangsmatrix B so zu berechnen ist

$$H(h_i) = \int_0^{h_i} \Phi(t)B\mathrm{d}t. \tag{7.125}$$

Da bei zeitinvarianten Systemen die Eingangsmatrix B nicht von der Zeit abhängt, kann sie aus dem Integral (7.125) nach rechts herausgezogen werden,

$$H(h_i) = \int_0^{h_i} \Phi(t)\mathrm{d}t\, B. \tag{7.126}$$

Mit Hilfe der Reihendarstellung der Transitionsmatrix kann gezeigt werden, daß

$$\int_0^{h_i} \Phi(t)\mathrm{d}t = \left(A^{-1}\Phi(t)\right)_0^{h_i} = A^{-1}\left(\Phi(h_i) - I\right) \tag{7.127}$$

gilt, wenn die Systemmatrix A regulär ist. Die Matrix

$$H(h_i) = A^{-1}\left(\Phi(h_i) - I\right)B \tag{7.128}$$

wird ermittelt, indem man (7.128) so umschreibt

$$AH(h_i) = \left(\Phi(h_i) - I\right)B \tag{7.129}$$

und dann die Eingangsmatrix $H(h_i)$ aus diesem linearen Gleichungssystem berechnet. Wenn die Systemmatrix A wie in Abschnitt 7.2.3 in Diagonalform

$$A = \Lambda = \begin{pmatrix} \lambda_1 & & \\ & \ddots & \\ & & \lambda_n \end{pmatrix}$$

vorliegt, ist die zugehörige Eingangsmatrix $H(h_i)$ leicht zu berechnen; denn es ist dann

$$H(h_i) = \int_0^{h_i} e^{At}\mathrm{d}t\, B$$

$$
= \int_0^{h_i} \begin{pmatrix} e^{\lambda_1 t} & & \\ & \ddots & \\ & & e^{\lambda_n t} \end{pmatrix} \mathrm{d}t\, B
$$

$$
= \begin{pmatrix} \dfrac{e^{\lambda_1 h_i}-1}{\lambda_1} & & \\ & \ddots & \\ & & \dfrac{e^{\lambda_n h_i}-1}{\lambda_n} \end{pmatrix} B. \tag{7.130}
$$

7.3   Simulation von Systemen mit Anfangswert- und Parameterintervallen

7.3.1   Einleitung

In diesem Abschnitt sollen drei Problemkreise, die bei der Integration gewöhnlicher Differentialgleichungen auftreten, behandelt werden:

1. Berechnung einer guten intervallmäßigen Lösungseinschließung für das normale Anfangswertproblem;
2. wie (1), jedoch mit einem Intervallvektor als Anfangswert;
3. wie (1), jedoch mit Intervallen als Systemparameter.

Gesucht ist die Lösung eines Systems von n gewöhnlichen Differentialgleichungen erster Ordnung

$$
\dot{x} = f(x,t), \quad x \in \mathrm{R}^n, \tag{7.131}
$$

für den Anfangswert $x(t_0) = x_0$ über dem Intervall $T \overset{\text{def}}{=} [t_0, t_e]$. Im Problemkreis (2) ist der *Anfangswert* ein Intervall $[x_0]$ und im Problemkreis (3) ist die Funktion f eine Funktion von *Parameterintervallen* $[p]$,

$$
f = f(x, t; [p]). \tag{7.132}
$$

Ist tatsächlich in der Differentialgleichung (7.131) die Funktion f explizit von der Zeit abhängig, kann das dadurch behoben werden, daß man als zusätzliche, $(n+1)$-te Zustandsvariable die Zeit $x_{n+1} \overset{\text{def}}{=} t$ einführt, so daß mit der zusätzlichen Differentialgleichung

$$
\dot{x}_{n+1} = 1; \quad x_{n+1}(t_0) = t_0 \tag{7.133}
$$

das autonome, nicht von der Zeit abhängige Differentialgleichungssystem

$$
\underline{\dot{x}} = \underline{f}(\underline{x}) \tag{7.134}
$$

entsteht, wobei

$$
\underline{x} \overset{\text{def}}{=} \begin{pmatrix} x_1 \\ \vdots \\ x_{n+1} \end{pmatrix}, \quad \underline{f} \overset{\text{def}}{=} \begin{pmatrix} f_1 \\ \vdots \\ f_{n+1} \end{pmatrix}.
$$

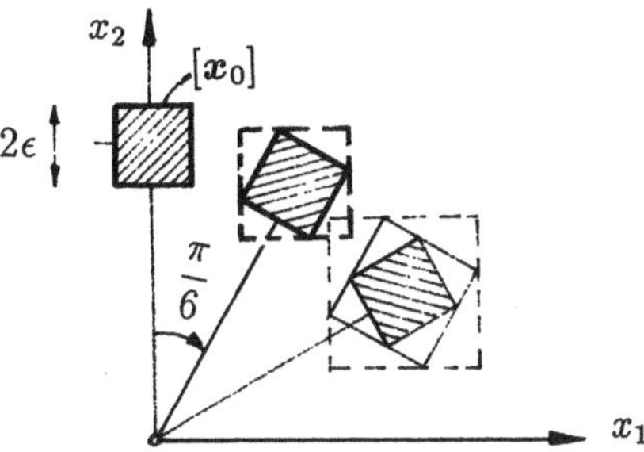

Abb. 7.1: Zustandsintervalle der Differentialgleichung (7.136)

Welche Schwierigkeiten bei einem Anfangswertintervall auftreten können, zeigt das folgende Beispiel.

Beispiel 7.7: Gesucht ist für $t \in T = [0, \pi]$ und das Anfangswertintervall

$$[x_0] = \begin{pmatrix} [-\epsilon, \epsilon] \\ [1 - \epsilon, 1 + \epsilon] \end{pmatrix}, \quad \epsilon > 0, \tag{7.135}$$

die Lösung der linearen, zeitinvarianten Zustandsgleichung

$$\dot{x}(t) = \begin{pmatrix} 0 & 1 \\ -1 & 0 \end{pmatrix} x(t). \tag{7.136}$$

Die Transitionsmatrix von (7.136) ist exakt

$$\Phi(t) = \begin{pmatrix} \cos t & \sin t \\ -\sin t & \cos t \end{pmatrix}, \tag{7.137}$$

d.h., sie ruft eine reine Drehung des Anfangsvektors x_0 um den Winkel t in

$$x(t) = \Phi(t)x_0 \tag{7.138}$$

hervor. Das Anfangswertintervall $[x_0]$ ist in diesem Beispiel ein Rechteck in der Zustandsebene mit der Kantenlänge 2ϵ um den Punkt $\begin{pmatrix} 0 \\ 1 \end{pmatrix}$, siehe Abb. 7.1. Ist z.B.

$$h = \frac{\pi}{6},$$

erhält man als Menge der möglichen Zustände im Zeitpunkt $t_1 = \frac{\pi}{6}$:

$$\{x(t_1)\} = \{x(t_1)|x(t_1) = \Phi(t_1)x_0, x_0 \in [x_0]\}.$$

Hierbei entsteht $\{x(t_1)\}$ aus dem Ausgangsquadrat $[x_0]$ durch Drehung des Mittelpunktvektors um den Winkel $t_1 = \frac{\pi}{6}$. Die *intervallmäßige* Einschließung dieses gedrehten und verschobenen Quadrats ist dann das in Abb. 7.1 gestrichelt umrandete, achsenparallele Quadrat mit einer Kantenlänge größer als 2ϵ, nämlich mit

$$2\epsilon(\sin(\frac{\pi}{6}) + \cos(\frac{\pi}{6})) = 2\epsilon \cdot 1.366.$$

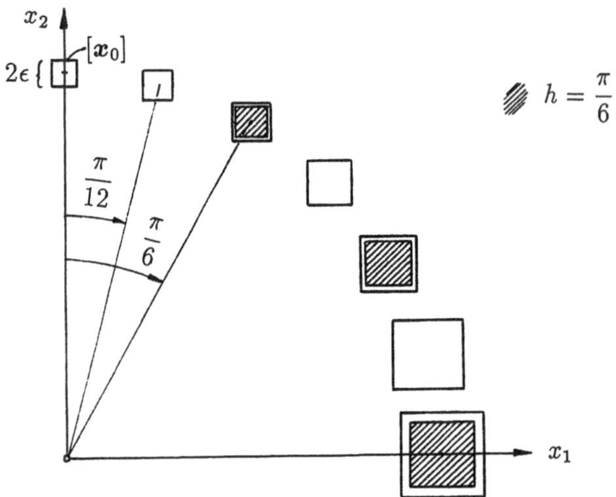

Abb. 7.2: „Wrapping effect" für verschiedene Schrittweiten.

Für $t = \frac{\pi}{3}$ usw. wird das Einschließungsquadrat immer größer. Diese Überschätzung der Lösungsmenge wird „wrapping effect" (Umhüllungs-Effekt) genannt. Verkleinert man die Schrittweite, so tritt sogar eine Lösungsverschlechterung ein: Die für den gleichen Zeitpunkt berechneten Intervalle (Rechtecke) sind für kleinere Schrittweiten, da zwischendurch öfter „umhüllt" wurde, *größer* als für größere Schrittweiten. Dies ist in Abb. 7.2 für die Schrittweiten $h = \frac{\pi}{12}$ und $h = \frac{\pi}{6}$ dargestellt.   □

Nach [7.7] kann der „wrapping effect" beispielsweise für lineare Zustandsgleichungen vollständig vermieden werden, wenn anstelle von achsenparallelen Intervallen *Parallelepipede* verwendet werden. Denn das lineare Gleichungssystem

$$\dot{\boldsymbol{x}}(t) = \boldsymbol{A}\boldsymbol{x}(t) + \boldsymbol{B}\boldsymbol{u}(t), \quad t \in T, \quad \boldsymbol{x}(0) = \boldsymbol{x}_0 \in \mathrm{R}^n, \tag{7.139}$$

hat die Lösung

$$\boldsymbol{x}(t) = \boldsymbol{\Phi}(t)\boldsymbol{x}_0 + \int\limits_0^t \boldsymbol{\Phi}(t-\tau)\boldsymbol{B}\boldsymbol{u}(\tau)\mathrm{d}\tau \stackrel{\text{def}}{=} \boldsymbol{x}(t, \boldsymbol{x}_0), \tag{7.140}$$

die linear vom Anfangszustand abhängt, da für sie das Superpositionsgesetz

$$\boldsymbol{x}(t, c_1\boldsymbol{x}_0^{(1)} + c_2\boldsymbol{x}_0^{(2)}) = c_1\boldsymbol{x}(t, \boldsymbol{x}_0^{(1)}) + c_2\boldsymbol{x}(t, \boldsymbol{x}_0^{(2)}) \tag{7.141}$$

für alle $c_1, c_2 \in \mathrm{R}$ und $\boldsymbol{x}_0(1), \boldsymbol{x}_0(2) \in \mathrm{R}^n$ gilt. Damit kann man aber zeigen [7.7], daß ein Parallelepiped wieder in ein Parallelepiped übergeht und daß es vollständig durch $n + 1$ Ecken festgelegt ist [7.8].

Wird die Transformation (7.140) für $n + 1$ Ecken durchgeführt, erhält man eine Einschließung *ohne* wrapping-Effekt (Abb. 7.3). Auf ein hierauf beruhendes Verfahren

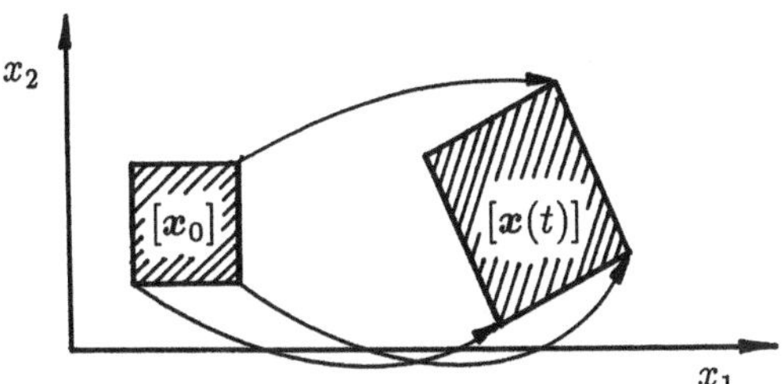

Abb. 7.3: Übergang von einem Rechteck zu einem Parallelepiped.

wird weiter unten ausführlich eingegangen.

Der Problemkreis (3) braucht nicht gesondert behandelt zu werden, da er auf den Problemkreis (2) zurückgeführt werden kann. Hierzu wird für jeden Intervallparameter eine neue, zusätzliche Zustandsvariable eingeführt. Liegt beispielsweise der Parameter a der Differentialgleichung

$$\dot{x}_1 = a\,x_1 + b \qquad (7.142)$$

in dem Intervall $[a] = [-5, -2]$, dann führt man die neue Zustandsvariable $x_2 \stackrel{\mathrm{def}}{=} a$ und die zusätzliche Differentialgleichung

$$\dot{x}_2 = 0 \qquad (7.143)$$

mit dem Anfangszustandsintervall $[x_2(0)] = [-5, -2]$ ein. Insgesamt erhält man das Differentialgleichungssystem

$$\begin{aligned}
\dot{x}_1 &= x_1 \cdot x_2 + b, \\
\dot{x}_2 &= 0.
\end{aligned} \qquad (7.144)$$

Es soll jetzt ein von LOHNER [7.9] entwickeltes Einschrittverfahren beschrieben werden, das die TAYLOR-Reihenentwicklung verwendet und mit Einschließungsverfahren arbeitet, wie sie bereits in den vorhergehenden Kapiteln verwendet wurden. Der Rest dieses Kapitels folgt deshalb im wesentlichen der Arbeit [7.10] von LOHNER.

Betrachtet wird die Anfangswertaufgabe

$$\dot{x} = f(x), \ [x](t_0) = [x_0] = x_0 + [z_0], \ x \in \mathrm{R}^n, \qquad (7.145)$$

bei der die rechte Seite des Differentialgleichungssystems ohne Einschränkung der Allgemeinheit nicht explizit von der Zeit abhängt und der Lösungsvektor $x(t)$ für $t \in T = [t_o, t_e]$ gesucht ist. Wegen der vorzunehmenden TAYLOR-Reihenentwicklung muß eine hinreichend oftmalige Differenzierbarkeit der Vektorfunktion f vorausgesetzt werden.

Für die Integration der Differentialgleichung (7.145) wird ein explizites Einschrittverfahren mit der Schrittweite h und den Zeitpunkten $t_i = t_0 + i \cdot h$ gewählt. Wird die numerisch berechnete Lösung der Differentialgleichung (7.145) im Zeitpunkt t_i mit $\boldsymbol{x}_i$ bezeichnet, erhält man mit der Verfahrensfunktion $\varphi = \varphi(\boldsymbol{x})$, die aus TAYLOR–Reihen–Gliedern bestehen wird, das folgende explizite Einschrittverfahren

$$\boldsymbol{x}_{i+1} = \boldsymbol{x}_i + h\,\varphi(\boldsymbol{x}_i) + \boldsymbol{z}_{i+1}, \tag{7.146}$$

mit dem *lokalen Fehler* $\boldsymbol{z}_{i+1}$ im $(i+1)$–ten Schritt, der im Integrationsintervall $[t_i, t_{i+1}]$ begangen wird. Das ist der mit h multiplizierte Diskretisierungsfehler $\frac{\boldsymbol{x}_{i+1}-\boldsymbol{x}_i}{h} - \varphi(\boldsymbol{x}_i)$. Da in (7.146) der Diskretisierungsfehler nicht vernachlässigt wurde, ist $\boldsymbol{x}_{i+1}$ eine exakte Darstellung der Lösung $\boldsymbol{x}(t_{i+1})$.

Das Einschrittverfahren, also insbesondere die Verfahrensfunktion φ soll jetzt so gewählt werden, daß der lokale Fehler $\boldsymbol{z}_{i+1}$ leicht durch die Lösung $\boldsymbol{x}$ und/oder Ableitungen von $\boldsymbol{x}$ ausgedrückt oder abgeschätzt werden kann, wie das z.B. bei der TAYLOR–Reihenentwicklung von $\boldsymbol{x}_{i+1} = \boldsymbol{x}(t_i + h)$ für den Zeitpunkt t_i der Fall ist. Hierbei wird φ so gewählt, daß $\boldsymbol{x}_i + h\,\varphi(\boldsymbol{x}_i)$ gerade ein Polynom p–ten Grades ist, siehe auch Abschnitt 7.1.2. Dann gilt für den lokalen Fehler

$$\boldsymbol{z}_{i+1} = \frac{h^{p+1}}{(p+1)!}\,\overset{(p+1)}{\boldsymbol{x}}(\tau),\ \tau \in [t_i, t_{i+1}]. \tag{7.147}$$

Es soll im nächsten Abschnitt eine Möglichkeit beschrieben werden, wie man die TAYLOR–Koeffizienten rekursiv, also direkt mit dem Computer berechnen kann.

7.3.2 Rekursive Berechnung der TAYLOR–Koeffizienten

Die im folgenden hergeleitete rekursive Berechnung der Koeffizienten der TAYLOR–Reihe kann auch intervallmäßig durchgeführt werden, so daß ohne großen Aufwand Einschließungen für die TAYLOR–Koeffizienten und damit dann auch Einschließungen für die Lösungen von Differentialgleichungen berechnet werden können.

Die Vektorfunktion $\boldsymbol{x}(t)$ kann um den Zeitpunkt t_0 herum, wenn sie hinreichend oft differenzierbar ist, durch eine TAYLOR–Reihe dargestellt werden (siehe auch (7.11))

$$\begin{aligned}
\boldsymbol{x}(t) &= \boldsymbol{x}(t_0) + \dot{\boldsymbol{x}}(t_0)(t - t_0) + \ddot{\boldsymbol{x}}(t_0)\frac{(t - t_0)^2}{2!} + \dddot{\boldsymbol{x}}(t_0)\frac{(t - t_0)^3}{3!} + \cdots \\
&= \sum_{k=0}^{\infty} \overset{(k)}{\boldsymbol{x}}(t_0)\frac{(t - t_0)^k}{k!}.
\end{aligned} \tag{7.148}$$

Nach MOORE[7.11] wird folgende Schreibweise für die TAYLOR–Koeffizienten eingeführt:

$$(\boldsymbol{x})_0 \overset{\text{def}}{=} \boldsymbol{x}(t_0),$$

$$(\boldsymbol{x})_k \overset{\text{def}}{=} \frac{1}{k!} \cdot \frac{\mathrm{d}^k \boldsymbol{x}}{\mathrm{d}t^k}(t_0),\ k = 1, 2, \ldots. \tag{7.149}$$

Damit kann (7.148) kompakter so geschrieben werden

$$\boldsymbol{x}(t) = \sum_{k=0}^{\infty} (\boldsymbol{x})_k (t - t_0)^k. \tag{7.150}$$

Aus der Definition (7.149) folgt direkt

$$\dot{\boldsymbol{x}}(t_0) = (\boldsymbol{x})_1 \quad \text{und} \quad (\boldsymbol{x})_k = \frac{1}{k}((\boldsymbol{x})_1)_{k-1}. \tag{7.151}$$

Ist $\boldsymbol{x}(t)$ eine Lösung der Differentialgleichung (7.145), gilt also

$$\dot{\boldsymbol{x}}(t_0) = (\boldsymbol{x})_1 = \boldsymbol{f}(\boldsymbol{x}_0), \tag{7.152}$$

so können mittels (7.151) in der Form

$$(\boldsymbol{x})_k = \frac{1}{k}(\boldsymbol{f}(\boldsymbol{x}_0))_{k-1} \tag{7.153}$$

die TAYLOR-Koeffizienten rekursiv berechnet werden.

Im allgemeinen ist die Funktion $\boldsymbol{f}(\boldsymbol{x})$ durch arithmetische Operationen aus anderen elementaren Funktionen zusammengesetzt, beispielsweise $f_i = x_1^2 + 2x_2\,x_3 + \sin(\omega t)$. Wenn u und v analytische Funktionen sind, gilt

$$(u \pm v)_k = (u)_k \pm (v)_k, \tag{7.154}$$

$$(u\,v)_k = \sum_{j=0}^{k}(u)_j(v)_{k-j}, \tag{7.155}$$

$$(u/v)_k = \frac{1}{v}\left((u)_k - \sum_{j=1}^{k}(v)_j(u/v)_{k-j}\right). \tag{7.156}$$

Hiervon erhält man z.B. die Regel (7.156) für die Division zweier Funktionen, indem man $w \stackrel{\text{def}}{=} u/v$ einführt, so daß $u = v\,w$ wird. Mit (7.155) wird

$$\begin{aligned}
(u)_k &= (v \cdot w)_k \\
&= \sum_{j=0}^{k}(v)_j(w)_{k-j} \\
&= (v)_0(w)_0 + \sum_{j=1}^{k}(v)_j(w)_{k-j} \\
&= v(w)_k + \sum_{j=1}^{k}(v)_j(w)_{k-j}.
\end{aligned}$$

Die letzte Gleichung nach $(w)_k = (u/v)_k$ aufgelöst, ergibt dann (7.156).

Mit Hilfe von (7.154–7.156) können für andere Funktionen ebenfalls Rekursionsformeln hergeleitet werden, z.B. für die Exponentialfunktion $w = e^x$. Differenziert man nämlich diese Exponentialfunktion nach der Zeit t, wird

$$\dot{w} = e^x \cdot \dot{x} = w \cdot \dot{x},$$

also

$$(\dot{w})_{k-1} = (w \cdot \dot{x})_{k-1}.$$

Mit (7.151) und der Produktregel (7.155) erhält man daraus

$$k(w)_k = (\dot{w})_{k-1} = (w \cdot \dot{x})_{k-1} = \sum_{j=0}^{k-1}(w)_j(\dot{x})_{k-1-j} = \sum_{j=0}^{k-1}(w)_j(k-j)(x)_{k-j} \qquad (7.157)$$

und schließlich mit $(w)_k = (e^x)_k$:

$$(e^x)_k = \sum_{j=0}^{k-1}\left(1 - \frac{1}{k}\right)(e^x)_j(x)_{k-j}. \qquad (7.158)$$

Auf die gleiche Art und Weise können Rekursionsformeln für den k-ten TAYLOR-Koeffizienten der elementaren Funktionen von beliebigen analytischen Funktionen $u(t)$ hergeleitet werden:

$$(u^a) = \frac{1}{ku}\sum_{j=0}^{k-1}(a(k-j)-j)(u)_{k-j}(u^a)-j, \; a \in \mathrm{R}, \qquad (7.159)$$

$$(\ln u)_k = \frac{1}{u}\left((u)_k - \sum_{j=1}^{k-1}\left(1 - \frac{j}{k}\right)(u)_j(\ln u)_{k-j}\right), \qquad (7.160)$$

$$(\sin u)_k = \frac{1}{k}\sum_{j=0}^{k-1}(j+1)(\cos u)_{k-1-j}(u)_{j+1}, \qquad (7.161)$$

$$(\cos u)_k = -\frac{1}{k}\sum_{j=0}^{k-1}(j+1)(\sin u)_{k-1-j}(u)_{j+1}. \qquad (7.162)$$

Ähnliche Rekursionsformeln gibt es für die Hyperbelfunktionen, die BESSEL-Funktionen, usw.

Anhand eines einfachen Beispiels soll demonstriert werden, wie diese Rekursionsformeln zur Lösung von Differentialgleichungen benutzt werden können.

Beispiel 7.8:   Gesucht ist für den Anfangswert $x(0) = 1$ und $t \geq 0$ die Lösung $x(t)$ der nichtlinearen Differentialgleichung erster Ordnung

$$\dot{x} = f(x) = -x^2. \qquad (7.163)$$

Die Lösung kann als TAYLOR-Reihe hingeschrieben werden:

$$\begin{aligned}
x(t) &= x(0) + \dot{x}(0)t + \ddot{x}(0)\frac{t^2}{2!} + \dddot{x}(0)\frac{t^3}{3!} + \cdots \\
&= (x)_0 + (x)_1 \cdot t + (x)_2 \cdot t^2 + (x)_3 \cdot t^3 + \cdots .
\end{aligned} \qquad (7.164)$$

Für die TAYLOR-Koeffizienten gilt mit (7.153) und der Produktregel (7.155):

$$\begin{aligned}
(x)_{k+1} &= \frac{1}{k+1}(\dot{x})_k = \frac{1}{k+1}(f)_k \\
&= \frac{-1}{k+1}(x^2)_k = \frac{-1}{k+1}(x \cdot x)_k \\
&= \frac{-1}{k+1}\sum_{j=0}^{k}(x)_j(x)_{k-j}.
\end{aligned} \qquad (7.165)$$

Ausgehend von $(x)_0 = x(0) = 1$ erhält man dann aus (7.165)

$$(x)_1 = -(x)_0(x)_0 = -1,$$

$$(x)_2 = -\frac{1}{2} \cdot 2(x)_0(x)_1 = 1,$$

$$(x)_3 = -\frac{1}{3} \cdot \left(2(x)_0(x)_2 + (x)_1^2\right) = -1.$$

Durch vollständige Induktion kann man zeigen, daß allgemein

$$(x)_k = (-1)^k$$

gilt, so daß man als Lösung insgesamt

$$x(t) = \sum_{k=0}^{\infty} (-1)^k t^k$$

erhält, eine für $|t| < 1$ konvergente Reihe, die mit der exakten Lösung

$$x(t) = \frac{1}{1+t}$$

übereinstimmt. $\qquad\qquad\qquad\qquad\qquad\qquad\qquad\qquad\qquad\qquad\qquad\qquad\quad\square$

Wie man an dem Beispiel erkennt, kann mit Hilfe der oben angegebenen Rekursionsformeln die Berechnung der Lösung einer Differentialgleichung vollkommen selbständig durch ein Programm numerisch auf einem Computer ablaufen.

Führt man die Berechnungen beispielsweise in PASCAL-SC durch, erhält man unter Zuhilfenahme des optimalen Skalarprodukts und der Intervallarithmetik eine maximal genaue Einschließung der TAYLOR-Koeffizienten [7.12].

Verwendet man in den Rekursionsformeln die Intervallarithmetik, kann das Restglied der TAYLOR-Reihe sehr leicht in ein Intervall eingeschlossen werden. Wird $x(t)$ beispielsweise durch ein TAYLOR-Polynom vom Grade p mit dem Restglied $R_{p+1}(t)$ dargestellt,

$$x(t) = \sum_{k=0}^{p} (x)_k (t - t_0)^k + R_{p+1}(t), \tag{7.166}$$

mit

$$R_{p+1}(t) = \frac{1}{(p+1)!} \overset{(p+1)}{x}(\tau) \cdot (t - t_0)^{p+1} = (x(\tau))_{p+1} \cdot (t - t_0)^{p+1}, \ \tau \in (t_0, t), \tag{7.167}$$

dann folgt aus der Teilmengeneigenschaft der Intervallmathematik (siehe Anhang), daß für alle $\tau \in [t_0, t] \subseteq [t_0, t_e]$ der Restgliedkoeffizient in der zugehörigen Intervallauswertung $(x([t_0, t_e]))_{p+1}$ enthalten ist. Anstelle von τ muß also in die Rekursionsformeln das

Intervall $[t_0, t_e]$ eingesetzt werden. Man erhält als Ergebnis ein Intervallpolynom, wobei die Polynomkoeffizienten Intervalle sind:

$$x(t) \in \sum_{k=0}^{p} (x)_k (t - t_0)^k + (x([t_0, t_e]))_{p+1} (t - t_0)^{p+1}, \; t \in [t_0, t_e]. \tag{7.168}$$

Für die Berücksichtigung der Rundungsfehler ist es sinnvoll, die TAYLOR–Koeffizienten $(x)_k$ ebenfalls intervallmäßig zu berechnen.

Ist die Funktion $x(t)$ keine rationale Funktion, so muß zur Berechnung des Restgliedes zu Beginn zumindest eine grobe Abschätzung für $(x([t_0, t_e]))_0$, mit der die Berechnung von $(x([t_0, t_e]))_{p+1}$ gestartet wird, bekannt sein. Das dann berechnete Intervallpolynom liefert unter Umständen eine weitaus bessere Intervalleinschließung.

Beispiel 7.9: Für $x(t) = e^t$ wird für das Intervall $[t_0, t_e] = [0, 1]$ die Anfangsabschätzung $(x([0,1]))_0 = [1, 3]$ vorgenommen. Für die Zeitfunktion $v(t) \stackrel{\text{def}}{=} t$ folgt auf dem Intervall $[0, 1]$ die Gültigkeit von

$$(v([0,1]))_0 = [0,1], \; (v([0,1]))_1 = 1 \quad \text{und für} \quad i \geq 2 : (v([0,1]))_i = 0;$$

denn es ist

$$(v(t))_0 = t, \; (v(t))_1 = \dot{v}(t) = \frac{\mathrm{d}t}{\mathrm{d}t} = 1 \text{ und } (v(t))_i = \overset{(i)}{v}(t) = \frac{\mathrm{d}^i t}{\mathrm{d}t^i} = 0$$

für $i \geq 2$. Aus (7.158) folgt für das Restglied R_4 von $x(t) = e^t = e^{v(t)}$:

$$(x([0,1]))_0 = [1, 3],$$

$$(x([0,1]))_1 = (x([0,1]))_0 \cdot (v([0,1]))_1 = [1, 3] \cdot 1 = [1, 3],$$

$$
\begin{aligned}
(x([0,1]))_2 &= \sum_{j=0}^{1} \left(1 - \frac{1}{j}\right) (x([0,1]))_j \cdot (v(0,1))_{2-j} \\
&= (x([0,1]))_0 (v([0,1]))_2 + \frac{1}{2}(x([0,1]))_1 (v([0,1]))_1 \\[2mm]
&= [1,3] \cdot 0 + \frac{1}{2}[1,3] \cdot 1 = \frac{1}{2}[1,3],
\end{aligned}
$$

$$
\begin{aligned}
(x([0,1]))_3 &= \sum_{j=0}^{2} \left(1 - \frac{j}{3}\right) (x([0,1]))_j \cdot (v([0,1]))_{3-j} \\
&= (x([0,1]))_0 (v([0,1]))_3 + \frac{2}{3}(x([0,1]))_1 (v([0,1]))_2 + \frac{1}{3}(x([0,1]))_2 (v([0,1]))_1 \\[2mm]
&= [1,3] \cdot 0 + \frac{2}{3}[1,3] \cdot 0 + \frac{1}{3}\frac{1}{2}[1,3] \cdot 1 \\
&= \frac{1}{6}[1,3],
\end{aligned}
$$

$$(x([0,1]))_4 = \cdots = \frac{1}{24}[1,3],$$

also

$$R_4 = \frac{1}{24}[1,3]\cdot t^4.$$

Damit liegt die neue Einschließung von e^t für $t\in[0,1]$ vor

$$e^t \in 1 + t + \frac{1}{2}t^2 + \frac{1}{6}t^3 + [\frac{1}{24},\frac{1}{8}]t^4 \subseteq [1, 2.791666\ldots],$$

die weitaus besser als die Anfangseinschließung [1 , 3] ist und dem wahren Werkebereich $[e^0, e^1] = [1 , 2.7182818\ldots]$ für diese monotone Funktion schon näher kommt. $\qquad\square$

Das Beispiel zeigt bereits die wesentlichen Eigenschaften des LOHNER–Verfahrens zur Einschließung von Lösungen gewöhnlicher Differentialgleichungen: Aus einer groben Anfangseinschließung der Lösung, die mit Hilfe des BANACHschen Fixpunktsatzes gewonnen wird, wird in der gleichen Art und Weise wie im oben angegebenen Beispiel eine Intervallpolynom–Einschließung berechnet, die im allgemeinen wesentlich besser als die Anfangseinschließung ist.

7.3.3 Einschrittverfahren und lokale Fehler

Wenn die rechte Seite der Differentialgleichung $\dot{x} = f(x)$ aus den im letzten Abschnitt behandelten Funktionen zusammengesetzt ist, können durch die Rekursionsformeln die Ableitungen $\overset{(p+1)}{x}(\tau)$ aus dem Funktionswert $x(\tau)$ berechnet werden. $x(\tau)$ ist aber im allgemeinen unbekannt, so daß noch eine grobe Anfangseinschließung von x auf dem Intervall $[t_i, t_{i+1}]$ benötigt wird. Mit dieser Anfangseinschließung kann die Beziehung (7.143) für z_{i+1}, die dem Restglied $R_{p+1}(\tau)$ in (7.167) entspricht, intervallmäßig ausgewertet werden, was die lokale Fehlereinschließung $[z_{i+1}]$ liefert.

Die Grundidee ist nun, x_{i+1} in (7.190),

$$x_{i+1} = x_i + h\varphi(x_i) + z_{i+1},$$

als Funktion der unabhängigen Variablen $z_0, z_1, \ldots, z_{i+1}$ aufzufassen:

$$x_{i+1} = x_{i+1}(z_0, z_1, \ldots, z_{i+1}); \tag{7.169}$$

denn es ist

$$x_1 = x_0 + h\varphi(x_0) + z_1,$$

bzw., mit $z_0 \overset{\text{def}}{=} x_0$,

$$\begin{aligned} x_1 &= z_0 + h\varphi(z_0) + z_1 \\ &= x_1(z_0, z_1), \end{aligned}$$

u.s.w. Außerdem wird angenommen, daß x_{i+1} stetig nach diesen $i+2$ Vektoren x_0, $z_1, \ldots, z_{i+1}$ differenzierbar ist. Nach dem Mittelwertsatz kann deshalb komponentenweise um die später noch geeignet festzulegenden Punkte $s_0, s_1, \ldots, s_{i+1}$ entwickelt werden:

$$x_{i+1} = \tilde{x}_{i+1} + \sum_{k=0}^{i+1} \frac{\partial x_{i+1}(\hat{z})}{\partial z_k}(z_k - s_k). \tag{7.170}$$

Hierbei ist $\hat{z}$ ein ebenfalls später noch festzulegender Zwischenvektor und

$$\tilde{x}_{i+1} \overset{\text{def}}{=} x_{i+1}(s_0.s_1,\ldots,s_{i+1})$$

der Funktionswert an der Entwicklungsstelle, d.h., es ist

$$\tilde{x}_{i+1} = \tilde{x}_i + +h\,\varphi(\tilde{x}_i) + s_{i+1}, \tag{7.171}$$

mit den Anfangswerten

$$\tilde{x}_0 = x_0 = z_0 = s_0.$$

Die Differentialquotienten in der Summe von (7.170) sind jetzt Matrizen, die aus (7.190) rekursiv berechnet werden können. Mit Hilfe der Kettenregel erhält man für diese Matrizen

$$\frac{\partial x_{i+1}}{\partial z_k} = \frac{\partial x_i}{\partial z_k} + h\,\underbrace{\frac{\partial \varphi(x_i)}{\partial x_i}}_{\varphi'(x_i)}\cdot\frac{\partial x_i}{\partial z_k} + \frac{\partial z_{i+1}}{\partial z_k} \tag{7.172}$$

also

$$\frac{\partial x_{i+1}}{\partial z_k} = \begin{cases} (I + h\varphi'(x_i))\frac{\partial x_i}{\partial z_k}, & \text{für} \quad k \leq i \\ I, & \text{für} \quad k = i + 1. \end{cases} \tag{7.173}$$

Mit den Matrizen

$$A_i \overset{\text{def}}{=} I + h\varphi'(x_i) \quad \text{und} \quad A_{i+1,k} \overset{\text{def}}{=} \frac{\partial x_{i+1}(\hat{z})}{\partial z_k},\ k \leq i + 1, \tag{7.174}$$

wird aus (7.173)

$$A_{i+1,k} = A_i A_{i,k}, \tag{7.175}$$

eine Matrizendifferenzengleichung für die Matrix $A_{i,k}$ mit der „Systemmatrix" A_i.

Im Sonderfall von linearen zeitinvarianten Systemen $\dot{x} = Ax$ hat A_i eine interessante Deutung, denn bei einem TAYLOR–Reihen–Verfahren der Ordnung $p - 1$ erhält man in diesem Fall

$$\begin{aligned} h\,\varphi(x_i) &= h\left(\dot{x}_i + \frac{1}{2!}\ddot{x}h + \cdots + \frac{1}{p!}\overset{(p)}{x_i}\,h^{p-1}\right) \\ &= Ax_ih + \frac{1}{2!}A^2x_ih^2 + \cdots + \frac{1}{p!}A^px_ih^p, \end{aligned}$$

also ist

$$I + h\frac{\partial \varphi}{\partial x_i} = I + Ah + A^2\frac{h^2}{2!} + \cdots + A^p\frac{h^p}{p!} \approx \Phi(h),$$

d.h., eine Näherung für die zur Zustandsgleichung $\dot{x} = Ax$ gehörende Transitionsmatrix Φ nach (7.58).

Ausgehend vom „Anfangswert" $A_{k,k} = I$ gemäß (7.173) erhält man sukzessiv als Lösung von (7.175)

$$\begin{aligned} A_{k+1,k} &= A_k A_{k,k} = A_k, \\ A_{k+2,k} &= A_{k+1} A_{k+1,k} = A_{k+1} A_k, \\ &\vdots \end{aligned}$$

$$A_{i+1,k} \;=\; A_i A_{i-1} \cdots A_{k+1} A_k, \quad k \le i+1. \tag{7.176}$$

Damit ergibt sich aus (7.170) mit (7.171)

$$
\begin{aligned}
x_{i+1} &= \tilde{x}_{i+1} + \sum_{k=0}^{i+1} A_{i+1,k}(\hat{z})(z_k - s_k) \\
&= \tilde{x}_i + h\varphi(\tilde{x}_i) + s_{i+1} + \sum_{k=0}^{i} A_{i+1,k}(\hat{z})(z_k - s_k) + I(z_{k+1} - s_{i+1}) \\
&= \tilde{x}_i + h\varphi(\tilde{x}_i) + \sum_{k=0}^{i} A_{i+1,k}(\hat{z})(z_k - s_k) + z_{k+1} \\
&= \tilde{x}_i + h\varphi(\tilde{x}_i) + A_i \sum_{k=0}^{i} A_{i,k}(\hat{z})(z_k - s_k) + z_{k+1},
\end{aligned}
\tag{7.177}
$$

also ist x_{i+1} nicht von s_{i+1} abhängig.

Das Einschließungsverfahren von LOHNER [7.10] besteht nun darin, zunächst eine grobe Einschließung der Lösung auf dem Integrationsintervall $[t_i, t_{i+1}]$ und mit deren Hilfe wieder eine Einschließung des lokalen Fehlers zu berechnen. Diese Einschließung wird dann benutzt, um (7.177) intervallmäßig auszuwerten, was die endgültige Einschließung liefert.

Nimmt man an, daß bis zum Zeitpunkt t_i bereits Lösungseinschließungen berechnet wurden, erhält man die folgenden fünf Lösungsschritte für den Zeitpunkt t_{i+1}:

(1) *Berechnung einer groben Einschließung $[x_{i+1}^0(t)]$ von $x(t)$ auf $[t_i, t_{i+1}]$.*

Der Intervallvektor $[x_{i+1}^0]$ muß die Lösung auf dem gesamten Intervall $[t_i, t_{i+1}]$ enthalten. Schreibt man statt $\dot{x} = f(x)$ die äquivalente Integralgleichung

$$x(t) = x_i + \int_{t_i}^{t} f(x(\tau))\mathrm{d}t, \quad x_i \in [x_i], \quad t \in [t_i, t_{i+1}], \tag{7.178}$$

wobei angenommen wird, daß $[x_i]$ eine Einschließung für die Menge von Lösungen für $t = t_{i+1}$ ist. Es wird ein Vorabintervall $[x_{i+1}^0]$ gewählt, das das Intervall $[x_i]$ enthält und als nächstes wird

$$[x_{i+1}^1] := [x_i] + [0, h] \cdot f([x_{i+1}^0]) \tag{7.179}$$

berechnet. Wenn jetzt

$$[x_{i+1}^1] \subseteq [x_{i+1}^0] \tag{7.180}$$

ist, kann man mit Hilfe des BANACHschen Fixpunktsatzes zeigen [7.10], daß $x(t) \in [x_{i+1}^1]$ für alle $t \in [t_i, t_{i+1}]$ ist, d.h., daß $[x_{i+1}^1]$ eine Einschließung der Lösung $x(t)$ über dem gesamten Intervall $[t_i, t_{i+1}]$ ist. Ist die Inklusion (7.180) nicht erfüllt, wird für $[x_{i+1}^0]$, ähnlich wie bei der Lösung von linearen Gleichungssystemen in Abschnitt 3.2 solange eine „ϵ–Aufblähung" durchgeführt, bis (7.180) erfüllt ist:

$$
\begin{aligned}
&\textbf{repeat} \quad [x_{i+1}^0] := (1 + \epsilon)[x_{i+1}^0] - \epsilon[x_{i+1}^0]; \\
&\qquad\qquad\; [x_{i+1}^1] := [x_i] + [0, h]f([x_{i+1}^0]) \\
&\textbf{until} \quad\;\; [x_{i+1}^1] \subseteq [x_{i+1}^0].
\end{aligned}
\tag{7.181}
$$

Möglicherweise wird bei dieser Prozedur die Bedingung (7.180) nie erfüllt sein; dann wird man z.B. nach zehn Iterationsschritten die Schrittweite h halbieren und den Iterationsprozeß erneut starten. Ist h hinreichend klein, muß schließlich die Bedingung (7.180) einmal erfüllt sein, da mit einem Startintervall $[x_{i+1}^0]$ begonnen wurde, das $[x_i]$ enthält.

(2) *Berechnung mit der groben Einschließung einer Einschließung $[z_{i+1}]$ des lokalen Fehlers z.B. gemäß (7.143).*

Gemäß (7.143 und 7.167) hängt bei einem TAYLOR–Polynom als Verfahrensfunktion φ der Fehler z_{i+1} von Ableitungen von x ab. Diese Ableitungen können mit Hilfe der in Abschnitt 7.3.2 hergeleiteten Rekursionsgleichungen numerisch berechnet werden, so daß schließlich aus der Einschließung $[x_{i+1}^1]$ eine Einschließung $[z_{i+1}]$ des Fehlers berechnet werden kann.

(3) *Unter Verwendung von $[x_i]$ wird aus (7.174) eine Intervallmatrix $[A_i]$ berechnet, die A_i enthält. Damit und mit $[z_{i+1}]$ wird eine neue Einschließung $[x_{i+1}]$ von x_{i+1} gemäß (7.177) berechnet.*

Zunächst wird in diesem Schritt mit Hilfe der Rekursionsformel aus dem vorhergehenden Abschnitt 7.3.2 der Vektor der Verfahrensfunktion $\varphi(\tilde{x}_i)$, der in (7.177) benötigt wird, ermittelt. Dann ist eine Intervallmatrix $[A_i]$, die die Matrix A_i enthält, aus (7.174) zu berechnen. In [Lohner Dr-A] wird gezeigt, daß man A_i als Lösung der Matrizengleichung

$$\dot{X}(t) = \frac{\partial f}{\partial x} X(t), \quad t \in [t_i, t_{i+1}], \quad X(t_i) = I \tag{7.182}$$

an der Stelle t_{i+1} erhält. Das ist ein lineares Anfangswertproblem mit $\frac{\partial f}{\partial x}$ als Systemmatrix.

Für lineare Systeme $\dot{x} = Ax$ ist $\frac{\partial f}{\partial x}$ die Systemmatrix A und aus (7.182) wird $\dot{X} = AX$ mit $X(0) = I$. Diese Matrizendifferentialgleichung hat aber nach Lemma 7.8 als Lösung die Transitionsmatrix $X(t) = \Phi(t)$. Für nichtlineare Systeme $\dot{x} = f(x)$ ist $\frac{\partial f}{\partial x}$ die JACOBI-Matrix J, also ist in diesem Fall die Matrix $X(t)$ die zu dem linearisierten System $\dot{x} = Jx$ gehörende Transitionsmatrix. Damit ist auch hier wieder der Zusammenhang zwischen der Transitionsmatrix und der neu eingeführten Matrix A_i dargestellt.

(7.182) zeigt, daß die Matrizen A_i auf die gleiche Weise berechnet werden können wie die Lösungen x selbst. Die Einschließung $[A_i]$ wird dann durch intervallmäßige Auswertung der Rekursionsformeln erreicht. Da die „Systemmatrix" in (7.182) automatisch berechnet werden kann, ist zur Berechnung von A_i nur die Kenntnis von $f(x)$ nötig. Schließlich kann in diesem dritten Schritt gemäß (7.177) eine neue Einschließung $[x_{i+1}]$ gemäß

$$[x_{i+1}] := \tilde{x} + h\varphi(\tilde{x}_i) + [A_i] \sum_{k=0}^{i} [A_{i,k}]([z_k] - s_k) + [z_{i+1}] \tag{7.183}$$

berechnet werden. Die genaue Berechnung der Summe in dieser Beziehung hängt von der gewählten Methode ab. Drei der Methoden werden in Abschnitt 7.3.4 beschrieben.

(4) Unter Verwendung der neuen Einschließung $[\boldsymbol{x}_{i+1}]$ kann die grobe Anfangsein-schließung des ersten Schritts im allgemeinen verbessert werden; wenn nötig, können die Schritte (1) bis (4) wiederholt werden.

In diesem Schritt kann man die Tatsache benutzen, daß für alle $t \in [t_i, t_{i+1}]$ gilt:

$$\boldsymbol{x}(t) \in [\boldsymbol{x}_i] + (t - t_i)\boldsymbol{f}([\boldsymbol{x}_{i+1}^1]) \tag{7.184}$$

und

$$\boldsymbol{x}(t) \in [\boldsymbol{x}_{i+1}] + (t - t_{i+1})\boldsymbol{f}([\boldsymbol{x}_{i+1}^1]), \tag{7.185}$$

wobei (7.184) direkt aus der Integralgleichung (7.178) so folgt:

$$
\begin{aligned}
\boldsymbol{x}(t) &\in [\boldsymbol{x}_i] + \int_{t_i}^{t} \boldsymbol{f}([\boldsymbol{x}_{i+1}^1])\mathrm{d}\tau \\
&= [\boldsymbol{x}_i] + \int_{t_i}^{t} \mathrm{d}\tau\, \boldsymbol{f}([\boldsymbol{x}_{i+1}^1]) \\
&= [\boldsymbol{x}_i] + (t - t_i)\boldsymbol{f}([\boldsymbol{x}_{i+1}^1])
\end{aligned}
$$

und (7.185) ebenfalls, nur mit anderer unterer Integrationsgrenze. (7.184 und 7.185) sind zwei verschiedene Einschließungen der Lösung $\boldsymbol{x}(t)$, deren Durchschnitt oft in $[\boldsymbol{x}_{i+1}^1]$ enthalten ist, so daß dieser Durchschnitt als neue Anfangseinschließung $[\boldsymbol{x}_{i+1}^0]$ in (7.179) verwendet werden kann, um ein neues Intervall $[\boldsymbol{x}_{i+1}^1]$ zu berechnen, das dann schmaler als das vorhergehende ist. Solange der Durchschnitt von (7.184) und (7.185) abnehmende Intervalle liefert, können die Schritte (2) bis (4) wiederholt werden. In [Lohner Dr-A] wird jedoch darauf hingewiesen, daß die Erfahrung zeigt, daß es selten sinnvoll ist, mehr als einmal mit dem ersten Schritt neu zu beginnen, da die erzielten Verbesserungen minimal im Vergleich zu dem Aufwand sind, den eine solche Iteration bedeutet.

(5) Wählen der neuen Entwicklungsstelle $\boldsymbol{s}_{i+1} \in [\boldsymbol{z}_{i+1}]$, z.B. den Mittelpunkt dieses Intervalls, Berechnen von $\tilde{\boldsymbol{x}}_{i+1}$ und Durchführen der Fehlerfortpflanzung gemäß einem der drei weiter unten angegebenen Verfahren. Dies sind Vorbereitungen für das nächste Zeitintervall. $\qquad\qquad\qquad\qquad\qquad\qquad\qquad\qquad\qquad\qquad\qquad\square$

Der Punktvektor $\boldsymbol{s}_{i+1}$ muß in diesem abschließenden Schritt aus dem Intervall $[\boldsymbol{z}_{i+1}]$ gewählt werden, mit dem dann die Näherung

$$\tilde{\boldsymbol{x}}_{i+1} = \tilde{\boldsymbol{x}}_i + h\boldsymbol{\varphi}(\tilde{\boldsymbol{x}}) + \boldsymbol{s}_{i+1}$$

für das nächste Zeitintervall berechnet werden kann.

Mit (7.184 und 7.185) liegt bereits eine Lösung des Anfangsproblems (7.141) bezüglich einer kontinuierlichen Einschließung der Lösung $\boldsymbol{x}(t)$ zwischen zwei Zeitpunkten t_i und t_{i+1} vor. Jedoch wird diese stückweise lineare Einschließung gerade in der Mitte eines Intervalls ungenau sein. Es ist deshalb von großem Vorteil, daß bei der Berechnung der Intervallmatrizen $[A_i]$ im Schritt (3) neben den TAYLOR–Koeffizienten der Gleichung (7.182) auch die der Differentialgleichungsfunktion $f(t)$ an der Stelle t_i berechnet werden. Dadurch erhält man gleichzeitig Einschließungen $[(x_i)_\nu]$ aller TAYLOR–Koeffizienten $(x_i)_\nu$ für $\nu = 0, 1, \ldots, p$, d.h., eine Einschließung des TAYLOR–Polynoms. Außerdem ist eine Einschließung des Restglied–Koeffizienten bekannt; denn nach (7.143) ist dies das Intervall $[z_{i+1}]h^{p+1}$. Damit liegen Einschließungen für das TAYLOR–Polynom und das zugehörige Restglied vor, womit man für jedes t zwischen den beiden Zeitpunkten t_i und t_{i+1} die gleiche Qualität der Einschließungen erhält wie in den Zeitpunkten t_i und t_{i+1} selbst, indem man das folgende Intervallpolynom berechnet

$$x(t) \in [x_i] + [(x_i)_1](t - t_i) + [(x_i)_2](t - t_i)^2 + \cdots + [(x_i)_p](t - t_i)^p + [z_{i+1}]\left(\frac{t - t_i}{h}\right)^{p+1}$$
$$(7.186)$$

Insgesamt kann also auf dem Integrationsbereich $T = [t_0, t_e]$ die Lösung in einen Schlauch von stückweise zusammengesetzten Intervallpolynomen eingeschlossen werden.

7.3.4 Einschließung des globalen Fehlers

Es sollen jetzt einige mögliche Verfahren für die Durchführung des Schritts (5) im vorhergehenden Abschnitt beschrieben werden. Dieser Schritt des Verfahrens ist besonders kritisch, denn es können, wenn ein nicht geeignetes Verfahren gewählt wird, große Überschätzungen auftreten. Allerdings gibt es für die Auswahl des geeigneten Verfahrens für eine gegebene zu lösende Differentialgleichung nur Faustformeln.

Begonnen wird mit der Wahl von s_{i+1} als Mittelpunkt (mid) von $[z_{i+1}]$:

$$s_{i+1} := mid([z_{i+1}]).$$

Damit wird nach (7.171)

$$\tilde{x}_{i+1} = \tilde{x}_i + h\,\varphi(\tilde{x}_i) + s_{i+1}$$

berechnet, womit man dann gemäß (7.177)

$$x_{i+1} := \tilde{x}_{i+1} + r_{i+1} \tag{7.187}$$

mit

$$r_{i+1} := \sum_{k=0}^{i+1} A_{i+1,k}(z_k - s_k) \tag{7.188}$$

erhält. Da in den vorhergehenden Schritten die Einschließungen $[A_i]$ und $[z_{i+1}]$ berechnet wurden, muß nur noch die Summe r_{i+1}, das ist der *globale Fehler*, in (7.188) mittels Intervallarithmetik so eng wie möglich bestimmt werden.

Methode 1: „Intervallvektor"
In jedem Zeitpunkt t_i wird die gesamte Summe in einem Intervallvektor zusammengefaßt:

$$[r_0] := [z_0] - s_0,$$

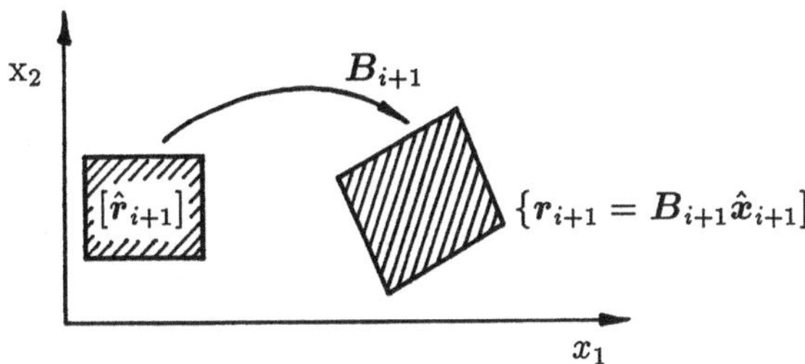

Abb. 7.4: „Drehstreckung" eines Rechtecks.

$$[r_{i+1}] \ := \ [A_i][r_i] + [z_{i+1}] - s_{i+1} \quad \text{für} \quad i > 0. \tag{7.189}$$

Diese Methode hat den Vorteil, daß sie nur wenige Berechnungen benötigt. Sie ist aber wegen des in Abschnitt 7.3.1 beschriebenen „wrapping–Effekts" z.B. für schwach gedämpfte oszillierende Lösungen nicht geeignet.

In den nächsten beiden Methoden wird versucht, diesen „wrapping–Effekt" zu vermeiden, indem an Stelle von Intervallvektoren Parallelepipede verwendet werden. Ein solches Parallelepiped läßt sich als affines Bild eines Intervallvektors darstellen, also als Drehstreckung eines achsenparallelen Rechtecks, Abb. 7.4. Hierzu wird die Einschließung von r_{i+1} (des Parallelepipeds) mit Hilfe eines Intervallvektors $[\hat{r}_{i+1}]$ und einer regulären Matrix B_{i+1} so dargestellt

$$\text{Parallelepiped} = \{r_{i+1} = B_{i+1}\hat{r}_{i+1} | \hat{r}_{i+1} \in [\hat{r}]\}. \tag{7.190}$$

Dieses Parallelepiped ist also durch den Intervallvektor $[\hat{r}_{i+1}]$ und die Matrix B_{i+1} repräsentiert, d.h., es kann mit Hilfe dieser beiden Größen im Computer gespeichert werden.

Die Parallelepiped–Einschließung ist so zu berechnen:

$$\begin{aligned} r_0 &\in B_0 \cdot [\hat{r}_0], \text{ mit } B_0 := I \text{ und } [\hat{r}_0] := [z_0] - s_0, \\ r_{i+1} &\in B_{i+1} \cdot [\hat{r}_{i+1}], \end{aligned} \tag{7.191}$$

mit der wie unten in den Methoden 2 und 3 gewählten Matrix B_{i+1} und mit

$$[\hat{r}_{i+1}] := \left(B_{i+1}^{-1}[A_i]B_i \right)[\hat{r}_i] + B_{i+1}^{-1}([z_{i+1}] - s_{i+1}). \tag{7.192}$$

Es sollen jetzt noch zwei Methoden für die Ermittlung der Matrizen B_{i+1} angegeben werden.

Methode 2: „Parallelepiped"

Wählen

$$B_{i+1} := mid([A_i] \cdot B_i) \quad \text{für } i \geq 0. \tag{7.193}$$

Bei linearen Differentialgleichungen ist B_{i+1} eine Näherung für die Transitionsmatrix $\Phi(t_{i+1})$, die auch für $t_0 = 0$ gleich der Einheitsmatrix ist, siehe Abschnitt 7.2.1. Liegen die Realteile der Eigenwerte der Systemmatrix weit auseinander, liegt also ein „steifes" Differentialgleichungssystem vor, werden die Spalten der Matrix B_{i+1} immer linear abhängiger, d.h., die Matrizen B_{i+1} sind immer schlechter konditioniert und die Ermittlung der Inversen, die ja für die Berechnung von $[\hat{r}_{i+1}]$ in (7.192) benötigt werden, bereitet zunehmend mehr Schwierigkeiten und führt deshalb in diesen Fällen zu einer Überschätzung der Lösungsintervalle oder gar zu einem Zusammenbruch der Methode.

Dies wird verhindert durch die in [7.10] angegebene

Methode 3: „QR–Zerlegung"

Bei der QR–Zerlegung wird bekanntlich eine gegebene Matrix in das Produkt zweier Matrizen Q und R zerlegt, wobei Q eine untere Dreiecksmatrix ist, deren Hauptdiagonale nur Elemente gleich Eins besitzt und R eine obere Dreiecksmatrix ist, siehe Abschnitt 2.3.2. Wegen der besonderen Form ist Q stets regulär und hat sogar die bestmögliche Konditionszahl, nämlich Eins. Es wird also zunächst wieder

$$\tilde{B}_{i+1} := mid([A_i] \cdot B_i), \tag{7.194}$$

gewählt, dann wird aber die Matrix $\tilde{B}_{i+1}$ zerlegt in

$$\tilde{B}_{i+1} = \tilde{Q}_{i+1}\tilde{R}_{i+1} \tag{7.195}$$

und

$$B_{i+1} := \tilde{Q}_{i+1} \tag{7.196}$$

gesetzt. Da die Matrix $\tilde{Q}_{i+1}$ orthogonal ist, d.h., die Inverse ist gleich der transponierten Matrix, erhält man die Inverse von B_{i+1} einfach durch Transponieren. Aber auch bei dieser Methode tritt ein merkwürdiger Effekt auf: Vertauscht man die Reihenfolge der Differentialgleichungen in dem zu lösenden Differentialgleichungssystem, so kann man verschiedene Lösungseinschließungen erhalten. Dies liegt daran, daß man in diesen Fällen verschiedene Q–Matrizen bei der QR–Zerlegung erhält. Dieser Effekt kann vermieden werden, wenn man zunächst die Spalten der Matrix $\tilde{B}_{i+1}$ umordnet, bevor die QR–Zerlegung durchgeführt wird. Diese Umordnung kann durch eine Permutationsmatrix P_{i+1} ausgedrückt werden:

$$\hat{B}_{i+1} := \hat{B}_{i+1}P_{i+1}. \tag{7.197}$$

Die Permutationsmatrix wird so ermittelt:
Es wird ein Vektor p berechnet, dessen j–te Komponente gleich der Länge der j–ten Spalte $\tilde{b}_{j,i+1}$ von $\tilde{B}_{i+1}$ multipliziert mit dem Durchmesser $d([\hat{r}_{j,i}])$ der j–ten Intervallkomponente des Intervallvektors $[\hat{r}_i]$ ist,

$$p_j := ||\tilde{b}_{j,i+1}||_2 \cdot d([\hat{r}_{j,i}]), \quad j = 1, 2, \ldots, n. \tag{7.198}$$

Der Vektor p enthält die Kantenlängen des Parallelepipeds $\tilde{B}_{i+1}[\hat{r}_i]$. Die Permutationsmatrix P_{i+1} wird nun so ausgewählt, daß der Vektor

$$\hat{p} = P_{i+1}\,p \tag{7.199}$$

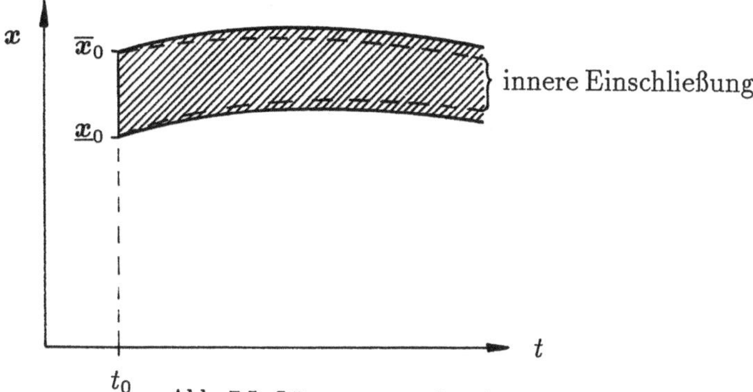

Abb. 7.5: Lösungsmenge für ein Anfangsintervall

die Kantenlängen in abnehmender Folge enthält, also z.B. wie folgt aussieht:

$$\underbrace{\begin{pmatrix} 7 \\ 5 \\ 2 \end{pmatrix}}_{\hat{p}} = \underbrace{\begin{pmatrix} 0 & 1 & 0 \\ 0 & 0 & 1 \\ 1 & 0 & 0 \end{pmatrix}}_{P_{i+1}} \underbrace{\begin{pmatrix} 2 \\ 7 \\ 5 \end{pmatrix}}_{p}.$$

Durch dieses Vorgehen ist man sicher, daß diejenige Richtung, in der sich das ursprüngliche Parallelepiped am längsten erstreckte, nicht geändert wird. Die Richtungsänderungen finden also nur bei den kleinen Kanten statt, wodurch eine kleinere Aufweitung der Einschließung als bei einer anderen Spaltenreihenfolge entsteht.

In [7.10] sind noch weitere Einschließungsmethoden angegeben, die im wesentlichen aus Kombinationen der oben beschriebenen drei Methoden bestehen und zu noch besseren Resultaten führen können. So kann unter anderem für intervallwertige Anfangsbedingungen, bei denen man als Lösungsmenge über der Zeit einen „Funktionsschlauch" erhält, eine *innere Einschließung* berechnen. Hiermit ist eine Empfindlichkeitsanalyse möglich, denn man kann damit auch die *Mindestwerte* des Funktionsschlauchs angeben, Abb. 7.5.

Beispiel 7.11: Die Differentialgleichung

$$\dot{x}_1 = a\, x_1 + b\, u \tag{7.200}$$

soll für den Anfangswert $x_1(0) = 0$ und die Eingangsgröße $u = 1$ für das Zeitintervall $T = [0\ ,\ 5]$ gelöst werden. Der Parameter b sei gleich Eins und der Parameter a liege zwischen den Werten -1.0 und -0.9, d.h., es sei $a \in [a] = [-1.0; -0.9]$. Dieses Parameterintervall–Problem kann dadurch auf ein Anfangswertintervall–Problem zurückgeführt werden, daß eine zweite Differentialgleichung

$$\dot{x}_2 = 0 \tag{7.201}$$

eingeführt wird, der der „Anfangswert" $[x_2(0)] = [-1; -0.9]$ zugeordnet wird. Insgesamt erhält man jetzt das Differentialgleichungssystem

$$\dot{x}_1 = x_2 \cdot x_1 + 1, \tag{7.202}$$

t	$[x_1(t)]$	
	$a = -1$	$a = -0.9$
0	$[0; 0]$	$[0; 0]$
0.5	$3.934\,693\,402\,87^5_1 E - 01$	$4.026\,353\,870\,8^{71}_{67} E - 01$
1.0	$6.321\,205\,588\,28^9_2 E - 01$	$6.593\,670\,447\,32^9_2 E - 01$
1.5	$7.768\,698\,398\,5^{20}_{12} E - 01$	$8.230\,663\,770\,^{605}_{596} E - 01$
2.0	$8.646\,647\,167\,63^9_0 E - 01$	$9.274\,456\,797\,5^{44}_{32} E - 01$
2.5	$9.179\,150\,013\,7^{66}_{56} E - 01$	$9.940\,008\,615\,9^{85}_{73} E - 01$
3.0	$9.502\,129\,316\,3^{26}_{16} E - 01$	$1.036\,438\,319\,1^{82}_{76} E + 00$
3.5	$9.698\,026\,165\,7^{81}_{70} E - 01$	$1.063\,497\,636\,81^9_0 E + 00$
4.0	$9.816\,843\,611\,1^{18}_{07} E - 01$	$1.080\,751\,419\,^{509}_{499} E + 00$
4.5	$9.888\,910\,034\,6^{23}_{12} E - 01$	$1.091\,752\,917\,0^{73}_{62} E + 00$
5.0	$9.932\,620\,530\,0^{14}_{03} E - 01$	$1.098\,767\,781\,6^{31}_{19} E + 00$

Tabelle 7.9: Lösung der Differentialgleichung $\dot{x}_1 = ax_1 + 1$

$$\dot{x}_2 = 0, \qquad\qquad (7.203)$$

das für die Anfangswerte $x_1(0) = 0$ und $x_2(0) = [-1; -0.9]$ zu lösen ist. Zunächst werrden in Tabelle 7.9 für die Schrittweite $h = 0.1$ und die beiden Parameter $a = -1$ und $a = -0.9$ die Lösungen angegeben. Sie wurden mit der „Intervallvektor–Methode" und einer Verfahrensordnung $p = 10$ auf einem Personal–Computer, der mit dreizehnstelliger Mantisse arbeitet, ermittelt. Mit der „Intervallvektor–Methode" und der Verfahrensordnung $p = 10$ wird das „Anfangswertintervall–Problem" (7.202 und 7.203) für die Schrittweite $h = 0.1$ und das Anfangsintervall $[a] = [x_2(0)] = [-1; -0.9]$ gelöst. Die Lösungsintervalle $[x_1(t)]$ sind in der zweiten Spalte der Tabelle 7.10 angegeben. Vergleicht man die Ergebnisse der zweiten Spalte in Tabelle 7.10 mit den Ergebnissen in Tabelle 7.9, erkennt man zum einen die Überschätzung der tatsächlichen Lösungsintervallgrenzen, denn es müßte $\underline{x}_1(t) = x_1(t)|_{a=-1}$ und $\overline{x}_1(t) = x_1(t)|_{a=-0.9}$ sein, und zum anderen einen mit t zunehmenden Fehler. Der Effekt der Überschätzung kann dadurch verringert werden, daß das Anfangsintervall unterteilt, die Rechnung für die Teilintervalle durchgeführt und von den Lösungsintervallen die Vereinigungsmenge gebildet wird. Für eine Unterteilung in zwei Anfangswert–Teilintervalle $[a]^{(1)} = [x_2(0)]^{(1)} =$

t	$[x_1(t)]$	$[x_1(t)]^{(1)} \cup [x_1(t)]^{(2)}$
0	$[0;0]$	$[0;0]$
0.5	$[0.393\,346; 0.402\,686]$	$[0.393\,438; 0.402\,648]$
1.0	$[0.631\,407; 0.659\,664]$	$[0.631\,945; 0.659\,441]$
1.5	$[0.775\,125; 0.823\,804]$	$[0.776\,448; 0.823\,250]$
2.0	$[0.861\,642; 0.928\,874]$	$[0.863\,941; 0.927\,767]$
2.5	$[0.913\,558; 0.995\,885]$	$[0.916\,883; 0.994\,468]$
3.0	$[0.944\,597; 1.038\,889]$	$[0.948\,897; 1.037\,045]$
3.5	$[0.963\,076; 1.066\,455]$	$[0.968\,238; 1.064\,229]$
4.0	$[0.974\,024; 1.084\,142]$	$[0.979\,917; 1.081\,590]$
4.5	$[0.980\,474; 1.095\,501]$	$[0.986\,962; 1.092\,678]$
5.0	$[0.984\,247; 1.102\,802]$	$[0.991\,208; 1.099\,763]$

Tabelle 7.10: Lösung der Differentialgleichung $\dot{x}_1 = [a]x_1 + 1$

$[-1; -0.95]$ und $[a]^{(2)} = [x_2(0)]^{(2)} = [-0.95; -0.9]$ erhält man die in der dritten Spalte der Tabelle 7.10 angegebenen Vereinigungsmengen $[x_1(t)]^{(1)} \cup [x_1(t)]^{(2)}$, deren Intervallbreiten deutlich enger sind als die der Lösungsintervalle in der zweiten Spalte.   □

Beispiel 7.12:   Das Differentialgleichungssystem

$$\begin{aligned} \dot{x}_1 &= x_2, \\ \dot{x}_2 &= -x_2, \end{aligned}$$

aus Beispiel 7.7, anhand dessen der „wrapping"-Effekt in Abschnitt 7.3.1 erklärt wurde, hat die Lösung

$$x(t) = \begin{pmatrix} \cos t & \sin t \\ -\sin t & \cos t \end{pmatrix} x_0.$$

Ist der Anfangswert ein Intervall um den Punkt $x = \begin{pmatrix} 0 \\ 1 \end{pmatrix}$ mit der Kantenlänge 0.2, also

$$x_0 = \begin{pmatrix} [-0.1; 0.1] \\ [0.9; 1.1] \end{pmatrix},$$

dann muß für $t = \pi$ exakt

$$x(\pi) = -x_o = \begin{pmatrix} [-0.1; 0.1] \\ [-1.1; -0.9] \end{pmatrix}$$

sein. Mit der „Intervallvektor-Methode" der Verfahrensordnung $p = 10$ und einer Schrittweite $h = \pi/6$ erhält man als berechnete Lösung

$$x(\pi) = \begin{pmatrix} [-1.000\,000\,018\,168E - 01; 1.000\,000\,028\,891E - 01] \\ [-1.100\,000\,002\,216E + 00; -8.999\,999\,975\,616E - 01] \end{pmatrix}$$

und mit einer Schrittweite $h = \pi/12$

$$x(\pi) = \begin{pmatrix} [-1.000\,000\,000\,111E - 01; 1.000\,000\,000\,112E - 01] \\ [-1.100\,000\,000\,012E + 00; -8.999\,999\,999\,885E - 01] \end{pmatrix}.$$

Es tritt im Gegensatz zum Beispiel 7.7 kein „wrapping"-Effekt auf und außerdem sind die Ergebnisse für die kleinere Schrittweite $h = \pi/12$ besser als für die größere Schrittweite $h = \pi/6$.   □

8 LJAPUNOV– und RICCATI–Gleichungen

8.1 Stabilität und LJAPUNOV–Gleichungen bei zeitkontinuierlichen Systemen

In der Theorie der Stabilität von dynamischen Systemen spielen LJAPUNOV–Gleichungen eine große Rolle. Diese linearen Matrizengleichungen treten bei der Stabilitätsanalyse von linearen bzw. linearisierten Systemgleichungen auf. Anhand der Lösungen der LJAPUNOV–Gleichungen erhält man dann Auskunft über die Stabilität solcher Systeme.

Stabilität ist eine Systemeigenschaft, die beim Entwurf realer dynamischer Systeme beachtet werden muß. Das entworfene System muß unempfindlich gegenüber Störungen sein, die entweder durch Änderungen der Eingangsgrößen oder der Anfangsbedingungen auftreten. So sollen beispielsweise bei einem Regelkreis, dessen Ausgangsgrößen bestimmte Werte einhalten sollen, die Auswirkungen von Störgrößen auf die Ausgangsgrößen möglichst gering sein. Zu einer solchen konstant zu haltenden Ausgangsgröße gehört im allgemeinen ein Systemzustand x_r, der *Ruhelage* des Systems genannt wird. Da sich die Ruhelage mit der Zeit nicht ändern soll, muß $\dot{x}_r = o$ sein, also muß für die Ruhelage eines dynamischen Systems mit der mathematischen Beschreibung

$$\dot{x}(t) = f(x(t)) \tag{8.1}$$

gelten

$$f(x_r) = o. \tag{8.2}$$

Definition 8.1: *Eine Ruhelage x_r heißt* LJAPUNOV*-stabil in einer Umgebung $U \subset \mathsf{R}^n$ der Ruhelage x_r, wenn es zu jedem $\epsilon > 0$ ein $\delta > 0$ so gibt, daß für jeden Anfangszustand $x(t_0) \in U$, für den $\|x(t_0)\| < \delta$ gilt, $\|x(t)\| < \epsilon$ für alle $t \geq t_0$ ist. Strebt darüberhinaus der Zustand $x(t)$ gegen die Ruhelage x_r, ist also*

$$\lim_{t \to \infty} \|x(t) - x_r\| = 0, \tag{8.3}$$

heißt die Ruhelage x_r asymptotisch stabil.

Will man die Ruhelage x_r eines nichtlinearen dynamischen Systems mit der mathematischen Beschreibung (8.1) auf asymptotische Stabilität untersuchen, kann man das in vielen Fällen so tun, daß man die nichtlineare Zustandsgleichung $\dot{x} = f(x)$ in der Umgebung einer Ruhelage durch die linearisierte Zustandsgleichung

$$\Delta\dot{x} = \frac{\partial f}{\partial x}\bigg|_{x_r} \Delta x, \tag{8.4}$$

also

$$\dot{\Delta x} = A\Delta x \tag{8.5}$$

mit

$$A \overset{\text{def}}{=} \frac{\partial f}{\partial x}\bigg|_{x_r} \quad \text{und} \quad \Delta x \overset{\text{def}}{=} x - x_r, \tag{8.6}$$

annähert und dann das Verhalten dieses Systems anhand der neuen linearen Zustandsgleichung (8.5) mit der Systemmatrix A und der neuen Ruhelage $\Delta x_r = o$ untersuchen.

Geht man wieder zu der allgemein üblichen mathematischen Beschreibung eines linearen Systems

$$\dot{x} = Ax \tag{8.7}$$

über, jetzt aber mit der Ruhelage $x_r = o$, erhält man als Lösung von (8.7) für den Anfangszustand $x(0) = x_0$

$$x(t) = \Phi(t)x_0. \tag{8.8}$$

Die Ruhelage $x_r = o$ des Systems (8.7) ist offenbar genau dann asymptotisch stabil, wenn für die Transitionsmatrix

$$\lim_{t\to\infty} \|\Phi(t)\| = 0 \tag{8.9}$$

gilt. Das ist aber genau dann der Fall, wenn die Realteile sämtlicher Eigenwerte der Systemmatrix A negativ sind.

Ein Verfahren für die Überprüfung der asymptotischen Stabilität eines linearen zeitinvarianten Systems ohne Kenntnis der Eigenwerte liefert die direkte Methode von LJAPUNOV. Setzt man nämlich als sogenannte LJAPUNOV-*Funktion* die quadratische Form

$$V(x) \overset{\text{def}}{=} x^T P x \tag{8.10}$$

an, wobei die Matrix symmetrisch und positiv definit ist, d.h., es ist $x^T P x > 0$ für $x \neq o$, dann stellt V ein Maß für den Abstand des Zustands x von der Ruhelage $x_r = o$ dar. Nimmt dieser Abstand mit der Zeit ab und strebt schließlich gegen Null, so ist die Ruhelage asymptotisch stabil. Für die zeitliche Ableitung von (8.10) erhält man mit (8.7)

$$\begin{aligned}
\frac{\mathrm{d}}{\mathrm{d}t}V(x) &= \dot{x}^T P x + x^T P \dot{x} \\
&= x^T A^T P x + x^T P A x \\
&= x^T (A^T P + P A)x.
\end{aligned} \tag{8.11}$$

Wenn die in Klammern stehende Matrix negativ definit ist, d.h., wenn $\dot{V} < 0$ für alle $x \neq o$ ist, nimmt der Abstand von der Ruhelage ständig ab und es wird schließlich $V = 0$, also $x = o$, die Ruhelage ist asymptotisch stabil. Z.B. in [4.1,8.1,8.2] wird bewiesen, daß die Ruhelage eines zeitinvarianten Systems mit der Zustandsgleichung $\dot{x} = Ax$ genau dann asymptotisch stabil ist, wenn zu jeder zeitinvarianten symmetrischen positiv definiten Matrix Q eindeutig eine ebenfalls zeitinvariante symmetrische positiv definite Matrix P so gehört, daß die LJAPUNOV-*Gleichung* erfüllt ist:

$$\boxed{A^T P + PA = -Q.}$$

$$(8.12)$$

In [8.3] wird gezeigt, daß die LJAPUNOV-Gleichung eine eindeutige symmetrische Lösungsmatrix P hat, wenn für die Eigenwerte der Systemmatrix A für alle i und j gilt:

$$\mathrm{Re}(\lambda_i) + \mathrm{Re}(\lambda_j) \neq 0. \qquad (8.13)$$

Da bei asymptotisch stabilen Systemen sämtliche Realteile der Eigenwerte negativ sind, ist (8.13) für solche Systeme stets erfüllt. Da die Matrix P symmetrisch ist, bekommt man in (8.12) nicht n^2, sondern nur $\frac{n}{2}(n+1)$ linear unabhängige Gleichungen, die aber ausreichen, um die $\frac{n}{2}(n+1)$ unbekannten Elemente der *symmetrischen* Matrix P zu bestimmen.

8.2 Stabilität von zeitdiskreten Systemen und LJA-PUNOV-Gleichung

Für zeitdiskrete dynamische Systeme mit der mathematischen Beschreibung

$$x(k+1) = f(x(k)) \qquad (8.14)$$

gilt für die Ruhelage $x_r = konstant$:

$$x_r = f(x_r). \qquad (8.15)$$

Die LJAPUNOV-Stabilität und die asymptotische Stabilität einer solchen Ruhelage eines zeitdiskreten Systems ist wie bei den zeitkontinuierlichen Systemen definiert.

Wenn die Vektorfunktion $f(x(k))$ der Zustandsgleichung (8.14) eines nichtlinearen zeitdiskreten Systems in der Umgebung einer Ruhelage linearisiert werden kann, also

$$A \stackrel{\text{def}}{=} \left. \frac{\partial f}{\partial x} \right|_{x_r} \qquad (8.16)$$

existiert, dann kann wieder, wie bei den zeitkontinuierlichen Systemen, statt (8.14) die Ruhelage $x_r = o$ der linearisierten mathematischen Beschreibung

$$x(k+1) = Ax(k) \qquad (8.17)$$

untersucht werden. Als Lösung von (8.17) erhält man

$$x(k) = A^k x(0). \qquad (8.18)$$

Die Ruhelage $x_r = o$ des Systems (8.17) ist offenbar genau dann asymptotisch stabil, wenn für A^k gilt

$$\lim_{k\to\infty} \|A^k\| = 0. \tag{8.19}$$

Das ist aber genau dann der Fall, wenn die Beträge sämtlicher Eigenwerte der Systemmatrix A kleiner als Eins sind, also

$$|\lambda_i| < 1 \tag{8.20}$$

gilt [4.1].

Für die Überprüfung der asymptotischen Stabilität eines zeitdiskreten linearen zeitinvarianten Systems ohne Kenntnis der Eigenwerte ist wieder die direkte Methode von LJAPUNOV geeignet. Setzt man wieder als LJAPUNOV–Funktion die quadratische Form $V(x) = x^T P x$ mit symmetrischer, positiv definiter Matrix P an, dann ist $x^T P x > 0$ für $x \neq o$, also ist $V(x)$ ein Maß für den Abstand des Zustands x von der Ruhelage $x_r = o$. Nimmt dieser Abstand mit der Zeit ab, ist also

$$V(x(k+1)) - V(x(k)) < 0, \tag{8.21}$$

dann strebt x gegen die Ruhelage $x_r = o$ und diese ist asymptotisch stabil. Mit (8.17) wird aus (8.21)

$$\begin{aligned}
V(x(k+1)) - V(x(k)) &= x^T(k+1)P x(k+1) - x^T(k)P x(k) \\
&= x^T(k) A^T P A x(k) - x^T(k) P x(k) \\
&= x^T(k)\left(A^T P A - P\right) x(k). \tag{8.22}
\end{aligned}$$

In [8.4] wird bewiesen, daß die Ruhelage eines zeitdiskreten linearen Systems mit der Zustandsgleichung (8.17) genau dann asymptotisch stabil ist, wenn zu jeder zeitinvarianten symmetrischen positiv definiten Matrix Q eindeutig eine ebenfalls zeitinvariante symmetrische positiv definite Matrix P so gehört, daß die LJAPUNOV–Gleichung

$$\boxed{A^T P A - P = -Q} \tag{8.23}$$

gilt.

8.3 Numerische Lösung der LJAPUNOV–Gleichung

Es soll z.B. mit Hilfe der LJAPUNOV–Theorie untersucht werden, ob die Ruhelage $x_r = o$ des linearen zeitkontinuierlichen Systems mit der Zustandsgleichung

$$\dot{x} = \begin{pmatrix} -2 & 1 \\ 1 & -3 \end{pmatrix} x \tag{8.24}$$

asymptotisch stabil ist. Die LJAPUNOV-Gleichung hat für dieses System und für die positiv definite symmetrische Matrix $Q = I$ die Form

$$\begin{pmatrix} -2 & 1 \\ 1 & -3 \end{pmatrix} \begin{pmatrix} p_{11} & p_{12} \\ p_{12} & p_{22} \end{pmatrix} + \begin{pmatrix} p_{11} & p_{12} \\ p_{12} & p_{22} \end{pmatrix} \begin{pmatrix} -2 & 1 \\ 1 & -3 \end{pmatrix} = \begin{pmatrix} -1 & 0 \\ 0 & -1 \end{pmatrix}. \tag{8.25}$$

Daraus erhält man durch Matrixelementvergleich die drei Bestimmungsgleichungen

$$\begin{aligned} -4p_{11} + 2p_{12} &= -1 \\ p_{11} - 5p_{12} + p_{22} &= 0 \\ 2p_{12} - 6p_{22} &= -1, \end{aligned}$$

also das lineare Gleichungssystem

$$\begin{pmatrix} -4 & 2 & 0 \\ 1 & -5 & 1 \\ 0 & 2 & -6 \end{pmatrix} \begin{pmatrix} p_{11} \\ p_{12} \\ p_{22} \end{pmatrix} = \begin{pmatrix} -1 \\ 0 \\ -1 \end{pmatrix}. \tag{8.26}$$

Es hat die Lösungen $p_{11} = 0.3$, $p_{12} = 0.1$ und $p_{22} = 0.2$. Die Matrix

$$P = \begin{pmatrix} 0.3 & 0.1 \\ 0.1 & 0.2 \end{pmatrix} \tag{8.27}$$

ist positiv definit; denn nach dem Kriterium von SYLVESTER ist eine Matrix genau dann positiv definit, wenn jede Hauptabschnittsdeterminante positiv ist, was hier zutrifft. Da bei der Wahl von $Q = I$ in (8.25) $\dot{V}(x) = -x^T x$ für $x \neq o$ stets negativ ist, ist das untersuchte System asymptotisch stabil. Die Eigenwerte $\lambda_1 = -1.382$ und $\lambda_2 = -3.618$, die man in diesem einfachen Beispiel ohne großen Aufwand berechnen kann, bestätigen das.

Eine numerische Lösung der LJAPUNOV-Gleichung $A^T P + PA = -Q$ der Ordnung n geht von der spaltenweisen Betrachtung der Matrizengleichung aus. Für die i-ten Spalten erhält man

$$A^T p_i + P a_i = -q_i, \quad i = 1, 2, \ldots, n, \tag{8.28}$$

wobei p_i, a_i bzw. q_i die i-ten Spalten von P, A bzw. Q sind. Für die k-te Zeile von (8.28) folgt dann direkt

$$a_k^T p_i + p_k^T a_i = -q_{ki}. \tag{8.29}$$

Wegen der Symmetrie der gesuchten Matrix P ist $p_{ij} = p_{ji}$ und es sind nur $n(n+1)/2$ Matrixelemente zu bestimmen.

Beispielsweise sind für $n = 3$ zu ermitteln: $p_{11}, p_{21}, p_{31}, p_{22}, p_{32}$ und p_{33}. Für i gleich 1,2 und 3 erhält man dann aus (8.29) das zu lösende Gleichungssystem

$$\underbrace{\begin{pmatrix} 2a_{11} & 2a_{21} & 2a_{31} & 0 & 0 & 0 \\ a_{12} & a_{22}+a_{11} & a_{32} & a_{21} & a_{31} & 0 \\ a_{13} & a_{23} & a_{33}+a_{11} & 0 & a_{21} & a_{31} \\ 0 & 2a_{12} & 0 & 2a_{22} & 2a_{32} & 0 \\ 0 & a_{13} & a_{12} & a_{23} & a_{32}+a_{22} & a_{32} \\ 0 & 0 & 2a_{13} & 0 & 2a_{23} & 2a_{33} \end{pmatrix}}_{L} \underbrace{\begin{pmatrix} p_{11} \\ p_{21} \\ p_{31} \\ p_{22} \\ p_{32} \\ p_{33} \end{pmatrix}}_{p} = -\underbrace{\begin{pmatrix} q_{11} \\ q_{21} \\ q_{31} \\ q_{22} \\ q_{32} \\ q_{33} \end{pmatrix}}_{q}. \tag{8.30}$$

In [8.5,8.6] ist für die allgemeine Berechnung der Elemente der Matrix L für beliebiges n der folgende Algorithmus angegeben:

Algorithmus 8.1 {Berechnung der Elemente der Matrix L}

```
    k1 := 0; h := n * (n + 1)/2;
    for k := 1 to n do
        for ℓ := k to n do
            begin j1 := 0; k1 := k1 + 1;
                for i := 1 to n do
                    for j := i to n do
                        begin j1 := j1 + 1;
                            if k = i and ℓ ≠ j then L[j1, k1] := A[ℓ, j] else
                            if k ≠ i and ℓ = j then L[j1, k1] := A[k; i] else
                            if k ≠ i and ℓ ≠ j and k = j and ℓ ≠ i then
                                L[j1, k1] := A[ℓ, i] else
                            if k ≠ i and ℓ ≠ j and k ≠ j and ℓ = i then
                                L[j1, k1] := A[k, j] else
                            if k = i and ℓ = j and k = j and ℓ = i then
                                L[j1, k1] := A[k, i] else
                            if k = i and ℓ = j and k ≠ j and ℓ ≠ i then
                                L[j1, k1] := A[k, i] + A[ℓ, j] else L[j1, k1] := 0;
                        end;
            end;
    i := 1; j := 0;
    while i <= h do
        begin
            for k := 1 to h do L[i, h] := 2 * L[i, k];
            i := i + n - j; j := j + 1;
        end.
```

Das lineare Gleichungssystem $Lp = q$ kann dann mit Hilfe eines der in Kapitel 3 angegebenen Verfahren gelöst werden.

Für die Lösung der *zeitdiskreten* LJAPUNOV–Gleichung $A^T P A - P = -Q$ wird in [8.6] ein ähnliches Verfahren angegeben, das wieder auf ein zu lösendes lineares Gleichungssystem führt.

Ein völlig anderer Weg zur Lösung der LJAPUNOV–Gleichungen wird in [8.7] für die zeitkontinuierliche und in [8.8] für die zeitdiskrete Gleichung gegangen. Die Grundidee ist, die Systemmatrix A zunächst auf reelle SCHUR–Form, wie in Abschnitt 2.3.5 angegeben, zu transformieren und dann durch eine Rückwärtseinsetzung die Elemente der Matrix P zu bestimmen.

Natürlich wäre eine solche Vorgehensweise zur Untersuchung der Stabilität unsinnig, da man in der reellen SCHUR–Form die Eigenwerte der Systemmatrix sofort ablesen oder bei konjugiert komplexen Eigenwerten leicht berechnen kann. Wie in Abschnitt 6.3.3 bei der Berechnung der balancierten Realisierung zu sehen war und im nächsten Abschnitt gezeigt wird, treten LJAPUNOV–Gleichungen nicht nur bei Stabilitätsproblemen auf.

Die Methode von Bartels und Stewart [8.7] besteht also darin, zunächst die transponierte Systemmatrix A^T mittels einer unitären Transformationsmatrix T auf die ähnliche reelle Schur-Form R zu transformieren,

$$R = T^{-1} A^T T. \tag{8.31}$$

Multipliziert man die Ljapunov-Gleichung $A^T P + P A = -Q$ von rechts mit dieser unitären Transformationsmatrix T und von links mit der Inversen $T^{-1} = T^T$, so erhält man nach Einfügen von $I = T T^T$:

$$T^T A^T T T^T P T + T^T P T T^T A T = -T^T Q T. \tag{8.32}$$

Mit

$$\begin{aligned}
R &\stackrel{\text{def}}{=} T^T A^T T, \\
R^T &= T^T A T, \\
\overline{P} &\stackrel{\text{def}}{=} T^T P T, \\
\overline{Q} &\stackrel{\text{def}}{=} T^T Q T,
\end{aligned} \tag{8.33}$$

erhält man die transformierte Ljapunov-Gleichung

$$R \overline{P} + \overline{P} R^T = -\overline{Q}, \tag{8.34}$$

wobei R eine obere und R^T eine untere Blockdreiecksmatrix ist, d.h., z.B. für $n = 3$ diese Form hat

$$\begin{pmatrix} r_{11} & r_{12} & r_{13} \\ 0 & r_{22} & r_{23} \\ 0 & 0 & r_{33} \end{pmatrix} [\overline{p}_1, \overline{p}_2, \overline{p}_3] + [\overline{p}_1, \overline{p}_2, \overline{p}_3] \begin{pmatrix} r_{33} & 0 & 0 \\ r_{12} & r_{22} & 0 \\ r_{13} & r_{23} & r_{33} \end{pmatrix} = -[\overline{q}_1, \overline{q}_2, \overline{q}_3]. \tag{8.35}$$

Wenn $r_{k+1,k} = 0$ ist, erhält man für den k-ten Spaltenvektor von (8.34), wenn $\overline{p}_k$ bzw. $\overline{q}_k$ die l-ten Spalten von $\overline{P}$ bzw. $\overline{Q}$ sind,

$$R \overline{p}_k + [\overline{p}_1, \dots, \overline{p}_n] \begin{pmatrix} 0 \\ \vdots \\ 0 \\ r_{k,k} \\ r_{k,k+1} \\ \vdots \\ r_{k,n} \end{pmatrix} = -\overline{q}_k, \tag{8.36}$$

also

$$R \overline{p}_k + \sum_{i=k}^{n} r_{ki} \overline{p}_i = -\overline{q}_k. \tag{8.37}$$

Wenn die Vektoren $\overline{p}_{k+1}$ bis $\overline{p}_n$ bereits bekannt wären, könnte man aus dem linearen Gleichungssystem

$$(R + r_{kk} I) \overline{p}_k = -\overline{q}_k - \sum_{i=k+1}^{n} r_{ki} \overline{p}_i \tag{8.38}$$

den Vektor $\overline{p}_k$ ermitteln. Man wird zunächst $\overline{p}_n$ aus

$$(R + r_{nn}I)\overline{p}_n = -\overline{q}_n \tag{8.39}$$

berechnen und dann aus (8.38) $\overline{p}_{n-1}, \overline{p}_{n-2}$ usw.

Liegt in der reellen SCHUR–Form ein 2×2–Block vor, ist also $r_{k,k-1} \neq 0$, was bei der reellen SCHUR–Form der Fall ist, wenn ein konjugiert komplexes Eigenwertpaar vorliegt, erhält man statt (8.35) jetzt

$$R\overline{p}_k + [\overline{p}_1,\ldots,\overline{p}_n] \begin{pmatrix} 0 \\ \vdots \\ 0 \\ r_{k,k-1} \\ r_{k,k} \\ \vdots \\ r_{k,n} \end{pmatrix} = -\overline{q}_k, \tag{8.40}$$

also

$$(R + r_{k,k}I)\overline{p}_k + r_{k,k-1}\overline{p}_{k-1} = -\overline{q}_k - \sum_{i=k+1}^{n} r_{k,i}\overline{p}_i. \tag{8.41}$$

Entsprechend gilt für die $(k-1)$–te Spalte von (8.34)

$$(R + r_{k-1,k-1}I)\overline{p}_{k-1} + r_{k-1,k}\overline{p}_k = -\overline{q}_{k-1} - \sum_{i=k+1}^{n} r_{k-1,i}\overline{p}_i. \tag{8.42}$$

Faßt man (8.41 und 8.42) zu *einem* linearen Gleichungssystem mit $2n$ Gleichungen so zusammen

$$\begin{pmatrix} R + r_{kk}I & r_{k,k-1}I \\ r_{k-1,k}I & R + r_{k-1,k-1}I \end{pmatrix} \begin{pmatrix} \overline{p}_k \\ \overline{p}_{k-1} \end{pmatrix} = -\begin{pmatrix} \overline{q}_k \\ \overline{q}_{k-1} \end{pmatrix} - \sum_{i=k+1}^{n} \begin{pmatrix} r_{k,i}\overline{p}_i \\ r_{k-1,i}\overline{p}_i \end{pmatrix}, \tag{8.43}$$

so können $\overline{p}_k$ und $\overline{p}_{k-1}$ gleichzeitig berechnet werden.

Es können aber auch $\overline{p}_k$ und $\overline{p}_{k-1}$ getrennt aus linearen Gleichungssystemen n–ter Ordnung ermittelt werden. Multipliziert man nämlich Gleichung (8.42) mit $r_{k,k-1}$ und Gleichung (8.41) von links mit der Matrix $R + r_{k-1,k-1}I$, erhält man zunächst

$$r_{k,k-1}(R + r_{k-1,k-1}I)\overline{p}_{k-1} + r_{k,k-1}r_{k-1,k}\overline{p}_k = -r_{k,k-1}\left(\overline{q}_{k-1} + \sum_{i=k+1}^{n} r_{k-1,i}\overline{p}_i\right) \tag{8.44}$$

und

$$(R + r_{k-1,k-1}I)(R + r_{k,k}I)\overline{p}_k + r_{k,k-1}(R + r_{k-1,k-1}I)\overline{p}_{k-1} =$$
$$-(R + r_{k-1,k-1}I)\left(\overline{q}_k + \sum_{i=k+1}^{n} r_{k,i}\overline{p}_i\right). \tag{8.45}$$

Subtrahiert man (8.44) von (8.45), erhält man schließlich das lineare Gleichungssystem zur Bestimmung von $\overline{p}_k$

$$((R + r_{k-1,k-1}I)(R + r_{k,k}I) - r_{k,k-1}r_{k-1,k}I)\overline{p}_k = w_k \tag{8.46}$$

mit

$$w_k \stackrel{\text{def}}{=} -(R + r_{k-1,k-1}I)\left(\overline{q}_k + \sum_{i=k+1}^{n} r_{k,i}\overline{p}_i\right) + r_{k,k-1}\left(\overline{q}_{k-1} + \sum_{i=k+1}^{n} r_{k-1,i}\overline{p}_i\right). \quad (8.47)$$

Entsprechend erhält man für die Ermittlung von $\overline{p}_{k-1}$

$$((R + r_{k,k}I)(R + r_{k-1,k-1}I) - r_{k-1,k}r_{k,k-1}I)\overline{p}_{k-1} = w_{k-1} \quad (8.48)$$

mit

$$w_{k-1} \stackrel{\text{def}}{=} -(R + r_{k,k}I)\left(\overline{q}_{k-1} + \sum_{i=k+1}^{n} r_{k-1,i}\overline{p}_i\right) + r_{k-1,k}\left(\overline{q}_k + \sum_{i=k+1}^{n} r_{k,i}\overline{p}_i\right). \quad (8.49)$$

Wie man leicht durch Ausrechnen zeigen kann, sind die in den großen Klammern stehenden Matrizen in (8.46 und 8.48) gleich, wodurch der Rechenaufwand noch verkleinert wird. Zur Erhöhung der Rechengenauigkeit wird man das optimale Skalarprodukt einsetzen, z.B. in (8.47 und 8.49) zur Berechnung der Klammerausdrücke, die Summen enthalten, so

$$\overline{q}_k + \sum_{i=k+1}^{n} r_{k,i}\overline{p}_i = [\overline{p}_n, [\overline{p}_{n-1}, \ldots, [\overline{p}_{k+1}, [\overline{q}_n] \begin{pmatrix} r_{k,n} \\ r_{k,n-1} \\ \vdots \\ r_{k,k+1} \\ 1 \end{pmatrix}. \quad (8.50)$$

Zusammenfassend erhält man für die Lösung der LJAPUNOV-Gleichung den

Algorithmus 8.2 {Lösung der LJAPUNOV-Gleichung $A^T P + PA = -Q$}
  Ermittlung der Transformationsmatrix T nach Abschnitt 2.3.6, die
    A^T auf reelle SCHUR-Form transformiert;
  $R := T^T A^T T$;
  $\overline{Q} := T^T P T$;
  $k := n$;
  while $k > 0$ do
    begin·
      if $R[k, k-1] = 0$ then
        begin

$$w0 := -[\overline{p}_n, \ldots, \overline{p}_{k+1}, \overline{q}_k] * \begin{pmatrix} R[k, n] \\ \vdots \\ R[k, k+1] \\ 1 \end{pmatrix};$$

        for $i := 1$ to n do
          $R0[i, i] := R[i, i] + R[k, k]$; {$R0 := R + r_{k,k}I$}
        Bestimme $\overline{p}_k$ aus dem linearen Gleichungssystem
        $R1 \cdot \overline{p}_k = w$;
        $k := k - 1$;
    end;

$$
\begin{aligned}
&\textbf{else begin}\\
&\quad \textbf{for } i := 1 \textbf{ to } n \textbf{ do}\\
&\qquad \textbf{begin}\\
&\qquad\quad R0[i,i] := R[i,i] + R[k,k]; \;\{R0 := R + r_{k,k}I\}\\
&\qquad\quad R1[i,i] := R[i,i] + R[k-1,k-1]; \;\{R0 := R + r_{k-1,k-1}I\}\\
&\qquad \textbf{end};\\
&\quad r0 := R[k,k-1];\\
&\quad r1 := R[k-1,k];
\end{aligned}
$$

$$
w0 := -[\overline{p}_n, \ldots, \overline{p}_{k+1}, \overline{q}_k] * \begin{pmatrix} R[k,n] \\ \vdots \\ R[k,k+1] \\ 1 \end{pmatrix};
$$

$$
w1 := -[\overline{p}_n, \ldots, \overline{p}_{k+1}, \overline{q}_{k-1}] * \begin{pmatrix} R[k-1,n] \\ \vdots \\ R[k-1,k+1] \\ 1 \end{pmatrix};
$$

$$
R1 := -[R_0, -(r_0 * r_1)I] * \begin{pmatrix} R_1 \\ I \end{pmatrix};
$$

$$
w2 := -[R1, w1] * \begin{pmatrix} w0 \\ -r_0 \end{pmatrix};
$$

Bestimme $\overline{p}_k$ aus dem linearen Gleichungssystem

$$
R2 \cdot \overline{p}_k = w2;
$$

$$
w2 := -[R0, w0] * \begin{pmatrix} w1 \\ -r_1 \end{pmatrix};
$$

Bestimme $\overline{p}_{k-1}$ aus dem linearen Gleichungssystem

$$
R2 \cdot \overline{p}_{k-1} = w2;
$$

$$
\begin{aligned}
&\qquad\quad k := k - 2;\\
&\qquad \textbf{end};\\
&\quad \textbf{end};\\
&P := T\overline{P}T^T.
\end{aligned}
$$

8.4 Optimale lineare Regler und RICCATI–Gleichung

Für das lineare Mehrfachsystem mit der mathematischen Beschreibung

$$
\begin{aligned}
\dot{x}(t) &= Ax(t) + Bu(t), \quad x \in \mathsf{R}^n, u \in \mathsf{R}^p, \\
y(t) &= Cx(t), \qquad\qquad y \in \mathsf{R}^q
\end{aligned}
\tag{8.51}
$$

und den Anfangszustand $x(0) = x_0$ soll ein linearer Zustandsregler so entworfen werden, daß er den Ausgangsvektor $y(t)$ in die Nähe des Nullvektors bringt, ihn dort hält und möglichst wenig Stellgrößenaufwand ($u(t)$) dazu verwendet.

Eine Möglichkeit, den Abstand des Ausgangsvektors $y(t)$ vom Nullpunkt zu messen, wäre beispielsweise die EUKLIDische Norm

$$
\|y(t)\|_2 = \sqrt{y^T(t)y(t)}.
$$

Oft sind jedoch einige Ausgangsgrößen wichtiger als andere, so daß eine Gewichtung sinnvoll ist, was z.B. durch eine quadratische Form erfolgen kann:

$$\boldsymbol{y}^T(t)\overline{\boldsymbol{Q}}\boldsymbol{y}(t) \geq 0. \tag{8.52}$$

Ist $\overline{\boldsymbol{Q}}$ eine Diagonalmatrix mit nur positiven Diagonalelementen, so würde man diese Gewichtung erhalten

$$\boldsymbol{y}^T(t)\overline{\boldsymbol{Q}}\boldsymbol{y}(t) = \overline{q}_{11}y_1^2(t) + \overline{q}_{22}y_2^2(t) + \cdots + \overline{q}_{qq}y_q^2(t). \tag{8.53}$$

Genauso kann man mit

$$\boldsymbol{u}^T(t)\boldsymbol{R}\boldsymbol{u}(t) > 0 \tag{8.54}$$

die Eingangsgrößen gewichten.

Es ist sinnvoll, (8.52 und 8.54) in einem Integral zusammenzufassen, so daß folgendes *quadratische Gütekriterium* entsteht

$$J(\boldsymbol{u}) = \int\limits_0^\infty \left(\boldsymbol{y}^T(t)\overline{\boldsymbol{Q}}\boldsymbol{y}(t) + \boldsymbol{u}^T(t)\boldsymbol{R}\boldsymbol{u}(t)\right) \mathrm{d}t. \tag{8.55}$$

Das Problem der optimalen linearen Regelung besteht nun darin, eine optimale Steuerfunktion $\boldsymbol{u}^*_{[0,\infty)}$ so zu finden, daß das Gütekriterium $J(\boldsymbol{u}^*)$ *minimal* ist, also

$$J(\boldsymbol{u}^*) \leq J(\boldsymbol{u}) \tag{8.56}$$

gilt.

Beispielsweise in [8.9] wird hergeleitet, daß das System mit der mathematischen Beschreibung (8.51), wenn es steuerbar und beobachtbar ist, die Zustandsrückführung[1]

$$\boldsymbol{u}^*(t) = \boldsymbol{K}\boldsymbol{x}(t) \tag{8.57}$$

das Gütefunktional

$$\begin{aligned}
J(\boldsymbol{u}) &= \int\limits_0^\infty \left(\boldsymbol{y}^T(t)\boldsymbol{Q}\boldsymbol{y}(t) + \boldsymbol{u}^T(t)\boldsymbol{R}\boldsymbol{u}(t)\right) \mathrm{d}t \\[2ex]
&= \int\limits_0^\infty \left(\boldsymbol{x}^T(t)\boldsymbol{C}^T\overline{\boldsymbol{Q}}\boldsymbol{C}\boldsymbol{x}(t) + \boldsymbol{u}^T(t)\boldsymbol{R}\boldsymbol{u}(t)\right) \mathrm{d}t
\end{aligned} \tag{8.58}$$

minimiert, wobei die Rückkoppelungsmatrix

$$\boldsymbol{K} = -\boldsymbol{R}^{-1}\boldsymbol{B}^T\boldsymbol{P} \tag{8.59}$$

---

[1]Da in der Optimierungstheorie das Symbol R für die Bewertung der Stellgröße innerhalb des Gütekriteriums verwendet wird, wird hier, abweichend von Kapitel 4, für die Rückkoppelungsmatrix das Symbol K verwendet.

ist und die Matrix P die symmetrische, positiv definite Lösungsmatrix der nichtlinearen algebraischen *Matrix*-RICCATI-*Gleichung*

$$A^T P + PA - PBR^{-1}B^T P + Q = O \tag{8.60}$$

mit $Q \stackrel{\text{def}}{=} C^T \overline{Q} C$, ist. Das rückgekoppelte System mit der Systemmatrix $(A - BK)$ ist asymptotisch stabil.

Zwischen den optimalen Reglern und den LJAPUNOV-Gleichungen besteht ein sehr enger Zusammenhang. Betrachtet man das asymptotisch stabile System

$$\dot{x}(t) = Ax(t), \tag{8.61}$$

für das das quadratische Gütekriterium

$$J = \int\limits_0^\infty x^T Q x(t) \mathrm{d}t \tag{8.62}$$

minimiert werden soll. Angenommen, es ist

$$x^T Q x(t) = -\frac{\mathrm{d}}{\mathrm{d}t}(x^T(t) P x(t)), \tag{8.63}$$

wobei P eine positiv definite Matrix ist, erhält man

$$\begin{aligned}
x^T Q x &= -\dot{x}^T P x - x^T P \dot{x} \\
&= -x^T A^T P x - x^T P A x \\
&= -x^T (A^T P - PA)x.
\end{aligned} \tag{8.64}$$

Aus der Stabilitätstheorie in Abschnitt 8.1 ist bekannt, daß bei asymptotisch stabiler Systemmatrix A, für eine gegebene Matrix Q immer eine Matrix P so existiert, daß die LJAPUNOV-Gleichung

$$A^T P + PA = -Q \tag{8.65}$$

erfüllt ist, also kann bei gegebenen Matrizen A und Q die Matrix P aus (8.65) ermittelt werden. Der Wert des quadratischen Gütekriteriums J selbst kann so ermittelt werden

$$\begin{aligned}
J &= \int\limits_0^\infty x^T(t) Q x(t) \mathrm{d}t \\
&= (-x(t) P x(t))_0^\infty \\
&= -x^T(\infty) P x(\infty) + x(0) P x(0).
\end{aligned} \tag{8.66}$$

Da vorausgesetzt wurde, daß das System asymptotisch stabil ist, strebt $x(t)$ für $t \to \infty$ gegen den Nullvektor, also ist

$$J = x^T(0) P x(0). \tag{8.67}$$

Ist die Systemmatrix A von einem veränderbaren Parameter α abhängig, so ist auch P davon abhängig und der optimale Parameter α^*, der J minimal macht, kann aus der notwendigen Bedingung

$$\frac{\partial J}{\partial \alpha} = \frac{\partial}{\partial \alpha}\left(\boldsymbol{x}^T(0)\boldsymbol{P}\boldsymbol{x}(0)\right) = 0 \tag{8.68}$$

bestimmt werden.

8.5 Numerische Lösung der Matrix–Riccati–Gleichung

Ordnet man die Riccati-Gleichung (8.60) so um

$$-Q - A^T P = P(A - BR^{-1}B^T P) \tag{8.69}$$

und fügt die Identität (unter Berücksichtigung von $K = -R^{-1}B^T P$)

$$A - BR^{-1}B^T P = A + BK \tag{8.70}$$

hinzu, erhält man das neue Gleichungssystem

$$\begin{pmatrix} A - BR^{-1}B^T P \\ -Q - A^T P \end{pmatrix} = \begin{pmatrix} A + BK \\ P(A + BK) \end{pmatrix} = \begin{pmatrix} I \\ P \end{pmatrix}(A + BK). \tag{8.71}$$

Zerlegen der linken Seite dieser Gleichung in das Produkt von zwei Matrizen liefert

$$\begin{pmatrix} A & -BR^{-1}B^T \\ -Q & -A^T \end{pmatrix}\begin{pmatrix} I \\ P \end{pmatrix} = \begin{pmatrix} I \\ P \end{pmatrix}(A + BK). \tag{8.72}$$

Angenommen, die Matrix $(A + BK)$ hat n linear unabhängige Eigenvektoren, die in der Matrix W zusammengefaßt sind, dann kann mit der aus den Eigenwerten λ_i bestehenden Diagonalmatrix Λ für $(A + BK)$ auch $W\Lambda W^{-1}$ geschrieben werden, also statt (8.72)

$$\begin{pmatrix} A & -BR^{-1}B^T \\ -Q & -A^T \end{pmatrix}\begin{pmatrix} I \\ P \end{pmatrix} = \begin{pmatrix} I \\ P \end{pmatrix} W\Lambda W^{-1}. \tag{8.73}$$

Multipliziert man diese Gleichung von rechts mit der Eigenvektormatrix W, erhält man zunächst

$$\begin{pmatrix} A & -BR^{-1}B^T \\ -Q & -A^T \end{pmatrix}\begin{pmatrix} W \\ PW \end{pmatrix} = \begin{pmatrix} W \\ PW \end{pmatrix}\Lambda \tag{8.74}$$

und mit der sogenannten Hamilton-Matrix

$$H \overset{\text{def}}{=} \begin{pmatrix} A & -BR^{-1}B^T \\ -Q & -A^T \end{pmatrix} \tag{8.75}$$

und

$$V \overset{\text{def}}{=} \begin{pmatrix} W \\ PW \end{pmatrix}, \tag{8.76}$$

dann

$$HV = V\Lambda, \tag{8.77}$$

folglich müssen die n Spalten von V Eigenvektoren der HAMILTON-Matrix sein, einer $2n \times 2n$-Matrix! Also sind *die* Spalten von V Eigenvektoren von H, die mit den n Eigenwerten von $(A + BK)$ verbunden sind. Da aber das rückgekoppelte System mit der Systemmatrix $(A + BK)$ asymptotisch stabil ist, müssen n der stabilen Eigenwerte der HAMILTON-Matrix H gleich den Eigenwerten von $(A + BK)$ sein.

Es soll jetzt gezeigt werden, daß nur genau n Eigenwerte von H negativen Realteil besitzen. Hierzu wird die Matrix H mit Hilfe der Transformationsmatrix

$$T = \begin{pmatrix} I & O \\ P & I \end{pmatrix}, \quad T^{-1} = \begin{pmatrix} I & O \\ -P & I \end{pmatrix}, \tag{8.78}$$

auf die ähnliche Matrix transformiert

$$T^{-1}HT = \begin{pmatrix} A - BR^{-1}B^TP & -BR^{-1}B^T \\ -PA - Q + PBR^{-1}B^TP - A^TP & PBR^{-1}B^T - A^T \end{pmatrix}, \tag{8.79}$$

also mit (8.59 und 8.60) auf

$$\begin{aligned} T^{-1}HT &= \begin{pmatrix} A - BR^{-1}B^TP & -BR^{-1}B^T \\ O & PBR^{-1}B^T - A^T \end{pmatrix} \\ &= \begin{pmatrix} A + BK & -BR^{-1}B^T \\ O & -(A + BK)^T \end{pmatrix}, \end{aligned} \tag{8.80}$$

d.h., die Eigenwerte der HAMILTON-Matrix H sind gleich den Eigenwerten der Matrizen $(A + BK)$ und $-(A + BK)$. Da aber die Eigenwerte einer transponierten Matrix gleich den Eigenwerten der nicht transponierten Matrix und die Eigenwerte einer negativen Matrix gleich den negativen Eigenwerten der nicht negierten Matrix sind, gilt für die Eigenwerte $\lambda_i(H)$ von H:

$$\lambda_{i+n}(H) = \lambda_i(-(A + BK)), \quad i = 1, 2, \ldots, n \tag{8.81}$$

und

$$\lambda_i(H) = \lambda_i(A + BK), \quad i = 1, 2, \ldots, n. \tag{8.82}$$

Faßt man *die* n Eigenvektoren von H, die zu den n Eigenwerten mit negativem Realteil gehören, zu der Matrix V zusammen und unterteilt diese $2n \times n$-Matrix in zwei $n \times n$-Matrizen,

$$V = \begin{pmatrix} V_1 \\ V_2 \end{pmatrix}, \tag{8.83}$$

so folgt aus (8.76)

$$\begin{pmatrix} V_1 \\ V_2 \end{pmatrix} = \begin{pmatrix} W \\ PW \end{pmatrix}, \tag{8.84}$$

also ist $V_1 = W$ und damit

$$V_2 = PV_1. \tag{8.85}$$

Transponiert man diese Gleichung, erhält man das lineare Gleichungssystem

$$V_1^T P = V_2^T,$$

(8.86)

aus dem man die Lösungsmatrix P für die RICCATI-Gleichung (8.60) ermitteln kann.

Die Eigenwerte λ_i und die zugehörigen Eigenvektoren können mit Hilfe der in Kapitel 2 angegebenen Verfahren berechnet werden, einfache Eigenwerte und zugehörige Eigenvektoren können sogar, wenn benötigt, mit den Verfahren aus Kapitel 3 hochgenau ermittelt werden.

Treten bei der HAMILTON-Matrix H mehrfache Eigenwerte auf, so können bei der Berechnung der Eigenvektoren Schwierigkeiten auftreten, da nicht mehr sicher ist, daß sie linear unabhängig sind. Von LAUB [8.10] wurde deshalb ein numerisch stabiles Verfahren vorgeschlagen, bei dem die HAMILTON-Matrix zunächst mittels orthogonaler Matrizen auf reelle SCHUR-Form S, wie in Abschnitt 2.3.6 gezeigt wurde, transformiert wird:

$$T^T H T = S = \begin{pmatrix} S_{11} & S_{12} \\ O & S_{22} \end{pmatrix}.$$

(8.87)

Die Eigenwerte mit negativem Realteil sollen alle in S_{11} enthalten sein. Die ersten n Spalten von T, nämlich

$$[t_1, \ldots, t_n] = \begin{pmatrix} T_1 \\ T_2 \end{pmatrix},$$

(8.88)

die sogenannten „SCHUR-Vektoren", ergeben dann

$$P T_1 = T_2$$

(8.89)

oder nach Transponieren und Beachten, daß die Matrix P symmetrisch ist, das lineare Gleichungssystem für die Lösung der allgemeinen Matrix-RICCATI-Gleichung

$$T_1^T P = T_2^T.$$

(8.90)

Zur Überprüfung der Genauigkeit der berechneten Lösungsmatrix P kann man diese in die RICCATI-Gleichung (8.60) einsetzen und deren Erfüllung kontrollieren. Ist das Ergebnis nicht zufriedenstellend, kann nach einem Vorschlag in [8.11] die Lösung iterativ verbessert werden. Aus der Lösung der algebraischen Matrix-RICCATI-Gleichung (8.60) mit Hilfe des NEWTONschen Iterationsverfahrens folgt nämlich mit $R^* \stackrel{\text{def}}{=} B R^{-1} B^T$ für die Lösungsmatrix im k-ten Iterationsschritt P_k die LJAPUNOV-Gleichung

$$(A - R^* P_{k-1})^T P_k + P_k (A - R^* P_{k-1}) = -(Q + P_{k-1} R^* P_{k-1}).$$

(8.91)

Gibt man die mit dem oben beschriebenen Verfahren von LAUB ermittelte Lösung als Startwert P_0 vor, so konvergiert das Verfahren gegen die wahre Lösung P der RICCATI-Gleichung,

$$\lim_{k \to \infty} P_k = P.$$

(8.92)

Die Lösung P_k der LJAPUNOV-Gleichung (8.91) kann mit einem der in Abschnitt 8.3 beschriebenen Verfahren berechnet werden.

9 Frequenzkennlinien

9.1 Einführung und Grundlagen

Der Vorteil der mathematischen Beschreibung eines dynamischen Systems mit Hilfe von Zustandsvariablen liegt darin, daß damit auch nichtlineare und zeitvariante dynamische Systeme beschrieben werden können. Für lineare zeitinvariante dynamische Systeme können jedoch Analyse und Synthese durch den Gebrauch der *Übertragungsfunktion* bzw. der *Übertragungsmatrix*, das sind mathematische Systembeschreibungen im Frequenzgang, vereinfacht werden. Da bei diesen Methoden nur das Übertragungsverhalten zwischen den Ein– und Ausgängen eines Systems betrachtet wird, kann es vorkommen, daß auch bei linearen zeitinvarianten Systemen wesentliche Systemeigenschaften nicht berücksichtigt werden. Es ist also Vorsicht bei der Anwendung dieser Methoden geboten [4.1].

Die Übertragungsmatrix eines linearen zeitinvarianten Systems erhält man durch Anwendung der LAPLACE–Transformation [9.1] auf die mathematische Beschreibung

$$\dot{\boldsymbol{x}}(t) = \boldsymbol{A}\boldsymbol{x}(t) + \boldsymbol{B}\boldsymbol{u}(t), \tag{9.1}$$

$$\boldsymbol{y}(t) = \boldsymbol{C}\boldsymbol{x}(t) + \boldsymbol{D}\boldsymbol{u}(t), \tag{9.2}$$

d.h., aus

$$s\boldsymbol{X}(s) - \boldsymbol{x}_0 = \boldsymbol{A}\boldsymbol{X}(s) + \boldsymbol{B}\boldsymbol{U}(s), \tag{9.3}$$

$$\boldsymbol{Y}(s) = \boldsymbol{C}\boldsymbol{X}(s) + \boldsymbol{D}\boldsymbol{U}(s). \tag{9.4}$$

In (9.3 und 9.4) sind die LAPLACE–transformierten Zeitvektoren wie üblich durch große Buchstaben gekennzeichnet. $\boldsymbol{U}(s), \boldsymbol{X}(s)$ und $\boldsymbol{Y}(s)$ sind also Vektoren und keine Matrizen. Im folgenden wird stets der Anfangszustand $\boldsymbol{x}_0 = \boldsymbol{o}$ vorausgesetzt. Damit erhält man aus (9.3)

$$\boldsymbol{X}(s) = (s\boldsymbol{I} - \boldsymbol{A})^{-1}\boldsymbol{B}\boldsymbol{U}(s). \tag{9.5}$$

(9.5) in (9.4) eingesetzt, ergibt den Zusammenhang zwischen den Ein– und Ausgangsgrößen im Bildbereich der LAPLACE–Transformation

$$\boldsymbol{Y}(s) = \left(\boldsymbol{C}(s\boldsymbol{I} - \boldsymbol{A})^{-1}\boldsymbol{B} + \boldsymbol{D} \right) \boldsymbol{U}(s), \tag{9.6}$$

oder mit der *Übertragungsmatrix*

$$\boldsymbol{G}(s) \stackrel{\text{def}}{=} \boldsymbol{C}(s\boldsymbol{I} - \boldsymbol{A})^{-1}\boldsymbol{B} + \boldsymbol{D} \tag{9.7}$$

schließlich

$$Y(s) = G(s)U(s). \tag{9.8}$$

Liegt ein *Einfachsystem* mit nur einer Eingangsgröße u und einer Ausgangsgröße y vor, dann sind $C = c^T$ und $B = b$ Vektoren und $D = d$ ist ein Skalar, so daß statt einer Übertragungs*matrix* eine Übertragungs*funktion*

$$G(s) \stackrel{\text{def}}{=} c^T(sI - A)^{-1}b + d \tag{9.9}$$

vorliegt.

Für die Matrix $(sI - A)^{-1}$ erhält man ausgeschrieben

$$(sI - A)^{-1} = \frac{\text{adj}(sI - A)}{\det(sI - A)}. \tag{9.10}$$

Hierbei ist der Nenner gleich dem charakteristischen Polynom $\Delta(s)$ der Systemmatrix A, d.h., ein Polynom n-ten Grades

$$\Delta(s) = s^n + a_{n-1}s^{n-1} + \cdots + a_1 s + a_0. \tag{9.11}$$

Der Zähler von (9.10) besteht aus der zur Matrix $(sI - A)$ gehörenden adjungierten Matrix, deren Elemente $A_{ik}(s)$ Polynome in s von höchstens $(n-1)$-tem Grade sind, was aus dem Bildungsgesetz für die Elemente $A_{ik}(s)$ folgt; denn $A_{ik}(s)$ ist gleich der Determinante der Matrix, die entsteht, wenn man die k-te Zeile und die i-te Spalte der Matrix $(sI - A)$ streicht, multipliziert mit $(-1)^{i+k}$. (9.10) in die Übertragungsfunktion (9.9) für Einfachsysteme eingesetzt, ergibt

$$\begin{aligned} G(s) &= \frac{Z(s)}{N(s)} \\ &= \frac{c^T \text{adj}(sI - A)b}{\det(sI - A)} + d \\ &= \frac{c^T \text{adj}(sI - A)b + d \det(sI - A)}{\det(sI - A)}. \end{aligned} \tag{9.12}$$

Da die Elemente der Matrix $\text{adj}(sI - A)$ Polynome höchstens $(n-1)$-ten Grades und die Vektoren c und b unabhängig von s sind, ist das Polynom $c^T\text{adj}(sI - A)b$ ebenfalls nur höchstens vom Grade $n - 1$. Damit folgt aber aus (9.12) das

Lemma 9.1: *Ist in der mathematischen Beschreibung eines linearen zeitinvarianten Einfachsystems n-ter Ordnung $d = 0$, dann hat das Zählerpolynom $Z(s)$ höchstens den Grad $n - 1$. Ist dagegen $d \neq 0$, d.h., besteht bei dem mathematischen Modell eine direkte Verbindung zwischen Ein- und Ausgang, so hat das Zählerpolynom der Übertragungsfunktion den gleichen Grad wie das Nennerpolynom.*

Setzt man das charakteristische Polynom $\Delta(s)$ gleich Null, erhält man die charakteristische Gleichung der Systemmatrix A. Die Wurzeln der charakteristischen Gleichung sind die Eigenwerte von A. Mit *Nullstellen* der Übertragungsfunktion $G(s)$ werden die

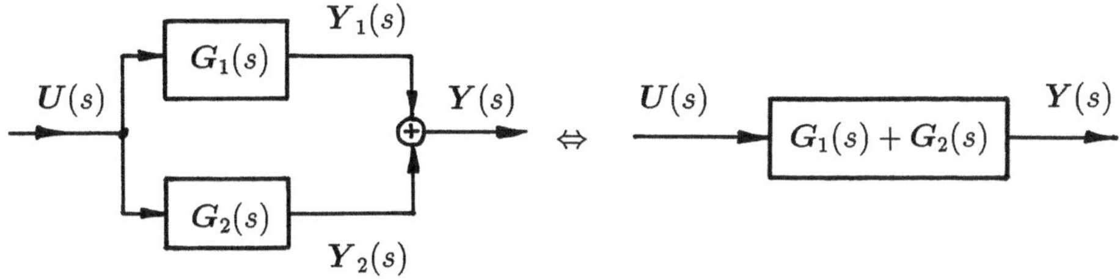

Abb. 9.1: Übertragungsmatrix der Parallelschaltung zweier Systeme

Werte $s = n_i$ bezeichnet, für die $G(s) = 0$ ist. Das sind die Wurzeln des Zählerpolynoms $Z(s)$ von $G(s)$. Für die Wurzeln $s = p_i$ des Nennerpolynoms $N(s)$ von $G(s)$ strebt für $s \to p_i$ der Betrag $|G(s)|$ der Übertragungsfunktion gegen Unendlich. Die p_i werden deshalb *Pole* der Übertragungsfunktion genannt.

Übertragungsfunktion und Übertragungsmatrix werden vor allem für die Beschreibung von zusammengesetzten Systemen in der Nachrichten– und Regelungstechnik benutzt. Gegeben seien z.B. ein System mit p_1 Eingangs– und q_1 Ausgangsgrößen und der $q_1 \times p_1$–Übertragungsmatrix $G_1(s)$ und ein zweites System mit der $q_2 \times p_2$–Übertragungsmatrix $G_2(s)$. Sind beide Systeme wie in Abb. 9.1 parallelgeschaltet, so erhält man , wenn $p_1 = p_2$ und $q_1 = q_2$ ist,

$$
\begin{aligned}
Y(s) &= Y_1(s) + Y_2(s) \\
&= G_1(s)U(s) + G_2(s)U(s) \\
&= (G_1(s) + G_2(s))\, U(s),
\end{aligned}
\tag{9.13}
$$

d.h., die Übertragungsmatrix $G(s)$ des Gesamtsystems setzt sich additiv zusammen:

$$
G(s) = G_1(s) + G_2(s).
\tag{9.14}
$$

Für die Hintereinanderschaltung (Reihenschaltung) der beiden Systeme erhält man, wenn die Zahl q_1 der Ausgänge des ersten Systems gleich der Zahl p_2 der Eingangsgrößen des zweiten Systems ist ($q_1 = p_2$), aus Abb. 9.2

$$
\begin{aligned}
Y(s) &= G_2(s)U_2(s) \\
&= G_2(s)G_1(s)U(s).
\end{aligned}
\tag{9.15}
$$

Die $q_2 \times p_1$–Übertragungsmatrix $G(s)$ des Gesamtsystems ist

$$
G(s) = G_2(s)G_1(s).
\tag{9.16}
$$

Wird das System mit der Übertragungsmatrix $G_1(s)$ über das System mit der

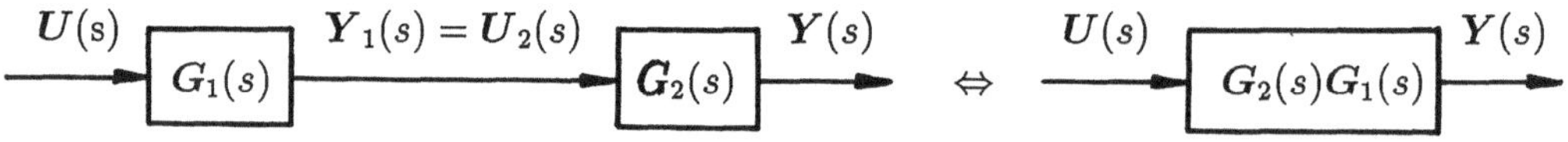

$$U(s) \xrightarrow{\quad} \boxed{G_1(s)} \xrightarrow{\;Y_1(s)=U_2(s)\;} \boxed{G_2(s)} \xrightarrow{\;Y(s)\;} \qquad \Leftrightarrow \qquad U(s) \xrightarrow{\quad} \boxed{G_2(s)G_1(s)} \xrightarrow{\;Y(s)\;}$$

Abb. 9.2: Übertragungsmatrix der Hintereinanderschaltung zweier Systeme

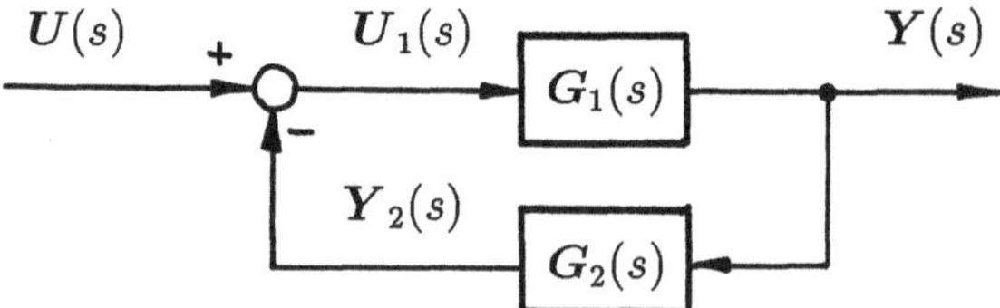

Abb. 9.3: Rückgekoppeltes Mehrfachsystem

Übertragungsmatrix $G_2(s)$ wie in Abb. 9.3 zurückgekoppelt, ist

$$\begin{aligned} U_1(s) &= U(s) - Y_2(s) \\ &= U(s) - G_2(s)Y(s) \end{aligned} \tag{9.17}$$

und mit

$$Y(s) = G_1(s)U_1(s) \tag{9.18}$$

zunächst

$$Y(s) = G_1(s)U(s) - G_1(s)G_2(s)Y(s). \tag{9.19}$$

Wenn die inverse Matrix $(I + G_1(s)G_2(s))^{-1}$ existiert, kann (9.19) nach $Y(s)$ aufgelöst werden,

$$Y(s) = (I + G_1(s)G_2(s))^{-1} G_1(s)U(s). \tag{9.20}$$

Für das gesamte rückgekoppelte System erhält man die Übertragungsmatrix

$$G(s) = (I + G_1(s)G_2(s))^{-1} G_1(s). \tag{9.21}$$

Handelt es sich um Einfachsysteme, so hat das rückgekoppelte System die Übertragungsfunktion

$$G(s) = \frac{G_1(s)}{1 + G_1(s)G_2(s)}. \tag{9.22}$$

Der *Frequenzgang* $G(j\omega)$, $0 < \omega < \infty$, eines Systems kann durch ein Experiment mit sinusförmigen Eingangssignalen verschiedener Frequenz ω ermittelt oder aus der Übertragungsfunktion $G(s)$ erhalten werden:

$$G(j\omega) \overset{\text{def}}{=} G(s)|_{s=j\omega}. \tag{9.23}$$

Gibt man auf ein stabiles *lineares* zeitinvariantes System als Eingangssignal eine sinusförmige Schwingung mit der Amplitude A,

$$u(t) = A\sin(\omega t), \tag{9.24}$$

so tritt als Ausgangssignal, nach einem gewissen Einschwingvorgang, wieder ein sinusförmiges Signal gleicher Frequenz, aber mit anderer Amplitude B und mit einer Phasenverschiebung $\varphi(\omega)$ auf,

$$y(t) = B\sin(\omega t + \varphi(\omega)). \tag{9.25}$$

Z.B. in [9.2] wird gezeigt, daß

$$B = |G(j\omega)|A \tag{9.26}$$

und

$$\varphi(\omega) = \underline{/G(j\omega)} \tag{9.27}$$

ist, wobei $|G(j\omega)|$ und $\underline{/G(j\omega)}$ aus der Darstellung der komplexen Zahl

$$G(j\omega) = |G(j\omega)|e^{j\underline{/G(j\omega)}} \tag{9.28}$$

folgt. Schreibt man andererseits für die komplexe Zahl

$$G(j\omega) = \mathrm{Re}(G(j\omega)) + j \cdot \mathrm{Im}(G(j\omega)), \tag{9.29}$$

erhält man die Zusammenhänge

$$|G(j\omega)| = \sqrt{(\mathrm{Re}(G(j\omega)))^2 + (\mathrm{Im}(G(j\omega)))^2} \tag{9.30}$$

und

$$\varphi(\omega) = \underline{/G(j\omega)} = \arctan \frac{\mathrm{Im}(G(j\omega))}{\mathrm{Re}(G(j\omega))}. \tag{9.31}$$

Wird in einer Grafik getrennt der Betrag $|G(j\omega)|$ und die Phasenverschiebung $\varphi(\omega)$ über der Frequenz ω aufgetragen, erhält man die *Betrags-* und *Phasenkennlinie*, zusammen *Frequenzkennlinien* genannt. Beim BODE–*Diagramm* werden die Phasenverschiebung $\varphi(\omega)$ und der Logarithmus des Betrags $|G(j\omega)|$ über dem Logarithmus der Frequenz ω aufgetragen. $\log|G(j\omega)|$ wird noch mit dem Maßstabsfaktor 20 multipliziert und die Einheit davon mit *Dezibel* (dB) bezeichnet, abgekürzt

$$|G(j\omega)|_{dB} \stackrel{\mathrm{def}}{=} 20 \log|G(j\omega)|. \tag{9.32}$$

Beispiel 9.1: Ein Verzögerungsglied 2.Ordnung aus der Regelungstechnik hat die Übertragungsfunktion

$$G(s) = \frac{\omega_0^2}{s^2 + 2d\omega_0 s + \omega_o^2}, \tag{9.33}$$

also z.B. für $\omega_0 = 1$ und $d = 0.1$ den Frequenzgang

$$G(j\omega) = \frac{1}{(j\omega)^2 + 0.2\,j\omega + 1} = \frac{(1 - \omega^2) - 0.2\omega\,j}{(1 - \omega^2)^2 + (0.2\omega)^2}. \tag{9.34}$$

Für $\omega \ll 1$ ist $G(j\omega) \approx 1$, für $\omega = 1$ ist $G(j\omega) = -5j$ und für $\omega \gg 1$ ist $G(j\omega) \approx (j\omega)^{-2}$, also

$$|G(j\omega)|_{dB} = \begin{cases} 20\log 1 = 0\,\mathrm{dB} & \text{für} \quad \omega \ll 1, \\ 20\log 5 = 13.98\,\mathrm{dB} & \text{für} \quad \omega = 1, \\ 20\log(\omega^{-2}) = -40\log\omega & \text{für} \quad \omega \gg 1. \end{cases} \tag{9.35}$$

Den Phasenwinkel $\varphi(\omega)$ erhält man gemäß (9.31) mit (9.34) zu

$$\varphi(\omega) = \arctan \frac{-0.2\,\omega}{1 - \omega^2}. \tag{9.36}$$

Die Frequenzkennlinien sind in Abb. 9.4 dargestellt.   □

Besondere Vorteile bietet das BODE–Diagramm bei der Reihenschaltung von Systemen. Beispielsweise erhält man für die Reihenschaltung dreier Systeme mit den Übertragungsfunktionen $G_1(s)$, $G_2(s)$ und $G_3(s)$ die Gesamtübertragungsfunktion

$$G(s) = G_1(s)G_2(s)G_3(s) \tag{9.37}$$

und den Frequenzgang

$$G(j\omega) \;=\; G_1(j\omega)G_2(j\omega)G_3(j\omega)$$

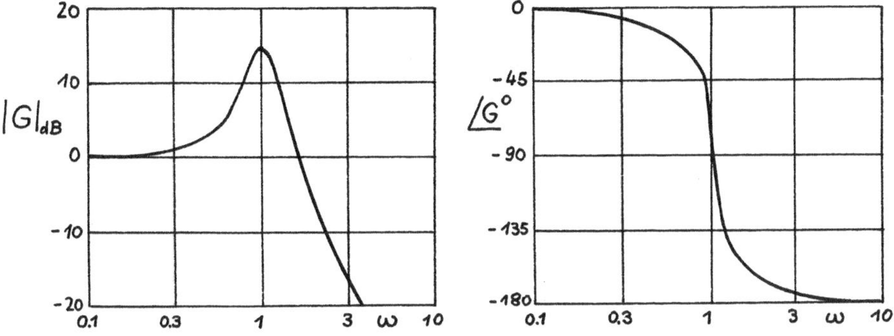

Abb. 9.4: Frequenzgang eines Verzögerungsglieds 2. Ordnung

$$\begin{aligned} &= |G_1(j\omega)|e^{j\varphi_1(\omega)}|G_2(j\omega)|e^{j\varphi_2(\omega)}|G_3(j\omega)|e^{j\varphi_3(\omega)} \\ &= |G(j\omega)|e^{j\varphi(\omega)}. \end{aligned} \tag{9.38}$$

Aus (9.38) folgt unmittelbar

$$|G(j\omega)| = |G_1(j\omega)| \cdot |G_2(j\omega)| \cdot |G_3(j\omega)| \tag{9.39}$$

und

$$\varphi(\omega) = \varphi_1(\omega) + \varphi_2(\omega) + \varphi_3(\omega), \tag{9.40}$$

bzw. aus (9.39) nach Logarithmieren

$$|G(j\omega)|_{dB} = |G_1(j\omega)|_{dB} + |G_2(j\omega)|_{dB} + |G_3(j\omega)|_{dB}. \tag{9.41}$$

Den Frequenzgang für eine Reihenschaltung erhält man also durch Addition der einzelnen Frequenzkennlinien!

9.2 Numerische Berechnung der Frequenzkennlinien

In der Regelungstechnik werden mit Frequenzkennlinien–Verfahren Regelkreise analysiert und entworfen [9.2,9.3]. Für Regelkreise mit einer Eingangs– und einer Ausgangsgröße können die Frequenzkennlinien leicht grafisch z.B. mit Hilfe von halblogarithmischem Millimeterpapier konstruiert werden. Für Systeme hoher Ordnung oder Mehrfachsysteme werden die grafischen Verfahren zu mühevoll und die Ergebnisse eventuell zu ungenau; es kommt nur noch eine numerische Berechnung mit einem Computer in Frage.

Zu dem Mehrfachsystem mit der mathematischen Beschreibung

$$\dot{x} = Ax + Bu \tag{9.42}$$

$$y = Cx + Du \tag{9.43}$$

gehören nach (9.7) die Übertragungsmatrix

$$G(s) = C(sI - A)^{-1}B + D \tag{9.44}$$

bzw. die Frequenzgangmatrix

$$G(j\omega) = C(j\omega I - A)^{-1}B + D. \tag{9.45}$$

Da die Durchgriffsmatrix D nur eine additive, von ω unabhängige Matrix in $G(j\omega)$ ist, kann sie bei den folgenden Betrachtungen fortgelassen werden.

Das erste, was dann in der noch verbleibenden Frequenzgangmatrix

$$G(j\omega) = C(j\omega I - A)^{-1}B \tag{9.46}$$

stört, ist das Auftreten der Inversen $(j\omega I - A)^{-1}$, die für jeden benötigten ω–Wert neu berechnet werden müßte. Die Berechnung der Inversen kann aber so umgangen werden: Wird die Matrix

$$Z(j\omega) \stackrel{\text{def}}{=} (j\omega I - A)^{-1}B \tag{9.47}$$

eingeführt, kann sie aus dem linearen Gleichungssystem

$$(j\omega I - A)Z(j\omega) = B \tag{9.48}$$

ohne Inversion bestimmt und die Frequenzgangmatrix wie folgt damit berechnet werden

$$G(j\omega) = CZ(j\omega). \tag{9.49}$$

Für die komplexe Lösungsmatrix $Z(j\omega)$ des linearen Gleichungssystems (9.48) wird auf dem Computer die Möglichkeit der komplexen Arithmetik benötigt, welche beispielsweise in PASCAL-SC direkt zur Verfügung gestellt wird. Sollen die Frequenzgänge nur mit Hilfe reeller Arithmetik berechnet werden, zerlegt man zunächst die komplexe Matrix $Z(j\omega)$ formal in Real– und Imaginärteil

$$Z(j\omega) = Z_{Re} + jZ_{Im}. \tag{9.50}$$

Dies in (9.48) eingesetzt, ergibt

$$(j\omega I - A)(Z_{Re} + jZ_{Im}) = B, \tag{9.51}$$

und ausmultipliziert

$$-AZ_{Re} - \omega Z_{Im} + j(\omega Z_{Re} - AZ_{Im}) = B. \tag{9.52}$$

Daraus folgt für den reellen Matrizenanteil

$$-AZ_{Re} - \omega Z_{Im} = B \tag{9.53}$$

und für den imaginären Anteil

$$\omega Z_{Re} - AZ_{Im} = O, \tag{9.54}$$

bzw. zusammengefaßt zu einem linearen $2n$-zeiligen Gleichungssystem

$$\begin{pmatrix} -A & -\omega I \\ \omega I & -A \end{pmatrix} \begin{pmatrix} Z_{Re} \\ Z_{Im} \end{pmatrix} = \begin{pmatrix} B \\ O \end{pmatrix}. \tag{9.55}$$

Wenn B eine $n \times p$-Matix ist, sind sowohl Z_{Re} als auch Z_{Im} ebenfalls $n \times p$-Matrizen. Die Frequenzgangmatrix erhält man dann schließlich für ein bestimmtes ω aus

$$G(j\omega) = C Z_{Re} + j C Z_{Im}. \tag{9.56}$$

Die Matrizen Z_{Re} und Z_{Im} können aber auch aufeinanderfolgend berechnet werden, wobei zur Berechnung von Z_{Im} nur noch ein lineares Gleichungssystem der Ordnung n auftritt. Löst man (9.54) nach Z_{Re} auf, wird

$$Z_{Re} = \tfrac{1}{\omega} A Z_{Im}. \tag{9.57}$$

Dies in (9.53) eingesetzt, liefert

$$-\frac{1}{\omega} A^2 Z_{Im} - \omega Z_{Im} = B$$

oder

$$(A^2 + \omega^2 I) Z_{Im} = -\omega B. \tag{9.58}$$

In diesem zweiten Fall würde man zunächst die reelle Matrix Z_{Im} aus dem Gleichungssystem (9.58) der Ordnung n und dann die reelle Matrix Z_{Re} aus (9.57) berechnen. Dadurch, daß in (9.58) A^2 berechnet werden muß, wird die Kondition der Matrix $(A^2 + \omega^2 I)$ im allgemeinen schlechter sein als die der entsprechenden $2n \times 2n$-Matrix in (9.55).

Der Frequenzgang für einen vorgegebenen Frequenzbereich $[\omega_{min}, \omega_{max}]$ wird für so viele Frequenzwerte berechnet, daß man eine hinreichende Zeichengenauigkeit erhält, also für ca. $N = 100$ bis 200 ω-Werte. Da sowohl die Betrags- als auch die Phasenkennlinie über dem Logarithmus der Frequenz aufgetragen wird, ist es für den Erhalt einer gleichmäßigen Verteilung sinnvoll, die Frequenzwerte folgendermaßen zu staffeln

$$\omega_{i+1} := 10^{1/N_D} \cdot \omega_i, \quad i = 0, 1, 2, \ldots, N-1, \tag{9.59}$$

wobei N_D die Zahl der Frequenzwerte pro Dekade ist und (9.59) mit $\omega_0 = \omega_{min}$ gestartet wird. Bezeichnet man die Zahl der Frequenzdekaden, die zwischen ω_{min} und ω_{max} liegen mit D, dann besteht der Zusammenhang

$$N_D \cdot D = N - 1. \tag{9.60}$$

Beispielsweise erhält man für den Frequenzbereich $[\omega_{min}, \omega_{max}] = [0.1, 100]$ und $N = 100$ Frequenzwerte, als Dekadenzahl

$$D = \log_{10}(\omega_{max}/\omega_{min}) = \log_{10}(1000) = 3,$$

und für die Zahl der Frequenzwerte pro Dekade

$$N_D = (N-1)/D = 33,$$

so daß in diesem Fall (9.59) lautet

$$\omega_{i+1} := 10^{1/33}\omega_i = 1.072\,267 \cdot \omega_i.$$

Für das Element G_{ik} der Übertragungsmatrix ergibt sich die komplexe Zahl

$$G_{ik}(j\omega) = \mathrm{Re}(G_{ik}) + j\mathrm{Im}(G_{ik}) \tag{9.61}$$

und daraus der Betrag in dB

$$\begin{aligned}
|G_{ik}(j\omega)|_{dB} &= 20\,\log(\sqrt{(\mathrm{Re}(G_{ik}))^2 + (\mathrm{Im}(G_{ik}))^2} \\
&= 10\,\log\left((\mathrm{Re}(G_{ik}))^2 + (\mathrm{Im}(G_{ik}))^2\right)
\end{aligned} \tag{9.62}$$

und die Phasenverschiebung

$$\varphi(\omega) = \arctan\frac{\mathrm{Im}(G_{ik})}{\mathrm{Re}(G_{ik})}. \tag{9.63}$$

Zusammengefaßt erhält man für die beiden Wege mit Hilfe der Formeln (9.55) bzw. (9.57 und 9.58) diesen

Algorithmus 9.2 {Frequenzkennlinien–Berechnung}
    input A, B, C; . . . . {Systembeschreibung}
    $\omega_{min}, \omega_{max}$; . . . . {Frequenzbereich}
    N; . . . . {Zahl der zu berechnenden Frequenzwerte}
    i, k; . . . . {Der Frequenzgang soll für G_{ik} berechnet werden}
    begin
        $D := \log_{10}(\omega_{max}/\omega_{min})$; . . . . {Dekadenzahl}
        $N_D := (N-1)/D$;
        $\alpha := 10^{1/N_D}$;
        for $k := 0$ **to** N **do**
            begin
                if $k = 0$ **then** $\omega := \omega_{min}$ **else** $\omega := \alpha * \omega$;
                entweder (1):Lösung des linearen Gleichungssystems
$$\begin{pmatrix} -A & -\omega I \\ \omega I & -A \end{pmatrix} \begin{pmatrix} x \\ y \end{pmatrix} = \begin{pmatrix} b_k \\ o \end{pmatrix};$$
                oder (2):Lösung des linearen Gleichungssystems
$$(A^2 + \omega^2 I)y = -\omega b_k$$
            und Berechnen von

$$x := (1/\omega) * A * y;$$
$$\mathrm{Re}_{ik}[\omega] := c_i^T * x;$$
$$\mathrm{Im}_{ik}[\omega] := c_i^T * y;$$
$$|G_{ik}[\omega]| := 10 * \log((\mathrm{Re}_{ik}[\omega])^2 + (\mathrm{Im}_{ik}[\omega])^2);$$
$$\varphi[\omega] := \arctan(\mathrm{Im}_{ik}[\omega]/\mathrm{Re}_{ik}[\omega]);$$
$$\textbf{end};$$
$$\textbf{end}.$$

Von LAUB [9.4] wurde vorgeschlagen, vor der Lösung des Gleichungssystems (9.55) oder der Gleichungssysteme (9.57 und 9.58) die Systemmatrix A auf HESSENBERG-Form zu transformieren, um den Rechenaufwand für die N–malige Lösung möglichst klein zu halten.

Liegt die Systembeschreibung eines Einfachsystems, für das die Frequenzkennlinien berechnet werden sollen, bereits in Form einer Übertragungsfunktion

$$G(s) = \frac{b_0 + b_1 s + \cdots + b_{m-1} s^{m-1} + b_m s^m}{a_0 + a_1 s + \cdots + a_{n-1} s^{n-1} + s^n} \tag{9.64}$$

vor, kann man dazu sofort eine Zustandsbeschreibung in einer speziellen HESSENBERG-Form, nämlich der Regelungsnormalform aus Kapitel 4 angeben:

$$\dot{x} = \begin{pmatrix} -a_{n-1} & -a_{n-2} & \cdots & -a_1 & -a_0 \\ 1 & 0 & \cdots & \cdots & 0 \\ 0 & \ddots & \ddots & & \vdots \\ \vdots & \ddots & \ddots & \ddots & \vdots \\ 0 & \cdots & 0 & 1 & 0 \end{pmatrix} x + \begin{pmatrix} 1 \\ 0 \\ \vdots \\ 0 \end{pmatrix} u \tag{9.65}$$

$$y = [0, \ldots, 0, b_m, \ldots, b_0] x \tag{9.66}$$

und dann eine der oben beschriebenen Frequenzgang-Berechnungsverfahren verwenden.

Liegt der Fall vor, daß die Systemmatrix A auf Diagonalform transformierbar ist, kann der für einen Frequenzwert benötigte Rechenaufwand zur Berechnung der Frequenzgangmatrix $G(j\omega)$ noch weiter reduziert werden. Liegen konjugiert komplexe Polpaare vor, wird man die Systemmatrix auf die in Abschnitt 7.2.3 hergeleitete reelle *Quasidiagonalform* transformieren

$$TAT^{-1} = \Lambda^* = \mathrm{diag}(\lambda_i, V_k), \tag{9.67}$$

mit den 2×2-Blöcken für konjugiert komplexe Polpaare

$$V_k = \begin{pmatrix} \alpha_k & \omega_k \\ -\omega_k & \alpha_k \end{pmatrix}. \tag{9.68}$$

Mit den ebenfalls transformierten Ein– und Ausgangsmatrizen

$$\hat{B} \stackrel{\mathrm{def}}{=} TB \tag{9.69}$$

und

$$\hat{C} \stackrel{\mathrm{def}}{=} CT^{-1} \tag{9.70}$$

erhält man die Frequenzgangmatrix

$$G(j\omega) = \hat{C}(j\omega I - \Lambda^*)^{-1}\hat{B}. \tag{9.71}$$

·In (9.55), (9.57) oder (9.58) würde man dann für die numerischen Berechnungen die Matrizen Λ^*, $\hat{B}$ und $\hat{C}$ an Stelle von A, B und C einsetzen.

Allerdings kann man beim Vorliegen der Systembeschreibung in Quasidiagonalform die komplexe Matrix $(j\omega I - \Lambda^*)$ leicht numerisch invertieren, denn es ist

$$(j\omega I - \Lambda^*)^{-1} = \text{diag}\left(\frac{1}{j\omega - \lambda_i}, (j\omega I_2 - V_k)^{-1}\right) \tag{9.72}$$

oder nach einigen elementaren Rechnungen

$$\frac{1}{j\omega - \lambda_i} = -\frac{\lambda_i}{\lambda_i^2 + \omega_i^2} - j\frac{\omega}{\lambda_i^2 + \omega_i^2} \tag{9.73}$$

und

$$(j\omega I_2 - V_k)^{-1} = \begin{pmatrix} \tau_k(\omega) + j\beta_k(\omega) & \gamma_k(\omega) + j\delta_k(\omega) \\ -\gamma_k(\omega) - j\delta_k(\omega) & \tau_k(\omega) + j\beta_k(\omega) \end{pmatrix} \tag{9.74}$$

mit

$$\epsilon_k \overset{\text{def}}{=} (\alpha_k^2 + \omega_k^2 - \omega^2) + 4\omega^2\alpha_k^2, \tag{9.75}$$

$$\tau_k(\omega) \overset{\text{def}}{=} \frac{-\alpha_k(\alpha_k^2 + \omega_k^2 + \omega^2)}{\epsilon_k(\omega)}, \tag{9.76}$$

$$\beta_k(\omega) \overset{\text{def}}{=} \frac{\omega(\omega_k^2 - \alpha_k^2 - \omega^2)}{\epsilon_k(\omega)}, \tag{9.77}$$

$$\gamma_k(\omega) \overset{\text{def}}{=} \frac{\omega_k(\alpha_k^2 + \omega_k^2 - \omega^2)}{\epsilon_k(\omega)}, \tag{9.78}$$

$$\delta_k(\omega) \overset{\text{def}}{=} \frac{2\omega\alpha_k\omega_k}{\epsilon_k(\omega)}. \tag{9.79}$$

Für das Matrixelement $G_{ik}(j\omega)$ in der i-ten Zeile und k-ten Spalte der Frequenzgangmatrix $G(j\omega)$ erhält man für

$$G_{ik}(j\omega) = \hat{c}_i^T(j\omega I - \Lambda^*)^{-1}\hat{b}_k \tag{9.80}$$

die Form

$$G_{ik}(j\omega) = \sum_{\nu=1}^{n_1} \frac{c_{i\nu}b_{\nu k}}{\lambda_\nu^2 + \omega^2}(-\lambda_\nu - j\omega) + \sum_{\nu=1}^{n_2}[c_{i,\nu}, c_{i,\nu+1}]\begin{pmatrix} \tau_\nu(\omega) + j\beta_\nu(\omega) & \gamma_\nu(\omega) + j\delta_\nu(\omega) \\ -\gamma_\nu(\omega) - j\delta_\nu(\omega) & \tau_\nu(\omega) + j\beta_\nu(\omega) \end{pmatrix}\begin{pmatrix} b_{\nu,k} \\ b_{\nu+1,k} \end{pmatrix}, \tag{9.81}$$

wobei $\hat{c}_i^T$ die i-te Zeile der Eingangsmatrix $\hat{C}$, $\hat{b}_k$ die k-te Spalte der Eingangsmatrix $\hat{B}$, n_1 die Zahl der reellen Eigenwerte und n_2 die Zahl der konjugiert komplexen Eigenwertpaare sind.

Zusammenfassend erhält man für die Berechnung des Frequenzgangs eines Systems, bei dem die Systemmatrix in Diagonal– oder Quasidiagonalform vorliegt, diesen

Algorithmus 9.3 {Frequenzgangberechnung für Diagonal- oder Quasidiagonalform}

input: $\lambda_k, \alpha_k, \omega_k$; . . . . {reelle und komplexe Eigenwerte}

n_1, n_2; . . . . {Zahl der reellen Eigenwerte und Zahl der konjugiert komplexen Eigenwertpaare}

B, C; . . . . {Ein– und Ausgangsmatrix}

$\omega_{min}, \omega_{max}$; . . . . {Frequenzbereich}

N; . . . . {Zahl der zu berechnenden Frequenzwerte}

i, k; . . . . {Für G_{ik} soll der Frequenzgang berechnet werden}

begin

$D := \log_{10}(\omega_{max}/\omega_{min})$; . . . . {Dekadenzahl}

$N_D := (N-1)/D$; . . . . {Zahl der Frequenzwerte pro Dekade}

$\alpha := 10^{1/N_D}$;

for $j := 1$ **to** N **do**

    begin

        if $j = 0$ **then** $\omega := \omega_{min}$ **else** $\omega := \alpha * \omega$;

        for $\nu := 1$ **to** n_1 **do**

            begin

                $p := b_k[\nu]/(\lambda_\nu^2 + \omega^2)$;

                $\mathrm{Re}b_k[\nu] := -\lambda_\nu * p$;

                $\mathrm{Im}b_k[\nu] := -\omega * p$;

            end;

        for $\nu := 1$ **to** n_2 **do**

            begin

                $\epsilon := (\alpha_\nu^2 + \omega_\nu^2 - \omega^2) + 4 * \omega^2 * \alpha_\nu^2$;

                $\tau := -\alpha_\nu * (\alpha_\nu^2 + \omega_\nu^2 + \omega^2)/\epsilon$;

                $\beta := \omega_\nu * (\omega_\nu^2 - \alpha_\nu^2 - \omega^2)/\epsilon$;

                $\gamma := \omega_\nu * (\alpha_\nu^2 + \omega_\nu^2 - \omega^2)/\epsilon$;

                $\delta := 2 * \omega * \alpha_\nu * \omega_\nu/\epsilon$;

                $\xi_2 := n_1 + 2 * \nu; \xi_1 := \xi_2 - 1$;

                $\mathrm{Re}b_k[\xi_1] := \tau * b_k[\xi_1] - \gamma * b_k[\xi_2]$;

                $\mathrm{Re}b_k[\xi_2] := \gamma * b_k[\xi_1] - \beta * b_k[\xi_2]$;

                $\mathrm{Im}b_k[\xi_1] := \beta * b_k[\xi_1] - \delta * b_k[\xi_2]$;

                $\mathrm{Im}b_k[\xi_2] := \delta * b_k[\xi_1] + \beta * b_k[\xi_2]$;

            end;

        $\mathrm{Re}_{ik}[\omega] := c_i^T * \mathrm{Re}b_k$;

        $\mathrm{Im}_{ik}[\omega] := c_i^T * \mathrm{Im}b_k$;

        $|G_{ik}[\omega]| := 10 * \log((\mathrm{Re}_{ik}[\omega])^2 + (\mathrm{Im}_{ik}[\omega])^2)$;

        $\varphi[\omega] := \arctan(\mathrm{Im}_{ik}[\omega]/\mathrm{Re}_{ik}[\omega])$;

    end;

end.

9.3 Frequenzkennlinien für Systeme mit Parameterintervallen

Sind dynamische Systeme zu regeln, so sind oft entweder einige Parameter nur ungenau bekannt oder sie variieren in einem größeren Bereich, z.B. wenn technische Prozesse in verschiedenen Arbeitspunkten betrieben werden müssen. So hängen die Parameter des mathematischen Modells eines Flugzeugs sehr stark von der Geschwindigkeit und der Flughöhe ab. Bei einem Roboter sind, wegen der zu bewegenden verschiedenen Lasten und der veränderlichen Reichweiten, die Parameter des mathematischen Modells nicht konstant. Angestrebt wird, für solche Systeme sogenannte *robuste Regler* zu entwerfen, die für gewisse *Parameterintervalle* ein hinreichend gutes Systemverhalten garantiert.

Eine Möglichkeit, das dynamische Verhalten solcher Systeme mit Parameterintervallen zu beschreiben, sind die Frequenzkennlinien. Allerdings erhält man jetzt für einen gegebenen Frequenzwert ω entweder für den Betrag oder den Phasengang oder auch für beide, Intervalle. Aus den Frequenz*kennlinien* werden dann Frequenz*kennlinienschläuche*. Allerdings darf man nicht den Fehler begehen, wenn z.B. nur ein Parameter variiert, eine Frequenzkennlinie für die untere Intervallgrenze des Parameterintervalls zu berechnen und eine Frequenzkennlinie für die obere Intervallgrenze, um dann davon auszugehen, daß die Frequenzkennlinien für die übrigen Werte des Parameterintervalls dazwischenliegen. Daß man so nicht vorgehen darf, zeigt schon das folgende einfache Beispiel, bei dem nur ein einziges Parameter*intervall* vorhanden ist.

Beispiel 9.2: Gegeben sei ein dynamisches System mit der mathematischen Beschreibung

$$\dot{x} = \begin{pmatrix} 0 & 1 \\ -p^2 & -0.4\,p \end{pmatrix} x + \begin{pmatrix} 0 \\ 1 \end{pmatrix}, \tag{9.82}$$

$$y = [p, 0]x, \tag{9.83}$$

wobei für den Parameter p

$$p \in [p] = [1, 3] \tag{9.84}$$

gilt. Für die untere Intervallgrenze $\underline{p} = 1$ erhält man die in Abb. 9.5 mit (1) gekennzeichneten Frequenzkennlinien und für die obere Parametergrenze $\overline{p} = 3$ die mit (3) gekennzeichneten Frequenzkennlinien. Berechnet man dagegen die Frequenzkennlinien mit Hilfe der Intervallarithmetik für das gesamte Parameterintervall $[p]$, so erhält man die in Abb. 9.6 schraffiert dargestellten Frequenzkennlinienbereiche. $\square$

Für die Berechnung der Frequenzkennlinien für Systeme mit Parameterintervallen braucht z.B. der Algorithmus 9.2 bei Verwendung von PASCAL-SC nur geringfügig geändert zu werden, indem gewisse Parameter als Intervalle im Programmkopf deklariert und einige arithmetische Operationen in die Intervallform gebracht werden. Für die Verwendung dieser Kennlinien bei der Synthese robuster Regler sind gute Ergebnisse zu erwarten.

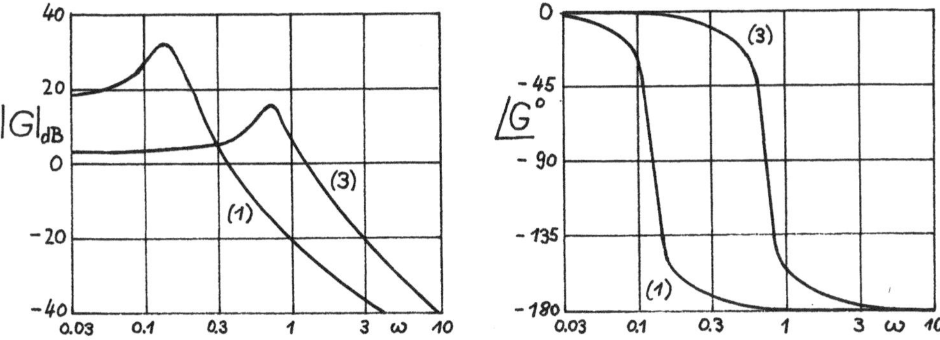

Abb. 9.5: Frequenzkennlinien für die Parameter $\underline{p} = 1$ (1) und $\overline{p} = 3$ (3) des Beispiels 9.2

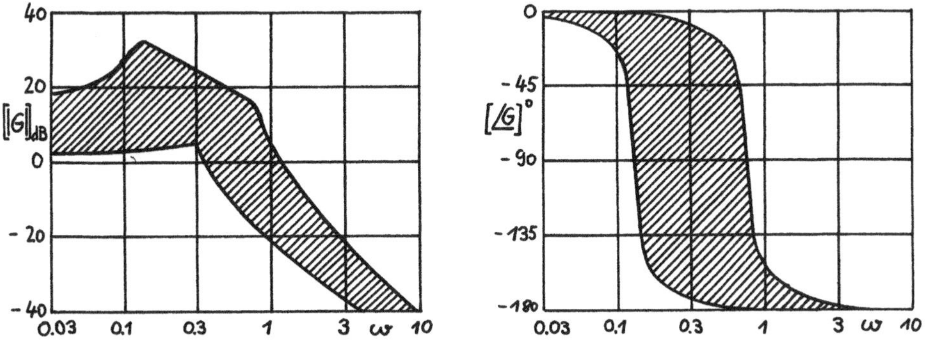

Abb. 9.6: Frequenzkennlinienbereiche für das Parameterintervall $[p]$ des Beispiels 9.2

A Elemente der Intervallrechnung

A.1 Intervallarithmetik

Sollen in einem Computer Rechnungen nicht nur mit Zahlen, sondern auch mit Intervallen durchgeführt werden, so benötigt man hierzu zunächst eine *Intervallarithmetik*, die, ausgehend von den vier Grundoperationen, das Rechnen mit Intervallen ermöglicht.

Zuerst die grundlegende

Definition A.1: *Die Menge aller reellen Zahlen x, für die $\underline{a} \le x \le \overline{a}$ ist, heißt* **Intervall** $[a] = [\underline{a}, \overline{a}]$. *Die Menge aller Intervalle über den reellen Zahlen*

$$[a] = [\underline{a}, \overline{a}] = \{x \mid \underline{a} \le x \le \overline{a}, \underline{a}, \overline{a}, x \in \mathsf{R}\} \qquad \text{(A.1)}$$

wird mit $\mathsf{I}(\mathsf{R})$ *bezeichnet.*

Im folgenden werden reelle Zahlen mit Buchstaben und Intervalle mit in eckigen Klammern eingeschlossenen Buchstaben bezeichnet.

Die arithmetischen Grundoperationen mit Intervallen werden so definiert, daß die Ergebnisintervalle alle die Zahlen enthalten, die durch die entsprechenden Grundoperationen mit den Zahlen aus den beiden zu verknüpfenden Intervallen entstehen.

Definition A.2: *Seien $[a]$ und $[b]$ zwei Intervalle aus $\mathsf{I}(\mathsf{R})$ und $\diamond$ eine der Grundoperationen $+, -, \cdot, /$. Dann ist*

$$[a] \diamond [b] \stackrel{\text{def}}{=} \{a \diamond b \mid a \in [a] \ \wedge \ b \in [b]\,\} \in \mathsf{I}(\mathsf{R}). \qquad \text{(A.2)}$$

Hierbei wird bei der Division vorausgesetzt, daß das Intervall $[b]$ nicht die Null enthält, also müssen $\underline{b}$ und $\overline{b}$ das gleiche Vorzeichen haben: $\underline{b} \cdot \overline{b} > 0$.

Aus der Definition A.2 folgt sofort für die Intervallgrenzen der Ergebnisintervalle

$$[a] \diamond [b] = [\min(a \diamond b), \max(a \diamond b)], \ a \in [a], \ b \in [b]. \qquad \text{(A.3)}$$

Damit erhält man für die einzelnen Grundoperationen den

Satz A.3 | *Es ist*

$$[a] + [b] = [\underline{a} + \underline{b}, \overline{a} + \overline{b}], \tag{A.4}$$

$$[a] - [b] = [\underline{a} - \overline{b}, \overline{a} - \underline{b}], \tag{A.5}$$

$$[a] \cdot [b] = [\min(\underline{a} \cdot \underline{b}, \underline{a} \cdot \overline{b}, \overline{a} \cdot \underline{b}, \overline{a} \cdot \overline{b}), \max(\underline{a} \cdot \underline{b}, \underline{a} \cdot \overline{b}, \overline{a} \cdot \underline{b}, \overline{a} \cdot \overline{b})], \tag{A.6}$$

$$\begin{aligned}[a]/[b] &= [\min(\underline{a}/\underline{b}, \underline{a}/\overline{b}, \overline{a}/\underline{b}, \overline{a}/\overline{b}), \max(\underline{a}/\underline{b}, \underline{a}/\overline{b}, \overline{a}/\underline{b}, \overline{a}/\overline{b})] \\ &= [\underline{a}, \overline{a}] \cdot [1/\overline{b}, 1/\underline{b}], \quad 0 \notin [b].\end{aligned} \tag{A.7}$$

Beispiel A.1: Für $[a] = [-4, 2]$ und $[b] = [3, 5]$ erhält man z.B.

$$\begin{aligned}
[a] + [b] &= [-1, 7], \\
[a] - [b] &= [-9, -1], \\
[a] \cdot [b] &= [-20, 10], \\
[a]/[b] &= [-4, 2] \cdot [1/5, 1/3] = [-4/3, 2/3], \\
[a] - [a] &= [-6, 6], \\
[b] - [b] &= [-2, 2], \\
[a] \cdot [a] &= [-8, 16], \\
[b]/[b] &= [3, 5] \cdot [1/5, 1/3] = [3/5, 5/3].
\end{aligned}$$

$\square$

Besonders die vier letzten Ergebnisse sind bemerkenswert. So ergibt die Subtraktion zweier gleicher Intervalle nicht das Nullintervall $[0, 0]$, sondern ein Intervall, das zwar die Null enthält, dessen Grenzen aber (für $[a] - [a]$) $(\underline{a} - \overline{a})$ und $(\overline{a} - \underline{a})$ sind. Ähnlich ergibt die Division zweier Intervalle nicht das Intervall $[1, 1]$, also ein sogenanntes Punktintervall, sondern ein Intervall endlicher Breite, das allerdings die Eins enthält. Das vorletzte Ergebnis in Beispiel A.1, nämlich das Produkt zweier gleicher Intervalle gibt Anlaß, eine neue Operation einzuführen; denn da das Quadrat einer reellen Zahl nie negativ werden kann, ist es sinnvoll, das Intervallprodukt $[a] \cdot [a]$ nicht über (A.6) einzuführen, sondern so

$$[a]^2 \stackrel{\text{def}}{=} \{a^2 | a \in [a] \subset \mathsf{R}\}. \tag{A.8}$$

Mit dieser Definition erhält man für das Intervall $[a] = [-4, 2]$ in Beispiel A.1

$$[a]^2 = [0, 16].$$

Allgemein definiert man für stetige *Funktionen* $f(x)$, $x \in \mathsf{R}$, wie z.B. x^n, $\sin x$, $\cos x$, e^x usw.:

Definition A.4: *Sei $f(x)$ eine stetige Funktion für $x \in \mathrm{R}$, dann ist*

$$[f([x])] \stackrel{\text{def}}{=} \{f(x) | x \in [x]\} \in \mathsf{I}(\mathrm{R}), \tag{A.9}$$

oder äquivalent

$$[f([x])] \stackrel{\text{def}}{=} \left[\min_{x \in [x]} f(x), \max_{x \in [x]} f(x)\right] \in \mathsf{I}(\mathrm{R}). \tag{A.10}$$

Beispiel A.2: Für die Intervalle $[c] = [\pi/4, \pi]$ und $[d] = [2, 9]$ erhält man z.B.:

$$\begin{aligned}
[\cos([c])] &= [-1, \sqrt{2}/2], \\
[\sin([c])] &= [0, 1], \\
[\sqrt{[d]}] &= [\sqrt{2}, 3], \\
[\ln([d])] &= [\ln 2, \ln 9], \\
[e^{[d]}] &= [e^{-9}, e^{-2}].
\end{aligned}$$

$\square$

Aus der Definition A.2 folgt unmittelbar, daß die Intervalloperationen Addition und Multiplikation sowohl assoziativ als auch kommutativ sind:

Satz A.5   *Für die Intervalle $[a], [b], [c] \in \mathsf{I}(\mathrm{R})$ gilt:*

$$[a] + [b] = [b] + [a], \tag{A.11}$$

$$[a] \cdot [b] = [b] \cdot [a], \tag{A.12}$$

$$([a] + [b]) + [c] = [a] + ([b] + [c]), \tag{A.13}$$

$$([a] \cdot [b]) \cdot [c] = [a] \cdot ([b] \cdot [c]). \tag{A.14}$$

Gilt aber auch in der Intervallarithmetik das Distributiv–Gesetz:

$$[a] \cdot ([b] + [c]) \stackrel{?}{=} [a] \cdot [b] + [a] \cdot [c].$$

Beispiel A.3: Für die Intervalle $[a] = [1, 2]$, $[b] = [2, 3]$ und $[c] = [-4, -2]$ erhält man

$$[a] \cdot ([b] + [c]) = [1, 2] \cdot [-2, 1] = [-4, 2],$$

aber

$$[a] \cdot [b] + [a] \cdot [c] = [2, 6] + [-8, -2] = [-6, 4],$$

also ist für dieses Beispiel

$$[a] \cdot ([b] + [c]) \neq [a] \cdot [b] + [a] \cdot [c],$$

aber

$$[a] \cdot ([b] + [c]) \subset [a] \cdot [b] + [a] \cdot [c].$$

Allgemein gilt das subdistributive Gesetz

Satz A.6 *Für alle* $[a], [b], [c] \in \mathsf{I(R)}$ *gilt*

$$[a] \cdot ([b] + [c]) \subseteq [a] \cdot [b] + [a] \cdot [c]. \tag{A.15}$$

Beweis:

$$
\begin{aligned}
[a] \cdot ([b] + [c]) &= \{a \cdot (b + c) \,|\, a \in [a], b \in [b], c \in [c]\} \\
&= \{a \cdot b + a \cdot c \,|\, a \in [a], b \in [b], c \in [c]\} \\
&\subseteq \{a_1 \cdot b + a_2 \cdot c \,|\, a_1, a_2 \in [a], b \in [b], c \in [c]\} \\
&= [a] \cdot [b] + [a] \cdot [c].
\end{aligned}
$$

Daß nicht immer das Gleichheitszeichen gilt, zeigt Beispiel A.3.

Das subdistributive Gesetz (A.15) spielt in der Intervallarithmetik eine große Rolle, da man immer bestrebt ist, möglichst enge Intervallgrenzen zu erhalten. Tritt in einem Algorithmus der Term $[a] \cdot [b] + [a] \cdot [c]$ auf, dann sollte er durch Ausklammern zu $[a] \cdot ([b] + [c])$ vereinfacht werden. Es ist leicht zu zeigen, daß das distributive Gesetz, d.h., in (A.15) das Gleichheitszeichen gilt, wenn die Intervalle $[b]$ und $[c]$ nur Elemente mit dem gleichen Vorzeichen enthalten, also $b \cdot c > 0$ für alle $b \in [b]$ und $c \in [c]$.

Wenn in (A.15) $[b]$ oder $[c]$ gleich $[a]$ ist, tritt noch eine Besonderheit auf, da für den dann auftretenden Summanden $[a] \cdot [a]$ das engere Intervall $[a]^2$ gemäß (A.8) genommen werden kann.

Beispiel A.4: Ist $[a] = [c] = [-2, 1]$ und $[b] = [1, 1.2]$, dann ist

$$
\begin{aligned}
[s]_1 &\overset{\text{def}}{=} [a] \cdot [b] + [a] \cdot [a] = [-2.4, 1.2] + [-2, 4] = [-4.4, 5.2], \\
[s]_2 &\overset{\text{def}}{=} [a] \cdot ([b] + [a]) = [-2, 1] \cdot [-1, 2.2] = [-4.4, 2.2], \\
[s]_2 &\overset{\text{def}}{=} [a] \cdot [b] + [a]^2 = [-2.4, 1.2] + [0, 4] = [-2.4, 5.2],
\end{aligned}
$$

d.h., es ist zwar $[s]_2 \subset [s]_1$ aber weder $[s]_2 \subset [s]_3$ noch $[s]_3 \subset [s]_2$, so daß durch $[s]_2 \cap [s]_3 = [-2.4, 2.2]$ eine noch schärfere Einschließung als durch $[s]_2$ allein erhalten wird!

Damit kann folgendes Lemma formulieret werden:

Lemma A.7: *Für* $[a], [b] \in \mathsf{I(R)}$ *gilt*

$$([a] \cdot ([b] + [a])) \cap ([a] \cdot [b] + [a]^2) \subseteq [a] \cdot [b] + [a] \cdot [a]. \tag{A.16}$$

In der Intervallarithmetik werden zweistellige Operationen mit Intervallen und reellen Zahlen so behandelt, daß man die reelle Zahl a durch ein *Punktintervall* $[a, a]$ ersetzt und dann die Grundoperationen gemäß Satz A.3 durchführt.

Für die Anwendung der Intervallarithmetik, vor allem bei Iterationsverfahren, ist die sogenannte *Teilmengeneigenschaft* (Inklusionsmonotonie) der arithmetischen Grundoperationenen von großer Bedeutung:

Satz A.8
$$
\boxed{
\begin{array}{l}
\textit{Seien } [a], [b], [c], [d] \in I(R) \textit{ und } [a] \subseteq [b] \textit{ sowie } [c] \subseteq [d]. \textit{ Dann gilt für die} \\
\textit{Grundoperationen } \diamond \in \{+, -, \cdot, /\} \\[2mm]
\qquad\qquad\qquad\qquad [a] \diamond [c] \subseteq [b] \diamond [d]. \qquad\qquad\qquad\qquad (A.17)
\end{array}
}
$$

Beweis: $[a] \diamond [c] = \{a \diamond b \,|\, a \in [a], c \in [c]\} \subseteq \{b \diamond d \,|\, b \in [b], d \in [d]\} = [b] \diamond [d].$ $\qquad\square$

A.2 Maschinenintervallarithmetik

Die im vorhergehenden Abschnitt eingeführte Intervallarithmetik kann wegen der Endlichkeit der Menge M der Maschinenzahlen nicht direkt auf Computer verifiziert werden. Das beginnt schon mit den Punktintervallen. Es gehört z.B. zu der rationalen Zahl $a = \frac{1}{3}$ das Punktintervall $[a] = [\frac{1}{3}, \frac{1}{3}] \in I(R)$ und es ist selbstverständlich $a \in [a]$. Als Maschinenzahl erhält man aber für $a = \frac{1}{3}$: $\mathrm{rd}(a) = a_m = 3.333\,333\,333\,33E - 01$ und man würde „naiv" das zugehörige Punktintervall $[a_m, a_m]$ erhalten, für das dann $a \notin [a_m, a_m]$ gilt. Das wäre eine unsinnige Konstruktion, denn natürlich soll das entstehende Maschinenzahleninterval die ursprüngliche rationale Zahl enthalten, d.h., es soll $a \in [\underline{a}_m, \overline{a}_m]$ gelten. Dies kann sofort erreicht werden, wenn die in Abschnitt 1.3 eingeführte gerichtete Rundung verwendet wird:

$$
\begin{aligned}
\underline{a}_m &\overset{\mathrm{def}}{=} \nabla(1/3) = 1/ < 3 = 3.333\,333\,333\,33E - 01, \\
\overline{a}_m &\overset{\mathrm{def}}{=} \triangle(1/3) = 1/ < 3 = 3.333\,333\,333\,34E - 01,
\end{aligned}
$$

so daß jetzt in der Tat ist:

$$
\frac{1}{3} \in [3.333\,333\,333\,33E - 01, \, 3.333\,333\,333\,34E - 01].
$$

Da für alle $a \in R$ stets gilt

$$
\nabla(a) \le a \quad \text{und} \quad \triangle(a) \ge a, \qquad\qquad\qquad (A.18)
$$

legt man fest:

Definition A.9: *Das Intervall*

$$[a]_m \stackrel{\text{def}}{=} [\nabla(a), \triangle(a)] \in \mathsf{I}(\mathsf{M}) \qquad (A.19)$$

heißt **Maschinenpunktintervall** *zur reellen Zahl* $a \in \mathsf{R}$. *Hierbei ist* $\mathsf{I}(\mathsf{M})$ *die Menge der* **Maschinenintervalle** *und ein Maschinenintervall* $[a]_m$ *ist die Menge*

$$[a]_m \stackrel{\text{def}}{=} [\underline{a}_m, \overline{a}_m] = \{a \in \mathsf{R} \,|\, \underline{a}_m \le a \le \overline{a}_m; \, \underline{a}_m, \overline{a}_m \in \mathsf{M}\} \in \mathsf{I}(\mathsf{R}).$$
$$(A.20)$$

Selbstverständlich wird man zu einem reellen Intervall $[a] = [\underline{a}_m, \overline{a}_m] \in \mathsf{I}(\mathsf{R})$ das zugehörige Maschinenintervall so konstruieren

$$[a]_m \stackrel{\text{def}}{=} [\underline{a}_m, \overline{a}_m] = [\nabla(\underline{a}), \triangle(\overline{a})], \qquad (A.21)$$

so daß gilt

$$\underline{a}_m \le \underline{a} \le a \le \overline{a} \le \overline{a}_m \qquad (A.22)$$

mit $a, \underline{a}, \overline{a} \in \mathsf{R}$ und $\underline{a}_m, \overline{a}_m \in \mathsf{M}$. Bei der Konstruktion der Maschinenintervalle gemäß (A.21) wird also jedem Intervall $[a]$ aus $\mathsf{I}(\mathsf{R})$ ein Intervall $[a]_m$ aus $\mathsf{I}(\mathsf{M})$ so zugeordnet, daß die Intervallgrenzen von $[a] \in \mathsf{I}(\mathsf{R})$ auf die *nächstliegenden* Maschinenzahlen nach außen verschoben werden,

$$[a]_m = [\max\{a \in \mathsf{M} \,|\, a \le \underline{a}\}, \min\{a \in \mathsf{M} \,|\, a \ge \overline{a}\}], \qquad (A.23)$$

es wird eine *Außenrundung* vorgenommen:

Definition A.10: *Die Abbildung*

$$\Diamond([a]) \stackrel{\text{def}}{=} [a]_m = [\nabla(\underline{a}), \triangle(\overline{a})]; \; \nabla(\underline{a}), \triangle(\overline{a}) \in \mathsf{M}, \, [a]_m \in \mathsf{I}(\mathsf{M})$$
$$(A.24)$$

heißt **Außenrundung.**

Die Abbildung $\Diamond$ hat die Eigenschaft:

Satz A.11

> *Für* $[a], [b] \in \mathsf{I}(\mathsf{R})$ *folgt aus* $[a] \subseteq [b]$ *die Beziehung*
>
> $$\Diamond([a]) \subseteq \Diamond([b]). \qquad (A.25)$$

Dieser Satz kann leicht mit Hilfe der Definition A.10 der Außenrundung bewiesen werden.

Um mit Intervallen auf Computern rechnen zu können, müssen die Grundoperationen mit Intervallen sinnvoll auf die Maschinenintervalle übertragen werden. Da die arithmetische Verknüpfung zweier *Maschinenzahlen* nicht wieder eine Maschinenzahl ergeben muß, kann auch für die Verknüpfung zweier *Maschinenintervalle* $[a]_m \diamond [b]_m \notin \mathsf{I}(\mathsf{M})$ sein, so daß erst eine Außenrundung wieder ein Maschinenintervall ergibt. Deshalb die

Definition A.12: *Sei $[a]_m, [b]_m \in \mathsf{I(M)}$ und $\diamond \in \{+, -, \cdot, /\}$. Dann versteht man mit den Verknüpfungssymbolen*

$$\diamond_m \in \{\oplus, \ominus, \odot, \oslash\}$$

die Verknüpfungen

$$[a]_m \diamond_m [b]_m \stackrel{\text{def}}{=} \diamondsuit([a]_m \diamond [b]_m) \in \mathsf{I(M)}. \qquad (A.26)$$

Das Beispiel 1.2 in Abschnitt 1.3.2 zeigt den Effekt der Auslöschung, wenn der Größenordnungsunterschied der Summanden größer als die Mantissenlänge des verwendeten Gleitpunktsystems ist. So ist z.B. $(10^{17} + 10^4) - 10^{17} = 0$, aber $(10^{17} - 10^{17}) + 10^4 = 10^4$, wenn die Rechnung in einem Computer mit einer zwölfstelligen Mantisse durchgeführt wird. Daraus folgt unmittelbar, daß das assoziative Gesetz für die Maschinenzahlenarithmetik nicht gilt und deshalb auch *nicht* für die Maschinenintervallarithmetik gelten kann. Dagegen gilt die Teilmengeneigenschaft (Inklusionsmonotonie) auch für Intervalle aus $\mathsf{I(M)}$ und die maschinellen Grundoperationen.

A.3   Intervallmäßige Auswertung von Funktionen

Wenn die Funktion $f(x)$ über dem Definitionsbereich $[\underline{x}, \overline{x}]$ monoton zunimmt, wie z.B. $f(x) = x^3$, erhält man für den Wertebereich der Funktion über dem Definitionsintervall $[x] = [\underline{x}, \overline{x}]$ das Intervall

$$f(\underline{x}) \leq f(x) \leq f(\overline{x}). \qquad (A.27)$$

Aber schon für die Funktion $f(x) = x^2$, die für ein die Null enthaltendes Definitionsintervall nicht mehr monoton zunehmend ist, gilt (A.27) nicht mehr, sondern (für $x \in [x]$)

$$\min_{x \in [x]} f(x) \leq f(x) \leq \max_{x \in [x]} f(x), \qquad (A.28)$$

d.h., für die Ermittlung des Wertebereichs einer Funktion muß im allgemeinen eine Minimum- und eine Maximumbestimmung der Funktion durchgeführt werden. Das durch (A.28) definierte Intervall des Wertebereichs einer Funktion $f(x)$ wird nach Definition A.4 so geschrieben:

$$[f([x])] = [\min_{x \in [x]} f(x), \max_{x \in [x]} f(x)] \in \mathsf{I(R)}, \ x \in [x] \in \mathsf{I(R)}. \qquad (A.29)$$

In Abb. A.1 sind für das Intervall $[x] = [-1, 1.5]$ und die beiden Funktionen $f_1(x) = x^3$ und $f_2(x) = x^2$ die Wertebereiche $[f_1([x])]$ und $[f_2([x])]$ dargestellt.

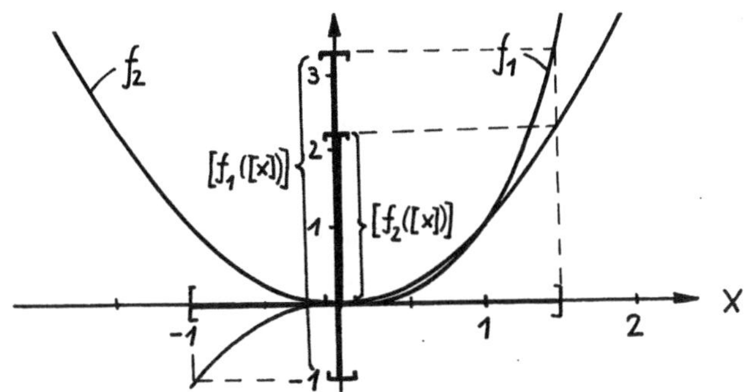

Abb. A.1: Wertebereich einer Funktion

Definition A.13: *Ersetzt man in der Funktion $f(x)$ überall das Argument x durch ein Intervall $[x]$ und alle arithmetischen Operationen durch entsprechende Intervalloperationen, dann spricht man von der* **Intervallerweiterung** *oder der* **intervallmäßigen Auswertung** *der Funktion f und bezeichnet sie mit $[f([x])] \in I(R)$, wenn ein definierter Intervallausdruck entsteht.*

Beispiel A.4: Für die stetige Funktion

$$f(x) = \frac{x}{x-1}$$

und ein Intervall $[x]$, das nicht die Eins enthält, bekommt man die Intervallerweiterung

$$[f([x])] = \frac{[x]}{[x]-1}$$

und dafür mit

$$[x] - 1 = [\underline{x} - 1, \overline{x} - 1]$$

und

$$\frac{1}{[x]-1} = \left[\frac{1}{\overline{x}-1}, \frac{1}{\underline{x}-1}\right]$$

schließlich

$$[f([x])] = \left[\frac{\underline{x}}{\overline{x}-1}, \frac{\overline{x}}{\underline{x}-1}\right].$$

Wird die Funktion $f(x)$ umgeformt in

$$f(x) = f_1(x) = 1 + \frac{1}{x-1},$$

erhält man hierfür die Intervallerweiterung

$$[f_1([x])] = \left[\frac{\overline{x}}{\overline{x}-1}, \frac{\underline{x}}{\underline{x}-1}\right].$$

Es ist offensichtlich

$$[f_1([x])] \subset [f([x])]$$

und

$$[f_1([x])] = [f([x])],$$

da $f(x)$ eine monoton abnehmende Funktion ist. Die Abschätzung $[f_1([x])]$ ist optimal.
$\square$

Das Beispiel A.4 zeigt, daß die Intervallerweiterung einer gegebenen Funktion nicht eindeutig ist und außerdem den Bildbereich $[f([x])]$ überschätzen kann. Es besteht eine wesentliche Aufgabe darin, eine Funktionsdarstellung f_i so zu finden, daß die zugehörige Intervallerweiterung eine möglichst kleine Überschätzung des tatsächlichen Wertebereichs der Funktion f liefert. Man sollte deshalb z.B. bei mehrfachem Auftreten einer Variablen den Funktionsausdruck so umformen, daß die Variable möglichst nur noch einmal vorkommt. So wurde auch im Beispiel A.4 beim Übergang von f auf f_1 verfahren: in f tritt die Variable x zweimal, dagegen in f_1 nur noch einmal auf. Jedoch muß man bei Potenzen der Variablen x vorsichtig sein; denn für Intervalle, die die Null enthalten, liefert $[x]^2$ nach Abschnitt A.1 eine bessere Einschließung als $[x] \cdot [x]$.

Wie entscheidend der gewählte Funktionsausdruck sein kann, zeigt die für alle $x \in \mathrm{R}$ definierte Funktion

$$f(x) = \frac{1}{x^2 + 0.5}.$$

Gesucht sei für diese Funktion und das Intervall $[x] = [-1, 1]$ eine Intervallerweiterung. Zunächst sei

$$[f_1([x])] = \frac{1}{[x] \cdot [x] + 0.5}.$$

Hierfür ist

$$[x] \cdot [x] + 0.5 = [-1, 1] + [0.5, 0.5] = [-0.5, 1.5]$$

und da dieses Intervall die Null enthält, ist der Intervallausdruck

$$[f_1([x])] = \frac{1}{[-0.5, 1.5]}$$

überhaupt nicht definiert und würde auf einem Computer zu einem Abbruch führen. Hätte man dagegen den Funktionsausdruck

$$[f_2([x])] = \frac{1}{[x]^2 + 0.5}$$

gewählt, hätte man für den Nenner

$$[x]^2 + 0.5 = [0, 1] + [0.5, 0.5] = [0.5, 1.5]$$

erhalten und schließlich für die intervallmäßige Auswertung

$$[f_2([x])] = \frac{1}{[0.5, 1.5]} = [1, 1] \cdot [\frac{1}{1.5}, \frac{1}{0.5}] = [\frac{2}{3}, 2].$$

Voraussetzung für die Abschätzungen ist dieser *Einschließungssatz*, der unmittelbar aus der Definition A.2 der Grundoperationen der Intervallarithmetik und der Teilmengeneigenschaft in Satz A.8 folgt,

Satz A.15 $\quad$ *Wenn f, g und $c = f \diamond g$, $\diamond \in \{+, -, \cdot, /\}$, stetige Funktionen über $x \in [x]$ sind, dann gilt für die zugehörigen Wertebereiche über $[x] \in I(R)$ die Relation*

$$[c([x])] \subseteq [f([x])] \diamond [g([x])]. \tag{A.30}$$

Beweis: Es ist

$$[c([x])] = \{f(x) \diamond g(x) | x \in [x]\}$$

und

$$\begin{aligned}
[f([x])] \diamond [g([x])] &= \{f(x) | x \in [x]\} \diamond \{g(x) | x \in [x]\} \\
&= \{f \diamond g | f \in f([x]), g \in g([x])\} \\
&= \{f(x_1) \diamond g(x_2) | x_1 \in [x], x_2 \in [x]\},
\end{aligned}$$

woraus sofort (A.30) folgt. $\qquad\qquad\qquad\qquad\qquad\qquad\qquad\qquad\qquad\qquad\Box$

Da eine rationale Funktion $r(x)$ aus Unterfunktionen $f_i(x)$, die durch die Grundoperationen miteinander verknüpft sind, zusammengesetzt sind, folgt aus Satz A.15 direkt der

Satz A.16 $\quad$ *Sei r eine rationale Funktion von $x \in R$ und $r_1(x)$ ein zu r gehörender Funktionsausdruck sowie $[r_1([x])]$ eine zugehörige definierte intervallmäßige Auswertung, dann gilt für den Wertebereich $[r([x])]$ die Relation*

$$[r([x])] \subseteq [r_1([x])]. \tag{A.31}$$

A.4 Intervallvektoren und Intervallmatrizen

Vektoren und Matrizen, deren Elemente Intervalle sind, heißen *Intervallvektoren* und *Intervallmatrizen*. Die Menge der n–dimensionalen Intervallvektoren wird mit $I(R^n)$,

$$[x] = \begin{pmatrix} [x_1] \\ \vdots \\ [x_n] \end{pmatrix} \in I(R^n); \quad [x_i] \in I(R); \quad i = 1, 2, \ldots, n, \tag{A.32}$$

und die Menge der $n \times m$–Intervallmatrizen mit $I(R^{n \times m})$ bezeichnet:

$$[X] = \begin{pmatrix} [x_{11}] & \cdots & [x_{1m}] \\ \vdots & & \vdots \\ [x_{n1}] & \cdots & [x_{nm}] \end{pmatrix} \in I(R^{n \times m}); \quad [x_{ij}] \in I(R); \quad i = 1, 2, \ldots, n; \quad j = 1, 2, \ldots, m.$$

$$\tag{A.33}$$

Die arithmetischen Grundoperationen mit Intervallmatrizen werden, wie in der Matrizenrechnung üblich, definiert:

$$[A] \pm [B] \stackrel{\text{def}}{=} \{A \pm B \,|\, A \in [A], B \in [B], [A], [B] \in I(R^{n \times m})\} \in I(R^{n \times m}), \qquad (A.34)$$

$$[A] \cdot [B] \stackrel{\text{def}}{=} \{A \cdot B \,|\, A \in [A] \in I(R^{n \times r}), B \in [B] \in I(R^{r \times m})\} \in I(R^{n \times m}). \qquad (A.35)$$

Mit Hilfe der oben angegebenen Sätze können die folgenden Beziehungen elementweise bewiesen werden:

Seien $[A], [B], [C]$ Intervallmatrizen und A, B, C gewöhnliche Matrizen (Punktmatrizen). Dann gilt
• die Addition ist kommutativ und assoziativ:

$$[A] + [B] = [B] + [A], \qquad (A.36)$$

$$([A] + [B]) + [C] = [A] + ([B] + [C]), \qquad (A.37)$$

• die Multiplikation ist nur in Sonderfällen assoziativ:

$$[A] \cdot (B \cdot C) \subseteq ([A] \cdot B) \cdot C, \qquad (A.38)$$

$$(A \cdot [B]) \cdot C \subseteq A \cdot ([B] \cdot C) \quad \text{wenn} \quad C = -C, \qquad (A.39)$$

$$A \cdot ([B] \cdot C) = (A \cdot [B]) \cdot C, \qquad (A.40)$$

$$[A] \cdot ([B] \cdot [C]) = ([A] \cdot [B]) \cdot [C] \quad \text{wenn} \quad [B] = -[B], [C] = -[C]. \qquad (A.41)$$

• allgemein besteht nur Subdistributivität:

$$([A] + [B]) \cdot [C] \subseteq [A] \cdot [C] + [B] \cdot [C], \qquad (A.42)$$

$$[C] \cdot ([A] + [B]) \subseteq [C] \cdot [A] + [C] \cdot [B], \qquad (A.43)$$

aber

$$([A] + [B]) \cdot C = [A] \cdot C + [B] \cdot C, \qquad (A.44)$$

$$C \cdot ([A] + [B]) = C \cdot [A] + C \cdot [B]. \qquad (A.45)$$

Literaturverzeichnis

Kapitel 1

1.1   STOER, J.; BULIRSCH, R.: Einführung in die Numerische Mathematik I u. II.
      Berlin: Springer 1983

1.2   BOHLENDER, G.; RALL, L.B.; ULLRICH, C.; WOLFF VON GUDENBERG, J.:
      PASCAL–SC. Mannheim: Bibliographisches Institut 1986

1.3   KAUCHER, E.; KLATTE, R; ULLRICH, C.: PASCAL.
      Heidelberg: Bibliographisches Institut 1986

1.4   KIESSLING, I.; LOWES, M.; PAULIK, A.: Genaue Rechnerarithmetik-
      Intervallrechnung und Programmieren mit PASCAL–SC. Stuttgart:
      Teubner 1988

1.5   BÖHM, H.; RUMP, S.M.; SCHUHMACHER, G.: E–Methods for nonlinear
      problems. In: KAUCHER, E; KULISCH, U.: Computerarithmetic.
      Stuttgart: Teubner 1987

1.6   ALEFELD, G.; HERZBERGER, J.: Einführung in die Intervallrechnung.
      Mannheim: Bibliographisches Institut 1974

1.7   BAUCH, H.; JAHN, K.-U.; OELSCHLÄGEL, D.; SÜSSE, H; WIEBIGKE, V.:
      Intervallmathematik. Leipzig: Teubner 1987

1.8   WILKINSON, J.H.: Rundungsfehler. Berlin: Springer 1969

1.9   ZURMÜHL, R.; FALK, S.: Matrizen und ihre Anwendungen, 5.Auflage, Teil 1
      und 2. Berlin: Springer 1984 und 1986

1.10 KULISCH, U.: Grundlagen des Numerischen Rechnens.
      Mannheim: Bibliographisches Institut 1976

1.11 BLEHER, J.H.; KULISCH, U.; METZGER, M.; RUMP, S.M.; ULLRICH, CH.;
      WALTER, W.: FORTRAN–SC. A study of a FORTRAN extension for
      engineering/scientific computation with access to Acrith. GAMM-Tagung
      Rechnerarithmetik, Wissenschaftliches Rechnen und
      Programmiersprachen. Karlsruhe 1987

Kapitel 2

2.1   VAN DER WAERDEN, B.L.: Algebra I und II, 8. und 5.Auflage.
      Berlin: Springer 1971 und 1967

2.2 WILKINSON, T.H.: The algebraic eigenvalue problem.
     Oxford: Claridon Press 1965
2.3 FRANCIS, J.G.F.: The QR transformation: a unitary analogue to the LR
     transformation, parts I und II. Comp. J. 4 (1961) 265–272, 332–345
2.4 WILKINSON, J.H.; REINSCH, C.: Handbook for automatic computation, Vol.2,
     Linear Algebra. Berlin: Springer 1976
2.5 GREGORY, R.T.; KARNEY, D.L.: A collection of matrices for testing computa-
     tional algorithms. New York: Wiley–Interscience 1969

Kapitel 3

3.1 LJUSTERNIK, L.A.; SOBOLEW, W.I.: Elemente der Funktionalanalysis.
     Berlin: Akademie–Verlag 1976
3.2 RUMP, S.M.: Solving algebraic problems with high accuracy. In: KULISCH, U;
     MIRANKER, W.L.(Hsg.): A new approach to scientific computation.
     New York: Academic Press 1983
3.3 RUMP, S.M.: Kleine Fehlerschranken bei Matrixproblemen.
     Universität Karlsruhe: Dissertation 1980
3.4 KRAWCZYK, R.: Newton–Algorithmen zur Bestimmung von Nullstellen mit
     Fehlerschranken. Computing 4 (1959) 187–201
3.5 ALEFELD, G.; SPREUER, H.: Iterative improvement of componentwise
     errorbounds for invariant subspaces belonging to a double or nearly double
     eigenvalue. Computing 36 (1986) 321–334

Kapitel 4

4.1 LUDYK, G.: Theorie dynamischer Systeme. Berlin: Elitera 1977
4.2 STEWART, G.W.: Introduction to matrix computation.
     New York: Academic Press 1973
4.3 POPOV, V.M.: Some properties of control systems with irreducible matrix
     transfer functions. In: Lecture Notes in Mathematics, Vol. 144.
     Berlin: Springer 1969, 169–180
4.4 ACKERMANN, J.: Der Entwurf linearer Regelungssysteme im Zustandsraum.
     Regelungstechnik 7 (1972) 297–300
4.5 MIMINIS, G.S.; PAIGES, C.C.: A direct algorithm for pole assignment of time-
     invariant multi–input linear systems using state feedback.
     Automatica 24 (1988) 343–356
4.6 LAUB, A.J.; LINNEMANN, A.: Hessenberg and Hessenberg/triangular forms in
     linear system theory. Int. J. Control 44 (1986) 1523–1547
4.7 NOUR ELDIN, H.A.; HEISTER, M.: Zwei neue Zustandsdarstellungsformen zur
     Gewinnung von Kroneckerindizes, Entkopplungsindizes und eines
     Prim–Matrix Produktes. Regelungstechnik 28 (1980) 420–425 und
     29 (1981) 26–30

4.8 PAIGE, C.C.: Properties of numerical algorithms related to computing controllability. IEEE Trans. Automatic Control 26 (1981) 130–138

4.9 LAUB, A.J.: Numerical linear algebra aspects of control design computation. IEEE Trans. Automatic Control 30 (1985) 97–108

Kapitel 5

5.1 KALMAN, R.E.: On the general theory of control systems. Proc. 1.IFAC–Congress Moscow. London: Butterworth 1960

5.2 LUENBERGER, D.G.: Observing the state of a linear system. IEEE Trans. Military Electronics 8 (1964) 74–80

5.3 NOUR ELDIN, H.A.: Polynomfestlegung beim Beobachterentwurf. Regelungstechnik 8 (1974) 288–289

Kapitel 6

6.1 GOLUB, G.H.; VAN LOAN, C.F.: Matrix computations. Baltimore: The J.Hopkins University Press 1983

6.2 KOWALSKI, H.–J.: Lineare Algebra. Berlin: de Gruyter 1979

6.3 WONHAM, W.M.: Linear multivariable control: a geometric approach. Berlin: Springer 1979

6.4 GRÖBNER, W.: Matrizenrechnung. Mannheim: Bibliographisches Institut 1966

6.5 TAKAMATSU, T.; HASHIMOTO, I.; NAKAI, Y.: A geometric approach to multivariable control system design of a distillation column. Automatica 15 (1979) 387–402

6.6 HINRICHSEN, D.; PHILIPPSEN, H.–W.: Modellreduktion mit Hilfe balancierter Realisierungen. Automatisierungstechnik, erscheint demnächst

6.7 LU, W.S.; LEE, E.B.: Modell reduction via a quasi–Kalman–decomposition. IEEE Trans. Automatic Control 30 (1985) 786–790

6.8 FÖLLINGER, O.: Lineare Abtastsysteme. München: Oldenbourg 1982

6.9 KALMAN, R.E.: Mathematical description of linear dynamical systems. SIAM–J. Control 1 (1963) 152–192

6.10 VAN DOOREN, P.M.: The generalized eigenstructure problem in linear system theory. IEEE trans. Automatic Control 26 (1981) 111–129

6.11 ALEFELD, G.: Rigorous error bounds for singular values of a matrix using the precise scalar product. In: KULISCH, U.; ULLRICH, C. (Eds.): Computerarithmetic. Stuttgart: Teubner 1987

6.12 KLEMA, V.C.; LAUB, A.J.: The singular value decomposition: its computation and some applications. IEEE trans. Automatic Control 25 (1980) 164–167

Kapitel 7

7.1 LUDYK, G.: Nichtlineare zeitdiskrete Systeme. Automatisierungstechnik
36 (1988) 321–330

7.2 ZURMÜHL, R.: Praktische Mathematik. Berlin: Springer 1965

7.3 GEAR, C.W.: Numerical initial value problems in ordinary differential
equations. New York: Academic Press 1971

7.4 BECKER, C.: Einführung in die Simulation dynamischer Systeme im
Zustandsraum. Regelungstechnik 30 (1982) A1–A29

7.5 PLANT, J.B.: On computation of transition matrices for time–invariant
systems. Proc. IEEE 56 (1968) 1397–1398

7.6 MOLER, C.B.; VAN LOAN, C.F.: Nineteen dubious Ways to compute the
exponential of a matrix. SIAM Review 20 (1978) 801–836

7.7 NICKEL, K.: How to fight the wrapping effect. Freiburger Intervall
Berichte (1985)

7.8 LOHNER, R.J.; CORNELIUS, H.: Computing the range of values of real
functions with accuracy higher than second order. Computing 33 (1984)
331–347

7.9 LOHNER, R.J.: Enclosing the solutions of ordinary initial and boundary
value. In: KULISCH, U.; ULLRICH, C.(Eds.): Computerarithmetic.
Stuttgart: Teubner 1987

7.10 LOHNER, R.J.: Einschließung der Lösung gewöhnlicher Anfangs– und
Randwertaufgaben und Anwendungen. Dissertation Universität Karlsruhe 1988

7.11 MOORE, R.E.: Methods and applications of interval analysis.
Philadelphia: SIAM 1979

7.12 RALL, L.B.: Optimal implementation of differentiation arithmetic.
In: KULISCH, U.; ULLRICH, C.(Eds.): Computerarithmetic.
Stuttgart: Teubner 1987

7.13 BONESS, R.; DOEHL, U.: Zu Problemen der numerischen Lösung „steifer"
Differentialgleichungssysteme für regelungstechnische Aufgabenstellungen.
Messen–Steuern–Regeln (msr) 25 (1982) 691–694

7.14 LITZ, L.: Ein rechenzeitsparendes Verfahren zur digitalen Simulation
mit Hilfe der Transitionsmatrix. Regelungstechnik 28 (1980) 45–51

Kapitel 8

8.1 FÖLLINGER, O.: Nichtlineare Regelungen. München: Oldenbourg 1980

8.2 MÜLLER, P.C.: Stabilität und Matrizen. Berlin: Springer 1977

8.3 GANTMACHER, F.R.: Matrizentheorie. Berlin: Springer 1986

8.4 KALMAN, R.E.; BERTRAM, J.E.: Control system analysis and design via
the second method of Ljapunov. Trans. ASME, J. Basic Engineering (1960)
371–400

8.5 CHEN, C.F.; SHIEH, L.S.: A note on expanding $PA + A^T P = -Q$.
     IEEE Trans. Automatic Control 13 (1968) 122–123
8.6 STECHA, J.; KOZACIKOVA, A.; KOZACIK, J.: Algorithms for solution of
     equations $PA + A^T P = -Q$ and $M^T PM - P = -Q$ resulting in Ljapunov
     stability analysis of linear systems. Kybernetika 9 (1973)
8.7 BARTELS, R.H.; STEWART, G.W.: Solution of the equation $AX + XB = C$.
     Trans. Mathematical Software 15 (1972) 820–826
8.8 BARRAUD, A.Y.: A numerical algorithm to solve $A^T XA - X = Q$.
     IEEE Trans Automatic Control 22 (1977) 883–885
8.9 FÖLLINGER, O.: Optimierung dynamischer Systeme. München: Oldenbourg 1985
8.10 LAUB, A.J.: A Schur method for solving algebraic Riccati equations.
     IEEE Trans. Automatic Control 24 (1979) 913–921
8.11 KLEINMANN, D.L.: On an iterative technique for Riccati equation
     computations. IEEE Trans. Automatic Control 13 (1968) 114–115
8.12 GOLUB, G.H.; NASH, S.; VAN LOAN, C.: A Hessenberg–Schur method
     for the problem $AX + XB = C$. IEEE Trans. Automatic Control. 24 (1979)
     909–913

Kapitel 9

9.1 FÖLLINGER, O.: Laplace– und Fourier–Transformation. Berlin: Elitera 1977
9.2 FÖLLINGER, O.: Regelungstechnik. Berlin: Elitera 1978
9.3 UNBEHAUEN, H.: Regelungstechnik I. Braunschweig: Vieweg 1982
9.4 LAUB, A.J.: Efficient multivariable frequency response computations.
     IEEE Trans. Automatic Control 26 (1981) 407–408
9.5 JOOS, D.: Reduzierung numerischer Probleme bei linearen dynamischen
     Systemen durch Balancieren. Regelungstechnik 31 (1983) 269–271
9.6 NOUR ELDIN, H.A.: Berechnung der Matrix–Übertragungsfunktion mittels
     Hessenbergform. Regelungstechnik 26 (1978) 134–137
9.7 RUGGABER, W.: Numerische Berechnung des Frequenzganges aus der
     Zustandsdarstellung. Regelungstechnik 32 (1984) 8–12 und 47–51

Sachverzeichnis

M. Cremer

Regelungstechnik

Eine Einführung für Wirtschaftsingenieure und Naturwissenschaftler

1988. XV, 192 S. 89 Abb. Brosch. DM 39,–
ISBN 3-540-19361-8

Die Regelungstechnik hat als methodische Lehre vom Verhalten und der Führung dynamischer Prozesse heute auch bei vielen nichttechnischen Wissenschaftszweigen Bedeutung erlangt. Der Autor wendet sich mit diesem Buch besonders an Interessierte dieser Bereiche und hat sich zum Ziel gesetzt, grundlegendes Verständnis und nicht Rezeptdenken zu vermitteln.
Es werden grundsätzliche Eigenschaften dynamischer Systeme anhand des Systems erster Ordnung eingehend behandelt und die Erkenntnisse auf Systeme höherer Ordnung übertragen. Neben den Grundlagen wird an den wesentlichen Stellen ein Ausblick in die moderne Regelungstechnik vermittelt. Das Buch wendet sich an Studenten des Wirtschaftsingenieurwesens, aber auch an Studierende der Physik, der Mathematik, der Chemie, der Informatik und anderer naturwissenschaftlicher Disziplinen, die einen schnellen Zugang zu den Grundprinzipien der Systemdynamik und der Regelungstechnik suchen.

Springer-Verlag
Berlin Heidelberg New York London Paris Tokyo Hong Kong

Springer